Inhalt

Vorwort	4
Zur Geschichte der internationalen anatomisch-histologisch-embryologischen Nomenklatur	5
Herkunft der anatomisch-histologisch-embryologischen Fachausdrücke.	6
Regeln für richtige Aussprache und Betonung	8
Stark vereinfachte Formenlehre des Lateinischen und Griechischen	9
A. Latein	10
B. Griechisch	12
Wortbildungsregeln	14
A. Zusammengesetzte Fachausdrücke	14
B. In den Nomina anatomica, histologica et embryologica häufig vorkommende Vorsilben (Präfixe)	14
C. In den Nomina anatomica, histologica et embryologica häufig vorkommende Endsilben (Suffixe)	16
Schreibweise	29
Alphabetisches Fachwörterverzeichnis	30
Biographische Kurznotizen	201
Ausgewähltes Schrifttum	229

Vorwort

Das bewährte Büchlein von Triepel „*Die anatomischen Namen, ihre Ableitung und ihre Aussprache*", das 1905 erstmals erschienen ist, wird in 29. Auflage vorgelegt. Sein Titel ist in „*Die Fachwörter der Anatomie, Histologie und Embryologie, Ableitung und Aussprache*" abgeändert worden. Im Rahmen einer vollständigen Neubearbeitung des alphabetischen Fachwörterverzeichnisses wurden die *Nōmĭna histologĭca* (NH) und *Nōmĭna embryologĭca* (NE), wie sie 1975 in Tokyo am 10. Internationalen Anatomenkongreß verabschiedet worden waren, miteinbezogen.

Da die klassischen Sprachen bei Studenten und jüngeren Ärzten stark an Boden verloren haben, erschien eine sehr vereinfachte, ganz kurze Formenlehre der lateinischen und griechischen Sprache, insofern sie zum Verständnis der anatomisch-histologisch-embryologischen Fachsprache notwendig ist, dringlich. Die für das Verständnis der Fachsprache so wichtigen Vorsilben (Präfixe) und Nachsilben (Suffixe) sind besonders betont worden. Allen griechisch geschriebenen Wörtern wurde in Klammern eine einfache deutsche Umschrift beigefügt, wobei die griechischen Akzente durch einen einzigen Akzent der Betonung ersetzt wurden. Auch wer kein Griechisch lesen kann, ist nun in der Lage, griechische Worte richtig auszusprechen und die entsprechenden Hinweise zu verstehen. Die biographischen Kurznotizen sind erheblich erweitert worden. Man findet hier nicht nur die wichtigsten Eponyme der deutschen, französischen, englischen und italienischen Anatomie, sondern auch jene Eigennamen, auf welche im Text hingewiesen wird. Die französischen und englischen Familiennamen, die so oft falsch ausgesprochen werden, erhielten eine Transkription in Lautschrift. Das ausgewählte Schrifttum hat sich um einige alte und neuere Arbeiten vermehrt, die in der vorliegenden Neuauflage berücksichtigt worden sind.

Wir versuchten, das Bewährte beizubehalten und es den heutigen Bedürfnissen anzupassen. Anregungen und Kritik aus dem Kreis der Leser ist für uns wichtig. Nur so kann das Buch über „*Die Fachwörter der Anatomie, Histologie und Embryologie*" noch weiter verbessert werden.

Die vorliegende 29. Auflage widme ich Herrn Direktor Dr. Rudolf Gasser, Präsident des Hochschulrates der Universität Freiburg zu seinem 65. Geburtstag.

Freiburg (Schweiz), im Frühjahr 1978　　　　　　　　　　A. Faller

Die Fachwörter der Anatomie, Histologie und Embryologie

Ableitung und Aussprache

Begründet von Hermann Triepel, Hermann Stieve und Robert Herrlinger

29. Auflage, bearbeitet von Adolf Faller

J. F. Bergmann Verlag München 1978

Prof. Dr. med. Bc. phil. Adolf Faller
Direktor des Instituts für Anatomie und Spezielle Embryologie
der Universität Freiburg, Rue Albert Gockel 1,
CH-1700 Freiburg/Schweiz

ISBN-13:978-3-8070-0300-9   e-ISBN-13:978-3-642-80490-8
DOI: 10.1007/978-3-642-80490-8

CIP-Kurztitelaufnahme der Deutschen Bibliothek. Faller, Adolf: *Die Fachwörter der Anatomie, Histologie und Embryologie.* Ableitung u. Aussprache / begr. von Hermann Triepel . . . Bearb. von Adolf Faller. – 29. Aufl. – München : J. F. Bergmann, 1978: 28. Aufl. u. d. T.: Faller, Adolf: Wörterbuch der anatomischen Fachbegriffe
NE: Triepel, Hermann: Die Fachwörter der Anatomie, Histologie und Embryologie

Das Werk ist urheberrechtlich geschützt. Die dadurch begründeten Rechte, insbesondere die der Übersetzung, des Nachdrucks, der Entnahme von Abbildungen, der Funksendung, der Wiedergabe auf photomechanischem oder ähnlichem Wege und der Speicherung in Datenverarbeitungsanlagen bleiben, auch bei nur auszugsweiser Verwertung, vorbehalten.
Bei Vervielfältigungen für gewerbliche Zwecke ist gemäß § 54 UrhG eine Vergütung an den Verlag zu zahlen, deren Höhe mit dem Verlag zu vereinbaren ist.
© J. F. Bergmann Verlag, München 1978

Die Wiedergabe von Gebrauchsnamen, Handelsnamen, Warenbezeichnungen usw. in diesem Werk berechtigt auch ohne besondere Kennzeichnung nicht zu der Annahme, daß solche Namen im Sinne der Warenzeichen- oder Markenschutz-Gesetzgebung als frei zu betrachten wären und daher von jedermann benutzt werden dürften.

Zur Geschichte der internationalen anatomisch-histologisch-embryologischen Nomenklatur

Es war das Verdienst der „Anatomischen Gesellschaft", an ihrer ersten Versammlung in Leipzig 1887 eine weitgehend international zusammengesetzte Kommission mit der Bereinigung einer Liste allgemein anerkannter anatomischer Fachbegriffe zu beauftragen. Rund 5600 Fachbezeichnungen wurden 1895 auf der Tagung der Gesellschaft in Basel als Basler *Nōmĭna Anatomĭca* (BNA) angenommen. Die BNA setzten sich verhältnismäßig rasch in den deutschsprachigen Ländern, in Italien und in den Vereinigten Staaten durch, während sie in Frankreich und England nur zögernd Eingang fanden. Verschiedenen Abänderungsvorschlägen blieb die internationale Anerkennung versagt: Weder die *Birmingham Nomenclature* der Anatomical Society of Great Britain and Ireland noch die Jenaer *Nōmĭna Anatomĭca* (JNA) der Anatomischen Gesellschaft vermochten sich durchzusetzen; ein gleiches Schicksal war der Liste der American Association of Anatomists beschieden. 1950 beschloß der 5. Internationale Anatomenkongreß in Oxford, das „International Anatomical Nomenclature Committee" (IANC) ins Leben zu rufen. Dieses legte 1955 dem 6. Internationalen Anatomenkongreß in Paris die Pariser *Nōmĭna Anatomĭca* (PNA) vor. Sie enthielten über 200 neue Bezeichnungen für das Zentralnervensystem und rund 100 für die Lungensegmente. Ergänzungen und Abänderungen kamen 1960 in New York und 1965 in Wiesbaden dazu. Das Ergebnis ist in der 4. Auflage der *„Nōmĭna Anatomĭca"* (1977) niedergelegt. Schon 1960 wurde beschlossen, besondere Unterkommissionen mit der Ausarbeitung einer histologischen und embryologischen Nomenklatur zu betrauen. Der erste Entwurf lag 1970 dem 9. Internationalen Anatomenkongreß in Leningrad vor. Die bereinigte Liste der *Nōmĭna Histologĭca* (NH) und der *Nōmĭna Embryologĭca* (NE) wurde vom 10. Internationalen Anatomenkongreß 1975 in Tokyo gutgeheißen. Die *Nōmĭna Histologĭca* und besonders die *Nōmĭna Embryologĭca* sind naturgemäß größtenteils Wortneuschöpfungen, die griechische Stämme benützen. Die klassische Zeit kannte ja weder Zytologie noch Histologie und Embryologie sowie Elektronenmikroskopie. Fachleute und Altphilologen haben in vorbildlicher Weise zusammengearbeitet. Man darf jedoch die anatomisch-histologisch-embryologische Fachsprache nicht ausschließlich nach philologischen Gesichtspunkten beurteilen, obschon sie gelegentlich auch dem Philologen interessante Auskünfte geben kann. Sie hat ein Eigenleben mit allen Inkonsequenzen und Fehlern eines solchen. Wir nehmen sie als etwas Gegebenes und in ständiger

Entwicklung Begriffenes, das auf Vereinbarungen beruht. In diesem Sinn ist die anatomisch-histologisch-embryologische Fachsprache eine „lebendige" Sprache.

Über eine international anerkannte und allgemein verwendete Fachsprache zu verfügen, ist ein großer Vorteil, besonders wenn die verwendeten Fachausdrücke kurz, einfach und verständlich sind. Sie sollen eine inhaltliche Aussage machen. Doppelbenennungen sind möglichst zu vermeiden, ebenso die Verwendung von Eigennamen (Eponymen). Allgemein eingebürgerte Fachausdrücke wird man nicht aus Gründen pedantischer Wortforschung abändern. Die anatomisch-histologisch-embryologische Fachsprache gestattet es, Tatbestände genau und kurz wiederzugeben und das Verständnis fremdsprachlicher Arbeiten zu erleichtern.

Herkunft der anatomisch-histologisch-embryologischen Fachausdrücke

Eine Fachsprache darf nie zur bloßen Vereinbarung werden, die man auswendig zu lernen hat. Sie wurzelt in altem Kulturgut, mit dem wir den Zusammenhang nicht verlieren dürfen. In den meisten Ländern ist die Kenntnis der klassischen Sprachen nicht mehr eine notwendige Voraussetzung für das Studium der Medizin. Die politisch-weltanschaulichen Umwälzungen der letzten Jahrzehnte, die überaus rasche Entwicklung der Technik mit dem Einbruch der Atomenergie und der Automation haben unser Lebensgefühl und unser Weltbild tiefgreifend verändert. An die Stelle des „klassischen" Humanismus ist das Zeitalter der Technik getreten, das wir in einem „technischen" Humanismus bewältigen müssen. Man kann wohl auf die formale Zucht der klassischen Sprachen verzichten, aber nicht auf das kulturelle Verständnis der antiken Welt: Die Alten haben fast alle großen Fragen der Menschheit im Rahmen ihres damaligen Weltbildes durchgedacht. Aus der Welt des kleinasiatischen Griechentums und aus dem Helferwillen des Christentums ist die moderne Medizin herausgewachsen. Das Verständnis der griechisch-römischen Kultur und des Christentums ist der Schlüssel zur geistigen Struktur des Abendlandes und seiner Medizin.

Fast alle anatomisch-histologisch-embryologischen Fachausdrücke gehören entweder dem lateinischen oder griechischen Sprachbereich an. Als zu Beginn des 19. Jahrhunderts die lebendigen Sprachen immer mehr in das Gebiet der Medizin und der Naturwissenschaften eindrangen, blieben als Überreste der klassischen Sprachen die Fachwörter übrig. Nur sehr wenige entstammen dem Arabischen und dem Französischen oder sind willkürlich gebildet worden. Aber nur ein Teil der Bezeichnungen ist der klassisch-lateinischen oder der altgriechischen Sprache entnommen. Die anatomisch-histologisch-embryologische Fachsprache enthält auch Fachausdrücke des silbernen Lateins der Nachklassik des Kaiserreichs, des Spätlateins des 3. bis 6. Jahrhunderts und des Vulgärlateins, aus dem sich das mittelalterliche Latein entwickelt hat. Neue Ausdrücke waren besonders auf dem Gebiet der Embryologie, Zytologie, Histologie, Elektronenmikroskopie und Klinik zu formen. Wenn dabei die für das Latein und Griechische geltenden Gesetze der Wortbildung berücksichtigt worden sind, darf der neugeformte Fachbegriff nicht beanstandet werden. Solche „neue" Kunstworte der Fachsprache sind im alphabetischen Fachwortverzeichnis mit einem * versehen. Leider ist gegen die Gesetze korrekter Wortbildung vielfach verstoßen worden. Sprachlich nicht einwandfreie Bezeichnungen, wie Bastardbildungen aus lateinischen und griechischen Stämmen, die als Hybride bezeichnet werden, können wir nicht immer ausmerzen, weil sie das, was sie bezeichnen sollen, so kurz und klar zum Ausdruck bringen, daß wir sie durch keine besseren zu ersetzen vermögen. Was im Sprachschatz der Fachwörter als richtige Bildung erkannt ist, soll erhalten bleiben. Bei notwendigen Neubildungen müssen die in Frage kommenden Regeln beobachtet werden. Wichtige Hinweise kann dabei das moderne Schrift-Griechisch geben, das ja im wesentlichen nichts anderes ist als das alte Attisch, welches im Verlauf der Zeit vereinfacht und abgeschliffen worden ist. Ausdrücke, die heute von sprachkundigen Griechen geformt werden und in wissenschaftlichen Arbeiten niedergelegt sind, können auch von uns unbedenklich gebraucht werden. Die *Nōmĭna Histologĭca et Embryologĭca* können als Beispiel dafür gelten, was eine Zusammenarbeit von Anatomen mit anerkannten Alt-Philologen zu leisten imstande ist. Die Bezeichnungen mit Eigennamen, Eponyme, denen nur zu oft keine geschichtlich nachweisbare Priorität entspricht, wurden fast völlig fallengelassen. Eine Ausnahme macht der „*complexus golgiensis*", der sicher eher adoptiert werden wird als der etwas komplizierte Ausdruck „*apparātus reticulāris internus*". Da Eponyme das medizingeschichtliche Interesse fördern und zur Erkenntnis führen können, daß die Wissenschaft von heute aus derjenigen vergangener Jahrhunderte herausgewachsen ist, haben wir die biographischen Angaben erheblich erweitert. Man findet dort nicht nur die wichtigsten Eponyme, sondern auch Hinweise auf Autoren, die im alphabetischen Fachwortverzeichnis genannt werden. Die Ärzte haben ihr Latein und Griechisch meist vergessen. Der größte Teil der Medizinstudenten hat überhaupt keine eingehende Schulung in den klassischen Sprachen erhalten. Wir geben deshalb nicht nur das griechische Alphabet mit deutscher Umschrift wieder, sondern jedem griechischen Wort folgt eine entsprechende Umschrift in runder Klammer, wobei ein einziger Akzent die drei verschiedenen Wortbetonungen des Griechischen ersetzt. Die langen griechischen Vokale η und ω (ēta und ómĕga) sind durch ē respektive ō wiedergegeben.

Fachwörter, welche ohne Kenntnis der ursprünglichen Begriffsbedeutung auswendig gelernt werden, belasten unnütz das Gedächtnis. Je mehr man zu den sprachlichen Zusammenhängen vordringt, um so leichter prägt sich der Sinn der Fachausdrücke durch vielfache Assoziationen ein. Unvermerkt rücken sie aus dem Bereich des Gedächtnisballastes heraus und werden zu etwas Verständlichem, ja schließlich zu etwas Selbstverständlichem.

Regeln für die richtige Aussprache und Betonung

Leider wird gegen die richtige Aussprache gewisser Fachausdrücke häufig verstoßen. Nach den für das Lateinische geltenden Regeln sind auch jene anatomisch-histologisch-embryologischen Namen auszusprechen, die aus dem Griechischen stammen. Fast alles, was wir an griechischer Kultur übernommen haben, ist durch das Lateinische hindurchgegangen. Den Beweis dafür liefern die bei uns gebrauchten Formen und die übliche Aussprache der aus dem Griechischen stammenden Fremdwörter oder die griechischen Namen. Wir gehen nicht ins *Museion* und hören nicht von bösen *Daimonen,* wir gehen ins *Museum* und hören von *Dämonen*. Wir bewundern nicht die Philosophie des *Sokrátes* und das Wissen des Aristotéles, wir kennen die Lehre von *Sókrates* und *Aristóteles*. Wir suchen das hunderttorige Theben nicht im Lande des *Neil,* sondern am *Nil.* Es ist der überragende Einfluß des Lateinischen auf unsere Sprache leicht zu erkennen. Lassen wir jene Altertumsforscher, welche direkte Anlehnung an das Griechische suchen, lieber von der Kunst des *Pheidias* als von der des *Phidias* sprechen! Wörter mit griechischen Endigungen wie z. B. *ganglíon* oder der Genitiv *basĕōs* des Substantivs *basis* kommen nicht nur in der anatomisch-histologisch-embryologischen Nomenklatur vor, sondern finden sich auch im guten Latein. Die Diphthonge αι (ai), οι (oi) und ει (ei) griechischer Worte werden im Latein vor Konsonanten zu ī, vor Vokalen zu ĭ oder ĕ.

Für die richtige Betonung lateinischer Wörter, ob sie nun aus dem Lateinischen stammen oder aus dem Griechischen entlehnt sind, gelten folgende Regeln:

1. *Ist der Vokal der vorletzten Silbe kurz, so wird die drittletzte Silbe betont. Weiter als bis zur drittletzten Silbe kann die Betonung nicht zurückgehen.*
2. *Ist der Vokal der vorletzten Silbe lang, so wird die vorletzte Silbe betont.*
3. *Ist der Vokal der vorletzten Silbe an und für sich kurz, folgen ihm aber zwei oder mehr Konsonanten oder folgt ihm einer der Doppelkonsonanten x oder z, so wird er durch Position lang.*
4. *Muta (b, c, d, f, g, p, t) cum liquida (l, m, n, r) macht keine Positionslänge.*
5. *ch, ph und th werden als Einzellaute empfunden.*
6. *In lateinischen Wörtern ist ein Vokal vor einem andern Vokal kurz. In griechischen Wörtern, die nach lateinischen Regeln ausgesprochen werden, bleibt ein an sich langer Vokal, dem ein anderer folgt, lang. Steht er in der vorletzten Silbe, so ruht die Betonung auf ihm.*

Für die richtige Betonung genügt es, wenn im alphabetischen Fachwörterverzeichnis bei drei- oder mehrsilbigen Wörtern der Vokal der vorletzten Silbe mit einem Länge- (¯) oder Kürzezeichen (˘) versehen wird. Es ist jedoch zweckmäßig, auch bei einer Anzahl anderer Vokale die Quantität anzugeben, wo erfahrungsgemäß Fehler in der Betonung gemacht werden.

Viele Fachwörter haben neben ihrer antiken Form noch eine zweite, welche der *deutschen Sprachweise* angepaßt ist. In diesen Fällen gelten die obigen Betonungsregeln nicht. Obwohl im alphabetischen Fachwortverzeichnis *anatomĭa, histologĭa, embryologĭa, choăna, scelĕtum* angegeben wird, so betonen wir doch Anatomíe, Histologíe, Embryologíe, Choáne, Sklelétt. Einige Termini, die nie eigentlich verdeutscht wurden, haben im Sprachgebrauch ihre Betonung verändert. Als Beispiel sei *mediastīnum* genannt. In diesen Fällen werden wir den Sprachgebrauch über die philologische Akribie stellen, doch ist danach zu trachten, diese Ausnahmen möglichst selten zuzugestehen.

Stark vereinfachte Formenlehre des Lateinischen und Griechischen

Wer mehr als eine stark vereinfachte Formenlehre wünscht, den verweisen wir auf *Ahrens, G.:* „Naturwissenschaftliches und medizinisches Latein", 5. Aufl. 1975, sowie *Michler, M.* u. *Benedum, J.:* „Einführung in die medizinische Fachsprache" 1972.

A. Latein

1. Lateinische Hauptwörter (Substantive)

Der *Artikel* fehlt in der lateinischen Sprache. Die Endigung des Hauptwortes sowie die dem Hauptwort beigegebenen Eigenschaftswörter (Adjektive) oder Partizipien geben Geschlecht und Zahl an. Um sich in der Fachsprache zurechtzufinden, ist die Kenntnis von Nominativ und Genitiv sowohl in der Einzahl (Singular) wie auch in der Mehrzahl (Plural) notwendig.

Die lateinische Sprache verfügt für die Hauptwörter über 5 Deklinationen:

	Nominativ	Genitiv	
A-Deklination:			
(1. Deklination)	-a	-ae	Singular
	-ae	ārum	Plural

Die Hauptwörter mit A-Deklination sind weiblichen Geschlechts, außer wenn sie männliche Personen bezeichnen. Einige wenige Fachwörter auf -ē deklinieren im Singular griechisch, im Plural lateinisch: Beispiel *raphē*.

	Nominativ	Genitiv	
O-Deklination:			
(2. Deklination)	-us	-i	Singular
	-i	-ōrum	Plural

Die Bezeichnung O-Deklination bezieht sich auf die Endigung im Genitiv Plural -ōrum. Die *Endung -us* bezeichnet stets das *männliche* Geschlecht.

	-um	-i	Singular
	-a	-ōrum	Plural

Die *Endung -um* bezeichnet stets ein *Neutrum*.

Konsonantische und I-Deklination: Diese komplizierte Deklination wird hier außerordentlich vereinfacht.
(3. Deklination)

	Nominativ	Genitiv	
	-s	-is	Singular
	-is	-is	
	-es	-is	
	-es	-um	Plural
		-ĭum	

Hauptwörter mit der Endung -is können *männlichen oder weiblichen* Geschlechts sein. Bei Neutren lautet der Plural:

	-a	-um
	-ĭa	-ĭum

	Nominativ	Genitiv	
U-Deklination:			
(4. Deklination)	-ŭs	-ūs	Singular
	-ūs	-ŭŭm	Plural

Hauptwörter mit der Endigung -u sind *Neutren:*

	-u	-ūs	Singular
	-ŭa	-ŭŭm	Plural
E-Deklination:	Nominativ	Genitiv	
(5. Deklination)	-ēs	-ēi	Singular
	-ēs	-ērum	Plural

Hauptwörter mit der Endigung -ēs sind *stets weiblichen* Geschlechts.

2. Lateinische Eigenschaftswörter (Adjektive)

    1. und 2. Deklination:

m	f	n	
-ŭs	-ă	-ŭm	Nominativ Singular
-ī	-ae	-ī	Genitiv
-ī	-ae	-ă	Nominativ Plural
-ōrum	-ārum	-ōrum	Genitiv

3. Deklination:

m	f	n	
-ĭs, -er	-ĭs	-ĕ	Nominativ Singular
-ĭs	-ĭs	-ĭs	Genitiv
-ēs	-ēs	-ĭă	Nominativ Plural
-ĭum	-ĭum	-ĭum	Genitiv

Das Partizip praesens folgt für den Genitiv der 3. Deklination.

3. Die Steigerung in der lateinischen Sprache

Komparativ:

m	f	n	
-ĭŏr	-ĭŏr	-ĭŭs	Nominativ Singular
-iōris	-iōris	-iōris	Genitiv
-iōres	-iōres	-iōra	Nominativ Plural
-ĭum	-ĭum	-ĭum	Genitiv

Superlativ: kann nicht nur den *höchsten,* sondern auch einen *sehr hohen* Grad bezeichnen.

m	f	n	
-issĭmŭs	-a	-ŭm	Nominativ Singular
-issĭmi	-ae	-ī	Genitiv
-issĭmi	-ae	-ă	Nominativ Plural
-issimōrum	-ārum	-ōrum	Genitiv

Ferner:

-errĭmus	-a	-um	etc.

und:

-lĭmus	-a	-um	etc.

Unregelmäßige Steigerungen:

magnus -a -um	der große
mājŏr, mājŏr, mājŭs	der größere
maxĭmus -a -um	der größte
parvus -a -um	der kleine
mĭnŏr, mĭnŏr, mĭnŭs	der kleinere
mĭnĭmus -a -um	der kleinste
supĕrus -a -um	der obere
superĭor -ĭor -ĭus	der weiter nach oben gelegene
suprēmus -a -um	der oberste
postĕrus -a -um	der hintere
posterĭor -ĭor -ĭus	der weiter hinten gelegene
postrēmus -a -um	der hinterste

B. Griechisch

1. Griechisches Alphabet

Da das griechische Alphabet kaum mehr als bekannt vorausgesetzt werden darf, geben wir die großen und kleinen Buchstaben sowie ihre Benennung und ihre deutsche Umschrift an:

Große Schrift	Kleine Schrift	Benennung	deutsche Umschrift
A	α	alpha	a, ā
B	β	bēta	b
Γ	γ	gamma	g, ng [1])
Δ	δ	delta	d
E	ε	épsĭlon	ĕ
Z	ζ	zēta	z
H	η	ēta	ē
Θ	ϑ	thēta	th
I	ι	jōta	i, ī [2])
K	ϰ	kappa	k
Λ	λ	lambda	l
M	μ	mȳ	m
N	ν	nȳ	n
Ξ	ξ	xȳ	x
O	o	ómīkron	ŏ [3])
Π	π	pī	p
P	ϱ, ῥ	rhō	r, rh
Σ	σ, ς [4])	sigma	s

T	τ	tau	t
Υ	υ	ýpsīlon	y, ȳ
Φ	φ	phī	ph
X	χ	chī	ch
Ψ	ψ	psī	ps
Ω	ω	ómĕga	ō

Bemerkungen:
1) γ wird vor γ, κ, χ und ξ wie ng ausgesprochen.
2) Das untergeschriebene ι in ᾳ, ῃ und ῳ wird *nicht* gesprochen.
3) ου wird u oder ū gesprochen.
4) ς am Ende eines Wortes.

Da die altgriechische Schrift für die meisten Leser nicht mehr verständlich ist, wurde jedem griechischen Wort *in Klammer eine deutsche Umschrift* beigegeben. Die drei griechischen Akzente sind in der Umschrift durch ´ ersetzt, wodurch eine *richtige Betonung* ermöglicht wird. Der *Spirĭtus aspĕr* ῾ entspricht unserem h, der *Spirĭtus lēnis* ᾽ wird nicht ausgesprochen. Die heutige Aussprache der griechischen Vokale, Diphthonge und Konsonanten geht auf den Humanisten *Erasmus von Rotterdam* (1466 – 1536) zurück und weicht von der neugriechischen Aussprache zum Teil erheblich ab, vermutlich auch von der Aussprache des Altgriechischen.

2. Griechische Hauptwörter (Substantive)

Die griechischen Hauptwörter besitzen wie diejenigen der deutschen Sprache einen *bestimmten Artikel*.

m	f	n	
ὅ (hŏ)	ἥ (hḗ)	τό (tŏ́)	Nominativ Singular
τοῦ (tū́)	τῆς (tḗs)	τοῦ (tū́)	Genitiv
οἵ (hoí)	αἱ (hai̯)	τά (tá̄)	Nominativ Plural
τών (tṓn)	τών (tṓn)	τών (tṓn)	Genitiv

Die griechische Sprache kennt *drei Deklinationen:*

	Nominativ	Genitiv	
A- und E-Deklination:			
(1. Deklination)	-α (a) und	-ας (ās) und	Singular
	-η (ē)	-ης (ēs)	
	-αι (ai)	-ων (ōn)	Plural

Hauptwörter auf -α (a) oder ἥ (ē) sind *stets weiblich*.

	Nominativ	Genitiv	
O-Deklination:			
(2. Deklination)	-ος (ŏs)	-ου (ū̄)	Singular
	-οι (oi)	-ων (ōn)	Plural
	-ŏν (ŏn)	-ου (ū̄)	Singular
	-ă (ă)	-ων (ōn)	Plural

Hauptwörter auf -ος (ŏs) sind *immer männlich*, solche auf -ον (ŏn) *stets Neutren*.

Konsonatische	Nominativ	Genitiv	
Deklination:	ohne Endung	-ος (ŏs)	Singular
(3. Deklination)	oder		
	-ς (s)		
	-ης (ēs)	-ων (ōn)	Plural

Solche Hauptwörter sind entweder *männlich* oder *weiblich*.

-α (ă)   -ων (ōn)

Diese Hauptwörter sind *stets sachlich*.

3. Griechische Adjektive, Komparative und Präsens-Partizipien

Enden sie auf -ος (ŏs), -α (a), -η (ē) oder -ον (ŏn), so werden sie nach der 1. und 2. Deklination flektiert.

Enden sie auf -ον (ŏn), -ων (ōn), -ες (ĕs) oder -ης (ēs), so werden sie nach der 3. Deklination flektiert.

Sehr viele anatomische Bezeichnungen der lateinischen Sprache entstammen dem Griechischen. Soweit es sich um Lehnworte handelt, haben sie sich völlig angepaßt. Der Reichtum der griechischen Sprache an Vokalen und Doppelvokalen (Diphthongen) ist dabei verloren gegangen. Wortbetonung auf der letzten Silbe, die im Griechischen häufig ist, kommt im Latein *nie* vor.

Wortbildungsregeln

A. Zusammengesetzte Fachausdrücke

Das Latein kennt nur die Zusammensetzung von Wörtern, die in einem logischen Abhängigkeitsverhältnis stehen. Zur Verbindung beider Wörter dient der Vokal i. Die *Nōmĭna anatomĭca, histologĭca* und *embryologĭca* kennen z. B. *bacillifĕr, bilifĕr, lactifĕr, seminifĕr, sudorifĕr* u. a. Die anatomische Fachsprache muß aber häufig Zusammensetzungen aus gleichwertigen Wörtern bilden, die im klassischen Latein fehlen. Bei solchen zusammengesetzten Fachausdrükken, die Neubildungen sind, wird des Wohlklanges halber ein -o- eingeschoben, z. B. *acromĭoclaviclāris, aortĭcorenālis, atrĭoventriculāris* u. a.

B. In den Nōmĭna anatomĭca, histologĭca et embryologĭca häufig vorkommende Vorsilben (Präfixe)

Da die Vorsilben den Wörtern eine charakteristische Bedeutung geben, sind sie für das Wortverständnis der Fachsprache von besonderer Bedeutung. Im alphabetischen Fachwortverzeichnis wurden alle Hauptwörter und Eigenschaftswörter mit demselben Präfix zu Gruppen zusammengefaßt.

Als Präfixe dienen selbständige und unvollständige Verhältniswörter (Präpositionen) der lateinischen und griechischen Sprache. Von geringerer Bedeutung sind Umstandswörter (Adverbien) lateinischer und griechischer Herkunft. Eine besondere Rolle spielt das α-privatīvum, das den Wortsinn in das Gegenteil verkehrt, z. B. *a-zȳgos* ungepaart, *anōnȳmus* unbenannt. Das α-intensivum wirkt verstärkend, z. B. *a-tlas* der starke Träger.

1. *Lateinische Präfixe der Nōmĭna anatomĭca, histologĭca et embryologĭca*

Für die anatomisch-histologisch-embryologische Fachsprache sind von Bedeutung

a. *Selbständige Präpositionen:*

a-, ab-, abs-	weg-, fort-
ăd-, ă-	(hin)zu-, an-
antĕ-, ant-	vorne-, vor-
circŭm-	um (herum)-
cŏm-, cŏn- (= *cum*)	zusammen-, mit-
dē-	herab-
ex-, ē-	(her)aus-, (hin)aus-
ĭn-, ĭm-	(hin)ein, un-
infrā-	unter(halb von)-
intĕr-	zwischen-
intrā-	inner(halb von)-
ŏb-	entgegen-
pĕr-	(hin)durch-
post-	hinter-
prē-	vor (etwas liegend)-
prō-	(her)vor-
rĕ-	zurück-, abermals-
sŭb-	unter(halb)-
sŭper-	ober(halb)-
sŭprā-	über (etwas liegend)-
trans-	querdurch-, (hin)über-

b. *Unselbständige Präpositionen:*

dis-, di-	ab-, zer-, auseinander-
rĕtrō-	hinter-, rückwärts-

c. *Adverbien:*

ambi-, ambo-	beiderseitig
sēmi-	zur Hälfte, halb-

d. *Zahlworte:*

semel-	einfach-, einmal-, z. B. *simplex*
bĭ-, bis-	zweimal-, doppelt-
trĭ-	dreimal-, dreifach-
quadrĭ-	viermal-, vierfach-

2. **Griechische Präfixe der *Nōmĭna anatomĭca, histologĭca et embryologĭca***

Für die anatomisch-histologisch-embryologische Fachsprache sind von Bedeutung

a. *Selbständige Präpositionen:*

amphi-	ἀμφί-	(rings)herum-
ana-	ἀνά-	(hin)auf-
anti-	ἀντί-	(ent)gegen-, gegen(über)-
apŏ-	ἀπό-	ab-, (von)weg-
dĭa-	διά-	(hin)durch-, zwischen-
en-, em-	ἐν-, ἐμ-	(dar)in-
ĕpĭ-	ἐπί-	auf-, über(hinaus)-
hypŏ-	ὑπό-	unter(halb)-
mĕta-	μετά-	(über)hinaus-, nach-
pără-	παρά-	neben-
pĕri-	περί-	(her)um-
prŏ-	πρό-	vor(wärts)-
syn-, sym-	συν-, συμ-	zusammen-, mit-

b. *Adverbien:*

ĕcto-	ἔκτος	außer(halb)
endo-	ἔνδον	innerhalb, drin(nen)
mĕsŏ-	μέσος	zwischen
hēmi-	ἡμί	halb

C. In den Nōmĭna anatomĭca, histologĭca et embryologĭca häufig vorkommende Endsilben (Suffixe)

Wir berücksichtigen nur diejenigen Suffixe, welche für die *Nōmĭna anatomĭca, histologĭca et embryologĭca* von Bedeutung sind. Ihre Reihenfolge entspricht ungefähr der Häufigkeit, mit welcher sie in den anatomisch-histologisch-embryologischen Fachwörtern vorkommen. Bei den Substantiv-Suffixen handelt es sich um lateinische Deminutive oder Suffixe der Tätigkeit. Die Adjektiv-Suffixe entstammen teils der lateinischen, teils der griechischen Sprache. Alle Suffixe werden dem Wortstamm angehängt. Stammwort und Suffix sollen derselben Sprache angehören. Bastardbildungen aus Latein und Griechisch oder Griechisch und Latein sind bei der Bildung neuer Kunstworte zu vermeiden.

1. **Lateinische Substantiv-Suffixe der Nōmĭna anatomĭca, histologĭca et embryologĭca.**
   a. *Verkleinerungssuffixe (Deminutive):*
      -ŭlus, -ŭla, -ŭlum. Häufigste Verkleinerungsform der anatomisch-histologisch-embryologischen Fachsprache, meist klassischer Herkunft.

   Beispiele:
acervŭlus von	acervus	der Haufen
collicŭlus	collis	der Hügel
funicŭlus	funis	der Strick
muscŭlus	mūs	die Maus
rencŭlus*	rēn	die Niere
auricŭla	auris	das Ohr
clavicŭla	clāvis	der Schlüssel
glandŭla	glans	die Eichel
ūvŭla*	ūva	die Traube
valvŭla	valva	die Klappe
căpitŭlum	căput	der Kopf
frēnŭlum	frēnum	der Zügel
gĕnicŭlum	gĕnu	das Knie
septŭlum	septum	die Scheidewand
tūbercŭlum	tūber	der Höcker

   -ellus, -ella, -ellum. Seltenere Verkleinerungsform der anatomisch-histologisch-embryologischen Fachsprache, meist klassischer Herkunft.

   Beispiele:
gĕmellus	gĕmĭnus	der Zwilling
vitellus**	vitŭlus	das Kalb
fabella	faba	die Bohne
glabella	glabra	die Glatze
lamella	lamĭna	die Platte
patella	patĭna	die Schüssel
cerebellum	cerebrum	das Gehirn

   -illus, -illa, -illum. Seltenere Verkleinerungsform der anatomisch-histologisch-embryologischen Fachsprache, meist klassischer Herkunft.

   Beispiele:
pēnicillus	pēnicŭlus	der Schwamm
fībrilla*	fībra	die Faser
mamilla	mamma	die weibl. Brust
papilla	papŭla	das Bläschen
pūpilla	pūpa	das Mädchen

Deminutive auf -illum sind in den Nōmĭna anatomĭca, histologĭca et embryologĭca nicht vertreten.

-ŏlus, -ŏla, -ŏlum. Seltenere Verkleinerungsform der anatomisch-histologisch-embryologischen Fachsprache, meist klassischer Herkunft.

Beispiele:

alveŏlus	alvĕus	der Hohlraum
bronchiŏlus*	bronchus	der Luftröhrenast
malleŏlus	mallĕus	der Hammer
modiŏlus	modĭus	der Scheffel
nucleŏlus	nuclĕus	der Kern
petiŏlus	pēs	der Fuß
areŏla	arĕa	das Feld
arteriŏla*	arterĭa	die Schlagader
foveŏla	fŏvĕa	die Grube

Deminutive auf -ŏlum sind in den Nōmĭna anatomĭca, histologĭca et embryologĭca nicht vertreten.

b. **Suffixe der Tätigkeit:**
Eine Tätigkeit bezeichnen die Substantiv-Suffixe -tŏr, -ĭum, -ĭo, -ĭa, -mĕn. Sie sind in der anatomisch-histologisch-embryologischen Fachsprache sehr zahlreich.

-tŏr: Mit Ausnahme von ēquator der Gleicher handelt es sich um Muskelbezeichnungen.

Klassisch belegbar; Beispiele:

adductŏr	der Heranziehende
buccinātŏr	der Blasende
dilātŏr	der Auseinanderziehende
pronātŏr	der Neigende
rotātŏr	der Drehende u. a.

Korrekte Neubildungen; Beispiele:

abductŏr*	der Wegziehende
constrictŏr*	der Zuschnürende
corrugātŏr*	der Runzelbildende
flexŏr*	der Beugende
supinātŏr*	der Aufwärtsdrehende u. a.

-ĭum:

Klassisch belegbar; Beispiele:

fastīgĭum	das Aufsteigende, der First
indūsĭum	das Überziehende, der Überzug
prōmontōrĭum	das Vorragende, der Vorsprung
spătĭum	das sich Ausbreitende, der Zwischenraum
vestīgĭum	das Ausfindigmachende, die Spur

korrekte Neubildungen; Beispiele:
- *endocardĭum** das im Herzen Befindliche, die Herzinnenhaut
- *ĕpithelĭum** das auf der Brustwarze Befindliche, das Epithel
- *ĕponychĭum** das auf dem Nagel Liegende, das Nagelhäutchen
- *ōvarĭum** das die Eier Enthaltende, der Eierstock
- *perimysĭum** das den Muskel Umhüllende, die Muskelhaut u. a.

-*ĭo:*

Klassisch belegbar; Beispiele:
- *adhēsĭo* das Anhaftende, die Verwachsung
- *děcussātĭo* das sich Kreuzende, die Kreuzung
- *formātĭo* das sich Bildende, die Bildung
- *radiātĭo* das Ausstrahlende, die Ausstrahlung
- *sectĭo* das Schneidende, der Schnitt u. a.

Korrekte Neubildungen; Beispiele:
- *associātĭo** das sich Gesellende, die Verbindung
- *bifurcātĭo** das sich Gabelnde, die Gabelung

-*ĭa:*

Klassisch belegbar; Beispiele:
- *intumescentĭa* das Anschwellende, die Anschwellung
- *prōminentĭa* das Hervorragende, die Hervorragung

Korrekte Neubildung; Beispiel:
- *prōtuberantĭa** das sich Vorbuckelnde, die Vorbuckelung

-*měn:*

Klassisch belegbar; Beispiele:
- *culměn* das Gipfelnde, der Gipfel
- *fŏrāmeň* das sich Höhlende, das Loch
- *līměn* das Begrenzende, die Grenze

---

* Das betreffende Wort kommt bei Schriftstellern des Altertums *nicht* vor und ist eine *Neubildung*.
** vitellus hat in der Fachsprache die Bedeutung von Eidotter.
*** cerūměn ist willkürlich gebildet aus *cēra* das Wachs und οὖς (ús) das Gehör. Bildung analog zu *albūměn*.

nōmĕn — das Benennende, der Name
putāmĕn — das zu Schälende, die Schale
sēmĕn — das zu Säende, der Samen
tegmĕn — das Deckende, das Dach

Willkürliche Neubildung; Beispiel:
cerūmĕn*** — das Ohrschmalz

2. Lateinische Adjektiv-Suffixe der Nōmĭna anatomĭca, histologĭca et embryologĭca

-ālis, -is, -e: Die Großzahl der Adjektive der anatomisch-histologisch-embryologischen Fachsprache enden auf *-ālis*. Suffix der *Zugehörigkeit zum Grundbegriff.*

Klassisch belegbar; Beispiele:
- brachiālis — zum Arm *brachĭum* gehörend
- femorālis — zum Oberschenkel(knochen) *femur* gehörend
- renālis — zur Niere *rēn* gehörend
- septālis — zur Scheidewand *septum* gehörend
- vesicālis — zur (Harn)blase *vesīca* gehörend
u. a.

Korrekte Neubildungen; *Beispiele:*
- abdominālis* — zum Bauch *abdōmen* gehörend
- costālis* — zur Rippe *costa* gehörend
- germinālis* — zum Keimen *germinatĭo* gehörend
- lienālis* — zur Milz *lĭēn* gehörend
- pulmonālis* — zur Lunge *pulmo* gehörend
- vertebrālis* — zum Wirbel *vertebra* gehörend

Wenig erfreuliche Hybride; Beispiele:
- acromiālis* — zur Schulterhöhe τὸ ἀκρώμιον (tó akrómion) gehörend
- basālis* — zur Basis ἡ βάσις (hē básis) gehörend
- glenoidālis* — zum Glänzenden ἡ γλήνη (hē glēnē) gehörend
- hēmorrhoidālis* — zum Blutfluß ἡ αἱμορροίς (hē haimorroís) gehörend
- hypophysiālis* — zum untern Hirnanhang ἡ ὑπόφυσις (hē hypóphysis) gehörend
- zygapophysiālis* — zum Gelenkfortsatz ἡ ξευγαπόφυσις (hē zeugapóphysis) gehörend

-āris, -is, -e: Durch Dissimilation aus *-ālis* entstanden.
Klassisch belegbar; Beispiele:
alāris	zum Flügel *āla* gehörend
capillāris	zum Haar *capillus* gehörend
papillāris	zur Papille *papilla* gehörend
pulmonāris	zur Lunge *pulmo* gehörend (N. H.)
sellāris	zum Sattel *sella* gehörend
vestibulāris	zum Vorhof *vestibulum* gehörend

Korrekte Neubildungen; Beispiele:
alveolāris*	zur kleinen Höhlung *alveŏlus* gehörend
ciliāris*	zur Wimper *cilĭum* gehörend
fasciolāris*	zum Bändchen *fasciŏla* gehörend
musculāris*	zum Muskel *muscŭlus* gehörend
patellāris*	zur Kniescheibe *patella* gehörend

-ōsus, -a, -um: Suffix der *Fülle*.

Klassisch belegbar; Beispiele:
aquōsus	wasserreich, *aqua* das Wasser
cavernōsus	höhlenreich, *caverna* die Höhle
foraminōsus	löcherreich, *fŏrāmĕn* das Loch
mucōsus	schleimreich, *mūcus* der Schleim
vorticōsus	strudelreich, *vortex* der Strudel

Sekundär können Adjektive auf *-ōsus* die Bedeutung der *Beschaffenheit oder Zugehörigkeit* erlangen;

Beispiele:
callōsus	schwielig, *callum* die Schwiele
spongiōsus	schwammig, *spongĭa* der Schwamm
squamōsus	zur Schuppe gehörend, *squāma* die Schuppe

Korrekte Neubildungen; Beispiele:
adipōsus*	fettreich, *adeps* das Fett
gelatinōsus*	gallertig, *gelatīna** die Gallerte
glomerulōsus*	reich an Knäuelchen, *glomerŭlum* das Knäuelchen
lammellōsus*	reich an Lamellen, *lamella* die Lamelle
pulpōsus*	markreich, *pulpa* das Mark
venōsus*	venenreich, *vēna* die Vene

-ĕus, -ĕa, -ĕum: Suffix der *Herkunft aus einem bestimmten Stoff.*

Klassisch belegbar; Beispiele:
albuginĕus	weißlich, *albūgo* der weiße Fleck
carnĕus	fleischig, *carō* das Fleischstück
cinerĕus	aschgrau, *cĭnis* die Asche
ossĕus	knöchern, *ŏs* der Knochen
trĭticĕus	körnig, *trītĭcum* das Korn
vitrĕus	glasig, *vitrum* das Glas

Sekundär können Adjektive auf *-ĕus* die Bedeutung der *Zugehörigkeit* oder auch der *Ähnlichkeit* erlangen; Beispiele:
pectinĕus	zum Kamm *pecten* gehörend
poplitĕus	zur Kniekehle *pŏplēs* gehörend
solĕus	einem Plattfisch *solĕa* ähnlich

Korrekte Neubildungen; Beispiele:
cartilaginĕus*	knorpelig, *cartilāgo* der Knorpel
cutanĕus*	häutig, *cŭtis* die Haut
grisĕus*	grau, mittelhochdeutsch grīs, französisch gris
sebacĕus*	aus Talg bestehend, *sēbum* der Talg
tendinĕus*	sehnig, *tendo** die Sehne

-ōrĭus, -a, -um: Suffix der *Fähigkeit* oder *Dienlichkeit.*

Klassisch belegbar; Beispiele:
digestōrĭus	zum Verdauen geeignet, *digĕrĕre* verdauen
gustatōrĭus	zum Schmecken geeignet, *gustāre* schmecken
motōrĭus	zur Bewegung geeignet, *motāre* bewegen
respiratōrĭus	zum Atmen geeignet, *respirāre*, atmen
tectōrĭus	zum Decken geeignet, *tegĕre* decken

Korrekte Neubildungen; Beispiele:
adductōrĭus*	zum Heranführen geeignet, *adducĕre* heranführen
excretōrĭus*	zum Ausscheiden geeignet, *excernĕre* ausscheiden

*obturatōrĭus**	zum Verstopfen geeignet, *obturāre* verstopfen
*sensōrĭus**	zum Empfinden geeignet, *sentīre* empfinden
*suspensōrĭus**	zum Aufhängen geeignet, *suspendĕre* aufhängen u. a.

-ārĭus, -a, -um: Suffix der *Zugehörigkeit*.

Klassisch belegbar; Beispiele:

alimentārĭus	zur Ernährung gehörend, *alimentum* die Nahrung
coronārĭus	zum Kranz gehörend, *corōna* der Kranz
pituitārĭus	zum Schleim gehörend, *pituīta* der Schleim
solitārĭus	zum Einzelnen gehörend, *solus* allein
transversārĭus	zum Querlaufenden (Fortsatz) gehörend, *(prōcessus) transversus* der Quer(fortsatz)

Korrekte Neubildungen; Beispiele:

*costărĭus**	zur Rippe gehörend, *costa* die Rippe
*tubārĭus**	zur (Ohr)trompete gehörend, *tŭba* die gerade Trompete

-ātus, -a, -um: Suffix des *Versehen-Seins mit etwas*.

Klassisch belegbar; Beispiele:

caudātus	mit einem Schwanz versehen, *cauda* der Schwanz
dendātus	mit Zähnen versehen, *dens* der Zahn
hāmātus	mit einem Haken versehen, *hāmus* der Haken
pectinātus	mit einem Kamm versehen, *pectĕn* der Kamm
strĭātus	mit Streifen versehen, *strĭa* der Streifen u. a.

Sekundär können Adjektive auf *-ātus* die Bedeutung der *Ähnlichkeit* erlangen; Beispiele:

digitātus	fingerförmig, *digĭtus* der Finger
cruciātus	kreuzförmig, *crux* das Kreuz

palmātus	palm(zweig)förmig, *palma* der Palmzweig, die Hand
pennātus	federförmig, *penna* die Feder
serrātus	sägeförmig, *serra* die Säge u. a.

Korrekte Neubildungen; Beispiele:

corniculātus*	mit einem Hörnchen versehen, *cornŭ* das Horn
furcātus*	mit einer Gabel versehen, *furca* die Gabel
gĕniculātus*	mit einem Knie versehen, *gĕnŭ* das Knie
spīnātus*	mit einem Grat oder Dorn versehen, *spīna* der Grat, der Dorn u. a.

-īnus, -a, -um: Suffix der *Zugehörigkeit zum Grundbegriff* oder der *Ähnlichkeit.*

Klassisch belegbar; Beispiele:

anserīnus	gänse(fuß)ähnlich, *anser* die Gans
equīnus	pferdeähnlich, *equus* das Pferd
feminīnus	weiblich, *femĭna* das Weib, die Frau
masculīnus	männlich, *mās* der Mann, das Männchen
uterīnus	zur Gebärmutter gehörend, *utĕrus* die Gebärmutter u. a.

Korrekte Neubildungen; Beispiele:

dentīnus*	zum Zahn gehörend, *dens* der Zahn. Substantiviert in *dentīnum* (scīl. *ŏs)* das Zahnbein
helicīnus*	schneckenartig, *helix* die Schnecke
palatīnus*	zum Gaumen gehörend, *palātum* der Gaumen
pelvīnus*	zum Becken gehörend, *pelvis* das Becken
retīnus*	netzähnlich, *rēte* das Netz. Substantiviert in *retīna* (scīl. *tunĭca)* die Netzhaut u. a.

-formis, -is, -e: Suffix der *Formähnlichkeit.*

Klassisch belegbar; Beispiel:

pampiniformis	rankenförmig, *pampĭnus* die Weinranke

Korrekte Neubildungen; Beispiele:
    cunĕiformis*   keilförmig, *cunĕus* der Keil
    fundiformis*   schleuderförmig, *funda* die Schleuder
    lentiformis*   linsenförmig, *lens* die Linse
    pĭriformis*   birnförmig, *pĭrum* die Birne
    vermiformis*   wurmförmig, *vermis* der Wurm
u. a.

Wenig erfreuliches Hybrid; Beispiel:
    emboliformis*   pfropfförmig, ὁ ἔμβολος (ho émbolos) der Pfropf

-(ĭ)fĕr, -a, um: Suffix des *Tragens* oder *Führens*. Das *-ĭ-* wird des Wohlklanges wegen eingeschoben.

Klassisch belegbar; Beispiele:
    lactĭfĕr   milchführend, *lac* die Milch
    seminĭfĕr   samenführend, *sēmen* der Samen
    sudorĭfĕr   schweißführend, *sūdŏr* der Schweiß

Korrekte Neubildung; Beispiel:
    bacillifer*   stäbchentragend, *bacillum* das Stäbchen
    bilĭfĕr*   galleführend, *bīlis* die Galle
    conĭfĕr*   zapfentragend, *cōnus* der Zapfen
    granulĭfĕr*   körnchentragend, *granŭlum* das Körnchen
    melanĭfĕr*   dunkles Pigment führend, *melanīnum* das dunkle Pigment
    urinĭfĕr*   harnleitend, *urīna* der Harn

-īvus, -a, -um: Suffix der *Zugehörigkeit zu einem Partizip*.

In den *Nōmĭna anatōmĭca, histolōgĭca et embryologĭca* kein klassisch belegbares Beispiel.

Korrekte Neubildungen; Beispiele:
    audītīvus*   zum Hören geeignet, *audīre* hören
    conjunctīvus*   zum Verbinden geeignet, *conjungĕre* verbinden. Substantiviert in *conjunctīva* (scīl. *tŭnĭca*).
    incisīvus*   zum Einschneiden geeignet, *incīdĕre* einschneiden. Substantiviert in *incisīvus* (scīl. *dens*).

2. Griechische Adjektiv-Suffixe der Nōmĭna anatomĭca, histologĭca et embryologĭca.

-ικός, lateinisch -ĭcus, -a, -um: Suffix der *Zugehörigkeit* oder *Formähnlichkeit*.

Klassisch belegbar; Beispiele:

acustĭcus	ἀκουστικός (akustikós) zum Hören gehörend
chirurgĭcus	χειρουργικός (cheirurgikós) zur Chirurgie gehörend
enterĭcus	ἐντερικός (enterikós) zu den Eingeweiden gehörend
tragĭcus	τραγικός (tragikós) zum Bocke gehörend

Einige haben im Griechischen eine andere Bedeutung als im Latein:

carotĭcus	zur *A. carōtis* gehörend
καρωτικός (karōtikós)	betäubend
ischiadĭcus	zum Sitzbein gehörend
ισχιαδικός (ischiadikós)	an Hüftweh leidend
thymĭcus	zum Thymus gehörend
θυμικός (thymikós)	leidenschaftlich

Korrekte Neubildungen; Beispiele:

colĭcus*	zum Dickdarm gehörend
κωλικός (kōlikós)	dickdarmkrank
thoracĭcus*	zur Brust gehörend
θωρακικός (thōrakikós)	brustkrank
tympanĭcus*	zum Mittelohr gehörend
τυμπανικός (tympanikós)	an Bauchwassersucht leidend

-(ο)ειδής, lateinisch -(o)īdĕus, -a, -um: Suffix der *Formähnlichkeit*. τὸ εἶδος (tó eídos) die Gestalt, die Form. Das -o- wird des Wohlklanges wegen eingeschoben. Die Quantität des e (ĕ oder ē) ist umstritten. Wo das lateinische -oīdĕus vom griechischen -(ο)ειδής abzuleiten ist, muß sicherlich -(o) īdĕus vorgezogen werden (*Hyrtl*, 1880; *Ahrens*, 1975): „Da kein zwingender Grund vorliegt, in diesen Suffixen aus dem Griechischen ein langes ē abzuleiten, kann das lateinische Sprachgesetz „vocālis ante vocālem brĕvis est" angewendet werden" (*Ahrens*, 1975, Seite 71).

Klassisch belegbar; Beispiele:

arachnoīdĕus	ἀραχνοειδής	(arachnoeidés)	spinngewebeähnlich
arytenoīdĕus	ἀρυτενοειδής	(arytenoeidés)	gießbeckenähnlich
bulboīdĕus	βολβοειδής	(bolboeidés)	zwiebelförmig
choroīdĕus	χοροειδής	(choroeidés)	chorionförmig
clinoīdĕus	κλινοειδής	(klinoeidés)	bettförmig
cricoīdĕus	κρικοειδής	(krikoeidés)	ringförmig
cuboīdĕus	κυβοειδής	(kyboeidés)	würfelförmig
deltoīdĕus	δελτοειδής	(deltoeidés)	deltaförmig
hyaloīdĕus	ὑαλοειδής	(hyaloeidés)	glasförmig
hyoīdĕus	ἱοειδής	(hyoeidés)	dem Buchstaben *v* ähnlich
lambdoīdĕus	λαμβδοειδής	(lambdoeidés)	lambdaförmig
mastoīdĕus	μαστοειδής	(mastoeidés)	brustwarzenförmig
pterygoīdĕus	πτερυγοειδής	(pterygoeidés)	flügelförmig
rhomboīdĕus	ῥομβοειδής	(hromboeidés)	rautenförmig
scaphoīdĕus	σκαφοειδής	(skaphoeidés)	kahnförmig
sigmoīdĕus	σιγμοειδής	(sigmoeidés)	sigmaförmig
styloīdĕus	στυλοειδής	(styloeidés)	griffelförmig
thyroīdĕus	θυροειδής	(thyroeidés)	schildförmig
trapezoīdĕus	τραπεζοειδής	(trapezoeidés)	trapezförmig
trochoīdĕus	τροχοειδής	(trochoeidés)	radförmig
xiphoīdĕus	ξιφοειδής	(xiphoeidés)	schwertförmig

Korrekte Neubildungen; Beispiele: Sie gehen fast durchweg auf die Anatomen *Caspar Bauhin* (1560 – 1624) und *Jean Riolan junior* (1580 – 1657) zurück.

amygdaloīdĕus*	ἀμυγδαλοειδής	(amygdaloeidés)	mandelförmig
cōnoīdĕus*	κωνοειδής	(kōnoeidés)	kegelförmig
coracoīdĕus*	κορακοειδής	(korakoeidés)	raben(schnabel)förmig
corōnoīdĕus*	κορωνοειδής	(corōnoeidés)	hakenförmig
sēsamoīdĕus*	σησαμοειδής	(sēsamoeidés)	kornförmig
spheroīdĕus*	σφαιροειδής	(sphairoeidés)	kugelförmig

-(ι)αῖος, lateinisch *-ēus, -a, -um*: Suffix der *Zugehörigkeit*. Nur wenige Adjektive der anatomisch-histologisch-embryologischen

Fachsprache stammen vom griechischen Suffix *-(ι)αῖος* her und müssen dementsprechend die lateinische Endung *-ēus* haben:

anconēus*	ἀγκωνιαῖος	(angkōniaíos)	zum Ellbogen gehörend
glutēus*	γλουτιαῖος	(glutiaíos)	zur Hinterbacke gehörend
peronēus*	περονιαῖος	(peroniaíos)	zum Wadenbein gehörend
tarsēus*	ταρσιαῖος	(tarsiaíos)	zur Fußwurzel gehörend

Mehrere hatten im klassischen Griechisch die Endung *-ικός*, was latinisiert *-ĭcus* ergeben müßte. Sie gehen auf mittelalterliche Neubildungen auf *-αῖος* zurück und enden deshalb auf *-ēus:*

carpēus*	besser wäre	*carpĭcus*
coccygēus*	besser wäre	*coccygĭcus*
ēsophagēus*	besser wäre	*ēsophagĭcus*
laryngēus*	besser wäre	*laryngĭcus*
meningēus*	besser wäre	*meningĭcus*
parotidēus*	besser wäre	*parotidĭcus*
phalangēus*	besser wäre	*phalangĭcus*
pharyngēus*	besser wäre	*pharyngĭcus*

NB. Da *pŏplĕs* ein lateinisches Stammwort ist, muß die Adjektivform *poplītĕus* lauten.

-ακός, lateinisch *-ăcus, -a, -um:* Suffix der *Zugehörigkeit*.

Klassisch belegbar; Beispiel:
    cēliăcus   κοιλιακός   zur Bauchhöhle ἡ
                          (koiliakós)   κοιλία (he koilía) gehörend

Einige haben im Griechischen eine andere Bedeutung als im Latein:
cardĭăcus zum Magenmund oder zum Herzen gehörend
καρδιακός (kardiakós) magenkrank oder herzkrank

Korrekte Neubildungen; Beispiele:
    chondriăcus*   χονδριακός   zum Knorpel ὁ
                                 (chondriakós)   χόνδρος (ho chóndros) gehörend

*iliăcus**	ἰλιακός (iliakós)	zur Weiche τὰ ἴλια (tá ília) gehörend

-ἰνος, lateinisch *-ĭnus, -a, -um:* Suffix der *Stoffbezeichnung*. Klassisch belegbar; Beispiel:

adamantĭnus	ἀδαμάντινος (adamántinos)	aus Stahl ὁ ἀδάμας (ho adámas) bestehend

-γενος, lateinisch *-gĕnus, -a, -um:* Suffix der *Herkunft oder Abstammung*. Korrekte Neubildungen; Beispiele:

*mucigĕnus**	Schleim bereitend
*zymogĕnus**	Proferment bereitend

Schreibweise

Es besteht wohl kein Zweifel daran, daß in der klassischen Zeit die Aussprache des lateinischen c durch den k-Laut erfolgte. Es werden deshalb auch immer mehr Anatomen *cerebrum, cervix, cilĭum* oder *cingŭlum* wie kerebrum, kervix, kilium oder kingulum aussprechen. So zu schreiben wäre natürlich falsch. Entsprechendes gilt auch für die aus dem Griechischen stammenden Fachwörter wie *centrum, cephalĭcus* oder *circŭlus*. Sie werden kentrum, kephalikus oder kirkulus ausgesprochen. Im deutschen Sprachgebrauch werden auch weiterhin Zentrum und Zirkel beibehalten werden. In der lateinischen Schreibweise der *Nōmĭna* muß in weitestem Umfang der Buchstabe c gebraucht werden. Das klassische Latein schrieb nur *Karthago* und *kalendae* mit k. In vereinzelten neugebildeten Fachwörtern, die auf griechische Stämme zurückgehen, wie etwa *kerătohyalīnum**, *kinetochōrus** und *kinetocilĭum** wird das k gebraucht. Die Römer verwendeten fast ausschließlich das aus dem griechischen Gamma entwickelte c und sprachen es in der klassischen Zeit wie k aus. Erst im Mönchslatein wird das c vor hellen Vokalen und Diphthongen wie z ausgesprochen. In der deutschen Rechtschreibung soll der Buchstabe z in Fremdworten nur dann gebraucht werden, wenn er einem griechischen ζ entspricht. Deshalb soll *placenta* mit c und nicht mit z geschrieben werden.

Alphabetisches Fachwörterverzeichnis

Ableitung der Fachwörter und Anleitung zu deren richtiger Aussprache

Die Zusammenstellung der Fachwörter erfolgte nach den PNA *Nomĭna anatomĭca* 4. Auflage, *Excerpta medĭca* Foundation, Amsterdam, Oxford 1977, und nach den *Nomina histologica et embryologica* Final Version, Tokio, 1975.

Die vom gleichen *Grundwort* abgeleiteten Bezeichnungen sowie die Fachausdrücke mit demselben *Präfix (Vorsilbe)* werden jeweils unter dem Grundwort oder der betreffenden Vorsilbe angeführt. Die *Doppelvokale (Diphthonge)* wurden als einfache Vokale geschrieben. Die *Bindestriche* bei zusammengesetzten Fachworten wurden weggelassen. Das dem Latein unbekannte *J* wurde der angelsächsischen Gewohnheit entsprechend beibehalten. Die Endigung *-(o)ĭdĕus* wurde nach dem von *Joseph Hyrtl* veröffentlichten philologischen Gutachten und den von *Ahrens,* 1975, vertretenen Gesichtspunkten mit kurzem ĕ angegeben.

Fachwörter, die in der jetzigen Fachsprache gebraucht werden, sind *fettgedruckt*. Bezeichnungen alter Lehrbücher, die von Klinikern noch gebraucht werden, sind *kursiv* gesetzt. Ein * bezeichnet sprachliche Neuschöpfungen oder Ausdrücke, welche bei Schriftstellern des klassischen Altertums nicht vorkommen. *Pfeile* bedeuten Hinweise, die nachgeschlagen werden können. Seltener gebrauchte Fachwörter werden mit *Beispielen in Kursivschrift* angeführt.

Abkürzungen

Anat.	anatomĭa	die Anatomie
ang.	angŭlus	der Winkel
ant.	anterĭor	vorn liegend
apert.	apertūra	die Öffnung
a.	artērĭa	die Schlagader
aa.	artērĭae	die Schlagadern
art.	articulātĭo	das Gelenk
	articulatiōnes	die Gelenke
	articulāris	zum Gelenk gehörend
bes.	–	besonders
betr.	–	betreffend
bez.	–	beziehungsweise
br.	bronchus	der Hauptast der Luftröhre
	bronchi	die Hauptäste der Luftröhre
b.	bursa	der (Schleim)-Beutel
cartil.	cartilāgo	der Knorpel
	cartilāgĭnes	die Knorpel
Chr.	Christus	der Christ
d. h.	–	das heißt
dec.	decussātĭo	die Kreuzung
Dem.	deminutīvum	die Verkleinerungsform
Embryol.	embryologĭa	die Embryologie
fasc.	fascicŭlus, fascicŭli	das Bündel, die Nervenbahn
f.	femimīnum	weiblich

Alphabetisches Wörterverzeichnis

fibr.	fibrōsus	faserreich
gl.	glandŭla	die Drüse
gll.	glandŭlae	die Drüsen
Histol.	–	die Histologie
Jahrh.	–	das Jahrhundert
junct.	junctūra	die Knochenverbindung
lām.	lāmĭna	das Blatt
lig.	ligamentum	das Band
ligg.	ligamenta	die Bänder
lymph.	lymphātĭcus	lymphatisch
m.	masculīnum	männlich
membr.	membrāna	die Haut
m.	muscŭlus	der Muskel
mm.	muscŭli	die Muskeln
n.	nervus	der Nerv
nn.	nervi	die Nerven
n.	neutrum	sachlich
nŭcl.	nŭclĕus	der Kern
p.	pars	der Teil
Part.	participĭum	das Partizip
pl.	plexus, plexūs	das Geflecht, die Geflechte
post.	posterĭor	hinten liegend
prōc.	prōcessus	der Fortsatz
r.	rāmus	der Ast
rr.	rāmi	die Äste
rĕc.	rĕcessus	die Vertiefung
scīl.	scīlicet	vorausgesetzt, selbstverständlich
segm.	segmentum	der Abschnitt
Sing.	–	der Singular
sp.	spīna	der Dorn
str.	strātum	die Schicht
subst.	substantĭa	die Substanz
sut.	sutūra	die Naht
syn.	synchondrōsis	die Knorpelhaft
synov.	synoviālis	mit Gelenkschmiere zu tun habend
syst.	systēma	das System
tr.	tractus	der Zug, die Nervenbahn
trr.	tractūs	die Nervenbahnen
trig.	trigōnum	das Dreieck
tuberc.	tubercŭlum	das Höckerchen
tuberos.	tuberosĭtas	die Rauhigkeit
tŭn.	tŭnĭca	die Gewebeschicht
vag. synov.	vagīna synoviālis	die Sehnenscheide
vag. fibr.	vagīna fibrōsa	die fibrös verstärkte Sehnenscheide
v.	vēna	die Blutader
vv.	vēnae	die Blutadern
z. B.	–	zum Beispiel

A

a- (ἀ), **an-** (ἀν-) *alpha privatīvum,* das den Wortsinn in das Gegenteil verkehrende *a. privāre* berauben:
a-blepharīa*, -ae, *f.* das Fehlen der Augenlider. τὸ βλέφαρον (to blépharon), das Augenlid. βλέπειν (blépein) sehen.
a-brachīa*, ae, *f.* das Fehlen der oberen Extremität. *brachium* -ĭi, *n.* die obere Extremität. ὁ βραχίων (ho brachíōn).
a-cardīa*, -ae, *f.* das Fehlen des Herzens. ἡ καρδία (hē kardía) das Herz.
a-cardiácus*, -a, -um mit fehlender Herzanlage. *cardiacus**, a, -um zum Herzen gehörend. In → *fētus acardiăcus.*
a-cheilīa*, -ae, *f.* das Fehlen der Lippen. τὸ χεῖλος (tó cheílos) die Lippe.
a-cheirīa*, -ae, *f.* das Fehlen der Hand. ἡ χείρ, χειρός (hē cheír, cheirós) die Hand.
a-chondroplasīa*, -ae, *f.* die Störung der enchondralen Ossifikation. ὁ χόνδρος (ho chóndros) der Knorpel. πλάσσειν (plássein) bilden.
a-chondroplastĭcus*, -a, -um mit gestörter enchondraler Ossifikation. In → *nānus achondroblastĭcus.*
a-cranīa*, -ae, *f.* das Fehlen des knöchernen Schädels. *cranĭum,* -ĭi, *n.* der knöcherne Schädel. τὸ κρανίον (tó kraníon).
a-daktylīa*, -ae, *f.* das Fehlen der Finger. ὁ δάκτυλος (ho dáktylos) der Finger.
a-ganglionōsis*, -is (auch -eōs), *f.* das Fehlen der Nervenknoten. τὸ γάγγλιον (tó gánglion) der Nervenknoten, das Ganglion. In → *aganglionōsis* → *colonĭca, aganglionōsis* → *recti.*
a-ganglionĭcus*, -a, -um mit fehlenden Nervenknoten. In → *megacolon aganglionĭcum.*
a-genesīa*, -ae, *f.* die fehlende Bildung. ἡ γένεσις (hē génesis) die Bildung.
a-glossīa*, -ae, *f.* das Fehlen der Zunge. ἡ γλῶσσα (hē glóssa) die Zunge.
a-gnathīa*, -ae, *f.* das Fehlen des Kiefers. ὁ γνάθος (ho gnáthos) der Kiefer.
a-granulocȳtus*, -i, *m.* die ungekörnte (Blut-)Zelle. *grānŭlum,* -i, *n.* das Körnchen, Dem. von *grānum,* -i, *n.* das Korn. τὸ κύτος (to kýtos) die Zelle.
a-gyrīa*, -ae, *f.* das Fehlen der Hirnwindungen. ὁ γῦρος (ho gýros) der Kreis, die Windung.
a-kephalīa*, -ae, *f.* das Fehlen des Kopfes. ἡ κεφαλή (hē kephalé) der Kopf.
a-macrĭnus*, -a, -um klein. μακρός (makrós) groß. In → *neurocȳtus* amacrĭnus** die kleine Nervenzelle der Retīna. Von → Ramon y Cajal geschaffenes Kunstwort.
a-mastīa*, -ae, *f.* das Fehlen der Brustdrüse. ὁ μαστός (ho mastós) die Brustdrüse.
a-melīa*, -ae, *f.* das Fehlen eines Gliedes. τὸ μέλος (tó mélos) das Glied.
a-menorrhēa*, -ae, *f.* das Fehlen der Monatsblutung. ὁ μήν, μηνός (ho mén, mēnós) der Monat. ῥέειν (hréein) fließen.

a-metastāsis*, -is (auch -eōs), *f.* der Zustand ohne Veränderung. ἡ μετάστασις (hē metástasis) die Veränderung, die Wanderung. Metastase bezeichnet auch eine Tochtergeschwulst, die durch Auswanderung sich gebildet hat.
a-mitōsis*, -is, *f.* die Kernteilung ohne Fadenbildung oder direkte Kernteilung. ὁ μίτος (ho mítos) der Faden, die Schlinge.
a-morphīa*, -ae, *f.* die Gestaltlosigkeit. ἡ μορφή (hē morphḗ) die Gestalt.
a-morphus*, -a, -um, **a-morphicus***, -a, um gestaltlos, strukturlos. ἡ μορφή (hē morphḗ) die Gestalt. In → *p. amorpha* der elastischen Faser.
a-mylīa*, -ae, *f.* das Fehlen des (Rücken-)Marks. ὁ μυελός (ho myelós) das Mark, dann auch das Rückenmark. *myelīnum**, -i, *n.* die Markschicht, das Myelin.
a-myelinātus*, -a, -um marklos. *myelīnum**, -i, *n.* das Mark, ὁ μυελός (ho myelós) das Mark. In → *neurofibra amyelināta.*
a-myotonīa*, -ae, *f.* der Tonusverlust der Muskeln. ὁ μῦς, μυός (ho mŷs, myós) der Muskel. ὁ τόνος (ho tónos) die Spannung.
a-myotypĭcus*, -a, -um nicht typisch muskulär gebaut. ὁ μῦς, μυός (ho mŷs, myós) der Muskel. *tўpus,* -i, *m.* das Urbild ὁ τύπος (ho týpos). In → *vās lymphatĭcum amyotypĭcum.*
an-encephalīa*, -ae, *f.* das Fehlen des (Groß-)Hirns. ὁ ἐγκεφαλός (ho engkephalós) das Gehirn.
a-nephrīa*, -ae, *f.* das Fehlen der Niere. ὁ νεφρός (ho nephrós) die Niere.
an-ēstrus*, -i, *m.* der Zustand ohne Brunst. *estrus**, -i, *m.* die Brunst.
an-euploidēa*, -ae, *f.* der Zustand mit abnormem Chromosomensatz. εὔπλοος (euplóos) gutgeartet. Das Kunstwort *ploidēa**, -ae, *f.* die Ploidie bezeichnet das Verhalten des Chromosomensatzes. Das Wort wurde in Anlehnung an ἁπλόος (haplóos) und διπλόος (diplóos) einfach und zweifach gebildet und bezeichnet die „Fachheit" des Chromosomensatzes, dann auch seinen Zustand.
an-euploidĕus*, -a, -um nicht gutgeartet, mit abnormem Chromosomensatz. εὔπλοος (euplóos) gutgeartet. In → *cellŭla aneuploidēa.*
an-eusomīa*, -ae, *f.* der Zustand mit abnormem Chromosomensatz. εὖ (eu) wohl. τὸ σῶμα (tó sṓma) das Körperchen.
an-hidrōsis*, -is (auch -eōs), *f.* das Fehlen der kleinen Schweißdrüsen. τὸ ὕδωρ (tó hýdōr) das Wasser, der Schweiß.
an-iridīa*, -ae, *f.* das Fehlen der Regenbogenhaut, *iris.*
an-odontīa*, -ae, *f.* das Fehlen der Zähne. ὁ ὀδούς, ὀδόντος (ho odús, odóntos) der Zahn.
an-odynīa*, -ae, *f.* das Fehlen der Schmerzempfindung. ἡ ὀδύνη (hē odýnē) der Schmerz.
a-nomalīa*, -ae, *f.* die Regelwidrigkeit. ὁ νόμος (ho nómos) die Regel, das Gesetz. ἄ-νομος (á-nomos) regellos.
a-nomălus, -a, -um regelwidrig, gesetzwidrig. In → *vās anomālum.*
an-onychīa*, -ae, *f.* das Fehlen der Nägel. ὁ ὄνυξ, ὄνυχος (ho ónyx, ónychos) der Nagel.
an-ōnўmus, -a, -um namenlos. ἀνώνυμος (anṓnymos). τὸ ὄνομα (tó ónoma) der Name. Früher in → *a. anōnŷma,* jetzt durch das sinngemäße → *brachĭocephalĭcus* ersetzt.
an-ophthalmīa*, -ae, *f.* das Fehlen des Auges. ὁ ὀφθαλμός (ho ophthalmós) das Auge.

an-orchismus*, -i, *m.* das Fehlen der Hoden. *ὁ ὄρχις* (ho órchis) der Hoden.
an-osmīa*, -ae, *f.* das Fehlen der Geruchsempfindung. *ἡ ὀσμή* (hē osmḗ) der Geruch, die Geruchsempfindung.
an-otīa*, -ae, *f.* das Fehlen der Ohrmuschel oder des ganzen Gehörorgans. *τὸ οὖς, ωτός* (tó ūs, ōtós) das Ohr, das Gehörorgan.
an-ovarīa*, -ae, *f.* das Fehlen der Eierstöcke. *ovarĭum*, -ĭi, *n.* der Eierstock.
an-ovulatorĭus*, -a, -um ohne Follikelsprung. *ovulatĭo, ōnis, f.* der Follikelsprung.
a-phacīa*, -ae, *f.* das Fehlen der Linse. *ὁ φακός* (ho phakós) die Linse.
a-plasīa*, -ae, *f.* das Fehlen einer Bildung, eines Organs. *πλάσσειν* (plássein) bilden. In *a-plasīa* → *lentis*.
a-podīa*, -ae, *f.* das Fehlen der Füße oder der unteren Extremitäten. *ὁ πούς, ποδός* (ho pūs, podós) der Fuß, die untere Extremität.
a-pŏlāris*, -is, -e ohne Polarität. *pŏlus*, -i, *m.* der Pol. In → *neuroblastus apŏlaris*.
a-prosopīa*, -ae, *f.* das Fehlen des Gesichts. *τὸ πρόσωπον* (tó prósōpon) das Gesicht.
a-rrhinīa*, -ae, *f.* das Fehlen der Nase. *ἡ ῥίς, ῥινός* (hē hrís, rinós) die Nase.
a-sexualis*, -is, -e geschlechtslos, ungeschlechtlich. *sexŭs*, -ūs, *m.* das Geschlecht. In → *rĕproductĭo asexuālis*.
a-stomīa*, -ae, *f.* das Fehlen des Mundes. *τὸ στόμα* (tó stóma) der Mund.
a-strophīa*, -ae, *f.* die fehlende Drehung. *στρέφειν* (stréphein) wenden, drehen.
a-symmetrīa*, -ae, *f.* die fehlende Seitengleichheit. *σύμμετρος* (sýmmetros) seitengleich, symmetrisch.
   a-symmetrĭcus*, -a, -um ungleich, unsymmetrisch. Klassisch kommt *a-symmĕtĕr*, -tra, -trum vor. *ασύμμετρος* (asýmmetros). In → *fissĭo asymmetrĭca*, → *gemĭnus asymmetrĭcus*.
a-tactilīa*, -ae, *f.* das Fehlen des Tastsinns. *tactŭs*, -ūs, *m.* der Tastsinn. *tangĕre* berühren.
a-teliōsis*, -is, (auch -eōs), *f.* die Unreife, die mangelnde Vollendung. *ἡ τελείωσις* (hē teleíōsis) die Vollendung. *τελείειν* (teleíein) vollenden. *τὸ τέλος* (tó télos) das Ziel, der Abschluß. Gleichbedeutend mit *infantilismus*.
a-teliōtĭcus*, -a, -um unreif, nicht völlig entwickelt. In → *nānus ateliōtĭcus*.
a-thēlīa*, -ae, *f.* das Fehlen der Brustwarze. *ἡ θήλη* (hē thḗlē) die Brustwarze.
a-thyrotĭcus*, -a, -um mit fehlender oder ungenügend funktionierender Schilddrüse, *gl. thyroīdĕa*. In → *nānus athyrotĭcus*.
a-trēsīa*, -ae, *f.* der fehlende Durchbruch. *τὸ τρῆμα* (tó tréma) das Loch. In *atrēsīa* → *āni, atrēsīa* → *duodēni*.
   a-trētĭcus, -a, -um undurchbohrt, ohne Lichtung. *τρητός* (trētós) durchbohrt. In → *follicŭli atrētĭci* die nicht gesprungenen Eibläschen.
a-trichīa*, -ae, *f.* die Haarlosigkeit. *ἡ θρίξ, θριχός* (hē thríx, thrichós) das Haar.
a-trophīa*, -ae, *f.* der Schwund durch mangelnde Ernährung. *τρέφειν* (tréphein) ernähren.

a-zȳgos (scīl. vēna) die unpaare Vene rechts vor der Brustwirbelsäule. ὁ ζύγὸς (ho zȳgós) das Joch der Zugtiere. ζευγνύναι (zeugnýnai) zusammenjochen, zum paarigen Gespann vereinigen. Als φλὲψ ἄζυγος (phléps ázȳgos) schon bei → Galen (130 – um 200). In → *v. azȳgos.*

ā-, ăb-, abs- Präfix mit der Bedeutung weg-, fort-. Gegensatz *ad* (hin) zu:

ăb-dūcens, -entis wegführend. Partizip von *abdūcĕre.* In → *n. abdūcens.*

ăb-ductor*, -ōris, *m.* der Abzieher. Gebraucht für Muskeln mit wegführender Funktion. *abdūcĕre* wegführen, abziehen.

ăb-errātĭo, -ōnis, *f.* die Abirrung. *errāre,* irren. In *aberrātĭo* → *allososomālis, aberrātĭo* → *autosomālis, aberrātĭo* → *chromosomālis, aberrātĭo* → *morphologĭca, aberrātĭo,* → *nŭmĕrĭca.*

ăb-errans, -antis abirrend. Part von *aberrāre* abirren, abschweifen. In → *ductŭli aberrantes.*

ăb-normalĭtas, -ātis, *f.* die Regelwidrigkeit. *norma,* -ae, *f.* die Regel. In *abnormalĭtas* → *inductiōnis, abnormalĭtas* → *orgăni, abnormalĭtas* → *textŭs.*

ab-normālis, -is, -e regelwidrig. In → *forma abnormālis,* → *statŭs abnormālis,* → *vectĭo abnormālis.*

ăb-ortĭo, -ōnis, *f.* die Fehlgeburt. *ăb-orīri* weggehen.

ăb-ortus, -a, -um ausgestoßen. Part. von *ăb-orīri.* In → *fētus ăbortus.*

ăb-sentia, -ae, *f.* die Abwesenheit. *ăb-sens,* -entis Part. von *ăb-esse* fehlen.

ăb-sorptĭo, -ōnis, *f.* das völlige Aufsaugen. *sorbĕre* aufsaugen. In → *fŏcus ăbsorptiōnis.*

ăb-sorbens, -entis aufsaugend. Part. von *ăb-sorbĕre* aufsaugen. In → *ārĕa ăbsorbens.*

ăb-undantĭa, -ae, *f.* der Überfluß. *unda,* -ae, *f.* die Welle, das Zurückfluten. In *ăbundantĭa* → *chromosomālis, abundantĭa* → *dermālis, ăbundantĭa* → *epidermālis.*

abdōmĕn, -ĭnis. *n.* der Bauch. Im klassischen Latein im Sinne von Wanst. Verwandt mit *abdĕre* verbergen: das die Eingeweide Bergende. Von Celsus (vor Chr. Geburt) in die Anatomie eingeführt mit der Bedeutung vorderer Teil des Unterleibes, im Gegensatz zu → *lumbus* die Lende. Synonym ἐπιγάστριον (epigástrion).

abdōminālis*, -is, -e zum Bauch gehörend. In → *p. abdōminālis* des Esophag, des *m. pectorālis mājor* und des Ureter.

ăcervŭlus, -i, *m.* das Häufchen. Dem. von *ăcervus,* -i, *m.* der Getreidehaufen. Verwandt mit *ăcŭs, ăcĕris, n.* die Spreu. In der Bedeutung von Hirnsand des → *corpus* → *pineāle* gebraucht. Alternativbezeichnung → *corpus* → *ārēnācĕum.*

ăcētăbŭlum, -i, *n.* eigentlich das halbkugelige Essigschälchen. Gebildet aus *ăcētum,* -i, *n.* der Essig und *ābŭlum,* -i, *n.* die Schale. → Plinĭus der Ä. (23 – 79) übersetzte mit *acētăbŭlum* die griechische Bezeichnung ἡ κοτύλη (hē kotýle) der Napf, der Becher, die Pfanne des Hüftgelenks.

acētăbŭlāris, -is, -e zur Pfanne des Hüftgelenks gehörig. In → *labrum acētăbŭlāre,* → *r. acētăbŭlāris.*

Achillēs, -is und -i, *m.* griechischer Halbgott. Seine Mutter Thētis tauchte ihn in das Wasser des Styx, um ihn unverwundbar zu machen. Die Ferse, an der sie ihn hielt, blieb verwundbar. Paris tötete ihn mit einem Pfeilschuß in die Ferse, den Apollo lenkte. Die Bezeichnung *tendo*

Achillis stammt von Lorenz → Heister (1683 – 1758). In → *tendo* → *calcānĕus* = *tendo Achillis*.

ăcĭdum, -i, *n*. die Säure, *ăcĭdus* sauer, *acēre*, sauer, scharf sein.
acidophĭlus*, -a, -um säureliebend. φίλειν (phílein) lieben. In → *cellŭla acidophĭla*, → *granŭlum acidophĭlum*.
ăcĭnus, -i, *m*. die Beere, die Weinbeere, ὁ ἄκινος (ho ákinos). Bezeichnung für Drüsenläppchen. In *acĭnus* → *glandulāris*.
acĭnōsus*, -a, -um eigentlich beerenreich, dann beerenförmig. In → *cellŭla acĭnōsa*, → *gl. acĭnōsa*.
acrōmĭon, -ĭi, *n*. die Schulterhöhe. Schon → Eudēmos (um 300 v. Chr.) dann → Galēn (130 – um 200) bezeichneten damit das äußerste Ende der → *spīna* → *scapŭlae*. τὸ ἀκρώμιον (tó akrómion) ist gebildet aus ἄκρος (ákros) äußerst und ὁ ὦμος (ho ōmos) die Schulter.
acrōcentrĭcus*, -a, -um das Zentrum zu äußerst habend. *centrĭcus**, -a, -um mit einem Zentrum versehen. In → *chromosōma acrocentrĭcum*.
acrōmĭālis*, -is, -e zum *Acromĭon* gehörend. Hybrid. in → *extremĭtas acromĭālis*, → *făcĭes acromĭālis*, → *r. acromĭālis*. In Zusammensetzungen **acromĭo-:** → *art. acromĭoclaviculāris*, → *lig. acromĭoclaviculāre*.
acrōsōma*, -ătis, *n*. der Spitzenkörper des Spermienkopfs. τὸ σῶμα (tó sóma) der Körper.
acrosōmatĭcus*, -a, -um zum Akrosom gehörig. In → *granŭlum acrōsōmatĭcum*, → *vesicŭla acrōsōmatĭca*.
acrosomālis*, -is, -e zum *acrosōma* gehörend. In → *granŭlum acrosomāle*, → *vesicŭla acrosomālis*.
acustĭcus, -a, -um das Hören betreffend. ἀκουστικός (akustikós), ἀκούειν (akúein). In → *dentes acustĭci*, → *meātus acustĭcus*, → *pŏrus acustĭcus*.
acūtus, -a, -um scharf, spitzig. *acuĕre* wetzen, schärfen. Früher in → *margo acūtus* der Milz.
ăd-, a- (durch Angleichung, Assimilation an den folgenden Buchstaben ac-, af-, ag-, al-, an-, ap-, ar-, as-, at-), Gegensatz *ab-*, Präfix mit der Bedeutung (hin)zu, an-:
ac-cessōrĭus*, -a, -um hinzukommend. *accessŏr*, -ōris, *m*. der Hinzukommende. *accēdere* hinzukommen. Thomas → Willis (1621 – 1675) fand 1664 den 11. Hirnnerven, der zu den 10 bereits bekannten „hinzu" kam. In → *lobus accessorĭus*, → *n. accessorĭus*, → *nūcleŏlus accessorĭus*.
ac-cidentālis, -is, -e zufällig. *ac-cidĕre* dazukommen. *cădere* fallen. In → *dēficentĭa accidentālis*.
ad-ditĭo, -ōnis, *f*. der Zusatz, die Zugabe. *ad-dĕre* hinzufügen. *dăre* geben.
ad-ditĭonālis*, -is, -e zusätzlich. Klassisch nur *ad-ditīvus*, -a, -um. In → *ductus additionālis*, → *lŏbus additionālis*, *orgănum additionāle*, → *vās additionāle*.
ad-ductŏr, -ōris, *m*. der Zuführende, gebraucht für Muskeln mit zuführender oder anziehender Wirkung. *addūcĕre* heranführen, heranziehen.
ad-ductorĭus*, -a, -um heranziehend, die Gruppe der Adduktoren betreffend. In → *canālis adductorĭus*, → *tuberc. adductorĭum*.
ad-haesĭo → *adhēsĭo*
ad-hēsĭo, -ōnis, *f*. das Anhaften. *adherēre* anhaften, festhangen. In → *adhēsĭo* → *interthalamĭca*.

ad-hērens, -entis festhaftend. Part. von *adherēre.* In → *macŭla adhērens* und → *zōnŭla adhērens* zweier Zellen.

ad-ĭtus, ūs, *m.* der Zugang. *adīre* hinzugehen. In *adĭtus ad* → *antrum, adĭtus* → *laryngis, adĭtus* → *orbĭtae.*

ad-mĭnĭcŭlum, -i, *n.* die Stütze. Zusammenhängend mit *manŭs,* ūs, *f.* die Hand: was die Hände unterstützt. In *admĭnĭcŭlum* → *līnĕae* → *albae* die Sehnenverstärkung der *līnĕa alba.*

ad-nexus, -a, -um daranhängend. Part. von *ad-nectĕre* anhängen. In → *adnexa* (scīl. *membrāna,* -ae, *f.*) → *fētālis* die Eihaut.

ad-olfactorĭus*, -a, -um zum Riechlappen gehörend, beim Riechlappen liegend. Jetzt durch → *parolfactorĭus* ersetzt.

ad-renālis*, -is, -e zur Nebenniere gehörend. In → *gl. adrenālis* Alternativbezeichnung für → *gl. suprarenālis.*

ad-ventītĭus, -a, -um hinzukommend, außen liegend. *advenīre* hinzukommen. In → *tŭn. adventītĭa.*

ad-ventitiālis*, -is, -e zur Adventītĭa gehörend. In → *cellŭla adventitiālis* „cellule de Marchand".

af-fĕrens, -entis zutragend, zubringend. Part. von *affĕre* hinzubringen. *ferre* tragen, bringen. In → *vās affĕrens* → *vv. affĕrentes* → *hepătis.*

af-fīxĭo, -ōnis, *f.* eigentlich *ad-fīxĭo* die Befestigung, die Einbettung. *fīgĕre* anheften. In *affīxĭo* → *centrālis, affīxĭo* → *eccentrĭca.*

af-fixīvus*, -a, -um anheftend. In → *bulla affixīva,* → *cōnus affixīvus,* → *radicŭla affixīva.*

af-fixus, -a, -um (mit langem ī) angeheftet. Part.von *affīgĕre. fīgĕre* anheften, befestigen. In → *lām. affīxa.*

ag-gĕr, -ĕris, *m.* der Damm, der Grenzwall, das „Herzugeführte". *gerĕre* tragen, führen. In *aggĕr* → *nāsi.*

ag-gregatĭo, -ōnis, f. die Vereinigung, die Verklebung. *grex,* grĕgis, *m.* die Herde. In *aggregatĭo* → *erythrocytĭca* die „Geldrollenform" der roten Blutkörperchen → *dēfectĭo aggregatiōnis.*

ag-gregātus, -a, -um geschart. Part. von *aggregāre* zugesellen. In → *follicŭli* → *lymph. aggregāti.*

ap-paratus, -ūs, *m.* die Vorrichtung, der Apparat. *parāre* vorkehren, rüsten. In *apparātus* → *digestōrĭus, apparātus* → *lacrimālis, apparātus* → *mitōtĭcus, apparātus* → *respiratōrĭus, apparātus* → *reticulāris* → *internus* Alternativbezeichnung zu *apparātus* → *golgiensis, apparātus* → *urogenitālis.*

ap-pendix, -īcis, *f.* der Anhang. *pendĕre* hängen. In *appendix* → *dentritĭca, appendix* → *epididymĭdis, appendix* → *epiploĭca, appendix* → *fibrōsa, appendix* → *testis, appendix* → *vermiformis, appendix* → *vesiculōsa.*

ap-pendiculāris*, -is, -e zum Anhang gehörend, dann auch die Extremitätenanlage betreffend. *appendicŭla,* -ae, *f.* Dem. von *appendix.* In → *a. appendiculāris* → *scelĕton appendiculāre.*

ar-rectŏr*, -ōris, *m.* der Aufrichter. *regĕre* richten. In → *mm. arrectōres* → *pilōrum.*

a-scendens, -entis aufsteigend. Eigentlich *as-scendens.* In → *a.* → *pharyngēa ascendens,* → *r. ascendens.*

as-sociatĭo*, -ōnis, *f.* die Verbindung. Latinisierung des französischen bzw. englischen Worts „association", das auf *associāre* verbinden zurückgeht. *socĭus,* -i, *m.* der Teilhaber. In → *tr.* → *nervōsi associatiōnis.*

adamantĭnus, -a, -um stahlhart, dann auch mit dem Schmelz in Beziehung stehend. ἀδαμάντινος (adamántinos). ὁ ἀδάμας, -αντος (ho adámas, -antos) der Stahl. Im Indischen bezeichnet Adamant einen sehr harten Stein. In → *epithelĭum adamantīnum,* → *prismăta adamantīna.*

adēnohypophỹsis*, -is (auch -eōs), *f.* der Hypophysenvorderlappen. *ὁ ἀδήν, ἀδένος* (ho adḗn, adénos) die Drüse und → *hypophỹsis* der untere Hirnanhang. Das -o- ist des Wohlklanges wegen eingeschoben.

adenoīdĕus*, -a, -um drüsenähnlich. *ὁ ἀδήν, ἀδένος* (ho adḗn, adénos). In → *tonsilla adenoīdĕa.*

adipōsus*, -a, -um fettreich. *adeps,* -ĭpis, *m.,* im klassischen Latein weiblich, das Fett, der Schmerbauch. In → *capsŭla adipōsa* der Niere, → *corpus adipōsum* der Augenhöhle und der → *fossa* → *ischiorectālis,* sowie des Knies und der Wangen, → *panicŭlus adipōsus,* → *textus adipōsus.*

aequātor siehe *ēquātor.*

āla, -ae, *f.* der Flügel. In *āla* → *cristae* → *galli, āla* → *lobŭli* → *centrālis, āla* → *mājor, āla* → *mĭnor, āla* → *nāsi, āla* → *ossis* → *ilĭi, āla* → *vōmĕris.*

alāris*, -is, -e zum Flügel gehörend, flügelförmig. In → *cartil. alāris,* → *lām. alāris,* → *ligg. alarĭa.*

albĭcans, -tis weißlich schimmernd. Part. von *albicāre. albus* weiß. In → *corpus albĭcans.*

albinismus*, -i, *m.* der angeborene totale Pigmentmangel. *albus* weiß.

albugĭnĕus*, -a, -um weißlich. *albūgo,* -ĭnis, *f.* der weiße Fleck, die weißliche Trübung der Hornhaut des Auges. Rhazes und Avicenna bezeichneten mit *albuginĕa* eine Faserhaut. In → *tŭn. albuginĕa.*

albus, -a, -um weiß, hell. In → *līn. alba,* → *myofĭbra alba,* → *subst. alba.*

alimentarĭus, -a, -um zur Ernährung gehörend. *alĕre* nähren. In → *canālis alimentarĭus* → *mm. alimentārĭs.*

allāntŏis*, der Harnsack des Embryo, eigentlich die wurstähnliche Haut. *ὁ ἀλλᾶς - ἄντος* (ho allás, -ántos) die Wurst. *ὁ ἀλλαντοειδής ὑμήν* (ho allantoeidḗs hymḗn) wird von → Galen (130 – um 200) gebraucht. Dem lateinischen Ausdruck *allantois* liegt das Adjektiv *ἀλλαντόεις* (allantóeis) zugrunde. Da *allāntŏis* gewöhnlich als feminin gebraucht wird, ist *cŭtis* ergänzend dazuzudenken.

allāntŏĭcus*, -a, -um zum Harnsack, *allāntŏis* gehörend. In → *a. allāntŏĭca,* → *căvĭtas allāntŏĭca,* → *ductus allāntŏĭcus,* → *pedunculus allāntŏĭcus,* → *v. allāntŏĭca,* → *villi allāntŏĭci.* In Zusammensetzungen **allānto-:** *allantochōrĭon.*

allosōma*, -ătis, *n.* das andersartige Körperchen, das Geschlechtschromosom. *ἄλλος* (állos) der andere. *τό σῶμα* (tó sṓma) das Körperchen.

allosōmālis*, -is, -e die Geschlechtschromosomen betreffend. In → *aberratĭo allosōmālis,* → *gēnum allosōmāle.*

alopecīa, -ae, *f.* der Haarmangel. *ἡ ἀλωπεκίς* (hē alōpekís) das Fuchsfell, dann auch die Fuchsräude. *ἡ ἀλώπηξ* (hē alṓpēx) der Fuchs.

alpha, *ἄλφα = α,* erster Buchstabe des griechischen Alphabets. In → *cellŭla alpha* der Pankreasinseln.

alvĕus, -i, *m.* der Bauch, die Höhlung, das Flußbett, der Kahn. In → *alvĕus* → *hippocampi.* In der mikrosk. Anatomie *alvĕus* → *glandulāris.*

alveŏlus, -i, *m.* die kleine Aushöhlung. In der Anatomie für Zahnfach und Lungenbläschen gebraucht. Dem. von *alvĕus.* „Die" Alveōle zu sagen, ist zwar gebräuchlich, aber nicht richtig. In *alveŏlus* → *dentālis, alveŏlus* → *glandulāris, alveŏlus* → *pulmonālis.*

alveolāris*, -is, -e zum *alveŏlus* gehörend. Das klassische Latein kennt nur *alveātus* ausgehöhlt. In → *arbor alveolāris,* → *ductŭli al-*

veolāres, → *gl. alveolāris*, → *nn. alveolāres*, → *pĕrĭŏdus alveolāris*, → *saccŭli alveolāres*.

am-, amb-, ambi-, ambo- Präfix mit der Bedeutung rundherum, beidseitig, ἀμφί (amphí):
amb-ĭens, *-tis* herumlaufend. Part. von *ambīre* umgeben. Früher in → *cisterna ambĭens*, → *gȳrus ambĭens*.

amb-igŭus, -a, -um sich nach zwei Seiten neigend, unklar. *ambigĕre* nach zwei Seiten handeln, ungewiß sein. *agĕre* handeln. In → *nŭcl. ambigŭus*.

am-plexus, -ūs, *m.* die Umarmung. *am-plecti* umarmen. *plectĕre* flechten.

am-putatĭo, -ōnis, *f.* das Abtrennen. *am-putāre* rundherum wegschneiden. *putāre* beschneiden. In *amputatĭo* → *funicŭli* → *umbilicālis*.

amaurōsis*, -is (auch *-eōs*), *f.* die völlige Blindheit ohne sichtbare Veränderung des Augapfels. ἀμαυρός (amaurós) dunkel.

amēboīdĕus*, -a, -um von der Form eines Wechseltierchens, Amöbe. ἡ ἀμοιβή (hē amoibḗ) der Wechsel.

ameloblastus*, -i, *m.* die Schmelzbildungszelle. *enamēlum** der Schmelz, βλάστειν (blástein) bilden.

ameloblastĭcus*, -a, -um schmelzbildend. In → *lāmĭna* → *basālis ameloblastĭca*.

aminoīcus*, -a, -um mit einer Aminogruppe –NH₂ versehen. In → *acĭdum aminoīcum*.

Ammōn, -ōnis, *m.* lybisch-ägyptischer Orakelgott Ἄμμων, -ωνος, auch Hammō(n). Ägyptisch Amur, dem der Widder heilig war. Früher in → *cornu Ammōnis* das Ammonshorn, Bezeichnung, die von Jacobus Benignus → Winslow 1732 in die Anatomie eingeführt worden war.

amnĭŏn, -ĭi, *n.* oder *amnĭŏs, -ĭi,* *m.* die Schafhaut, die durchsichtige Fruchthülle, welche beim Opfern trächtige Schafe beobachtet werden konnte. τὸ ἀμνίον (tó amníon) die Opferschale. *amnīos* müßte maskulin verwendet werden. ὁ ἀμνεῖος ὑμήν (ho amneíos hymḗn) die Schafhaut. ὁ ἀμνός (ho amnós) das Lamm.

amnioblastus*, -i, *m.* die Amnionbildungszelle. βλάστειν (blástein) bilden.

amniogenĕsis*, -is (auch *-eōs*), *f.* die Bildung der Schafhaut *amnĭon*. ἡ γένεσις (hē génesis) die Bildung, die Entstehung.

amniogenĭcus*, -a, -um die Schafhaut *amnĭon* bildend. In → *cellŭlae amniogenĭcae*.

amniotĭcus*, -a, -um die Schafhaut *amnĭon* betreffend. In → *căvĭtas amniotĭca*, → *dēfectĭo amniotĭca*, → *lĭquor amniotĭcus, tēnĭa amniotĭca*.

amphi- (ἀμφί-) Präfix mit der Bedeutung rundherum:
amphi-arthrōsis*, -is (auch *-ĕōs*), *f.* das straffe, federnde Gelenk mit nur geringer Beweglichkeit. ἀρθρόειν (arthróein) gliedern.

ampulla, -ae, *f.* das kolbenförmige Gefäß, die Ampel, das Ölfläschchen. Dem. von *amphŏra, -ae, f. ὁ ἀμφορεύς, -έως* (ho amphoreús, -éōs) der Krug. → Hyrtl (1811 – 1894) leitet *ampulla* von *ampla bulla* her. In *ampulla* → *canalicŭli* → *lacrimālis, ampulla* → *hepătopancreatĭca, ampulla* → *membranacĕa, ampulla* → *ossĕa, ampulla* → *recti, ampulla* → *tūbae* → *uterīnae*.

ampullāris*, -is, -e zur Ampulla gehörend. In → *crūra* → *membranacĕa ampullarĭa*, → *crūra* → *ossĕa ampullarĭa*.

ămygdalōīdĕus*, -a, -um mandelähnlich, ἀμυγδαλοειδής (amygdaloeidḗs) und ἀμυγδαλόεις (amygdalóeis). *ămygdăla, -ae, f.* die Mandel, ἡ ἀμυγδάλη (hē amygdálē). In → *corpus ămygdaloidĕum*.

anālis siehe *ānus*.
ănă- (ἀνά-) Präfix mit der Bedeutung auf-, hinauf-:
ănă-phāsis*, -is (auch -ĕōs), *f.* das „Hinauf"-Stadium, das Stadium der Tochtersterne. ἡ φάσις (hē phásis) die Erscheinungsform, das Stadium. φαίνειν (phaínein) sichtbar machen, zeigen.
ănă-stŏmōsis, -is (auch -ĕōs), *f.* die Vereinigung zweier Kanäle. In der antiken griechischen Medizin ἡ ἀναστόμωσις (hē anastómōsis). ἀναστομόειν (anastomóein) den Mund öffnen, eine Mündung herstellen. τὸ στόμα (tó stóma) der Mund. In *ănăstŏmōsis* → *arteriovenōsa*.
ănăstomōtĭcus, -a, -um zur Anastomose gehörend. ἀναστομωτικός (anastomōtikós). In → *r. ănăstŏmōtĭcus*, → *vās ănăstŏmōtĭcum*, → *v. ănăstomōtĭca*.
ănă-tŏmīa, -ae, *f.* die Zergliederungskunst. ἡ ἀνατομή (hē anatomḗ). ἀνατέμνειν (anatémnein) aufschneiden.
ana-tŏmĭcus, -a, -um anatomisch. ἀνατομικός (anatomikós). In → *collum anatŏmĭcum*, → *nōmĭna anatŏmĭca*.
ancōnēus*, -a, -um zum Ellbogen gehörend. Der *m. ancōnēus* wurde von Jean → Riolan (1580 – 1657) 1626 entdeckt und benannt. ὁ ἀγκών, -ῶνος (ho ankṓn, -ṓnos) der Ellenbogen. Die modernen Griechen sagen ἀγκωνιαῖος* (ankoniaîos).
ancŏrālis, -is,-e als Anker *ancŏra*, -ae, *f.* dienend. In → *villus ancŏrālis*.
androgenĕsis*, -is (auch -eōs), *f.* die Entwicklung ohne mütterlichen Kernanteil. Bildung in Analogie zu → *parthenogenĕsis*. ὁ ανήρ, ἀνδρός (ho anḗr, andrós) der Mann. ἡ γένεσις (hē génesis) die Erzeugung.
aneurysma*, -atis, *n.* die Arterienerweiterung. τὸ ἀνεύρυσμα (to aneúrysma).
angĭoblastus*, -i, *m.* die Bildungszelle der Gefäßwand. τὸ ἀγγεῖον (tó angeíon) das (Blut-)Gefäß.
angĭoblastĭcus*, -a, -um gefäßbildend. βλάστειν (blástein) bilden. In → *textus angioblastĭcus*.
angiologĭa*, -ae, *f.* die Gefäßlehre. τὸ αγγεῖον (tó angeíon) das (Blut-)Gefäß. Bei → Galen (130 – um 200) und → Paulos Aeginēta (625 – 690) die Gefäßoperation. λέγειν (légein) auflesen, aufsuchen. Erst bei Lorenz → Heister (1683 – 1758) die Gefäßlehre. λέγειν (légein) lehren. In Analogie zu ἀνθρωπολογία (anthrōpología) die Lehre vom Menschen, φυσιολογία (physiología) die Lehre von der Natur gebildet.
angŭlus*, -i, *m.* der Winkel. Verwandt mit ἀγκύλος (ankýlos) eng, krumm. In der Anatomie häufig verwendete Bezeichnung.
angulāris, -a, -um zum Winkel gehörend, winkelförmig. In → *a. angulāris*, → *gȳrus angulāris*, → *incisūra angulāris*, → *v. angulāris*.
ănĭmālis, -is, -e tierisch. *ănĭmăl*, -ālis, *n.* das Tier, das Lebewesen. *ănĭma*, -ae, *f.* der Lebenshauch. In → *pŏlus ănĭmālis* der Eizelle.
ankylo- Präfix mit der Bedeutung krumm- ἀγκύλος (angkýlos):
ankȳlo-blepharīa*, -ae, *f.* das Verwachsensein der Lider mit dem Augapfel. τὸ βλέφαρον (tó blépharon) das Augenlid.
ankȳlo-cheilīa*, -ae, *f.* das Verwachsensein der Lippen. τὸ χεῖλος (tó cheílos) die Lippe.
anōnȳmus unbenannt. Siehe *a-privatīvum*.
ansa, -ae, *f.* der Henkel, die Öse, die Schlinge. In *ansa* → *capillāris*, *ansa* → *cervicālis*, *ansa* → *hēmocapillāris*, *ansa* → *lenticulāris*, *ansa* → *nephrōni* die Henlesche Schleife, *ansa* → *pedunculāris*, *ansa* → *subclavīa*.
anserīnus, -a, -um zur Gans gehörend. *anser*, -ĕris, *m.* die Gans. In → *bursa anserīna*, → *pēs anserīnus*.

ant-, antĕ- Präfix mit der Bedeutung vorne-, vor-; Gegensatz → *post* hinter-:
ante-brachĭum*, -ĭi, *n.* der Vorderarm. *brachĭum, -ĭi, n.* der Arm. In → *fascĭa antebrachĭi,* → *n.* → *cutanĕus antebrachĭi.*
anterĭor, -ōris vorn liegend, der vordere. → *antīcus.* Gegensatz *posterĭor* hinten liegend. In der Anatomie sehr häufig verwendete Lagebezeichnung. In Zusammensetzungen **antĕro-:** *antĕrodorsālis** vorn und oben liegend. In → *nŭcl. antĕrodorsālis* → *thalămi. antĕrolaterālis** vorn und seitlich liegend. In → *făcĭes antĕrolaterālis. antĕromediālis** vorn und medial liegend. In → *nŭcl. antĕromediālis* → *thalămi. antĕroventrālis** vorn und unten liegend. In → *nŭcl. antĕroventrālis* → *thalămi.*
antīcus, -a, -um der vordere. Oft falsch ausgesprochen, mit kurzem ĭ. Auch gebraucht für *antīquus. antīcus* bezeichnet das vorderste von mehr als zwei Gebilden. Das von zwei Gebilden vorne liegende wird mit *anterĭor* bezeichnet. Gegensatz → *postīcus.*
anti- (ἀντί-), **ant-** Präfix mit der Bedeutung gegenüber-, entgegen-:
ant-hēlix, -ĭcis, *f.* die Gegenwindung, die der Ohrmuschel *hēlix* gegenüberliegende Windung. Bei → Rufus von Ephesus (1. J. n. Chr.) ἡ ἀνθέλιξ (hē anthélix); ἡ ἕλιξ -κος (hē hélix, -kos) die Windung, ἑλίσσειν (helíssein) drehen, winden.
anti-mesometriālis*, -is, -e gegenüber dem Ansatz des *mesometrĭum* liegend. In → *implantatĭo antimesometriālis.*
anti-trăgus, -i, *m.* der „Gegenbock", die dem → *trăgus* gegenüberliegende Erhebung an der Ohrmuschel. ὁ τράγος (ho trágos) der Bock. Bei älteren Leuten liegt hinter dem *trăgus* ein Haarbüschel, das mit dem Bart des Ziegenbocks → *barbŭla trăgi* verglichen wird.
anti-trăgĭcus*, -a, -um zum *antitrăgus* gehörend. In → *m. antitrăgĭcus.* In Zusammensetzungen **antitrăgo-:** → *fissūra antitrăgohelicīna.*
antrum, -i, *n.* die Grotte, die Höhle. τὸ ἄντρον (tó ántron). In *antrum* → *follicŭli, antrum* → *mastoidĕum, antrum* → *pylorĭcum.*
ānus, -i, *m.* der Ring. Seit Celsus (um Chr. Geburt) im übertragenen Sinn der After.
ānālis, -is, -e zum After gehörend. In → *canālis anālis,* → *columnae anāles,* → *membrāna anālis,* → *regĭo anālis,* → *sĭnŭs anāles,* → *valvŭlae anāles.* In Zusammensetzungen **āno-:** → *lig. ānococcygĕum,* → *līnĕa ānocutanĕa.*
ānogenitālis*, -is, -e den After und die Genitalorgane betreffend. In → *raphē ānogenitālis.*
ānŭlus, -i, *m.* der (kleine) Ring. Dem. von *ānus.* In der mikr. und makr. Anatomie mehrfach verwendete Bezeichnung. In der Zytologie *ānŭlus* → *pŏri.*
ānulāris, -is, -e zum Ring gehörend, ringförmig. In → *digĭtus ānulāris,* → *fībra anulāris,* → *lig. anulāre* → *radĭi,* → *lig. anulāre* → *stapĕdis,* → *ligg. anulārĭa (*→ *tracheālĭa),* → *nŭcl. anulāris,* → *pancreas ānulāre,* → *p. anulāris* → *vagīnae* → *fibrōsae* das Ringband der Sehnenscheide, → *placenta ānulāris.* In Zusammensetzungen **ānŭlo-:** *anŭlospirālis* die Form einer ringförmigen Spirale habend. *spīra* die Spirale. In → *terminatĭo anŭlospirālis.*
anulātus, -a, -um eigentlich mit einem Ring versehen, dann auch ringförmig. In → *lamella anulāta.*
ānuliformis*, -is, -e ringförmig. *forma,* -ae, *f.* die Form. In → *chromosōma ānuliformis.*

aorta, -ae, *f.* die große Körperschlagader. ἡ ἀορτή (hē aortḗ). Verwandt mit ἀείρειν (aeírein) emporheben. Bei → Hippokrates (460 – um 356 v. Chr.) werden die Bronchen als Aorten bezeichnet. Die Bezeichnung der großen Körperschlagader als Aorta findet sich erst bei → Aristoteles (384 – 322 v. Chr.).
aortĭcus*, -a, -um zur Aorta gehörend. ἀορτικός (aortikós). In → *arcus aortĭcus* die Schlundbogenarterie, → *hiātus aortĭcus*, → *pl. aortĭcus*. In Zusammensetzungen **aortĭco-**: → *crista aortĭcopulmonalis* od. *aortĭcopulmonaris*, → *ganglĭa aortĭcorenalĭa*, → *septum aortĭcopulmonale*.
apertūra*, -ae, *f.* die Öffnung. *aperīre* öffnen. In *apert.* → *externa, apert.* → *intercellulāris, apert.* → *laterālis, apert.* → *mediāna, apert.* → *pelvis, apert.* → *piriformis, apert.* → *sĭnūs, apert.* → *thōrācis, apert.* → *tympanĭca.*
apertus, -a, -um offen. Part. von *aperīre* öffnen. In → *spīna* → *bĭfĭda aperta.*
ăpex, -ĭcis, *m.* die Spitze. In der makr. Anatomie häufig verwendete Bezeichnung. In der Zytologie *ăpex* → *cellulāris.*
apicālis*, -is, -e zur Spitze gehörend. In → *crista apicālis*, → *fŏrāmen apicāle, segm. apicāle.* In Zusammensetzungen **ăpĭco-**: → *segm. apĭcoposterĭus.*
apŏ- (ἀπό-) Präfix mit der Bedeutung ab-, von weg-:
apŏ-crīnus*, -a, -um absondernd. ἀποκρίνειν (apokrínein) absondern. In → *gl. apŏcrīna.*
apŏ-neurōsis, -is (auch -ĕōs), *f.* die flach ausgebreitete Sehne. In diesem Sinn schon bei → Galen (130 – um 200) gebraucht. → Oreibasĭos (325 – 403) definiert *aponeurōsis* als „*lātus tenuisque tendo*". ἡ ἀπονεύρωσις (hē aponeurṓsis). τὸ νεῦρον (tó neúron) zunächst die Sehne, erst später der Nerv.
apŏ-neurotĭcus*, -a, -um aponeurosenartig. In → *gălĕa apŏneurotĭca.*
apŏ-phӯsis*, -is (auch -ĕōs), *f.* der Auswuchs. Von Lorenz → Heister (1683 – 1758) in die anatomische Fachsprache eingeführt. Heute definiert als röntgenologisch selbständiger Knochenkern, der weder zur → Diaphyse noch zur → Epiphyse gehört. ἡ ἀπόφυσις (hē apóphysis). φύεσθαι (phýestai) wachsen.
aquaeductus siehe **aquēductus**.
aquēductus, -us, *m.* die Wasserleitung. *aqua* das Wasser, *ducĕre* führen, leiten. In *aquēductus* → *cerēbri, aquēductus* → *cochlĕae, aquēductus* → *vestibŭli.*
aquōsus, -a, -um wasserreich, wasserhell. In → *camĕra aquōsa*, → *humor aquōsus.*
arachnoīdĕa, -ae, *f.* (scīl. *tŭn.*) die spinngewebsähnliche Haut. ἀραχνοειδής (arachnoeidḗs). Für die griechischen Anatomen war *arachnoīdĕa* eine Augenhaut. ὁ ἀράχνος (ho árachnos) oder ἡ ἀράχνη (hē aráchnē) die Spinne, auch das Spinngewebe. Im 17. Jh. wird die Bezeichnung *arachnoīdĕa* auf die sehr feine von Constanzo → Varolio (1543 – 1575) 1573 beschriebene Hirnhaut übertragen. In *arachnoīdĕa* → *encephăli, arachnoīdĕa* → *spinālis.*
arachnodactylīa*, -ae, *f.* die Spinnenfingrigkeit (Marfan-Syndrom). ὁ δάκτυλος (ho dáktylos) der Finger.
arachnoideālis*, -is, -e zur *arachnoīdĕa* gehörend. In → *granulatiōnes arachnoideāles.*

arbor, -ŏris, *f.* der Baum. In *arbor → alveolāris, arbor → bronchiālis, arbor → vītae → cerebelli.* Die Benennung „Lebensbaum" geht auf Jacobus Benignus → Winslow (1669 – 1760) zurück. Der Vergleich stammt vom Blatt der Thuja, dem immergrünen Lebensbaum der römischen Friedhöfe, *arbor → respiratōrĭa* der Bronchialbaum.

archentĕron*, -i, *n.* der Urdarm. ἄρχειν (árchein) der Erste sein. τὸ ἔντερον (tó énteron) der Darm.

arcus, -ūs, *m.* der Bogen, das Gewölbe. In *arcus → alveolāris , arcus → ăortae, arcus → aortĭcus* die Schlundbogenarterie, *arcus → branchiālis* der Schlundbogen, *arcus → costālis, arcus → dentālis, arcus → ilĭopectinĕus, arcus → palătoglōssus, arcus → palătopharyngĕus, arcus → palmāris, arcus → palpebrālis, arcus → pĕdis, arcus → pūbis, arcus → superciliāris, arcus → tendinĕus, arcus → venōsus, arcus → vertĕbrae, arcus → zygomatĭcus.*

arcuātus, -a, -um und **arcuālis, -is, -e** bogenförmig, gekrümmt. In *→ a. arcuāta, → crista arcuāta, → fĭbrae arcuātae, → lig. arcuātum, → nŭcl. arcuātus, → v. arcuāta, → tubŭlus arcuātus,* ferner in *→ funicŭlus arcuālis.*

ārĕa-, -ae, *f.* der leere Platz. In der makroskopischen und der mikroskopischen Anatomie vielfach verwendete Bezeichnung.

ārĕŏla, -ae, *f.* Dem. von *ārĕa.* In *ārĕŏla → mammae,* Bezeichnung, die auf Caspar → Bauhin (1560 – 1624) zurückgeht.

ārĕŏlāris*, -is, -e zum Warzenhof der Brustdrüse gehörend. In *→ gll. areolāres, → pl. → venōsus areolāris.*

ărēnacĕus, -a, -um sandig. *ărēna* der Sandplatz. in *→ corpus ărēnacĕum* der Zirbeldrüse.

argentaffinocȳtus*, -i, *m.* die mit Silbersalzen darstellbare Zelle. *argentum* das Silber, *adfīnis* verwandt, τὸ κύτος (tó kýtos) die Zelle. Hybrid.

argyrophilocȳtus*, -i, *m.* die mit Silbersalzen darstellbare Zelle. τὸ ἀργύριον (to argýrion) das Silber, φίλειν (phílein) lieben, τὸ κύτος (tó kýtos) die Zelle.

arteficiālis*, -is, -e künstlich. *ars,* artis, *f.* die Kunstfertigkeit. In *→ parthenogenĕsis arteficiālis.*

artērĭa, -ae, *f.* die Schlagader. ἡ ἀρτηρία (hē artería). Von ὁ ἀήρ (ho aér), ἀέρος (aéros) die Luft und τηρέειν (tēréein) enthalten. Ursprünglich die Windpfeife, dann die Luftröhre: ἡ ἀρτηρία τραχεῖα (hē artēría → tracheía) die Luftröhre der unteren Atemwege. Die Bezeichnung „Luftader" beruht auf der Beobachtung, daß am Leichnam die Arterien kein Blut enthalten. Die eigentlich falsche Bezeichnung ist durch jahrhundertelangen Gebrauch zum Begriff der Schlagader geworden.

arteriālis*, -is, -e zur Arterie gehörend, auf der arteriellen Seite liegend. In *→ rēte arteriāle, → vās → capillāre arteriāle.*

arteriŏla*, -ae, *f.* Dem. von *artērĭa.* In *arteriŏla → recta* der Nieren, *arteriŏla → retīnae.*

arteriolāris*, -is, -e zur kleinen Arterie gehörend. In *→ rēte arteriolāre.*

arteriōsus*, -a, -um arterienreich, dann auch zur Arterie gehörend. In *→ cōnus arteriōsus, → lig. arteriōsum, → rēte arteriōsum.* In Zusammensetzungen **arterĭo-:** *→ anastomōsis arterĭovenōsa.*

arthrogrȳpōsis*, -is (auch -eōs), *f.* die systematisierte kongenitale Dysplasie der Gelenke (Guérin-Stern Syndrom). τὸ ἄρθρον (tó árthron) das Gelenk. γρυπτός (gryptós) krumm.

articŭlus, -i, m. das Gelenk. Von Andreas → Vesalius (1514 – 1564) 1543 in die anat. Fachsprache eingeführt. Dem. von *artus*, -ūs, m. das Glied. ἀρτύειν (artýein) zusammenfügen.
  articulāris, -is, -e zum Gelenk gehörend. In → *capsŭla articulāris*, → *cart. articulāris*, → *discus articulāris*, → *făcĭes articulāris*, → *meniscus articulāris*, → *lāmĭna articulāris* des Spermatozoon.
  articulatĭo*, -ōnis, f. das Gelenk. Spätlateinisches Wort, das von vielen Sprachen übernommen wurde. Die PNA bezeichnen sowohl die Haften wie die echten Gelenke als *articulatiōnes*. Das klassische *articŭlus* wäre vorzuziehen. In der makr. Anatomie sehr häufig verwendete Bezeichnung.
arytenōīdĕus, -a, -um gießbeckenähnlich, ἀρυταινοειδής (arytainoeidés). ἡ ἀρύταινα (hē arýtaina) das Becken mit Schnabel, ἀρύσσειν (arýssein) schöpfen. Eigentlich besteht die Ähnlichkeit nur mit dem Schnabel eines Gießbeckens. Der Name *cart. arytenōīdĕa* wird erstmals von → Galen (130 – um 200) gebraucht. Er beschreibt auch den *m. arytenōīdĕus*, welcher die beiden Knorpel miteinander verbindet. Die → *cart. arytenōīdĕa* wird häufig kurzweg als Aryknorpel bezeichnet. In Zusammensetzungen ary-: → *m. aryepiglōttĭcus*, → *plīca aryepiglōttĭca*.
asper, -ĕra, -ĕrum rauh. In → *līnĕa aspĕra*.
aster, -ĕris, m. der Stern, ὁ ἀστήρ (ho astḗr). In *aster* → *filiālis* der Tochterstern der Mitose, *aster* → *spermatĭcus*.
astrocȳtus*, -i, m. die strahlige Gliazelle. τὸ κύτος (tó kýtos) die Zelle.
atavismus*, -i, m. das Auftreten eines Ahnenmerkmals. *ătăvus*. -i, m. der Urahn, der Vorfahre. *avus*, -i, m. der Großvater.
atlas, -antis, m. der Träger, der erste Halswirbel. Ἄτλας, -αντος (Átlas, -antos) Heros der griechischen Mythologie, welcher die Himmelssäulen trägt. Eigentlich der starke Träger: *a-* intensivum und τλάς Part. von τλῆναι (tlēnai) tragen. Bei Pollux (2. Jahrh. n. Chr.), Verfasser eines Lexikons verschiedener Sachgebiete ὀνομαστικόν (onomastikón), bezeichnet *atlas* noch den 7. Halswirbel (*vertĕbra prōmĭnens*). In Zusammensetzungen atlanto-: → *art. atlantoaxiālis*, → *art. atlantooccipitālis*, → *membrāna atlantooccipitālis*.
ātrĭum, -ĭi, n. die Vorhalle, der Vorhof. Erst im Spätlatein bezeichnet *atrĭum* die Vorhalle des spätrömischen Hauses oder der christlichen Basilika. Im klassischen Latein ist *atrĭum* ein Innenraum, der von der Straße durch das → *vestibŭlum* oder die → *faucēs* getrennt war. In → *ātrĭum* → *cordis*, *ātrĭum* → *meātus* → *mĕdĭi* Feld vor der mittleren Nasenmuschel.
  atriālis, -is, -e zum Vorhof gehörend. In → *cellŭla ātriālis* die Vorhofmuskelfaser, → *primordĭum atrĭāle*. In Zusammensetzungen ātrĭo-: → *canālis atrĭoventriculāris*, → *fasc. atrĭoventriculāris*, → *junctĭo atrĭoventriculāris*, → *nōdus atrĭoventriculāris*, → *ostĭum atrĭoventriculāre*, → *septum ātrĭoventriculāre* Teil der *p. membranācĕa* zwischen re. Vorhof und li. Kammer des Herzens, → *valva ātrĭoventriculāris*.
audītus, -ūs, m. das Gehör, *audīre* hören. In → *ossicŭla audītūs*.
  auditīvus*, -a, -um zum Gehörorgan gehörend, zum Hören dienend. In → *tŭba audītīva*.
augmentālis*, -is, -e zunehmend. Klassisch zu belegen nur *augmentarĭus*, -a, -um. *augmentāre* vermehren. In → *cōnus augmentālis* der Zuwachskegel.

auris, -is, f. das Ohr als ganzes Organ. In *auris* → *externa, auris* → *medĭa, auris* → *interna*.
aurālis*, -is, -e das Ohr, *auris, -is, f.* betreffend. In → *collicŭlus aurālis*.
auricŭla, -ae, f. Dem. von *auris*. → Plinĭus (23 – 79) braucht *auricŭla* für Ohrmuschel. Im Barock bekommt *auricŭla* die Bedeutung von Herzohr *auricŭla* → *cordis*.
auriculāris, -is, -e zum Ohr gehörend, ohrförmig. In → *făcĭes auriculāris* des → *ŏs* → *sacrum* und des → *ŏs* → *ilĭum*, → *ligg. auriculārĭa* die Ohrmuschelbänder, → *r. auriculāris* der → *a. auriculāris posterĭor*, → *r. auriculāris* der → *a.* → *occipitālis*, → *r. auriculāris* des → *n.* → *văgus*.
auto- Präfix mit der Bedeutung selbst-. αὐτός (autós) selbständig, selber:
auto-gamīa*, -ae, f. die Selbstbefruchtung zwischen den Kernen zweier Schwesterkeimzellen. γαμέειν (gaméein) heiraten, sich verheiraten. ὁ γάμος (ho gámos) die Hochzeit.
autŏnomĭcus*, -a, -um unabhängig, nach eigenem Gesetz lebend. αὐτόνομος (autónomos), αὐτός (autós) selbst, eigen, ὁ νόμος (ho nómos) die Gewohnheit, das Recht, das Gesetz. In → *ganglĭon autŏnomĭcum*, → *pl. autŏnomĭcus*, → *syst.* → *nervōsum autŏnomĭcum*.
autŏphagĭcus*, -a, -um selbstverdauend. αὐτός (autós) selber, φάγειν (phágein) fressen. In → *vacuŏla autophagĭca*.
autŏsōma*, -ătis, n. Chromosom, das in beiden Geschlechtern übereinstimmt. αὐτός (autós) selber, persönlich. τὸ σῶμα (tó sōma) der Körper.
auto-somālis*, -is, -e das Autosom betreffend. In → *aberratio autosomālis*, → *gēnum autosomāle*.
avis, -is, f. der Vogel. In → *calcar avis* l'érgot de → Morand (1697 – 1773) „protubérance... que j'appellerai l'ergot, parce qu'elle ressemble tout à fait à la partie de la patte des oiseaux qui porte ce nom, par son contour, sa forme et sa grosseur"... (1744).
axilla, -ae, f. die Achselhöhle. Von der Spätform *ascilla* leitet sich das französische „aiselle" ab.
axillāris zur Achselhöhle gehörend. In → *a. axillāris*, → *fascĭa axillāris*, → *līnĕa axillāris*, → *n. axillāris*, → *plĭca axillāris*, → *rĕgĭo axillāris*, *v. axillāris*.
axis, -is, m. die Achse, dann auch der zweite Halswirbel, um dessen Achse sich der → *atlas* dreht. In der Bedeutung von Achse in *axis* → *cellulāris, axis* → *bulbi, axis* → *lentis, axis* → *optĭcus, axis* → *pelvis*. In der Bedeutung 2. Halswirbel in → *dens axis*.
axiālis*, -is, -e wird in zwei Bedeutungen gebraucht:
1. zum zweiten Halswirbel (*axis*) gehörend. In → *art. atlanto-axiālis*.
2. zur Achse gehörend. In → *a. axiālis* → *membri* → *inferiōris et superiōris*, → *filamentum axiāle* der Zytologie, *skĕlĕtoon axiāle*.
axōn*, -ōnis, n. der Achsenzylinder der Nervenfaser. ὁ ἄξων (ho áxōn) ἄξονος (áxonos) die Achse. Dementsprechend müßte *axōn* als Masculinum gebraucht werden. In Anlehnung an *neurōn* wird es jedoch als Neutrum empfunden und allgemein so verwendet.
axonālis*, -is, -e zum Achsenzylinder gehörend. In → *varicosĭtas axonālis*. In Abkürzungen **axō-**:
axō-axonālis*, -is, -e zwischen zwei Achsenzylindern liegend. In → *synapsis axōaxonālis*.
axō-dentritĭcus*, -a, -um zwischen einem Achsenzylinder und einem Dendriten liegend. In → *synapsis axodendritĭca*.

axō-lemma*, -atis, n. die Hülle des Achsenzylinders. τò λέμμα, λέμματος (tó lémma, lémmatos) die Hülle, eigentlich das Abgeschälte. λέπειν (lépein) schälen.
axōnēma*, -ătis, n. der Achsenfaden. τò νῆμα (tó néma) der Faden.
axō-plasma*, -ătis, n. das Zytoplasma des Neuriten. τò πλάσμα (tó plásma) das Geformte.
axō-somatĭcus*, -a, -um zwischen einem Achsenzylinder und einem Zellkörper liegend. In → *synapsis axosomatĭca*.
axō-vasculāris*, -is, -e zwischen einem Achsenzylinder und einem Gefäß liegend. In → *synapsis axōvasculāris*.
azurophilĭcus*, -a, -um den Azurfarbstoff liebend. Azur stammt aus dem Persischen, arabisch „lazaward". Im 12. Jahrhundert latinisiert zu *azurrum* oder *lazŭlum*. *Lăpis lazŭli* oder Lasurstein (Lasurit) diente früher zur Herstellung von Ultramarinblau. Azur ist ein Thioninabkömmling und färbt blau bis purpurrot. Azurophile Strukturen werden rot dargestellt. φίλειν (phílein) lieben. In → *granŭlum azurophilĭcum*.
azỹgos unpaar. Siehe *a-privatīvum*.

B

bacillum, -i, n. das Stäbchen. Dem. von *bacŭlum*. In der Medizin ausschließlich als *masculīnum* gebraucht *bacillus*.
bacillĭfer*, fĕra, fĕrum stäbchentragend. *ferre* tragen. In → *cellŭla* → *optĭca* → *bacillifĕra* der Netzhaut.
bacilliformis*, -is, -e stäbchenförmig. *fōrma*, -ae, f. die Form. In → *nŭclĕus bacilliformis* der Stabkern.
barba, -ae, f. der Bart.
basilĭca (scīl. *vēna*) die an der Ulnarseite des Vorderarmes liegende Vene, die „königliche" Vene, ὁ βασιλεύς (ho basileús) der König. Nach → Macalister und den modernen Kennern des Arabischen ist das arabische „albasilik" als Fremdwort aus dem Griechischen übernommen worden. Nach → Hyrtl (1811 – 1894) wäre „albasilik" ein ursprünglich arabisches Wort, das fälschlicherweise mit βασιλικός (basilikós) königlich übersetzt wurde.
băsis -ĕōs, f. die Grundlage, die Unterlage. ἡ βάσις, -εως (hē básis, -eōs). βαίνειν (baínein) stehen. In der Anatomie sehr häufig verwendete Bezeichnung. In der Zytologie in *băsis* → *cellulāris*.
basālis*, -is, -e zur Basis gehörend, an der Basis liegend. In → *a. basālis* des Endometrium, → *bronchus basālis*, → *complexus basālis*, → *corpuscŭlum basāle* der Zilie, → *epitheliocȳtus basālis*, → *lāmĭna basālis*, → *membrāna basālis*, → *pēs basālis* der Zilie, → *rādix basālis*, → *segmentum basāle*, → *strātum basāle*, → *v. basālis*.
basilāris*, -is, -e zur Basis gehörend. Latinisierung des französischen „basilaire" durch Jacobus Benignus Winslow (1669 – 1760). Im Griechischen βασικός (basikós). In → *a. basilāris*, → *crista basilāris*, → *p. basilāris*, → *pl. basilāris*, → *sulcus basilāris*.
basophĭlus*, -i, m. die basophile Zelle. Eigentlich basische Farbstoffe liebend. φίλειν (phílein) lieben. Als *basophĭlus* → *textŭs* die Gewebsmastzelle.
basophilĭcus*, -a, -um basische Farbstoffe liebend. In → *cellŭla basophilĭca*, → *granŭlum basophilĭcum*.

blastōma 47

beta (βέτα) 2. Buchstabe des griechischen Alphabets: β. In → *cellŭla beta* der Pankreasinseln.
bi- (vor Vokalen **bin-**) in Zusammensetzungen für bis zweimal:
bi-ceps, -ĭtis zweiköpfig. *căput*, -ĭtis, *n*. der Kopf. Den μῦς δύο ἔχων κεφαλάς (mȳs dýo échōn kephalás) des Galen nannte Jacobus → Silvius (1478 – 1555) *m. biceps*. In *m. biceps* → *brachĭi, m. biceps* → *femŏris*.
bi-cipitālis*, -is, -e zum zweiköpfigen Muskel gehörend. In → *sulcus bicipitālis*. In Zusammensetzungen **bicipĭto-**: → *bicipĭtoradiālis*.
bĭ-cornis, -is, -e zweihörnig. *cornū*, -ūs, *n*. das Horn. In → *utĕrus bĭcornis*.
bi-cuspidālis*, -is, -e zweispitzig, zweizipflig. *cuspis*, -ĭdis, *f*. die Lanze, die Lanzenspitze. Frühere Bezeichnung für die Zweizipfelklappe, welche jetzt als → *valva* → *mitrālis* oder besser als → *valva* → *atrĭoventriculāris* → *sinistra* bezeichnet wird.
bĭ-discoidĕus*, -a, -um aus zwei Scheiben, *disci* bestehend. In → *placenta bĭdiscoidĕa*.
bĭ-fĭdus, -a, -um zwiegespalten. *findĕre* spalten. In → *spina bĭfĭda*.
bi-furcatĭo*, -ōnis, *f*. die Gabelung. *furca*, -ae, *f*. der gebagelte Pfahl, Marterinstrument für Sklaven und Verbrecher. In *bifurcatĭo* → *trachĕae*.
bi-furcātus*, -a, -um gebagelt, zweizinkig. In *lig. bifurcātum*, → *mănŭs bifurcāta*, → *urēter bifurcātus*.
bĭ-laminăris*, -is, -e zweischichtig. *lāmĭna*, -ae, *f*. die Schicht. In → *blastocystis bĭlamināris*, → *saccus* → *vitellīnus bĭlamināris*.
bĭ-laterālis, -is, -e zweiseitig. *lătŭs*, -ĕris, *n*. die Seite. In → *fissĭo bĭlaterālis*, → *phāsis bĭlaterālis*.
bĭ-lobātus*, -a, -um zweilappig. *lŏbus*, -i, *m*. der Lappen. In → *placenta bĭlobāta*.
bĭ-partītus*, -a, -um zweigeteilt. *partīri* aufteilen. In → *placenta bĭpartīta* Alternativbezeichnung zu → *placenta bĭlobāta*.
bĭ-pennātus, -a, -um doppelt gefiedert. *penna*, -ae, *f*. die Feder. In → *m. bĭpennātus*.
bĭ-polāris, -is, -e zweipolig. *pŏlus* der Pol, ὁ πόλος (ho pólos) die Achse. In → *neurocȳtus bĭpolāris*, → *neurōnum bĭpolāre*.
bĭ-valentĭa*, -ae, *f*. die Zweiwertigkeit des Chromosoms. *valēre* wertsein.
bĭ-vălens*, -entis zweiwertig. *valēre* wertsein. In → *chromosōma bĭvălens*.
bīlis, -is, *f*. die vergossene Galle, im Gegensatz zu → *fĕl* die in der Gallenblase befindliche Galle.
bīlĭfer*, -fĕra, -fĕrum Galle leitend. *ferre* tragen. In → *canalicŭlus bīlĭfer* die Gallenkapillare, → *ductŭlus bīlĭfer* der Gallenausführgang.
biliōsus, -a, -um reich an Galle. In → *gll*. → *mucōsae biliōsae*.
blastēma*, -ătis, *n*. das (undifferenzierte) Bildungsgewebe. βλαστάνειν (blastánein) hervorsprossen.
blastemālis*, -is, -e zu einem (undifferenzierten) Bildungsgewebe gehörend. In → *mesoderma blastemāle*.
blastōma*, -ătis, *n*. die undifferenzierte Geschwulst. ὁ βλαστός (ho blastós) der Sproß. Das Suffix *-ωμα* (-ōma) bezeichnet in der Regel eine Geschwulst (vgl. *carcinōma* die Krebsgeschwulst, *chondrōma* die Knorpelgeschwulst, *fibrōma* die Bindegewebegeschwulst, *hypernephrōma* die Nebennierengeschwulst, *lipōma* die Fettgewebegeschwulst, *melanōma* die Pigmentzellengeschwulst, *myelōma* die Markzellengeschwulst, *sarcōma* die Fleischgeschwulst, u. a.)

blasto- Präfix mit der Bedeutung zum Keim ὁ βλαστός (ho blastós) gehörend:
blasto-cēlīa*, -ae, *f.* die Keimhöhle oder Blastozystenhöhle. κοῖλος (koílos) hohl.
blasto-cystis*, -is, *f.* die Keimblase oder Blastozyste der Säuger. ἡ κύστις (hē kýstis) die Blase.
blasto-mērus*, -i, *m.* die Furchungszelle. τὸ μέρος (tó méros) der Teil.
blasto-pŏrus*, -i, *m.* der Urmund. ὁ πόρος (ho póros) die Öffnung.
blasto-porālis*, -is, -e zum Urmund gehörend. In → *labĭum plastopŏrāle.*
blastŭla*, -ae, *f.* eigentlich der kleine Keim, ὁ βλαστός (ho blastós), dann die Keimblase.
brachĭum, -ĭi, *n.* der Arm. Im klassischen Latein für die ganze freie obere Extremität gebraucht. In der Anatomie gleichbedeutend mit Oberarm. ὁ βραχίων, -ονος (ho brachíōn, -onos) der Arm, die Schulter. *brachĭum* wird auch gebraucht im Sinne von Schenkel eines Zirkels oder eines Verbindungsstücks. In *brachĭum* → *collicŭli* → *inferiōris* und → *superiōris.*
brachiālis, -is, -e zum (Ober-)Arm gehörend. In → *a. brachiālis,* → *vv. brachiāles.* In Zusammensetzungen **brachĭo-:** → *a. brachĭocephalĭca,* → *m. brachĭoradiālis,* → *vv. brachĭocephalĭcae.*
brachĭocephalĭcus*, -a, -um. Neubildung aus *brachĭum* und κεφαλικός (kephalikós) zum Kopf gehörend. Ersetzt in der Gefäßlehre das Adjektiv → *anonỹmus.* In → *a. brachĭocephālĭca,* → *v. brachĭocephālĭca.*
brachy- Präfix mit der Bedeutung kurz-, βραχύς (brachýs) kurz:
brachy-ēsophagīa*, -ae, *f.* die abnorm kurze Speiseröhre *ēsophăgus,* -i, *m.*
brachy-melīa*, -ae, *f.* die Kurzgliedrigkeit. τὸ μέλος (tó mélos) das Glied.
branchiālis*, -is, -e die Kiemen, dann auch die Schlundbogen betreffend. *branchĭae,* -ārum, *f.* τὰ βράγχια (tá bránkchia) die Kiemen. In → *arcus branchiālis* der Kiemen- resp. Schlundbogen, → *membrāna branchiālis,* → *sulcus branchiālis.*
branchĭo-*, Präfix, welches die Zugehörigkeit zu den Kiemen- resp. Schlundbogen *branchĭae,* -ārum, *f.* τὰ βράγχια (tá bránkchia) bezeichnet:
branchĭo-genĕsis*, -is (auch -ēos), *f.* die Kiemen-, dann auch Schlundbogenbildung. ἡ γένεσις (hē génesis) die Bildung.
branchĭo-genĭcus*, -a, -um die Kiemen- resp. Schlundbogen betreffend. In → *cystis branchĭogenĭca,* → *sĭnŭs branchĭogenĭcus.*
branchĭo-merismus*, -i, *m.* die Abfolge gleichartig gebauter Kiemenresp. Schlundbogen. τὸ μέρος (tó méros) der Teil.
branchĭo-merĭcus*, -a, -um die Branchiomeren betreffend. In → *mesoderma branchĭomerĭcum.*
bregma, -ătis, *n.* Die Vereinigungsstelle von Kranz- und Pfeilnaht. τὸ βρέγμα, -ατος (tó brégma, -atos) der Vorderkopf, schon bei → Galen (130 – um 200). βρέχειν (bréchein) benetzen: → *fonticŭlus.*
bregmatĭcus*, -a, -um zum Scheitel gehörend, βρεγματικός (bregmatikós). Früher in → *fonticŭlus bregmatĭcus (=fonticŭlus anterior).*
brĕvis, -is, -e kurz. Gegensatz → *longus* lang. In der Anatomie häufig verwendete Bezeichnung.
brevi-axōnĭcus*, -a, -um mit einem kurzen Achsenzylinder versehen. In → *neurōnum* → *multipolāre brĕviaxōnĭcum.*

bronchus, -i, *m.* der Hauptast der Luftröhre, früher die Luftröhre selbst. ὁ βρόγχος (ho bróngchos) βρέχειν (bréchein) befeuchten. In *bronchus* → *principālis, bronchus* → *lobāris, bronchus* → *segmentālis.*
bronchiŏlus, -i, *m.* der kleine Ast eines *bronchus,* ohne Knorpelversteifung. Dem. von *bronchus.* In *bronchiŏlus* → *respiratorĭus.*
bronchiālis*, -is, -e zum Bronchus gehörend. In → *gll. bronchiāles,* → *rr. bronchiāles,* → *vv. bronchiāles.* In Zusammensetzungen **broncho-:** → *gemma bronchopulmonālis,* → *m. bronchoesophagēus,* → *nōdi* → *lymphatĭci bronchopulmonāles,* → *segmenta bronchopulmonālĭa.*
bucca, -ae, *f.* die Backe, die Wange. Synonym: → *māla.* In → *corpus* → *adipōsum buccae.*
buccālis, -is, -e zur Wange gehörend. In → *a. buccālis,* → *n. buccālis,* → *rĕgĭo buccālis.* In Zusammensetzungen **bucco-:** → *fascĭa buccopharyngēa* → *p. buccopharyngēa* des *m.* → *constrictor* → *pharyngis* → *superĭor.*
buccinātŏr, -ōris, *m.* der Hornbläser. Name des tiefen Wangenmuskels seit Realdo → Colombo (1516–1559). *būcĭna,* -ae, *f.* das Hirtenhorn. Ableitung von *bōs,* bovis, *m.* das Rind und *canĕre* singen, spielen, blasen. Die Silbe **bu** findet sich in mehreren von *bōs* abgeleiteten Zusammensetzungen.
bucinatōrĭus*, -a, -um zum tiefen Wangenmuskel gehörend. Ersetzt durch → *buccālis.*
bulba*, -ae, *f.* der Kolben. In *bulba* → *externa* und *bulba* → *interna* des Lamellenkörperchens, *bulba* → *prēterminālis* und *bulba* → *terminālis* des Neuropils.
bulbus, -i, *m.* die Zwiebel. ὁ βολβός (ho bolbós). In der makroskopischen Anatomie vielfach verwendete Bezeichnung. In der mikroskopischen Anatomie *bulbus* → *dentritĭcus* des Riechorgans. In Zusammensetzungen **bulbo-:** → *ansa bulboventriculāris,* → *extensĭo bulbopontīna,* → *gll. bulbourethrāles,* → *m. bulbocavernōsus,* → *m. bulbospongiōsus* → *ostĭum bulboventriculāre,* → *sulcus bulboventriculāris.*
bulboidēus, -a, -um zwiebelförmig, βολβοειδής (bolboeidḗs). In → *corpuscŭla bulboidēa* die Golgi-Mazzoni-Körperchen.
bulla, -ae, *f.* die Blase, der Buckel, die Kapsel. *bullīre* sieden, Blasen werfen. In *bulla* → *ethmoidālis* des Siebbeins.
bursa, -ae, *f.* der Beutel. Im Französischen „la bourse", im Italienischen „la borsa" und im Deutschen die Börse. Ursprüngliche Bedeutung das Fell, wie das verwandte ἡ βύρσα (hē býrsa). In *b.* → *omentālis, b.* → *pīli* der Haarbalg, *b.* → *synov.*

C

caecum → **cēcum.**
caerulĕus, -a, -um → **cērulĕus,** -a, -um.
călămus, -i, *m.* das Rohr, die Schreibfeder. ὁ κάλαμος (ho kálamos). → Herophilos (um 300 v. Chr.) nannte das Hinterende der Rautengrube *călămus scriptorĭus.*
calcanēus*, -i, *m.* auch **calcanĕum*,** -i, *n.* das Fersenbein. Nicht klassisch, erstmals beim Kirchenvater Ambrosius. Ursprünglich im gleichen Sinn gebraucht wie → *calx,* -cis, *f.* die Ferse. Als Adjektiv in → *făcĭes* → *art. calcanĕa.* → *tendo calcanĕus* die Achillessehne. In Zu-

sammensetzungen **calcaněo-**: → *art. calcaněocuboiděa*, → *lig. calcaněofibuläre*.
calcăr, -āris *n.* der Sporn. *calx, -cis, f.* die Ferse. In *calcăr* → *ăvis* Bezeichnung, die auf den französischen Chirurgen S. Fr. → Morand zurückgeht (Morandscher Sporn 1744), *calcar* → *sclerale* = → *ănŭlus* → *sclērae*.
calcarīnus*, -a, -um zum Sporn gehörig, spornförmig. In → *sulcus calcarīnus*.
calcificans* verkalkend, Part. von *calcificāre*, calx. -cis, f.* der Kalk. ὁ χάλιξ (ho chálix). In → *cartil. calcificans*.
calcificatĭo*, -ōnis, *f.* die Verkalkung. *calx*, calcis, *f.* der Kalk. In → *retentĭo cum calcificatiōne*.
calcificātus*, -a, -um verkalkt. Part. von *calcificāre** verkalken. In → *cartilāgo calcificāta*, → *fētus calcificātus*.
călix, -ĭcis, *m.* der Kelch, der Becher. ἡ κάλυξ (hē kályx) der Blumenkelch ist verwandt mit ἡ κύλιξ, -ικος (hē kýlix, -ikos). In *călix* → *renālis, călix* → *terminālis* der Synapse.
căliciformis*, -is, -e becherförmig. *forma*, -ae, *f.* die Gestalt, die Form. In → *cellŭla căliciformis* die Becherzelle, → *synapsis căliciformis*.
călicŭlus, -i, *m.* der kleine Becher. Dem. von *călix*. In *călicŭlus* → *gustatorĭus, călicŭlus* → *ophthalmĭcus*.
callōsus, -a, -um schwielig. *callum*, -i, *n.* die Schwiele. Seit → Vesal (1514–1564) wird der Balken des Gehirns, die → *commissūra māxĭma*, als → *corpus callōsum* bezeichnet.
calvarĭa, -ae, *f.* das Schädeldach. Kalvarienberg im Sinne von Golgatha oder Schädelstätte setzt *calvarĭa* im Sinne „von Schädel ohne Unterkiefer" wie in → Vesals Anatomie von 1543 voraus. *calvus*, -a, -um kahl. *calva* der Schädel. Aus *calva capĭtis ārěa* entstand durch Zusammenziehung *calvarĭa*.
calx, -cis, *f.* die Ferse. Ursprünglich der Kalk, dann die kalkweiße Ziellinie beim Wagenrennen, im übertragenen Sinn das Ende. So wurde der Fersenknochen als Körperende ebenfalls mit *calx* bezeichnet.
caměra, -ae, *f.* die Kammer. Hängt zusammen mit ἡ καμάρα (hē kamára) Raum mit gewölbter Decke. In *caměra aquōsa, caměra* → *bulbi, caměra* → *vitrěa*.
campanālis, -is, -e glockenförmig. *campāna*, -ae, *f.* die Glocke. In → *stătŭs campanālis* der Zustand der Zahnglocke.
campus, -i, *m.* das Feld. In *campus* → *unguis*.
canālis, -is, *m.* die Röhre, der Kanal, die Rinne. *canna*, -ae, *f.* das Rohr ἡ κάννα (hē kánna). In der makro- und mikroskopischen Anatomie sehr häufig verwendete Bezeichnung. *canālis* → *perfŏrans* = der → Volkmannsche Kanal des Knochens.
canalĭcŭlus, -i, *m.* der kleine Kanal. Dem. von *canālis*. In *canalĭcŭli* → *carotĭcotympanĭci, canalĭcŭlus* → *cementālis, canalĭcŭlus* → *cochlěae, canalĭcŭlus* → *chordae* → *tympăni, canalĭcŭli* → *dentāles, canalĭcŭlus* → *lacrimālis, canalĭcŭlus* → *mastoiděus, canalĭcŭlus* → *tympanĭcus*.
canaliculāris*, -is, -e aus Kanälchen bestehend. Klassisch belegt ist nur *canaliculātus*, -a, -um gekehlt. In → *pěrĭŏdus canaliculāris* der Lungenanlage.
canalizatĭo*, -ōnis, *f.* das Durchgängigwerden, die Kanalisierung.
canīnus, -a, -um zum Hund gehörend, hundeartig. *cănis*, -is, *m.* und *f.* der Hund, die Hündin. → Celsus (nach Chr. Geburt) übersetzte κυνό-

δους (kynódūs) bei → Aristotéles (384 – 322 v. Chr.) und κυνόδων (kynódōn) bei Galen (130 – um 200) mit canīnus.
canthus, -i, *m.* der Augenwinkel. ὁ κανθός (ho kanthós).
cānus, -a, -um grau.
capillus, -i, *m.* das (Kopf-)Haar.
capillāris, -is, -e haarartig. In → *vās capillāre*, → *vās lymphocapillāre*.
capillarĭum*, -i, *n.* die Gesamtheit der Kapillargefäße.
cappālis*, -is, -e haubenförmig. *cappa*, -ae, *f.* die Haube. In → *stătŭs cappālis* des Schmelzorgans. Vgl. den französischen Ausdruck „la coiffe dentaire".
capsŭla, -ae, *f.* die kleine Kapsel. Dem. von *capsa*, -ae, *f.* die Kapsel für Bücherrollen, dann das Behältnis. ἡ κάψα (hē kápsa). *capĕre* fassen. In *capsŭla* → *adipōsa, capsŭla* → *art., capsŭla* → *externa, capsŭla* → *extrēma, capsŭla* → *fibrōsa, capsŭla* → *glomerŭli, capsŭla* → *interna, capsŭla* → *lentis*.
capsulāris*, -is, -e zur Kapsel gehörend. In → *rr. capsulāres,* → *v. capsulāris*.
capsulātus*, -a, -um von einer Kapsel umgeben. In → *corpuscŭlum capsulātum*.
căput, -ĭtis, *n.* der Kopf. In der makroskopischen Anatomie sehr häufig verwendete Bezeichnung, hauptsächlich im Sinne von Muskelkopf.
capitātus, -a, -um mit einem Kopf versehen. In → *ŏs capitātum*.
capĭtŭlum, -i, *n.* das Köpfchen. Dem. von *căput*. Nur noch in *capĭtŭlum* → *humĕri*. Der *humĕrus* hat sowohl ein *căput* wie auch ein *capĭtŭlum*.
carbohydrātum*, -i, *n.* das Kohlenhydrat. *carbo*, -ōnis, *m.* die Kohle. *hydrātum***, -i, *n.* die chemische Verbindung, die Wasserstoff und Sauerstoff im Verhältnis 2 : 1 enthält. H_2O Wasser.
cardīa, -ae, *f.* der Magenmund. ἡ καρδία (hē kardía). Ersetzt in den PNA durch *p. cardĭăca*. *cardīa* hat zwei Grundbedeutungen: 1. das Herz, 2. der Magenmund. In dem abgeleiteten *cardĭăcus*, -a, -um erscheinen beide Grundbedeutungen. In den Zusammensetzungen: *endo-, epi-, myo-* und *peri-cardĭum* ist nur die erste Bedeutung erhalten geblieben.
cardĭăcus, -a, -um zum Herzen oder zum Magenmund gehörend. καρδιακός (kardiakós). Die Alten verwandten das Wort im Sinn von herzkrank oder von magenkrank.
1. Zum Herzen gehörend: In → *myofībra cardĭăca*, → *nn. cardĭăci*, → *pl. cardĭăcus,* → *r. cardĭăcus*.
2. Zum Magenmund gehörend: In → *gll. cardĭăcae,* → *incisūra cardĭăca,* → *ostĭum cardĭăcum,* → *p. cardĭăca*.
In Zusammensetzungen **cardĭo-**:
cardĭo-genĭcus*, -a, -um Herzanlage erzeugend. In → *mesoderma cardĭogenĭcum*.
cardĭo-glīa*, -ae, *f.* die Stützzelle des Herzens. ἡ γλία (hē glía) der Leim.
cardĭo-vasculāris*, -is, -e das Herz und die Gefäße *vāsa*, -ōrum, *n.* betreffend. In → *systēma cardĭovasculāre*.
cardinālis, -is, -e hauptsächlich. *cardo*, -ĭnis, *m.* der Angelpunkt. In → *v. cardinālis*.
cărīna, -ae, *f.* der (Schiffs-)Kiel. In *cărīna* → *trachēae, cărīna* → *urethrālis* → *vagīnae*.
carnĕus, -a, -um fleischig. *carō*, carnis, *f.* das Fleischstück im Gegensatz zu ἡ σάρξ, σαρκός (hē sárx, sarkós) das lebendige Fleisch. In → *trabecŭlae carnĕae* des Herzens.

carotēnoīdum*, -i, *n.* das Karotin, der gelbe Farbstoff der Rüben (*Daucus carōta*). Die modernen Griechen sagen τὸ καρωτίνιον (tó karōtínion). In → *granŭlum carotenoīdi.*

carōtis, -ĭdis, *f.* die Kopfschlagader. ἡ καρωτίς, -ίδος (hē karōtís, -ídos). Hängt mit τὸ κάρα (tó kára) der Kopf und mit ὁ κάρος (ho káros) der Schwindel zusammen. καρόειν (karóein) betäuben. Das Zusammendrücken der Carotiden verursacht Benommenheit und Schwindel, was schon → Galen (130 – um 200) bekannt war.

carōtĭcus, -a, -um zur *carōtis* gehörend. καρωτικός (karōtikós) betäubend. In → *canālis carōtĭcus*, → *glŏmus carōtĭcum*, → *n. carōtĭcus*, → *pl. carōtĭcus*, → *sĭnus carōtĭcus*. In Zusammensetzungen **carōtĭco-**: → *canalicŭli carōtĭcotympanĭci*, → *nn. carōtĭcotympanĭci*.

carpus, -i, *m.* die Handwurzel. Eigentlich die Baumfrucht. ὁ καρπός (ho karpós) die Zypressenfrucht, die geöffnet der Gesamtheit der Handwurzelknöchelchen gleicht. In → *canālis carpi*, → *óssa carpi*.

carpēus, -a, -um zur Handwurzel gehörend. *carpĭcus* wäre sprachlich die bessere Form. Die modernen Griechen brauchen καρπικός* (karpikós). In → *r. carpēus* → *dorsālis* und → *palmāris* der *a. radiālis* und der *a. ulnāris.* In Zusammensetzungen **carpo-**: → *art. carpometacarpēa.* → *ligg. carpometacarpēa.*

cartilāgo, -ĭnis, *f.* der Knorpel. In der makroskopischen Anatomie sehr häufig verwendete Bezeichnung, in der Histologie in den Bezeichnungen: *cartil.* → *elastĭca, cartil.* → *fibrōsa, cartil.* → *hyalĭna*, auch *hyalīna.*

cartilaginĕus knorpelig. In → *matrix cartilaginĕa* die Knorpelgrundsubstanz, → *meātus* → *acustĭcus* → *externus cartilaginĕus*, → *ŏs cartilaginĕum* der Ersatzknochen oder knorpelig präformierte Knochen, → *textus cartilaginĕus.*

cartilaginōsus, -a, -um eigentlich knorpelreich, dann knorpelig. In → *labyrinthus cartilaginōsus.*

caruncŭla, -ae, *f.* das Fleischwärzchen, die warzenförmige Erhebung. Dem. von *caro, carnis, f.* das Fleischstück. In *caruncŭlae* → *hymenāles*, *caruncŭla* → *lacrimālis, caruncŭla* → *materna* der Placenta, *caruncŭla* → *sublinguālis.*

carȳŏn*, -i, *n.* der Kern. τὸ κάρυον (tó káryon) die Nuß, dann der (Nuß-) Kern. Wird nur in Zusammensetzungen gebraucht. Der Zellkern wird als *nŭclĕus* bezeichnet.

carȳŏ-kinēsis*, -is (auch -eōs), *f.* die Kernbewegung, die indirekte Zellteilung. τὸ κάρυον (tó káryon) der Kern, ἡ κίνησις (hē kínēsis) die Bewegung, κίνειν (kínein) bewegen.

carȳŏ-plasma*, -ătis, *n.* das Kernplasma. τὸ κάρυον (tó káryon) der Kern, τὸ πλάσμα (tó plásma) das Geformte, das Gebildete. πλάσσειν oder πλάστειν (plássein oder plástein) bilden, formen.

carȳŏ-thēca*, -ae, *f.* die Kernmembran. τὸ κάρυον (tó káryon) der Kern, ἡ θήκη (hē thḗkē) das Behältnis.

caseōsus*, -a, -um käsig, schmierig. *casĕus*, -i, *m.* der Käse. In → *vernix caseōsa* des Feten.

cataracta*, -ae, *f.* die Linsentrübung, der Star. κατά (katá) hinunter. ῥέειν (hréein) fließen. Die arabischen Augenärzte sahen das Herunterfließen von Flüssigkeit ins Auge als Ursache der Linsentrübung an.

cauda, -ae, *f.* der Schwanz, der Schweif. In *cauda* → *equīna* die den Pferdeschweif bildenden → *rādīces* → *spināles, cauda* → *epididymĭdis, cauda* → *helĭcis* das hintere, untere Ende des Ohrknorpels, *cauda* → *nŭcl.* → *caudāti, cauda* → *pancreātis.*

caudālis*, -is, -e schwanzwärts gelegen. In → *cytolĕmma caudāle*, → *neuropŏrus caudālis.*
caudātus*, -a, -um mit einem Schwanz versehen, geschwänzt. In → *lōbus caudātus* der Leber, → *nūcl. caudātus* der Stammganglien.
causa, -ae, *f.* der Grund, die Ursache.
caveŏla, -ae, *f.* die kleine Höhle. Dem. von *cavĕa*, -ae, *f.* die Höhle, der Käfig. *căvus* hohl. κοῖλος (koílos). In *caveŏla* → *cellulāris.*
caverna, -ae, *f.* die Höhle, der Hohlraum. In *cavernae* → *corpŏris* → *spongiōsi*, *cavernae* → *corpŏrum* → *cavernosōrum.*
cavernōsus, -a, -um höhlenreich. In → *corpus cavernōsum*, → *sīnus cavernōsus.* In der Bedeutung zu Hohlräumen gehörend in → *nn. cavernōsi.*
căvĭtās*, -ātis, *f.* die Höhle, der Hohlraum. In → *cavĭtās* → *cartilagĭnĕa*, *cavĭtas* → *glenoidālis, căvĭtās* → *vitellīna* → *primarĭa.*
căvitātĭo*, -ōnis, *f.* die Höhlenbildung. In *căvitātĭo* → *amnĭi.*
căvum, -i, *n.* die Höhle, der Hohlraum. *căvus* hohl. κοῖλος (koílos). In der Anatomie sehr häufig verwendete Bezeichnung für mit Epithel ausgekleidete Hohlräume.
căvus, -a, -um hohl. In → *v. căva.*
cēcum*, -i, *n.* (scīl. *intestīnum*) der Blinddarm. Ferner in der Bedeutung von blind endigender Teil in *cēcum* → *cupulāre* das blinde Ende des → *ductus* → *cochleāris, cēcum* → *vestibulāre* blind beginnendes Anfangsstück des → *ductus cochleāris.*
cēcus, -a, -um blind, blind endigend. In → *fŏrāmen cēcum*, → (*intestīnum*) *cēcum.*
cēcālis*, -is, -e zum Blinddarm oder *cēcum* gehörend. In → *a. cēcālis*, → *rēc. ilĭocecālis*, → *tuberc. cēcāle.*
cēlĭăcus, -a, -um zur Bauchhöhle gehörend. κοιλιακός (koiliakós), κοῖλος (koílos) hohl. ἡ κοιλία (hē koilía) die Höhle, besonders die Bauchhöhle. In → *nōdi* → *lymphatĭci cēlĭăci*, → *truncus cēlĭăcus*, Bezeichnung, die schon von Jacobus → Silvius (1478 – 1855) gebraucht wurde.
cēloblastŭla*, -ae, *f.* die Hohlform der Blastula.
cēlōma*, -ătis, *n.* die primitive Leibeshöhle. In *cēlōma* → *extraembryonĭcum*, *cēlōma* → *intraembryonĭcum*, *cēlōma* → *umbilicāle.*
cēlōmatĭcus*, -a, -um zur Leibeshöhle gehörend. In → *vesicŭla cēlōmatĭca.*
cēlōmĭcus*, -a, -um die Leibeshöhle betreffend. In → *glomerŭlus cēlomĭcus*, → *sīnŭs cēlōmĭcus.*
cella, -ae, *f.* der geschlossene Hohlraum, die Zelle. *celāre* verbergen.
cellŭla, -ae, *f.* die kleine Zelle. Dem. von *cella* die Kammer. In der Zytologie und Histologie vielfach gebrauchte Bezeichnung. Die makroskopische Anatomie betreffend in *cellŭlae* → *anteriōres*, → *medĭae* und → *posteriōres* des → *labyrinthus* → *ethmoidālis, cellŭlae* → *mastoidĕae, cellŭlae* → *pneumatĭcae, cellŭlae* → *tympanĭcae.*
cellulāris*, -is, -e zur Zelle gehörend, zellhaltig. In → *ăpex cellulāris*, → *axis cellulāris*, → *băsis cellulāris*, → *caveŏla cellulāris*, → *cilĭum cellulāre*, → *corpuscŭlum cellulāre*, → *deficentĭa cellulāris*, → *divisĭo cellulāris*, → *granŭla cellulārĭa*, → *invaginatĭo cellulāris*, → *pŏlus cellulāris*, → *prŏcessus cellulāris*, → *strātum cellulāre.*
cellulōsus*, -a, -um zellreich. In → *tapētum cellulōsum* der bei Karnivoren vorkommende Anteil der → *choroidĕa.*
cementum, -i, *n.* das Zement (des Zahnes). Ursprünglich der Bruchstein einer Mauer. *cēdere* mit dem Meißel herausschlagen. Erst in der Spätantike mit der Bedeutung die Bindemasse, der Mörtel. In *cementum* → *cellulāre* und → *noncellulāre.*

cementālis*, -is, -e die Eigenschaften von Zement aufweisend, zum (Zahn) Zement gehörend. In → *fībra cementālis*, → *fībra* → *perfŏrans cementālis* = → Sharpey-Faser, → *līněa cementālis*, → *substantĭa* → *fundamentālis cementālis*. In Zusammensetzungen **cemento-**: → *fībra cementoalveolāris*.

cementoblastus*, -i, *m.* die zementbildende Zelle. βλάστειν (blástein) bilden.

cementoblastĭcus*, -a, -um zementbildend. In → *lāmĭna cementoblastĭca*.

cementocȳtus*, -i, *m.* die Knochenzelle des Zementes, der Zementozyt. τὸ κύτος (to kýtos) die Zelle.

centrum, -i, *n.* der Mittelpunkt. τὸ κέντρον (tó kéntron) eigentlich der Stachel, dann der Punkt, in welchem der Zirkel angesetzt wird. κεντέειν (kentéein) stechen. In *centrum* → *chondrificatiōnis*, *centrum* → *germināle*, *centrum* → *ossificatiōnis*, *centrum* → *tendiněum*.

centrālis, im Mittelpunkt liegend. Hybrid, aber schon bei Plinius (23–79) belegt. In → *a.* und *v. centrālis* → *retīnae*, → *fŏvěa centrālis*, → *gliocȳtus centrālis*, → *microtubŭlus centrālis*, → *nŭcl.* → *mediālis centrālis*, → *v. centrālis* der Nebenniere, → *vv. centrāles* der Leber. In Zusammensetzungen **centro-**: → *cellŭla centroacinōsa*.

centrĭcus*, -a, -um einen Mittelpunkt angeordnet, ein Zentrum habend. In → *acrŏcentrĭcus*, → *dicentrĭcus*, → *metacentrĭcus*, → *monocentrĭcus*, → *polycentrĭcus*, → *submetacentrĭcus*, → *telocentrĭcus*.

centriŏlum, -i, *n.* das kleine Zentrum. Dem. von *centrum*. In der Zytologie das Zentralkörperchen.

centrolecithālis*, -is, -e den Dotter im Zentrum habend. *lecithīnum**, -i, *n.* das Esterphosphatid des Eidotters. ἡ λέκιθος (hē lékithos) der Eidotter.

centromērus*, -i, *m.* der Zentralteil des Chromosoms. τὸ μέρος (to méros) der Teil.

centrosōma*, -ătis, *n.* das Zentralkörperchen. τὸ σῶμα (tó sóma) der Körper.

cephalĭca (scīl. vēna). Die an der Radialseite des Arms laufende Hautvene. Wäre nach → Hyrtl (1811–1894) nicht zu deuten als „zum Kopf gehörend" κεφαλικός (kephalikós). Es würde sich um die Übertragung des arabischen al-ki-fal handeln. Nach Macalister ist jedoch das Wort der arabischen Sprache ursprünglich fremd und in diese als Fremdwort aus die Griechischen gekommen. Somit besteht die Deutung als „zum Kopf gehörende" Vene zu Recht.

cephalĭcus, -a, -um zum Kopf ἡ κεφαλή (hē kephalḗ) gehörend. In → *flexūra cephalĭca* des Mittelhirns.

cerăto- in Zusammensetzungen für das untere Horn des Schildknorpels und für das große Zungenbeinhorn gebrauchte Bezeichnung. τὸ κέρας, ατος (tó kéras, -ătos) das Horn. In → *m. cerătocricoiděus*, → *p. cerătopharyngěa*.

cěrěbrum, -i, *n.* das Gehirn.

cěrěbrālis* zum Großhirn gehörend. Nur in Zusammensetzungen **cěrěbro-**: → *līquŏr cěrěbrospinālis*.

cěrěbellum, -i, *n.* das Kleinhirn. Dem. von *cěrěbrum*. Kleinhirn und Brücke *pons* bilden das Hinterhirn → *metencephălon*.

cerebellāris, -is, -e zum Kleinhirn gehörend. In → *pedunculus cerebellāris*. In Zusammensetzungen **cěrěbello-**: → *cisterna cěrěbellomedullāris*, → *tr. cěrěbellorubrālis*, → *tr. cěrěbellothalamĭcus*.

cēruléus, -a, -um himmelblau, blauschwarz. *cēlum*, -i, *n.* der Himmel. In → *lŏcus cēruléus* der Rautengrube.

cēruminōsus*, -a, -um ohrschmalzreich. Von *cērūmen**, -ĭnis, *n.* Neubildung in Anlehnung an *cēra*, -ae, *f.* das Wachs. Wird erst im 16. Jahrhundert gebraucht. Vgl. die ähnliche Bildung → *albūmen** das Eiweiß. In → *gll. ceruminōsae.*

cervīx, -īcis, *f.* der Hals, der Nacken. Mit langem ī auszusprechen! In *cervīx* → *dentis, cervīx* → *utĕri, cervīx* → *vesīcae.*

cervicālis, -is, -e zum Hals gehörend. In → *a. cervicālis,* → *nōdi* → *lymph. cervicāles,* → *p. cervicālis,* → *pl. cervicālis,* → *v. cervicālis.* In Zusammensetzungen **cervīco-**: → *ganglĭon cervīcothoracĭcum.*

chemĭcus*, -a, -um die Chemie betreffend, chemisch. Einer der Namen für Ägypten war das Land „Kemi". Letzteres bedeutet schwarz. Man nennt deshalb die Chemie die „schwarze Kunst". In → *causa chemĭca* der Mißbildungslehre.

chiasma, -ătis, *n.* Kreuzung in Form eines χ (chi). τὸ χίασμα (tó chíasma). In *chiasma* → *optĭcum, chiasma* → *tendĭnum,* → *cisterna chiasmătis.* Auch das „crossing over" der Chromosomen wird als *chiasma* bezeichnet.

chirurgĭcus, -a, -um chirurgisch. χειρουργικός (cheirurgikós) eigentlich mit der Hand arbeitend. ἡ χείρ (hē cheír) die Hand und τὸ ἔργον (tó érgon) das Werk. χειρουργέειν (cheirurgéein) mit der Hand verrichten, ἡ χειρουργία (hē cheirurgía) die Handarbeit. In → *collum chirurgĭum.*

chŏăna, -ae, *f.* die Mündung der Nasenhöhle in den Pharynx. ἡ χοάνη (hē choánē) der Trichter, auch die Schmelzgrube, an welche der Blasebalg angesetzt ist.

cholēdŏchus, -a, -um Galle aufnehmend, Galle führend. χοληδόχος (cholēdóchos). ἡ χολή (hē cholḗ) die Galle und δέχεσθαι (déchesthai) aufnehmen.

chondriăcus*, -a, -um zum Knorpel gehörend. Die modernen Griechen sagen χονδρικός (chondrikós). ὁ χόνδρος (ho chóndros) der Knorpel, ursprünglich das Korn. In → *regĭo hypochondriăca* die Gegend unter dem knorpeligen Rippenbogen. In Zusammensetzungen **chondro-**: zum oft knorpelig bleibenden kleinen Zungenbeinhorn gehörend. In → *m. chondroglōssus,* → *p. chondropharyngēa.*

chondrificātĭo*, -ōnis, *f.* die Verknorpelung.

chondriōma*, -ătis, *n.* die Gesamtheit der Körnchen oder Mitochondrien der Zelle. ὁ χόνδρος (ho chóndros) das Korn, das Körnchen.

chondroblastus*, -i, *m.* die Knorpelbildungszelle. βλαστάνειν (blastánein) hervorbringen.

chondrocranĭum*, -ii, *n.* das knorpelige Primordialkranium. *cranĭum,* -ĭ i, *n.* der Schädel.

chondrocȳtus*, -i, *m.* die Knorpelzelle. τὸ κύτος (tó kýtos) die Zelle.

chondrocytĭcus*, -a, -um zur Knorpelzelle gehörend. In → *aggregatĭo chondrocytĭca.*

chondrogenĕsis*, -is (auch -eōs), *f.* die Knorpelbildung. ἡ γένεσις (hē génesis) die Bildung.

chondrogenētĭcus*, -a, -um knorpelbildend. In → *strātum chondrogenētĭcum.*

chondrohistogenĕsis*, -is auch -eōs, *f.* die Knorpelentwicklung. ὁ ἱστός (ho histós) das Gewebe und ἡ γένεσις (hē génesis) die Entstehung.

chorda, -ae, *f.* die Saite, der Strang. ἡ χορδή (hē chordḗ) ursprünglich der Darm, dann die aus Darm hergestellte Saite. In der Anatomie und der Embryologie im Sinne von Strang gebraucht: *chorda* → *dorsā-*

lis, chorda → medullāris, chorda → oblīqua, chordae → tendinĕae, chorda → tympăni.
chordagenĕsis*, -is (auch -eōs), f. die Bildung der Rückensaite. ἡ γένεσις (hē génesis) die Bildung.
chordamesodermа*, -ătis, n. das Urdarmdach aus Rückensaite und Mesodermflügeln. *mesoderma**, -ătis, n. das mittlere Keimblatt.
chorĭon, -ĭi, n. die Zottenhaut des Embryos. τὸ χόριον (tó chórion) eigentlich die Haut, vergleiche → *corĭum*.
chorioamnĭon*, -ĭi, n. das Band zwischen Chorion und Weißeisack. *amnĭon*, -ĭi, n. die Schafhaut.
chorionĭcus*, -a, -um zur Zottenhaut *chorĭon*, -ĭi, n. gehörend. In → *căvĭtas chorionĭca*, → *dējectĭo chorionĭca*, → *lāmĭna chorionĭca*, → *placenta chorionĭca*. In Zusammensetzungen **chorio-**: → *placenta chorioallantoĭca*, → *placenta chorĭoamniotĭca*, → *placenta chorĭovitellīna*.
choristōma*, -ae, f. das versprengte Gewebe. χωρίς (chōrís) abgesondert, getrennt. χωρίζειν (chōrízein) trennen. Das Suffix -ōma -ωμα bezeichnet eine Geschwulst, eine Mißbildung.
chorŏīdĕa*, -ae, f. (scīl. → *tūnĭca*). χοροειδὴς χιτών (choroeidés chitṓn) bei → Galen (130 – um 200), die Aderhaut des Auges.
chorŏīdĕus, -a, -um χοροειδής (choroeidés) wird in doppelter Bedeutung gebraucht:
1. Zur Aderhaut des Auges gehörend. In → *a.* und → *v. chorŏīdĕa*.
2. Dem → *chorĭon* ähnlich hinsichtlich Gefäßreichtum. In → *ependymocȳtus choroidĕus*, → *pl. choroidĕus*. → Galen (130 – um 200) bezeichnet mit πλέγματα χοροειδῆ (plégmata choroeidé) die Adergeflechte des Gehirns. In Zusammensetzungen **choroido-**: → *lāmĭna choroīdocapillāris*.
chrōmaffinoblastus*, -i, m. die Vorstufe der chromaffinen Zelle. βλάστειν (blástein) bilden.
chrōmaffinocȳtus*, -i, m. die chromaffine Zelle. *adfīnis* verwandt und τὸ κύτος (tó kýtos) die Zelle. Die medizinische Bezeichnung *acĭdŭm chromĭcum* bezeichnet das Anhydrit von H_2CrO_4 Chromtrioxyd Cr_2O_3.
chrōmaffīnis*, -a, -um mit Farbe, d. h. mit Chromsäure sich verbindend. τὸ χρῶμα (tó chrṓma) die Farbe. *acĭdŭm chromĭcum* ist stark gelb gefärbt. *adfīnis* verwandt, verbunden. In → *cellŭla chrōmaffīnis*.
chrōmatīnum*, -i, n. das Gefärbte, DNS-haltige Kerneiweiße, die sich mit basischen Farbstoffen färben lassen. τὸ χρῶμα, -ατος (tó chróma, -atos) die Farbe. In der Zytologie vielfach verwendeter Fachbegriff.
chrōmatoīdĕus*, -a, -um chromatinähnlich. Das Suffix -*oīdĕus* bezeichnet die Ähnlichkeit. In → *corpus chromatoīdĕum*.
chrōmatophilĭcus*, -a, -um farbstoffliebend. φίλειν (phílein) lieben. In → *erythrocȳtus polychromatophilĭcus*, → *erythroblastus polychromatophilĭcus*.
chrōmatophŏrus*, -i, m. der Farbträger, Bindegewebszelle mit zahlreichen eingelagerten Pigmentkörnchen. φέρειν (phérein) tragen.
chromomĕrus*, -i, m. der gefärbte Anteil des Chromosoms, das mikroskopisch noch sichtbare Chromomer. τὸ μέρος (tó méros) der Teil.
chrōmophĭlus*, -a, -um Farbe liebend, sich gut färbend. φίλειν (phílein) lieben. In → *cellŭla chromophĭla*.
chrōmophŏbus*, -a, -um Farbe scheuend. φοβέειν (phobéein) scheuen, fürchten. In → *cellŭla chromophŏba*.

chrōmonēma*, -ătis, *n.* der gefärbte Faden, welcher spiralisiert die Chromosomen trägt. *τὸ νῆμα* (tó néma) der Faden.
chrōmosōma*, -ătis, *n.* der gefärbte Körper, das Chromosom. *τὸ σῶμα* (tó sóma) der Körper. In der Zytologie mit zahlreichen Adjektiven versehen.
  chrōmosomālis*, -is, -e zum Chromosom gehörend. In → *abundantĭa chrōmosomālis,* → *dēfectĭo chrōmosomālis,* → *dēletĭo chrōmosomālis,* → *satelles chrōmosomālis* der Chromosomensatellit.
  chrōmosomatĭcus*, -a, -um das Chromosom betreffend. In → *microtubŭlus chromosomatĭcus* → *fusālis,* die sich am Chromosom anheftende Spindelfaser.
chȳlus, -i, *m.* die Darmlymphe. *ὁ χυλός* (ho chylós) der Saft. In → *cisterna chȳli.*
chylomikrōnum*, -i, *n.* das Neutralfetttröpfchen im Blutplasma bei Hyperlipämie. *τὸ μικρόν* (tó mikrón) das kleine Teilchen. *μικρός* (mikrós) klein.
chȳmus, -i, *m.* der mit saurem Magensaft vermischte Speisebrei. *ὁ χυμός* (ho chymós) der Erguß → *parenchȳma.* *χέειν* (chéein) gießen.
cilĭum, -ĭi, *n.* die Wimper. Ursprünglich das Augenlid, erst spät auf die am Lidrand sich befindenden Wimpern übertragen. In der Zytologie das Wimperhaar, die Zilie der Zelle.
ciliāris*, -is, -e eigentlich zum Augenlid bzw. den Wimpern gehörend. Dann auf den vor der *choroidĕa* liegenden Teil der *tŭn. mĕdĭa ocŭli* übertragen, dessen Fältchen parallel stehenden Wimpern gleichen, und auf Organe, die mit diesem Teil in Zusammenhang stehen. In → *aa. ciliāres,* → *corōna ciliāris,* → *corpus ciliāre,* → *ganglĭon ciliāre,* → *gl. ciliāris,* die Mollsche Drüse, → *margo ciliāris,* → *m. ciliāris,* → *orbicŭlus ciliāris* zwischen *zōna ciliāris* und *ōra serrāta* gelegener Teil, → *plĭca ciliāris,* → *prōc. ciliāris,* → *vv. ciliāres,* → *zōnŭla ciliāris.*
ciliātus*, -a, -um mit Zilien versehen. In → *ependymocȳtus ciliātus,* → *epitheliocȳtus ciliātus* die Wimperepithelzelle.
cinerĕus, -a, -um aschgrau. *cĭnis,* -ĕris, *n.* die Asche. In → *tŭbĕr cinerĕum.*
cingŭlum, -i, *n.* der Gürtel. *cingĕre* gürten. In *cingŭlum* → *dentis, cingŭlum membri,* → *gȳrus cingŭli,* → *sulcus cingŭli.*
circŭlus, -i, *m.* der Kreis. Dem. von *circus* der große Kreis, der Zirkus. *ὁ κίρκος* (ho kírkos) der Habicht, der Falke, der im Fluge Kreise beschreibt. In *circŭlus* → *arteriōsus, circŭlus* → *articulāris* → *vasculōsus* das Gefäßnetz eines Gelenks, *circŭlus* → *vasculāris* → *n.* → *optĭci.*
circulāris, is, -e kreisförmig. In → *plĭcae circulāres* des Dünndarms, → *str. circulāre* einer glatten Muskelschicht, → *sulcus circulāris* → *insŭlae.*
circulatĭo, -ōnis, *f.* der Kreislauf. *circulāri* im Kreis *circŭlus,* -i, *m.* gehen. In *circulatĭo* → *embryonĭca.*
circum- Präfix mit der Bedeutung um (herum):
  circum-anālis* um den After herum liegend. *ānus,* -i, *m.* der After. In → *gll. circumānāles.*
  circum-ferentĭa, -ae, *f.* der Umkreis. *circum-ferre* herumtragen. In *circumferentĭa articulāris.*
  circum-ferentiālis*, -is, -e den Umfang betreffend. In → *lāmella circumferentiālis* des Knochens.
  circum-flexus, -a, -um umgebogen. Part. von *circum-flectĕre.* In → *a.* und → *v. circumflexa,* → *r. circumflexus.*

circum-vallātus, -a, -um mit einem Wall umgeben. *circum-vallāre* mit einem Wall einschließen. *vallum,* -i, *n.* die Palisade, der Wall, auf welchen Palisaden gepflanzt wurden. In → *placenta circumvallāta*.

cisterna, -ae, *f.* die Zisterne, der (in die Erde gegrabene) Wasserbehälter. Vielleicht verwandt mit *cista*, -ae, *f.* die Kiste ἡ κίστη (hē kístē). In → *cisterna* → *caryothēcae, cisterna* → *chȳli, cisterna* → *subarachnoideālis, cisterna* → *terminālis*. Als *cisternae* werden auch die Erweiterungen des → *reticŭlum* → *endoplasmatĭcum* bezeichnet.

claustrum, -i, *n.* der Verschluß, die Schranke. *claudĕre* schließen. In der Anatomie die Vormauer des Linsenkerns.

clāva, -ae, *f.* die Keule. Frühere Bezeichnung für → *tūberc.* → *nŭcl.* → *cuneāti*.

claviformis, -is, -e keulenförmig. *forma* die Gestalt. In → *pĭlus claviformis*.

clāvĭcŭla, -ae, *f.* das Schlüsselbein. Dem. von *clāvis,* -is, *f.* der Schlüssel, der Riegel. Die Griechen brauchten sowohl für Schlüssel als auch für Schlüsselbein ἡ κλείς, -ειδός (hē kleís, -eidós). κλείειν (kleíein) schließen. Der Vergleich mit dem Holzstück, das den hölzernen Riegel anhebt, ist fraglich. *clāvis* der Riegel. *claudĕre* schließen, festmachen. → Coiter (1566) sagt vom Schlüsselbein: *eō quod cervīcem et humĕrum conclūdit* weil es Hals und Schulter zusammenhält.

clāviculāris*, -is, -e, zum Schlüsselbein gehörend. In → *incisūra claviculāris*. Zusammensetzungen clāvi- und cleido-: → *fascĭa clavipectorālis* und → *m. sternocleidomastoidĕus*.

clīmactēr, -ēris, *m.* die kritische Zeit, dann auch die Wechseljahre der Frau. ὁ κλιμακτήρ (ho klimaktḗr).

clinĭcus*, -a, -um klinisch. *clinĭcē,* -ēs, *f.* die Heilkunst am Krankenbett. ἡ κλινική (hē klinikḗ) das Krankenhaus. κλίνειν (klínein) liegen. In → *rādix clinĭca* des Zahnes.

clinoīdĕus, -a, -um bettähnlich, lagerartig. κλινοειδής (klinoeidḗs). In → *prōc. clinoīdĕus* des Keilbeins. Die *prōc. clinoīdĕi* bilden mit der Hypophysengrube eine Art altgriechischer Bettstatt. ἡ κλίνη (hē klínē) das Bett. κλίνειν (klínein) sich niederlegen.

clītŏris, -ĭdis, *f.* der Kitzler. ἡ κλειτορίς, -ίδος (hē kleitorís, -ídos).

clīvus, -i, *m.* der Abhang. In der Anatomie der von *ŏs sphenoidāle* und *ŏs occipitāle* gebildete absteigende Anteil der inneren Schädelbasis.

cloāca, -ae, *f.* der Abzugskanal, die Kloake.

cloācālis*, -is, -e zur Kloake gehörend. In → *fŏvĕa cloācālis,* → *membrāna cloācālis* des Embryo.

clūnis, -is, *f.* und *m.* die Hinterbacke. ἡ κλόνις (hē klónis). Plural *clūnes,* -ĭum, *m.* und *f.* das Gesäß. In → *nn. clūnĭum*.

clūniālis*, -is, -e zur Gesäßgegend gehörend, die Gesäßgegend betreffend. *clūnis,* -is, *f.* und *m.* die Hinterbacke. In → *junctĭo clūniālis* von Zwillingsmißbildungen.

cóccyx, -ȳgis, *m.* der Kuckuck. ὁ κόκκυξ, -υγος (ho kókkyx, -ygos). In → *ŏs coccȳgis* das Steißbein, welches einem Kuckucksschnabel ähnlich sieht. Schon bei → Herophilus (335 – 280 v. Chr.), dann auch bei → Galen (130 – um 200) belegt.

coccȳgēus*, -a, -um zum Steißbein gehörend. Die modernen Griechen sagen κοκκυγικός* (kokkygikós). In → *cornu coccygēum, junct. sacrococcygēa,* → *lig. sacrococcygēum,* → *m. coccygēus,* → *vertĕbra coccygēa*.

coccygeālís*, -is, -e zum Steißbein *ŏs coccȳgis, n.* gehörend. In → *rĕgĭo sacrococcygeālis,* → *sīnŭs coccygeālis.*
cochlĕa, -ae, *f.* die Schnecke. Verwandt mit ὁ κόχλος (ho kóchlos) und ἡ κοχλία (hē kochlía) die Muschel. In der Anatomie die Hörschnecke.
cŏchleāris, -is, -e löffelförmig, schraubenförmig, zur Hörschnecke gehörend. *cochlĕăr*, -āris, *m.* der Kochlöffel, mit dem die Schnecken aus ihrer Schale geholt wurden. In → *ductus cochleāris,* → *n. vestibŭlocochleāris,* → *p. cochleāris,* → *r. cochleāris.*
cochleariformis*, -is, -e löffelförmig. In → *prōc. cochleariformis* löffelartiges Hypomochlion für die Sehne des *m.* → *tensor* → *tympăni.*
coeliăcus, -a, -um → *cēliăcus.*
collagenoidĕus*, -a, -um leimartig. ἡ κόλλα (hē kólla) der Leim. Das Suffix -oïdĕus deutet auf Ähnlichkeit. In → *microfibrilla collagenoīdĕa.*
collagenōsus*, -a, -um leimgebend. ἡ κόλλα (hē kólla) der Leim und γεννάειν (gennáein) hervorbringen. In → *fascicŭlus collagenōsus,* → *fībra collagenōsa,* → *fibrilla collagenōsa,* → *protofibrilla collagenōsa.*
collicŭlus, -i, *m.* das Hügelchen. Dem. von *collis,* -is, *m.* In *collicŭlus* → *axōnis* der Ursprungskegel des Achsenzylinders, *collicŭlus* → *cellulāris, collicŭlus* → *faciālis, collicŭlus* → *inferĭor, collicŭlus* → *seminālis, collicŭlus* → *superĭor.*
colliculāris*, -is, -e zum Hügelchen gehörend. In → *gl. colliculāris.*
colloidĕum*, -i, *n.* das Kolloid, der leimähnliche Stoff. ἡ κόλλα (hē kólla) der Leim. Das Suffix -*oïdĕus* deutet auf Ähnlichkeit.
collum, -i, *n.* der Hals. In der makro- und mikroskopischen Anatomie häufig im übertragenen Sinn für eine schmale Stelle verwendet.
cōlŏn, -i, *n.* der Hauptteil des Dickdarms. Die Quantität des o ist nicht sicher: τὸ κῶλον (tò kŏlon) bei → Hippokrates (460 – um 356 v. Chr.) und τὸ κόλον (tó kólon) bei → Aristoteles (384 – 322 v. Chr.). τὸ κῶλον (tó kōlon) wurde auch im Sinn von Körperglied gebraucht.
cŏlĭcus*, -a, -um zum Colon gehörend κολικός (kolikós). κωλικός (kōlikós) bedeutet am Dickdarm leidend. In → *a. cōlĭca,* → *făcĭes cōlĭca,* → *v. cōlĭca.*
colonĭcus*, -a, -um den Dickdarm *colon,* -i, *n.* betreffend. In → *aganglionōsis colonĭca.*
colostrālis*, -is, -e die Vormilch *colostrum,* -i, *n.* betreffend. In → *phasis colostrālis.*
colpos*, -i, *m.* die Scheide. In zusammengesetzten klinischen Fachausdrücken verwendet. ὁ κόλπος (ho kólpos) die Busenfalte, die Scheide.
cŏlumna, -ae, *f.* die Säule. In der makroskopischen Anatomie vielfach verwendete Bezeichnung. In der mikroskopischen Anatomie → *cellŭla cŏlumnārum* die Deitersschen Pfeilerzellen im Schneckenkanal.
cŏlumella, -ae, *f.* die kleine Säule. Dem. von *cŏlumna.* In → *cŏlumella* → *cellulāris* der Säulenknorpel.
columnāris*, -is, -e säulenförmig. Klassisch belegt ist nur *columnātus* durch Säulen gestützt. In → *cellŭla columnāris,* → *ependymocȳtus columnāris,* → *epitheliocȳtus columnāris.*
con- (**co-**, **col-**, **com-** und **cor-** durch Angleichung an den folgenden Buchstaben) Präfix mit der Bedeutung zusammen-, mit-. Es vertritt die Präposition *cum:*
cŏ-ar(c)tatĭo, -ōnis, *f.* das Zusammenpressen, die Verengung. *cŏ-ar(c)tāre* zusammenpressen. *artāre* verkürzen. *artum,* -i, *n.* der enge Raum.
cŏ-ar(c)tātus, -a, -um verengt. Part. von *cŏ-ar(c)tāre.* In → *aorta cŏarctāta.*

cŏ-ĭtŭs, -ūs, *m.* die geschlechtliche Vereinigung. *cŏ-ire* zusammenkommen.
col-laterālis*, -is, -e seitlich liegend. *lătus, -ĕris, n.* die Seite. In → *a. collaterālis,* → *lig. collaterāle,* → *r. collaterālis,* → *sulcus collaterālis,* → *vās collaterāle.*
col-lĭgens einsammelnd. Part. von *colligĕre.* In → *ductus collĭgens* der Milchdrüse, → *p. colligens,* → *tubŭlus collĭgens* das Sammelrohr der Niere.
co-mĭtans, -antis begleitend. Part. von *comitāri. cŏmes,* -ĭtis, *m.* der Begleiter. *īre* gehen. In der makr. Anatomie → *a.* und → *v. comĭtans.* In der Zytologie → *centromērus comĭtans.*
com-missūra, -ae, *f.* die Verbindung. *committĕre* zusammenfügen. *mittĕre* senden, melden. In der makrosk. Anatomie und besonders in der Bahnenlehre vielfach verwendete Bezeichnung.
com-missurālis*, -is, -e zu den Kommissuren (des Gehirns) gehörend. Das Adjektiv ist eine folgerichtige Erfindung der modernen anatomischen Nomenklatur. In der antiken Tiermedizin (*Mulomedicīna Chirōnis*) beim Bewegungsapparat gebräuchlich.
com-munis, -is, -e gemeinsam, eigentlich gemeinsame Mauern habend. *moenĭa, -ĭum, n.* In der Anatomie häufig verwendete Bezeichnung.
com-mūnĭcans, -antis verbindend. Part. von *commūnĭcare* verbinden. In → *a. commūnĭcans,* → *r. commūnĭcans.*
com-mutatĭo, -ōnis, *f.* der Austausch. *com-mutāre* auswechseln.
com-pactus, -a, -um dicht, zusammengedrängt. Part. von *compingĕre. pangĕre* festmachen. *πηγνύναι* (pēgnýnai) zusammenfügen. In → *glŏmus compactum* der Prophase, → *ōs compactum,* → *str. compactum* der Uterusschleimhaut, → *subst. compacta,* → *textus* → *co(n)-nectīvus* → *fibrōsus compactus* das straffe Bindegewebe.
com-plexus, -ūs, *m.* die Umschließung, die umschriebene Stelle. *complecti* umschließen, umschlingen. *πλέκειν* (plékein) flechten. In *complexus* → *basālis* die → Bruchsche Membran des Auges, *complexus* → *golgiensis* der → Golgiapparat, *complexus* → *juxtaglomerulāris, complexus* → *lamellōsus, complexus* → *reticŭli* → *cytoplasmatĭci, complexus* → *synaptonematĭcus.*
com-plexus, -a, -um umfassend. Part. von *complecti* umfassen, umgeben. In → *gl. complexa* die zusammengesetzte Drüse.
com-positĭo, -ōnis, *f.* die Zusammensetzung. *com-ponĕre* zusammensetzen. *ponĕre* setzen, stellen. In → *dēfectĭo compositiōnis.*
com-pŏsĭtus, -a, -um zusammengesetzt. Part. von *compōnĕre* zusammensetzen. *pōnĕre* setzen. In → *art. compŏsĭta,* → *nucleŏlus compōsĭtus.*
com-pressĭo, -ōnis, *f.* das Zusammenpressen. *com-primĕre* zusammendrücken. In → *retentĭo cum compressiōne.*
com-pressŏr, -ōris, *m.* der Zusammendrücker. In der Antike in übertragenem Sinn der Schänder. *comprimĕre* zusammendrücken. In der Anatomie ist der Begriff *compressŏr* neu. In → *m. compressŏr* → *nāris = p. transversa* des *m.* → *nasālis.*
com-pressus, -a, -um zusammengedrückt. Part. von *com-primĕre.* In → *fētus compressus.*
con-ceptĭo, -ōnis, *f.* die Empfängnis. *con-cipĕre* empfangen.
con-ceptus, -ūs, *m.* der Embryo mit seinen Hüllen.
con-clusĭo, -ōnis, *f.* der Zusammenschluß. *con-cludĕre* zusammenschließen. *cludĕre* schließen. In → *dēfectĭo conclusiōnis.*
con-crescentĭa, -ae, *f.* das Zusammenwachsen. *crescĕre* wachsen.

con-crētĭo, -ōnis, *f.* die Zusammenballung, die Verdichtung. *concrescĕre* zusammenwachsen, sich verdichten. In *concrētĭo → prostatĭca.*
con-dūcĕre verbinden, leiten. In → *fībra → musculāris condūcens → cardĭăca, → myocȳtus condūcens → cardĭăcus* des Reizleitungssystems.
cō-nexŭs, -ūs, *m.* die Verbindung. *co-nectĕre* verbinden. In *cōnexŭs → intertendinĕus* die Sehnenbrücke.
cō(n)-nectīvus*, -a, -um verbindend. Das doppelte n ist nicht klassisch. *cō-nectĕre* verbinden. In → *textŭs cōnectīvus* das Bindegewebe.
con-flŭens, -entis, *m.* der Zusammenfluß. Als Substantiv gebrauchtes Part. *con-flŭĕre* zusammenfließen. In *conflŭens → sinŭum.*
con-genitālis, -is, -e angeboren. *gignĕre* gebären. In → *dēfectĭo congenitālis.*
con-gĕnĭtus, -a, -um angeboren. *gignĕre* gebären. In → *hernĭa congĕnĭta.*
con-jŭgatĭo*, -ōnis,*f.* die Verbindung. *conjungĕre* verbinden.
con-jŭgātus, -a, -um verbunden. Part. von *conjŭgāre.* In *conjŭgāta* (scīl. *diámetros*) die Verbindungslinie, der gerade oder sagittale Beckendurchmesser. Der Begriff *conjŭgāta* ist nicht gut, wird aber von den Geburtshelfern allgemein gebraucht. Besser wäre *diamĕter.* In *conjŭgāta → vēra.*
con-junctĭo, -ōnis, *f.* die Verbindung. *con-jungĕre* verbinden. In *conjunctĭo → interpalpebrālis, → dēfectĭo conjunctiōnis.*
con-junctīvus*, -a, -um der Verbindung dienend. *conjungĕre* verbinden. In → *tŭn. conjunctīva* die Augenbindehaut.
con-junctivālis*, -is, -e zur Bindehaut des Auges gehörend. In → *gll. conjunctivāles* die Krausschen Drüsen.
con-junctus, -a, -um verbunden. Part. von *con-jungĕre* verbinden. *jungĕre* binden. In → *corpus conjunctum, → digĭti conjuncti, → gemīni conjuncti.*
con-jungens*, -entis verbindend. Part. von *conjungĕre* verbinden. In → *p. conjungens* der Verbindungsteil, → *particŭla conjungens* des Samenfadenhalses.
co(n)-nexĭo, -ōnis,*f.* die Verbindung. *co(n)-nectĕre* verbinden. In → *pĕdunculŭs connexiōnis.*
co(n)-nexens, -entis verbindend. Part. von *co(n)-nectĕre* verbinden. *nectĕre* flechten. In → *pĕdunculus connexens* der Bauchstiel, → *textŭs → mucoīdĕus connexens* die Whartonsche Sulze im Nabelstrang.
con-strictĭo*, -ōnis,*f.* die Zusammenschnürung. *constringĕre* zusammenschnüren. In *constrictĭo → cytoplasmatĭca, constrictĭo → nucleāris.*
con-strictŏr*, -ōris, *m.* der Zusammenzieher, der Schnürer. *constringĕre* zusammenziehen. *stringĕre* schnüren. In → *m. constrictŏr → pharyngis.*
con-tactus, -ūs, *m.* die Berührung. *contingĕre, tangĕre* berühren. In → *făcĭes contactūs* die Fläche, wo sich die Zähne berühren.
con-tinŭus, -a, -um zusammenhängend, fortlaufend. *tenēre* halten. In → *lāmĭna → basālis continŭa.*
con-tortus, -a, -um gewunden. Part. von *contorquēre. torquēre* winden. In → *tubŭli → renāles contorti, → tubŭli seminifĕri contorti.*
con-tractĭo, -ōnis, *f.* das Zusammenziehen. *trahĕre* ziehen. In → *strĭa contractiōnis* der Muskelfaser.
con-tractīlis*, -is, -e sich zusammenziehend, kontraktil. *con-trahĕre* zusammenziehen. In → *epithelĭum contractīle.*

con-vergentĭa*, -ae, *f.* das Zusammenlaufen, die Konvergenz. *con-vergĕre* zusammenlaufen. *vergĕre* sich neigen.

con-vexus, -a, -um vorgewölbt, konvex. Part. von *convehĕre* zusammenführen. In der Antike für das Himmelsgewölbe gebraucht. In → *făcĭes convexa.*

con-volūtus, -a, -um zusammengerollt. Part. *convolvĕre* zusammenrollen. In → *a. convolūta,* → *p. convolūta* des Nierenkanälchens.

cŏ-pŭla, -ae, *f.* das Verbindungsstück, der Hypobranchialhöcker. Zusammengezogen aus *co-apŭla, apĕre,* verbinden.

cŏ-pulāris*, -is, -e eine Verbindung *copŭla* bildend. In → *p. cŏpulāris.*

cŏ-pulatĭo, -ōnis, *f.* die geschlechtliche Vereinigung. *cŏ-pulāre* vereinigen.

cor-rūgātŏr*, -ōris, *m.* der Runzler. *corrūgāre* runzelig machen. *rūga,* -ae, *f.* die Runzel. In → *m. corrūgātŏr* → *supercilĭi* der Stirnrunzler, der unter dem → *m.* → *orbiculāris* → *ocŭli* liegt.

cor-ruptus, -a, -um beschädigt. Part. von *cor-rumpĕre* zusammenbrechen. In → *conceptus corruptus,* → *implantātĭo corrupta,* → *zygōta corrupta.*

concha, -ae, *f.* die Muschel ἡ κόγχη (hē kónchē). In der Anatomie für Ohrmuschel *concha auriculae* seit → Rufus von Ephesus (1. Jahrh. n. Chr.). Seit dem 16. Jahrh. auch für Nasenmuschel gebraucht. Schließlich in → *concha* → *sphenoidālis* der medial und unter der → *apertūra* → *sĭnŭs* → *sphenoidālis* liegende gewölbte Teil des Keilbeins.

conchālis*, -is, -e zur Muschel gehörend. Die modernen Griechen sagen κογχικός oder κογχιαῖος (konchikós oder konchiaíos). In → *crista conchālis.*

condȳlus, -i, *m.* der Gelenkhöcker. ὁ κόνδυλος (ho kóndylos), eigentlich der Fingerknöchel. In *condȳlus* → *humeri, condȳlus* → *laterālis, condȳlus* → *mediālis* des *fĕmur, condȳlus* → *occipitālis.*

condylāris, -is, -e zum Gelenkhöcker gehörend, eigentlich höckerig. In → *fŏrāmen condylāre,* → *fossa condylāris,* → *prŏc. condylāris.*

contradeciduātus*, -a, -um die hinfällige Haut *decidŭa,* -ae, *f.* auflösend. *contra* gegen. *deciduātus*,* -a, -um mit einer Decidua versehen. In → *eutherĭa contradeciduāta.*

cōnus, -i, *m.* der Kegel. ὁ κῶνος (ho kṓnos). In *cōnus* → *arteriōsus, cōnus* → *elastĭcus, cōnus* → *medullāris.*

cōnarĭus, -a, -um zu einem Kegel, dann zur Zirbeldrüse → *corpus* → *pineāle* gehörend. In → *n. cōnarĭus.*

cōnĭcus, -a, -um kegelförmig. ὁ κῶνος (ho kónos) der Kegel. κωνικός (kōnikós). In → *papilla cōnĭca.*

cōnifer*, -fĕra, -fĕrum zapfentragend. *ferre* tragen. In → *cellŭla* → *optĭca cōnifĕra* die Zapfenzelle der *retīna.*

cōnoīdĕus*, -a, -um kegelförmig. κωνοειδής (kōnoeidḗs). In → *lig. cōnoidĕum,* → *tuberc. cōnoidĕum.*

cŏr, cordis, *n.* das Herz. In *cŏr* → *tubulāre* der Herzschlauch. *cŏr* → *sigmoidĕum* die Herzschleife.

coracoīdĕus*, -a, -um rabenähnlich, schon im Altertum für rabenschnabelähnlich gebraucht κορακοειδής (korakoeidḗs). ὁ κόραξ, -ακος (ho kórax, -akos) der Rabe. In → *prŏc. coracoīdĕus.* In Zusammensetzungen **corăco-:** → *lig. corăcoacromiāle,* → *lig. corăcoclaviculāre,* → *lig. corăcohumerāle,* → *m. corăcobrachiālis.*

cŏrĭum, -ĭi, *n.* die Haut. In der mikrosk. Anatomie die Lederhaut. *τὸ χόριον* (tó chórion) → *chorĭon.*
cŏriālis*, -is, -e zur Lederhaut gehörend. In → *lamella cŏriālis,* → *papilla cŏriālis.*
cornū, -ūs, *n.* das Horn. *τὸ κέρας* (tó kéras). In der makrosk. Anat. für spitz auslaufende Fortsätze gebraucht. In *cornŭa* → *cart.* → *thyroīdĕae, cornŭa* → *coccygēa, cornŭa* → *margĭnis* → *falciformis, cornŭa* → *ossis* → *hyoidĕi, cornŭa* → *sacrālĭa, cornŭa* → *ventricŭli* → *laterālis* der Großhirnhemisphäre.
cornĕa (scīl. *membrāna*) die Hornhaut des Auges. Diese Bezeichnung für den durchsichtigen Teil der → *tŭn.* → *externa* des → *bulbus* → *ocŭli* erscheint zuerst in der *Anatomĭa porci* → *Cophōnis* von Salerno (12. Jahrh.). Kurze Zeit nach dem Tode gleicht die Cornĕa einem dünnen Hornplättchen: *cum mollĭōri ungue simĭle quid habet* (→ Haller, 1769).
corneālis*, -is, -e zur Hornhaut gehörend. In → *angŭlus irĭdocorneālis.*
cornescens*, -entis verhornend. Part. von *cornescĕre** verhornen. In → *epithelĭum cornescens.*
cornĕus, -a, -um hörnern. In → *str. cornĕum* die Hornschicht der Epidermis.
corniculātus*, -a, -um mit einem Hörnchen versehen. In → *cart. corniculāta,* → *tuberc. corniculātum.*
cornificātus*, a, -um verhornt. In → *epithelĭum* → *stratificātum cornificātum.*
cornificiens, -entis verhornend. Part. von *cornificĕre* verhornen. In → *phasis cornificiens.*
cornuālis, -is, -e aus Horn bestehend, dann das Horn betreffend. In → *sītŭs cornuālis.*
cŏrōna, -ae, *f.* der Kranz, die Krone, der Rand. *ἡ κορώνη* (hē korṓnē) das Gekrümmte. In *cŏrōna* → *ciliāris, cŏrōna* → *clinĭca, cŏrōna* → *dentis, cŏrōna glandis, cŏrōna* → *radiāta* des Eies.
cŏrōnālis, -is, -e zur Krone, zum (Haar-) Rand gehörend. In → *căvĭtas cŏrōnālis,* → *căvum cŏrōnāle,* → *pulpa cŏrōnālis,* → *sūt. cŏrōnālis,* eigentlich die Grenznaht des Stirnbeins, die Bogennaht der arabischen Anatomen: → *sagittālis.*
cŏrōnarĭus, -a, -um kranzförmig verlaufend. In → *a. cŏrōnarĭa,* → *lig. cŏrōnarĭum* der Leber, → *plĭca cŏrōnārĭa* der embryonalen Leber, → *sulcus cŏrōnarĭus,* → *v. cŏrōnarĭa.*
cŏrōnoīdĕus*, -a, -um hakenförmig. *ἡ κορώνη* (hē korṓnē) das Gekrümmte. *κορωνοειδής* (korōnoeidḗs). In → *fossa cŏrōnoīdĕa,* → *prōc. cŏrōnoīdĕus.*
corpus, -ŏris, *n.* der Körper, der Hauptteil. In der Anatomie sehr häufig verwendete Bezeichnung.
corporālis, -is, -e den Körper, den Hauptteil *corpus* betreffend. In → *sītus corporālis.*
corpuscŭlum, i, *n.* das Körperchen. Dem. von *corpus.* In *corpuscŭlum* → *art., corpuscŭlum* → *basāle* der Zilie, *corpuscŭlum bulboīdĕum* das → Golgi- → Mazzoni-Körperchen, *corpuscŭlum* → *genitāle, corpuscŭlum lamellōsum* das Vater-Pacini-Körperchen, *corpuscŭlum* → *lipĭdis, corpuscŭlum* → *tactūs* das Meissnersche Tastkörperchen, *corpuscŭlum* → *thymĭcum* das Hassal-Körperchen.
cortex, -ĭcis, *m.* die Rinde. In *cortex* → *cerebelli, cortex* → *cerebri, cortex* → *gl.* → *suprarenālis, cortex* → *lentis, cortex* → *rēnis.*

corticālis, -is, -e zur Rinde gehörend. In → *sĭnus corticālis* des Lymphknotens, → *subst. corticālis.* In Zusammensetzungen **cortĭco-**: *cortĭcotrophĭcus**, -a, -um mit dem Wachstum der (Nebennieren-) Rinde zusammenhängend, τρέφειν (tréphein) ernähren; auch *cortĭcotropĭcus**, -a, -um τρέπειν (trépein) zuwenden. In → *cellŭla cortĭcotrophĭca* oder *cortĭcotropĭca.* → *fībrae cortĭconucleāres,* → *fībrae corticoreticulāres,* → *fībrae corticospināles,* → *trr. cortĭcohypothalamĭci,* → *tr. cortĭcopontīnus,* → *tr. cortĭcospinālis.*
costa, -ae, *f.* die Rippe.
costālis*, -is, -e zu Rippen gehörend. In → *făcĭes costālis,* → *fŏvĕa costālis,* → *pleura costālis,* → *ŏs costāle.* In Zusammensetzungen **costo-**: → *art. costochondrālis,* → *art. costotransversarĭa,* → *art. costovertebrālis,* → *fŏrāmen costotransversarĭum,* → *rĕc. costodiaphragmatĭcus,* → *rĕc. costomediastinālis,* → *truncus costocervicālis.*
costarĭus*, -a, -um rippenähnlich. In → *prŏc. costarĭus* des Lendenwirbels.
cŏtylēdŏ(n), -ŏnis, *f.* der Lappen der Placenta, das Zottenbüschel des Chorions. ὁ oder ἡ κοτυληδών, -όνος (ho oder hē kotylēdṓn, -ónos) der Saugnapf der Tintenfische. κοτυληδόνες (kotylēdónes) hießen die Gebärmutternäpfe, in denen z. B. beim Schaf die Zottenbüschel des Chorions stecken. ἡ κοτύλη (hē kotýlē) der Napf.
cŏtylĭcus*, -a, -um becherförmig. ἡ κοτύλη (hē kotýlē) der Napf. κοτυλικός (kotylikós). Die Pfanne des Hüftgelenks hieß in der griechischen Anatomie ἡ κοτύλη (hē kotýlē). → Plinĭus (23 – 79) übersetzte κοτύλη (kotýlē) mit → *ācētăbŭlum.* In → *art. cŏtylĭca* das Kugelgelenk.
coxa, -ae, *f.* die Hüfte. In → *art. coxae,* → *ŏs coxae.*
coxālis*, -is, -e die Hüfte *coxa,* -ae, *f.* betreffend. Die Römer verstanden unter *coxāle,* -is *n.* einen Gürtel. In → *junctĭo coxālis* von Zwillingsmißbildungen.
cranĭum, -ĭi, *n.* der Schädel. τὸ κρανίον und τὸ κρᾶνον (tó kraníon und tó krãnon).
craniālis*, -is, -e kopfwärts gelegen. In → *nn. craniāles.* In Zusammensetzungen **cranĭo-**:
cranĭo-pharyngeālis*, -is, -e den Schädel *cranĭum* mit dem Rachen *pharynx* verbindend. In → *canālis cranĭopharyngeālis,* → *cystis cranĭopharyngeālis.*
cranĭo-schisis*, -is (auch -eōs), *f.* die Schädelspalte. σχίζειν (schízein) spalten.
cranĭo-spinālis*, -is, -e den Kopf und die Wirbelsäule betreffend. In → *arachnoĭdĕa cranĭospinālis,* → *dūra* → *māter cranĭospinālis,* → *ganglĭon cranĭospināle,* → *nn. cranĭospināles,* → *pĭa* → *māter cranĭospinālis.*
cranĭo-synostōsis*, -is (auch -eōs), *f.* die (vorzeitige) Verknöcherung der Schädelnähte. *synostōsis,* -is (auch -eōs), *f.* die knöcherne Verbindung zweier Knochen.
crassus, -a, -um dick. In → *intestīnum crassum,* → *myofilamentum crassum.*
crĕmastēr, -ēris, *m.* der Aufhänger ὁ κρεμαστήν (ho kremastḗr). κρεμαννύναι (kremmannýnai) aufhängen. In → *m. crĕmastēr* der auf dem Samenstrang zum Hoden laufende Muskel. οἱ κρεμαστῆρες (hoi kremastēres) schon bei → Galen (130 – um 200).
crĕmasterĭcus*, -a, -um zum Aufhängemuskel gehörend. In → *a. cremasterĭca,* → *fascĭa cremasterĭca.*
crēna*, -ae, *f.* die Spalte, die Kerbe. In *crēna* → *ani.*

crescens, -entis wachsend. Part. von *crescĕre* wachsen. In → *cart. crescens.*
crescentĭa, -ae, *f.* das Wachstum. *crescĕre* wachsen. In → *dēfectĭo crescentĭae.*
cretinismus*, -i, *m.* die durch mangelnde Schilddrüsenfunktion hervorgerufene Idiotie. Der Ausdruck stammt von der im Kanton Wallis (Valais) geläufigen Bezeichnung „le crétin", abgeleitet von „le chrétien", eigentlich der Christ, dann der Unschuldige ohne Verantwortung für sein Tun.
cretinĭcus*, -a, -um den Kretinismus betreffend. In → *nānus cretinĭcus.*
cribrōsus, -a, -um reich an Löchern, siebartig. *cribrum,* -i, *n.* das Sieb. In → *ārĕa cribrōsa* der Niere, → *fascĭa cribrōsa,* → *lām. cribrōsa,* → *măcŭla cribrōsa* das durchlöcherte Knochenfeld im Grund des → *meātus* → *acustĭcus* → *internus.*
cricŏīdĕus, -a, -um ringförmig. *κρικοειδής* (krikoeidés) bei Galen (130 – um 200). *ὁ κρίκος* (ho kríkos) der Reif, der Ring → *circŭlus.* In → *cart. cricŏīdĕa.* In Zusammensetzungen *crīcŏ-:* → *art. crīcŏthyrŏīdĕa,* → *lig. crīcŏthyrŏīdĕum,* → *lig. crīcŏtracheāle,* → *m. crīcŏarytenŏīdĕus,* → *m. crīcŏthyrŏīdĕus,* → *tendo crīcŏēsophagēus.*
crista, -ae, *f.* die Leiste, der Kamm (der Vögel). In der Anatomie sehr häufig verwendete Bezeichnung. In der Embryologie *crista* → *mammarĭa* die Milchleiste, *crista* → *neurālis* die Ganglienleiste.
cristālis*, -is, -e zur Ganglienleiste *crista neurālis* gehörend. Klassisch kommt nur *cristātus,* -a, -um mit einer Leiste versehen vor. In → *segmentum cristāle* das Ganglienleistensegment.
cristallum*, -i, *n.* der Kristall. *ὁ κρύσταλλος* (ho crýstallos) das Eis, der (Eis-) Kristall. In *cristallum* → *hydroxyapatīti.*
cristallīnus, -a, -um kristallklar. *ὁ κρυστάλλινος* (krystállinos). *ὁ κρύος* (ho krýos) der Frost, das Eis. *ὁ κρύσταλλος* (ho krýstallos) der Eis-Kristall, der (Berg-)Kristall. Früher in → *lens cristallĭna.*
cristallŏīdĕus, -a, -um kristallartig. *ὁ κρύσταλλος* (ho crýstallos). In → *inclusĭo cristallŏīdĕa* der kristallartige Zytoplasmaeinschluß.
cristallŏīdum*, -i, *n.* der kristallartige Körper in den Hodenzwischenzellen.
crūs, crūris, *n.* der Schenkel, auch für Unterschenkel gebraucht. In der Anatomie sehr häufig verwendete Bezeichnung. In der Zytologie *crūs* → *chromosomătis.*
crurālis*, -is, -e zum Schenkel gehörend. In → *fĭbrae intercrurāles* des → *ānŭlus* → *inguinālis* → *superficiālis.*
crŭx, -cis, *f.* das Kreuz in Form des T oder X. In *crŭces* → *pilōrum* das Zusammentreffen zweier Haarströme.
cruciātus, -a, -um gekreuzigt, fälschlicherweise auch im Sinne von gekreuzt oder kreuzförmig verwendet. Part. von *cruciāre* kreuzigen. In → *lig. cruciātum* → *anterĭus* und → *posterĭus* des Knies, → *lig. cruciātum* → *atlantis.*
cruciformis*, -is, -e kreuzförmig. In → *eminentĭa cruciformis* der → *prōtuberantĭa* → *occipitālis* → *interna,* → *p. cruciformis* der fibrösen Sehnenscheiden.
crypta, -ae, *f.* die Gruft, der unterirdische Gang, *ἡ κρύπτη* (hē krýptē). *κρύπτειν* (krýptein) verbergen. In *crypta* → *endomētrĭi, crypta* → *intestinālis, crypta* → *mucōsae, cryptae* → *tonsillāres.*
crypt-, Präfix mit der Bedeutung verborgen *κρυπτός* (kryptós):
crypt-ophthalmus*, -i, *m.* die Mißbildung, bei welcher kein sichtbarer Augapfel im Bindehautsack festgestellt werden kann. *ὁ ὀφθαλμός* (ho ophthalmós) das Auge.

crypt-orchismus*, -i, *m.* der mangelnde oder auch der fehlende *descensus testis*. ὁ ὄρχις (ho orchis) der Hoden.
cŭbĭtus, -i, *m.* der Ellenbogen. *cubāre* liegen. In → *art. cŭbĭti*, → *rĕgĭo cubĭti*.
cŭbitālis, -is, -e eigentlich eine Elle lang, in der anatomischen Fachsprache: zum Ellbogen gehörend. In → *fossa cubitālis*, → *nōdi* → *lymphatĭci cubitāles*.
cŭboidālis*, -is, -e würfelförmig. *cŭbus*, -i, *m.* der Würfel. ὁ κύβος (ho kýbos). In → *epithelĭum cŭboidāle*.
cuboīdĕus, -a, -um würfelförmig. Latinisiert aus κυβοειδής (kyboeidés). *cŭbus*, -i, *m.* der Würfel, ὁ κύβος (ho kýbos). *τὸ κύβιτον* (to kýbiton) das Würfelbein kommt schon bei → Hippokrates (460 – um 356) vor. In → *cellŭla cuboīdĕa*, → *epitheliocȳtus cuboidĕus*, → *ŏs cuboidĕum*. In Zusammensetzungen **cuboīdĕo-**: → *lig. cuboīdĕonaviculāre*.
culmen, -ĭnis, *n.* der höchste Punkt, der Gipfel. In *culmen* → *cerebelli*.
cumŭlus, -i, *m.* der Haufe. *cumulāre* anhäufen. In *cumŭlus* → *oophŏrus* des Tertiärfollikels.
cŭnĕus, -i, *m.* der Keil. *cŭneāre* verkeilen. In *cŭnĕus* des Hinterhauptslappens des Großhirns.
cŭneātus*, -a, -um mit einem Keil versehen, keilförmig. In → *fasc. cuneātus*, → *nŭcl. cuneātus*.
cŭneiformis*, -is, -e keilförmig. In → *ŏs cŭneiforme*, Knochenbezeichnung, die von Jean → Riolan junior (1580 – 1657) stammt. In Zusammensetzungen **cŭnĕo-**: → *art. cŭnĕonaviculāris*, → *lig. cŭnĕocuboīdĕum*.
cŭnicŭlus, -i, *m.* das Kaninchen, dann der (vom Kaninchen gegrabene) Gang, der Tunnel. In *cŭnicŭlus* → *externus*, → *mĕdĭus* und → *internus* des → *orgănum* → *spirāle*.
cūpŭla, -ae, *f.* die kleine Küpe, die Kuppel. Dem. von *cūpa*, -ae, *f.* auch *cuppa*, -ae, *f.* die Küpe, die Tonne. In *cūpŭla* → *cristae* → *ampullāris* der Gallertkörper in den Sinnesstellen der Bogengangsampullen, *cŭpŭla* → *cochlĕae* die Spitze der Hörschnecke, *cŭpŭla* → *optĭca*, *cŭpŭla* → *pleurae* die Pleurakuppel.
cūpŭlāris, -is, -e zur Kuppel gehörend. In *cavĭtas cupulāris* → *p. cupulāris* des → *rĕc.* → *epitympanĭcus*.
cursŭs, -ūs, *m.* der Ablauf. *currĕre* laufen. In → *progressŭs cursŭs*, *cursŭs* → *reproductiōnis*.
curvatūra, -ae, *f.* der Bogen. *curvāre* krümmen, *curvus* krumm. Der Begriff kommt schon in der Naturgeschichte des → Plinĭus und in der „Baukunst" des Vitruvĭus vor. In *curvatūra* → *ventricŭli*.
curvilīnĕus*, -a, -um krummlinig. Frühere Bezeichnung des hinteren Schenkels des Steigbügels. *curvus* krumm und *līnĕa* die Linie. Gebildet in Analogie zu *rectilīnĕus*.
cuspis, -ĭdis, *f.* die Lanzenspitze. In der Anatomie für die Kauspitze eines Zahns und das Klappensegel einer Segelklappe gebraucht. In *cuspis* → *dentis*, *cuspis* → *anterĭor*, *cuspis* → *posterĭor*, *cuspis* → *septālis*.
cŭtis, -is, *f.* die Haut. τὸ κύτος (tó kýtos) die Haut, der Panzer, die Höhlung, schließlich die Zelle.
cutānĕus*, -a, -um zur Haut gehörend, mit der Haut in Beziehung stehend. In → *nn. cutānĕi*, → *v. cutānĕa*.
cutĭcŭla, -ae, *f.* das Häutchen. Dem. von *cŭtis*. In *cutĭcŭla* → *dentis*, *cutĭcŭla* → *vagīnae* → *pĭli*.
cyclopīa*, -ae, *f.* die Einäugigkeit. *cyclōpes* die einäugigen Riesen, welche Schmiedegesellen des Vulcanus waren. *cyclops* κυκλώψ (kyklóps)

eigentlich der „Rundäugige". ὁ κύκλος (ho kýklos) der Kreis. ἡ ὦψ, ωπός (hē ōps, ōpós) das Auge.
- **cyclus, -i,** *m.* der Kreis, der Zyklus, die (regelmäßig wiederkehrende) Abfolge. ὁ κύκλος (ho kýklos) der Kreis. In *cyclus* → *cellulāris, cyclus* → *mitōtĭcus.*
- **cyclĭcus, -a, -um** zu einem Zyklus gehörend, regelmäßig wiederkehrend. In → *corpus* → *lutĕum cyclĭcum.*
- **cylindrĭcus*, -a, -um** walzenförmig, zylindrisch. κυλινδρικός (kylindrikós). ὁ κύλινδρος (ho kýlindros) die Walze. Bei → Plinĭus (23 – 79) *cylindrātus,* in der Spätantike *cylindrōĭdes* von κυλινδροειδής (kylindroeidḗs). In → *str. cylindrĭcum.*
- **cymba, -ae,** *f.* der Kahn. ἡ κύμβη (hē kýmbē). In der Anatomie der obere Teil der als → *concha* bezeichneten Höhlung der Ohrmuschel.
- **cystis, -is,** *f.* die Blase, die Zyste. ἡ κύστις (hē kýstis) die Blase.
- **cystĭcus*, -a, -um** zur Gallenblase gehörend, von Jacobus → Silvius (1478 – 1555) in die anatomische Fachsprache eingeführt. κυστικός* (kystikós) wird von den modernen Griechen gebraucht. In → *ductus cystĭcus.* Dann auch in der Bedeutung mit zahlreichen Zysten versehen. In → *fibrōsis cystĭca,* → *rēn polycystĭcus.*
- **cy̆tus, -i,** *m.* die Zelle. τὸ κύτος (tó kýtos) die Höhlung, das Bläschen. In der Zytologie die Zelle. Wird nur in zusammengesetzten Fachbegriffen verwendet, sonst stets → *cellŭla.* Vgl. → *cŭtis.*
- **cy̆to-centrum*, -i,** *n.* das Bewegungszentrum der Zelle, das Zentralkörperchen. τὸ κέντρον (tó kéntron) der Stachel, das Zentrum.
- **cy̆to-genĕsis, -is** (auch **-eōs**) *f.* die Zellbildung. ἡ γένεσις (hē génesis) die Bildung.
- **cy̆to-kinēsis*, -is** (auch **-eōs**), *f.* die Zellbewegung. ἡ κίνησις (hē kínēsis) die Bewegung. κίνειν (kínein) bewegen.
- **cy̆to-lemma*, -ătos,** *n.* die Zellhaut im Sinne der äußeren dreischichtigen Membran. τὸ λέμμα (tó lémma) die Hülle.
- **cy̆to-lŏgĭa*, -ae,** *f.* die Zellenlehre, die Zytologíe. λέγειν (légein) lehren. In Analogie zu anderen Fachbereichen wie z. B. Histologie ἱστολογία (histología) die Gewebelehre gebildet.
- **cy̆to-plasma*, -ătis,** *n.* der Lebensstoff, das Zytoplasma unter Ausschluß des Kerns. τὸ πλάσμα (tó plásma) die Bildung, das Geformte. πλάστειν (plástein) bilden.
- **cy̆to-plasmĭcus*, -a, -um** zum Zellplasma gehörend, das Zellplasma betreffend. In → *inclusiōnes cytoplasmĭcae,* → *vesicŭla cytoplasmĭca.*
- **cy̆to-pŏdĭum*, -ĭi,** *n.* das Zellfüßchen. ὁ πούς, ποδός (ho pū́s, podós) der Fuß.
- **cy̆to-trabecŭla*, -ae,** *f.* das Zellbälkchen. Dem. von *trabs, -is, f.* der Balken.
- **cy̆to-trophoblastus*, -i,** *m.* die Schichte der Keimblase, welche aus abgrenzbaren Zellen besteht. τρέφειν (tréphein) ernähren. βλάστειν (blástein) bilden.

D

- **dacryostenosis*, -is** (auch **-eōs**), *f.* die Verengung, *stenōsis, -is* (auch eōs), *f.* der Tränenweg.
- **dartos** abgehäutet. δαρτός (dartós) (scīl. ὁ χιτών (ho chitṓn)) der Rock, das Gewand. δέρειν (dérein) schinden, abhäuten. In → *tūn. dartos* die

Fleischhaut des Hodensacks. Wird schon bei → Galen (130 – um 200) und → Rufus Ephesius (um 200) gebraucht.
dē- Präfix mit der Bedeutung herab-:
dē-cĭdŭa (scīl. *membrāna*), -ae, *f.* die hinfällige Haut, die Schwangerschaftsschleimhaut der Gebärmutter. *dē-cĭdĕre* abfallen. *dē-cĭdŭus*, -a, -um abfallend. In *dēcĭdŭa* → *basālis*, *dēcĭdŭa* → *capsulāris*, *dēcĭdŭa* → *parietālis*, → *membrāna dēcĭdŭae*.
dē-ciduālis*, -is, -e zur Schwangerschaftsschleimhaut *dē-cĭdŭa* gehörend. In → *cellŭla dēcĭduālis*.
dē-cĭduātus*, -a, -um mit einer hinfälligen Haut *dēcĭdŭa* versehen. In → *eutherĭa dēcĭduāta*, → *structūra dēcĭduāta*.
dē-clīve, -is, *n.* der Abhang. *declīvis* abschüssig. → *clīvus*, -i, *m.* der Hügel, der Abhang. In der Anatomie für einen Teil des Kleinhirns gebraucht.
dē-differentĭa*, -ae, *f.* die Entdifferenzierung. *differre* unterscheiden.
dē-fectĭo, -ōnis, *f.* das Fehlen. *dē-ficĕre* fehlen. In *dēfectĭo* → *amniotĭca*, *dēfectĭo* → *chorionĭca*, *dēfectĭo* → *chromosomālis*, *dēfectĭo* → *congenitālis*, *dēfectĭo* → *conjunctiōnis*, *dēfectĭo* → *embryogenĕsis*, *dēfectĭo* → *fertilizatiōnis*, *dēfectĭo* → *funicŭli* → *umbilicālis*, *dēfectĭo* → *gametogenĭca*, *dēfectĭo* → *genētĭca*, *dēfectĭo* → *heritabĭlis*, *dēfectĭo* → *implantatiōnis*, *dēfectĭo* → *membranārum* → *fētalĭum*, *dēfectĭo* → *metabolĭca*, *dēfectĭo* → *migratiōnis*.
dē-fectus, -a, -um unvollständig. In → *embryo dēfectus*.
dē-fectŭs, -ūs, *m.* der Mangel. In *dēfectŭs* → *canalizatiōnis*, *dēfectŭs* → *occlusiōnis*, *dēfectŭs* → *separatiōnis*, *dēfectŭs* → *septatiōnis*.
dē-fĕrens, -entis herabführend. Part. von *dē-ferre*. In → *ductus dēfĕrens*. Nach dem *descensus testis* ist der Samenleiter nur noch in seinem letzten Abschnitt herabführend.
dē-fic(ĭ)entĭa, -ae, *f.* die Schwäche, die Erschöpfung. *dē-ficĕre* fehlen. *facĕre* machen.
dē-finitĭo, -ōnis, *f.* die Abgrenzung. *dē-finīre* umgrenzen. *finis*, -is, *f.* die Begrenzung. In *dēfinitĭo* → *sĭtŭs*.
dē-finitīvus*, -a, -um endgültig. In → *amnĭon dēfinitīvum*, → *ŏs dēfinitīvum*, → *saccus* → *vitellīnus dēfinitīvus*, → *sĭnŭs* → *urogenitālis dēfinitīvus*.
dē-formĭtas, -ātis, *f.* die Mißgestalt. *forma*, -ae, *f.* die Gestalt. In *dēformĭtas* → *placentālis*.
dē-gressus, -a, -um heruntergewandert. Part. *dē-grĕdi*. *grădi* wandern. In → *ovarĭum dēgressum*.
dē-laminātĭo*, -ōnis, *f.* das Abspalten einer Schicht. *lāmĭna*, -ae, *f.* die Platte, das Blatt.
dēlētĭo, -ōnis, *f.* die Zerstörung. *dē-lēre* zerstören. *lēre* vernichten. In *dēlētĭo* → *chromosomālis*, z. B. Zerstörung des kurzen Arms Chromosom 5 → *syndroma* → *vagītŭs* → *felīni*.
dē-pressŏr, -ōris, *m.* der Herabdrückende. *dē-primĕre* herabdrücken. In → *m. dēpressŏr* → *angŭli* → *ōris*, → *m. dēpressŏr* → *labĭi* → *inferiōris*, → *m. dēpressŏr* → *septi* der Herabzieher der Nasenspitze, → *m. dēpressŏr* → *supercilĭi*.
dē-rectus, -a, -um gerade gerichtet. Fälschlich *directus*. Part. von *dē-regĕre* richten. In → *hernĭa derecta* der direkte Leistenbruch, der von der *fossa inguinālis mediālis* direkt zum äußeren Leistenring zieht.
dē-rivatĭo, -ōnis, *f.* die Ableitung. *dē-rivāre* ableiten. *rīvus*, -i, *m.* der Bach.

dē-squamatĭo*, -ōnis, f. die Abschilferung. *squāma*, -ae, f. die Schuppe.
dē-scendens, -entis, herabsteigend. Part. von *dē-scendĕre* herabsteigen. *scandĕre* steigen. In → *a.* → *genŭs dēscendens*, → *a.* → *palatīna dēscendens*, → *r. dēscendens*.
dē-scensus, -ūs, m. das Herabsteigen. In *dēscensus* → *testis*.
dē-terminātus, -a, -um mit genauer Grenze, bestimmt. *termĭnus*, -i, m. die Grenze. In → *fissĭo dētermināta*.
dĕcussatĭo, -ōnis, f. die Kreuzung. *dĕcussis*, -is, m. die Zehnermünze. Von *dĕcem* zehn und *ās*, *assis*, m. die Kupfermünze. Die römische Zahl 10 wurde X geschrieben. *dĕcussāre* in die Form eines X bringen. In *dĕc.* → *lemniscōrum*, *dĕc.* → *pyramĭdum*, *dĕc.* → *tegmenti*. In der Zytologie hat *dĕcussatĭo chromosōmătum* die Bedeutung von „crossing over".
delta, δέλτα = δ, Δ. 4. Buchstabe des griechischen Alphabets. In → *cellŭla delta* der Pankreasinseln.
deltŏīdĕus, -a, -um deltaförmig, dreieckig. δελτοειδής (deltoeidḗs). τὸ δέλτα (Δ) (tó délta). In → *m. deltŏīdĕus*, als Muskelbezeichnung schon von → Galen (130 – um 200) gebraucht.
dentrītum*, -i, n. die baumartige Verästelung der Nervenzelle, der Dendrit. τὸ δένδρον (tó déndron) der Baum.
dendritĭcus*, -a, -um von bäumchenartiger Gestalt, zum Dendriten gehörend. In → *appendix dendritĭca*, → *bulbus dendritĭcus*, → *gemmŭla dendritĭca* das Dendritenknöpfchen, → *glomerŭlus dendritĭcus*.
dendrocȳtus*, -i, m. die baumartig verzweigte (Langhanssche) Zelle des Epithels. τὸ δένδρον (tó déndron) der Baum und τὸ κύτος (tó kýtos) die Zelle.
dendrodendritĭcus*, -a, -um zwei Dendriten miteinander verbindend. In → *synapsis dendrodentritĭca*.
dendroplasma*, -ătis, n. das Protoplasma des Dendriten.
dens, dentis, m. der Zahn, das Zahnähnliche. In *dentes* → *acustĭci*, *dens* → *axis*, *dens* → *serōtĭnus*.
dentālis, -is, -e zu den Zähnen gehörend. In → *alveŏli dentāles*, → *arcus dentālis*, → *cuticŭla dentālis*, → *papilla dentālis*, → *pl. dentālis*, → *pulpa dentālis*.
dentātus, -a, -um gezähnt, mit Zähnen versehen. In → *gȳrus dentātus*, → *nŭcl. dentātus*.
dentĭculātus, -a, -um mit Zähnchen versehen. *dentĭcŭlus* das Zähnchen, Dem. von *dens*, dentis, m. der Zahn. In → *junctĭo dentĭculāta* zweier Zellen, → *lig.* → *spinăle dentĭculātum*.
dentīnum*, -i, n. das Zahnbein. *dens*, dentis, m. der Zahn.
dentinālis*, -is, -e zum Zahnbein gehörend. In → *lamella dentinālis*, → *prōc. dentinālis*, → *tubŭlus dentinālis*.
densĭtas, -ātis, f. die Dichte, die Verdichtung. In *densĭtas* → *prēsynaptĭca*.
densus, -a, -um dicht. δασύς (dasýs) dicht bewachsen. In → *ărĕa densa*, → *granŭlum densum*, → *măcŭla densa* des Nierengewebes, → *vesīcŭla densa*.
dermis, -is, f. die Haut. τὸ δέρμα (tó dérma). δέρειν (dérein) schinden, abhäuten. In der Anatomie gleichbedeutend mit → *cŏrĭum*, -ĭi, n. die Lederhaut gebraucht.
dermālis*, -is, -e zur Haut gehörend. In → *crista dermālis*, → *lām. dermālis*, → *papilla dermālis*, → *pl. dermālis*, → *rēte dermāle*, *sĭnŭs dermālis*, → *sulcus dermālis*, → *vagīna dermālis* → *pĭli*.
dermatōmus*, -i, m. die Cutislamelle, der segmentierte Hautbezirk, das Dermatom. ἡ τομή (hē tomḗ) der Abschnitt.

dermoīdĕus*, -a, -um hautähnlich. Das Suffix -(o)īdĕus bezeichnet die Ähnlichkeit. In → *cystis dermoīdĕa.*
dermomyotōmus*, -i, *m.* das Dermomyotom des Ursegments. ὁ μῦς (ho mȳs) der Muskel. ἡ τομή (hē tomē) der Abschnitt.
desmocranīum*, -ī, *n.* die erste bindegewebige Anlage des Schädels. ὁ δεσμός (ho desmós) das Band. *cranīum,* -ī, *n.* der Schädel. τὸ κρανίον (tó kraníon) oder τὸ κρᾶνον (tó krãnon).
desmosōma*, -ătis, *n.* der Haftkörper. ὁ δεσμός (ho desmós) das Band, τὸ σῶμα (tó sōma) der Körper.
desmosōmatĭcus*, -a, -um zum Haftkörper oder Desmosom gehörend. In → *lam. desmosōmatĭca.*
deuteroplasma*, -ătis, *n.* das zweite, andere Plasma, das Nahrungsplasma. δεύτερος (deúteros) der andere.
dexter, -tra, -trum rechtsseitig. In der Anatomie geläufige Seitenbezeichnung, insbesondere in → *atrĭum dextrum,* → *ductus* → *hepatĭcus dexter,* → *lōbus dexter* von Leber, Prostata, Schilddrüse und Thymus, → *margo dexter* des Herzens, → *p. dextra* der → *făcĭes* → *diaphragmatĭca* der Leber, → *r. dexter* der → *a.* → *gastrĭca dextra,* sowie der → *v. portae,* → *ventricŭlus dexter* des Herzens. Gegensatz → *sinister,* -tra, -trum linksseitig.
dextrocardĭa*, -ae, *f.* die Rechtslage des Herzens. ἡ καρδία (hē kardía) das Herz.
dĭa- (διά-), **di-** Präfix mit der Bedeutung mittendurch-, zwischen-:
 dĭa-kinesis*,-is (auch -ĕōs),*f.* die heftige Bewegung der Prophase. ἡ κίνησις (hē kínēsis) die Bewegung. δια-κίνειν (diakínein) heftig bewegen, schütteln.
 dĭa-mĕter, -tri, *f.* der Durchmesser. ἡ διάμετρος (hē diámetros). τὸ μέτρον (tó métron) das Maß. In *diamĕter* → *oblīqua, diamĕter* → *transversa* des Beckens.
 dĭa-phragma, -ătis, *n.* die Scheidewand, das Zwerchfell. τὸ διά-φραγμα (tó diá-phragma). φράσσειν (phrássein) umzäunen. δια-φράσσειν (dia-phrássein) eine Scheidewand bilden. Auch in *dĭaphragma* → *pelvis, dĭaphragma* → *sellae, dĭaphragma* → *urogenitāle.* In der Zytologie *dĭaphragma* → *pŏri* des Kerns.
 dĭaphragmatĭcus*, -a, -um zum Zwerchfell gehörend. διαφραγματικός (diaphragmatikós). In → *pleura diaphragmatĭca.*
 dĭa-phӯsis*,-is (auch -eōs),*f.*das Mittelstück eines Röhrenknochens. διαφύεσθαι (dia-phýesthai) dazwischenwachsen. ἡ διαφυή (hē diaphyḗ) das Dazwischengewachsene. Von Lorenz → Heister (1683 – 1748) in die anatomische Fachsprache eingeführt.
 dĭa-physiālis*, -is, -e zur Diaphyse gehörend. In → *centrum dĭa-physiāle.*
dĭ-arthrōsis,-is (auch -eōs),*f.* das Gelenk. ἡ διαρθρώσις (hē diárthrōsis). διαρθρόειν (diarthróein) in Glieder zerlegen. τὸ ἄρθρον (tó árthron) das Glied. Frühere Bezeichnung für → *junct.* → *synoviālis.*
dĭencephălon, -i, *n.* das Zwischenhirn. *encephălon,* -i, *n.* das Gehirn.
dĭ-encephalĭcus*, -a, -um zum Zwischenhirn *dĭencephălon* gehörend. In → *căvĭtas dĭencephalĭca.*
di-ēstrus*, -i, *m.* das Intervall zwischen zwei Brunstzeiten. *ēstrus**, -i, *m.* die Brunst.
di- (δίς-) Präfix mit der Bedeutung zweifach, doppelt; verwandt mit δύο (dýo).
 di-aster*, -ĕris, *m.* der Doppelstern. *aster,* -ĕris, *m.* der Stern. ὁ ἀστήρ, ἐρος (ho astḗr, -éros).

di-centrĭcus*, -a, -um zwei Zentren habend. *centrĭcus* ein Zentrum habend. In → *chromosōma dicentrĭcum*.

di-cephalīa*, -ae, *f.* die Doppelköpfigkeit. ἡ κεφαλή (hē kephalḗ) der Kopf.

di-cheirīa*, -ae, *f.* die Verdoppelung der Hand. ἡ χείρ, χειρός (hē cheír, cheirós) die Hand.

di-embryonĭcus*, -a, -um mit zwei Embryonen. In → *gestātĭo diembryonĭca*.

di-gastrĭcus, -a, -um zweibäuchig. Sprachlich besser wäre *digastrĭus*. ἡ γαστήρ, -τρός (hē gastḗr, -trós) der Bauch. In → *m. digastrĭcus*, → *r. digastrĭcus*.

di-glossīa*, -ae, *f.* die Verdoppelung der Zunge. ἡ γλῶσσα (hē glóssa) die Zunge.

di-gnathīa*, -ae, *f.* die Verdoppelung des Kiefers. ἡ γνάθος (hē gnáthos) der Kiefer.

di-melīa*, -ae, *f.* die Verdoppelung der Extremität. τὸ μέλος (tó mélos) das Glied.

di-phallīa*, -ae, *f.* die Verdoppelung des männlichen Gliedes. *phallus*, -i, *m.* das männliche Glied.

di-prosōpīa*, -ae, *f.* die Doppelgesichtigkeit. τὸ πρόσωπον (tó prósōpon) das Gesicht.

di-rrhinīa*, -ae, *f.* die Verdoppelung der Nase. ἡ ῥίς, ῥινός (hē hrís, hrinós) die Nase.

di-spermīa*, -ae, *f.* die Befruchtung durch zwei Samenzellen. *spermĭum*, -ĭi, *n.* der Samenfaden.

digĭtus, -i, *m.* der Finger, die Zehe.

digĭtālis, -is, -e zum Finger gehörend. In → *aa. digitāles*, → *nn. digitāles*, → *vv. digitāles*.

digitātus, -a, -um mit Finger-(eindrücken) versehen. In → *impressĭōnes digitātae* der vorderen Schädelgrube.

digitiformis*, -is, -e fingerförmig. In → *junctĭo digitiformis* zweier Zellen, → *prōminentĭa digitiformis* → *myofībrae*.

diplo- Präfix mit der Bedeutung doppelt, διπλόος (diplóos) oder διπλοῦς (diplū̃s):

diplo-cardīa*, -ae, *f.* die doppelte Herzanlage. ἡ καρδία (hē kardía) das Herz.

diplŏē, -ŏēs, *f.* der Bälkchenknochen des Schädeldachs. ἡ διπλόη (hē diplóē) die Doppelschicht. διπλόειν (diplóein) verdoppeln. Im Sinne von Doppelschicht wird ἡ διπλόη (hē diplóē) von → Hippokrates (460 – um 356 v. Chr.) gebraucht. Bei → Rufus Ephesĭus (um 200) hat. διπλόη (diplóē) bereits den Sinn ‹das zwischen den beiden Schichten Liegende›.

diploĭcus*, -a, -um zur Diploë gehörend. In → *canāles diploĭci*, → *vv. diploĭcae*.

diplo-genĕsis*, -is (auch -eōs), *f.* die Doppelbildung. γεννάειν (gennáein) bilden.

diploidēa*, -ae, *f.* der Zustand des doppelten Chromosomensatzes. *ploidēa**, -ae, *f.* die Ausbildung des Chromosomensatzes, die Ploidie. Kunstwort der Genetik.

diploīdĕus*, -a, -um mit doppeltem (Chromosomensatz) versehen. In → *cellŭla diploīdĕa*.

diplo-microtubŭlus*, -i, *m.* das ultrastrukturelle Doppelröhrchen. Neu geschaffenes Kunstwort der Elektronenmikroskopie. μικρός (mi-

krós) klein und *tŭbŭlus* das Röhrchen, Dem. von *tŭbus*, -i, *m.* das Rohr. In *diplomikrotŭbŭlus* → *periphericus* der Zilie.
diplo-myelīa*, -ae, *f.* die Verdoppelung des Rückenmarks. ὁ μυελός (ho myelós) das Rückenmark.
diplo-nēma*, -ătis, *n.* der Doppelfaden. τὸ νῆμα (tó néma) der Faden.
diplo-sōma*, -ătis, *n.* das Doppelkörperchen. τὸ σῶμα (tó sóma) der Körper. In der Zytologie für das geteilte Zentriol gebraucht.
diplo-tēnĭcus*, -a, -um im Stadium des Doppelfadens sich befindend. ἡ ταινία (hē tainía) das Band. In → *phasis diplotēnĭca* der Reifeteilung.
discus, -i, *m.* die Wurfscheibe, die Scheibe. ὁ δίσκος (ho dískos). In der makroskopischen Anatomie *discus* → *art.*, *discus* → *interpubĭcus*, *discus* → *intervertebrālis, discus* → *n.* → *optĭci*. In der Histologie *discus A, discus I, discus intercalāris*.
discoblastŭla*, -ae, *f.* die Scheibenform der Blastula.
discoidālis*, -is, -e von der Form einer Wurfscheibe. Das klassische Latein kennt nur *discoĭdēs*, -ĕs. In → *fissĭo discoidālis*.
discoīdĕus*, -a, -um scheibenförmig. In → *placenta discoīdĕa*.
di-, dif-, dĭs- (δι-, δις-) Präfix mit der Bedeutung ab-, auseinander-:
dif-fĕrens, -entis verschieden. Part. von *dif-fĕrre* unterscheiden. In → *subtỹpus differens*.
dif-ferentĭa, -ae, *f.* der Unterschied.
dif-ferentiatĭo*, -ōnis, *f.* die Differenzierung. In → *dēfectĭo differentiatiōnis*.
dif-fūsus, -a, -um ausgebreitet, ausgedehnt, ohne scharfe Grenzen. Part. von *dif-fundĕre* ausgießen. In → *placenta diffūsa*.
di-gestōrĭus*, -a, -um der Verdauung dienend. *digĕrĕre* verdauen, zerteilen, *gĕrĕre* tragen. In → *apparātus digestōrĭus*.
di-lātĭo, -ōnis, *f.* die Verzögerung. *dif-fĕrre* aufschieben.
di-lātŏr, -ōris, *m.* der Auseinanderzieher, der Erweiterer. *dilatāre* erweitern. In → *m. dilātŏr* → *nāris*, → *m. dilātŏr* → *pupillae*.
dis-junctus, -a, -um lose liegend. Part. von *disjungĕre* abtrennen. In → *str. disjunctum* der Hornschicht.
di-spergĕre zerstreuen. *di-spersus*, -a, -um zerstreut. In → *glŏmus dispersum* der Prophase.
dis-seminātus, -a, -um ausgebreitet. Part. von *dis-semināre* ausstreuen. In → *synapsis disseminăta*.
dis-solutĭo, -ōnis, *f.* die Auflösung. *dis-solvĕre* auflösen. In *dissolutĭo* → *focālis*.
di-stālis*, -is, -e abstehend. *di-stāre* auseinander liegen. In der Anatomie an den Extremitäten für rumpffern gebraucht. Gegensatz → *proximālis* rumpfnahe. In → *art.* → *radioulnāris distālis*, → *pars distālis* der Adenohypophyse, → *phălanx distālis*. In der Embryologie im Sinne von hinten liegend. In → *saccus* → *vitellīnus distālis*, → *tuberc.* → *linguāle distāle*.
dis-trĭbutĭo, -ōnis, *f.* die Verteilung. *dis-trĭbuĕre* zuteilen. In *distrĭbutĭo in* → *utĕro*.
di-verticŭlum, -i, *n.* die Abzweigung, die Aussackung. *di-vertĕre* abwenden. In *diverticŭla* → *ampullae* des Samenleiters, *diverticŭlum* → *endolymphatĭcum*, *diverticŭlum* → *hepatĭcum* die Leberbucht, *diverticŭlum* → *intestināle*, *diverticŭlum Meckĕli* des Dünndarms als Überbleibsel des → *ductus* → *omphaloentericus*, *diverticŭlum* → *metanephrĭcum* die Unterknospe, *diverticucŭlum* → *tŭbae* → *auditīvae*.

di-visĭo, -ōnis, *f.* die Teilung. *divĭdĕre* teilen, zerteilen. In *divisĭo* → *cellulāris*, *divisĭo* → *nucleāris*.
dolichostenomelīa*, -ae, *f.* der Zustand mit überlangen, grazilen Extremitätenknochen. δολιχός (dolichós) lang. στενός (stenós) schmal. τὸ μέλος (tó mélos) das Glied. Die *dolichostenomelīa* wird auch als Marfan-Syndrom bezeichnet.
domĭnans, -antis vorherrschend. Part. von *domināre* beherrschen. In → *gēnum domĭnans*.
dorsum, -i, *n.* der Rücken, die Rückseite. In *dorsum* → *linguae*, *dorsum* → *manūs*, *dorsum* → *nāsi*, *dorsum* → *pĕdis*, *dorsum* → *pēnis*, *dorsum* → *sellae*.
dorsālis*, -is, -e zum Rücken gehörend, gegen den Rücken zu liegend, rückseitig. Gegensatz → *ventrālis* bauchwärts gelegen, bauchseitig. In → *a. dorsālis*, → *făcĭes dorsālis*, → *fascĭa dorsālis*, → *n. dorsālis*, → *r. dorsālis*, → *v. dorsālis*. In Zusammensetzungen **dorso-**: → *lām. dorsolaterālis*, → *nūcl. dorsolaterālis*, → *nūcl. dorsomediālis*, → *tr. dorsolaterālis*.
ductus, -ūs, *m.* die Leitung, der Gang. *ducĕre* führen. In der Anatomie sehr häufig verwendete Bezeichnung. In der Histologie *ductus* → *intercalātus* das Schaltstück eines Drüsenausführganges, *ductus* → *striātus* das Streifenstück eines Drüsenausführganges.
ductālis*, -is, -e zum Gang *ductŭs*, -ūs, *m.* gehörend. In → *systēma ductāle*.
ductuālis*, -is, -e zum Gang *ductŭs*, -ūs, *m.* gehörend. In → *anastomōsis ductuālis*.
ductŭlus, -i, *m.* der kleine Gang. Dem. von *ductus*. In *ductŭli* → *aberrantes*, *ductŭli* → *alveolāres*, *ductŭli* → *bilifĕri*, *ductŭli* → *efferentes*, *ductŭli* → *excretorĭi*, *ductŭli* → *interlobulāres*, *ductŭli* → *prostatĭci*, *ductŭli* → *transversi*.
duodēnum, -i, *n.* das Zwölffache, der Zwölffingerdarm. *duodēnum* ist eine mittelalterliche Übersetzung von δωδεκαδάκτυλον (ἔντερον) (dōdekadáktylon [énteron]) bei → Herophilus (335 – 280 v. Chr.), welcher das *duodēnum* als zwölf Fingerbreiten langen Fortsatz ἔκφυσις (ékphysis) des Magens auffaßte. *duodēnus* zwölffach, häufiger *duodēni* je zwölf.
duodenālis*, -is, -e zum *duodēnum* gehörend. In → *gll. duodenāles*, → *rr. duodenāles*. In Zusammensetzungen **duodēno-**: → *flexūra duodēnojejunālis*.
dŭplex, -ĭcis zwiefältig, doppelt. *duo* zwei. *plĭcāre* falten. In → *placenta dŭplex*, → *urēter dŭplex*, → *utĕrus dŭplex*.
dŭplicatĭo, -ōnis, *f.* die Verdoppelung. In *dŭplicatĭo* → *chromosomālis*.
dŭplicātus, -a, -um verdoppelt. Part. von *dŭplicāre* verdoppeln. In → *ductŭs* → *thoracĭcus duplicātus*.
dŭplicĭtas, -ātis, *f.* der Zustand der Verdoppelung. In *dŭplicĭtas* → *anterĭor* und *posterĭor*.
dūrus, -a, -um hart. Gegensatz *mollis* weich. In *dūra* → *māter*.
dyas, -ădis, *f.* die Zweiheit, ἡ δυάς, δυάδος (hē dyás, dyádos).
dys- (δυς-) Präfix mit der Bedeutung miß-, un-. Gegensatz ἐῦ (éu) wohl-, gut-:
dys-functĭo*, -ōnis, *f.* die Fehlfunktion. *functĭo*, -ōnis, *f.* die Tätigkeit, die Funktion.
dys-genĕsis*, -is (auch -eōs), *f.* die Fehlbildung. ἡ γένεσις (hē génesis) die Bildung.
dys-morphīa*, -ae, *f.* die Mißgestalt. ἡ μορφή (hē morphḗ) die Gestalt.

dys-ostōsis*, -is (auch -eōs), f. die mangelnde oder fehlende Verknöcherung. τὸ ὀστέον (tó ostéon) oder τὸ ὀστοῦν (tó ostún) der Knochen. In *dysostōsis → cleidocraniālis* das Fehlen oder die Verkümmerung des Schlüsselbeins *clavicŭla,* -ae, f. mit Schädelmißbildungen *cranĭum,* -ĭi, *n., dysostōsis → cranĭofaciālis* die Deformation der Gesichtsknochen verbunden mit Turmschädel. *cranĭum,* -ĭi, *n.* der Schädel. *faciālis,* -is, -e zum Gesicht *făcĭes,* -ēi, f. gehörend.
dys-plasīa*, -ae, f. die Mißgestaltung. πλάσσειν (plássein) bilden. In *dysplasīa → ectodermālis, dysplasīa → multĭplex, dysplasīa → ossĕa.*
dys-praxīa*, -ae, f. die Unfähigkeit, trotz erhaltener Beweglichkeit die Körperteile zweckmäßig zu gebrauchen. τὸ πρᾶγμα (tó prágma) die Tätigkeit.
dys-raphīa*, -ae, f. die gestörte Verwachsung einer Nahtlinie. *raphḗ,* -ēs, f. die Naht. ἡ ῥαφή (hē raphḗ), ῥάπτειν (hráptein) nähen.
dys-trophīa*, -ae, f. die Ernährungsstörung. τρέφειν (tréphein) ernähren.

E

ĕburnĕus, -a, -um elfenbeinern. *ebŭr,* -ŏris, *n.* das Elfenbein. Das Dentin wurde früher als → *subst. eburnĕa* bezeichnet.
eccrīnus*, -a, -um ausscheidend, absondernd. Latinisierte Form des klassischen ἐκκρίνειν (ekkrínein) absondern. In → *gl. eccrīna.*
ectasīa*, -ae, f. die Verlagerung nach außen. ἐκτός (ektós) außen.
ecto-, Präfix mit der Bedeutung außen, nach außen gelagert. ἐκτός (ektós) außen.
ecto-cardīa*, -ae, f. die Verlagerung des Herzens nach außen. ἡ καρδία (hē kardía) das Herz.
ecto-meninx*, -ingis, f. die außen liegende Hirnrückenmarkshaut. ἡ μῆνιγξ (hē mēninx) die Hirnrückenmarkshaut.
ecto-mesoderma*, -ătis, *n.* das Ektoderm von mesodermalem Aussehen, das Mesektoderm.
ecto-placenta*, -ae, f. die Vorstufe einer Placenta aus Trophoblastschwammwerk.
ecto-placentālis*, -is, -e die Ektoplacenta betreffend. In → *cōnus ectoplacentālis.*
ectro-, Präfix mit der Bedeutung fehl-. τὸ ἔκτρωμα (tó éktrōma) die Fehlgeburt:
ectro-daktylīa*, -ae, f. die Fehlfingrigkeit. ὁ δάκτυλος (ho dáktylos) der Finger.
ectro-melīa*, -ae, f. die Fehlgliedrigkeit. τὸ μέλος (tó mélos) das Glied.
elastĭcus*, -a, -um elastisch. Die modernen Griechen sagen ἐλαστικός* (elastikós) und ἡ ἐλαστικότης (hē elastikótēs) die Elastizität. Gebildet in Anlehnung an ἐλαύνειν (elaúnein) treiben, in Bewegung setzen. Seit dem 17. Jahrh. auf Gase angewendet. τὸ ἔλασμα (tó élasma) die getriebene Arbeit. Die Alten kannten das Adjektiv εἰσελαστικός (eiselastikós) zu einem Einzug gehörend. In → *cōnus elastĭcus, elastĭca → externa, elastĭca → interna.* In Zusammensetzungen elasto-: → *a. elastotypĭca.*
elementum, -i, *n.* der Urstoff. Im Plural die Buchstaben des Alphabets, die Bausteine. In *elementum → reticulāre, elementum → tŭbŭlāre.*

elementarīus, -a, -um zum Urstoff *elementum* gehörend. In → *particŭla elementarīa* die Elementarpartikel der Elektronenmikroskopie.

ellipsoīdĕus*, -a, -um ellipsoidähnlich. Willkürliche Wortbildung ausgehend von ἡ ἔλλειψις (hē élleipsis) die Ellipse, das Fehlen. In → *arteriŏla* → *ellipsoīdĕa* die Hülsenarterie, → *art. ellipsoīdĕa*.

ellipticus, -a, -um elliptisch. ἡ ἔλλειψισ (hē élleipsis) die Ellipse, das Fehlen. ἐλλείπειν (elleípein) unterlassen. In → *rĕc. ellipticus* des → *vestibŭlum* → *labyrinthi*.

en- (ἐν-), **em-** Präfix mit der Bedeutung (dar-) in:

embolīa*, -ae, *f.* das Hineinpfropfen. *embŏlus*, -i, *m.* der Pfropf. τὸ ἔμβολον (tó émbolon). ἐμβάλλειν (embállein) hineinschieben.

em-boliformis, -is, -e pfropfenförmig. ὁ ἔμβολος (ho émbolos) der Pfropf. ἐμβάλλειν (embállein) hineinwerfen, hineinstoßen. In → *nūcl. emboliformis* des Kleinhirns.

embŏlus, -i, *m.* der Pfropf. In *embŏlus* → *vitellīnus*.

em-bryo, -ōnis, *m.* die ungeborene Leibesfrucht. In der jetzigen Bedeutung Leibesfrucht bis zum Ende des 2. Schwangerschaftsmonats. Das Wort *embryo* setzt ein nicht gebrauchtes Part. ἐμβρύων (embrýōn) voraus. Tatsächlich kommt nur τὸ ἔμβρυον (tó émbryon) vor. Danach müßte das lateinische Wort *embryon*, -ontis, *n.* lauten, wie im Französischen. Im Spätlatein kommt *embryum* und *embrium* vor. βρύειν (brýein) sprossen, wachsen.

em-bryoblastus*, -i, *m.* der Embryonalknoten. βλαστειν (blástein) bilden.

em-bryogenĕsis*, -is (auch -eōs), *f.* die Bildung des Embryo. ἡ γένεσις (hē génesis) die Bildung.

em-bryologĭcus*, -a, -um den Embryo betreffend. In → *nōmĭna embryologĭca*.

em-bryōma*, -ătis, *n.* die embryonale Geschwulst mit organartigen Teilen. Das Suffix -ōma (-ωμα) bezeichnet eine Geschwulst, eine Mißbildung.

embryonālis, -is, -e zum Embryo gehörend. Durch → *fetālis* ersetzt.

em-bryonĭcus*, -a, -um embryonal. In → *periŏdus embryonĭca*.

en-arthrōsis, -is (auch ĕōs), *f.* das Nußgelenk, ein Kugelgelenk, in welchem mehr als die Hälfte des Kopfes von der Pfanne umfaßt wird. ἡ ἐνάρθρωσις (hē enárthrōsis). τὸ ἄρθρον (tó árthron) das Glied, das Gelenk.

en-cĕphălon, -i, *n.* das Gehirn. Substantiviertes Adjektiv ὁ ἐγκεφαλός (ho engkephalós) (scīl. μυελός (myelós) das Mark. ἡ κεφαλή (hē kephalē) der Kopf.

en-cephalocēlīa*, -ae, *f.* die Blasenbildung im Gehirn. ὁ ἐγκεφαλός (ho engkephalós) das Gehirn. κοῖλος (koîlos) hohl.

en-terĭcus, -a, -um zu den (Bauch-)Eingeweiden gehörend. ἐντερικός (enterikós). τὰ ἔντερα (tá éntera) die Eingeweide, besonders die Baucheingeweide. In → *pl. enterĭcus*.

en-typīa*, -ae, *f.* die innere Lage des Embryoblasten. ὁ τύπος (ho týpos) die Gestalt.

enamēlum*, -i, *n.* der Zahnschmelz. Moderne Wortschöpfung in Anlehnung an das englische ‹enamel›, welches sich über das altfranzösische ‹esmail› vom althochdeutschen ‹smelzen› herleitet. Gleichbedeutend mit → *subst.* → *adamantīna*.

enamēlāris*, -is, -e mit der Bildung von Schmelz *enamēlum* zu tun habend. In → *orgănum enamēlāre*.

enamēlōma*, -ătis, *n.* die aus Schmelzbildungszellen entstandene Geschwulst. Das Suffix *-ōma -ῶμα* bezeichnet eine Geschwulst, eine Mißbildung.

ĕndŏ- (ἔνδον) Präfix mit der Bedeutung (dr-)innen:

ĕndŏ-blastus*, -i, *m.* das innere Keimblatt. Synonym mit *endo-derma.* βλάστειν (blástein) bilden.

ĕndŏ-cardĭum*, -ĭi, *n.* die Herzinnenhaut. Die modernen Griechen sagen τὸ ἐνδοκάρδιον* (tó endokárdion). ἡ καρδία (hē kardía) das Herz, → *cardīa.*

ĕndŏ-cardiālis*, -is, -e die Herzinnenhaut *endo-cardĭum**, -ĭi, *n.* betreffend. In → *primordĭum endocardiāle,* → *tŭber endocardiāle* das Endokardkissen.

ĕndŏ-chondr(i)ālis*, -is, -e im Knorpel sich befindend, auf knorpeliger Grundlage entstehend, enchondral. In → *ossificatĭo ĕndŏchondr(i)ālis.*

ĕndŏ-crīnus, -a, -um nach innen abscheidend. κρίνειν (krínein) abscheiden. In → *gl. ĕndŏcrīna* die Hormondrüse, → *p. ĕndŏcrīna.*

ĕndŏcrinocȳtus*, -i, *m.* die hormonbereitende Zelle. κρίνειν (krínein) abscheiden. τὸ κύτος (tó kýtos) die Zelle.

ĕndŏ-derma*, -ătis, *n.* das innere Keimblatt. Synonym mit *endo-blastus.* τὸ δέρμα (tó dérma) die Haut.

ĕndŏ-lympha*, -ae, *f.* die im häutigen Labyrinth eingeschlossene Flüssigkeit. Besser wäre *lympha* → *interna.*

ĕndŏ-lymphatĭcus*, -a, -um zur Endolymphe gehörend, mit Endolymphe gefüllt. In → *ductus endolymph,* → *saccus endolymph.*

ĕndŏ-mēninx*, die innen liegende Hirnrückenmarkshaut. ἡ μήνιγξ (hē méninx) die Hirnrückenmarkshaut.

ĕndŏ-mētrĭum*, -ĭi, *n.* die Gebärmutterschleimhaut. Synonymbezeichnung zu → *tŭn.* → *mucōsa utĕri* der PNA. ἡ μήτρα (hē métra) die Gebärmutter.

ĕndŏ-mētriālis*, -is, -e zur Gebärmutterschleimhaut gehörend. In → *crypta ĕndŏmetriālis,* → *cupŭla ĕndŏmetriālis,* → *gl. ĕndŏmetriālis,* → *strōma ĕndŏmetriālis.*

ĕndŏ-mitōsis*, -is (auch -eōs), *f.* die inner Kernteilung, die Chromosomenvermehrung ohne Auflösung der Kernmembran.

ĕndŏ-mysĭum*, -ĭi, *n.* die innere Bindegewebshülle des Muskels, das die einzelne Muskelfaser umgebende Bindegewebe. ὁ μῦς, μυός (ho mýs, myós) der Muskel. Die modernen Griechen sagen τὸ ἐνδόμυιον (tó endomýion).

ĕndŏ-neurĭum*, -ĭi, *n.* das zwischen den Nervenfasern liegende Bindegewebe. τὸ νεῦρον (tó neúron) auch ἡ νευρά (hē neurá) ursprünglich die Sehne, erst später der Nerv.

ĕndŏ-plasma*, -ătis, *n.* das Binnenplasma, das innen liegende Zytoplasma.

ĕndŏ-plasmĭcus*, -a, -um zum Binnenplasma gehörend. In → *reticŭlum ĕndŏplasmĭcum.*

ĕnd-ostĕum*, -i, *n.* die innere Knochenhaut. τὸ ὀστέον (tó ostéon) der Knochen.

ĕndŏ-thēlĭum*, -ĭi, *n.* die Innenhaut der Gefäße und seröser Höhlen. Gebildet im Gegensatz zu *epithēlĭum.* τὸ ἐνδοθήλιον* (tó endothélion) heißt wörtlich übersetzt „das, was sich in der Brustwarze befindet". ἡ θηλή (hē thēlḗ) die Brustwarze.

ĕndŏ-thēliālis*, -is, -e aus Endothelzellen bestehend. In Zusammensetzungen **ĕndŏthēlĭo-:** → *placenta ĕndŏthēlĭochoriālis,* → *placenta ĕndŏthēlĭoĕndŏthēliālis.*

ĕndŏ-thēlĭoblastus*, -i, m. die Endothelbildungszelle. βλάστειν (blástein) bilden.
ĕndŏ-thēlĭocȳtus*, -i, m. die Endothelzelle. τὸ κύτος (tó kýtos) die Zelle.
ĕndŏ-thoracĭcus*, -a, -um in der Brusthöhle befindlich. ὁ θώραξ (ho thórax) die Brust. In → *fascĭa ĕndŏthoracĭca.*
ensiformis, -is, -e schwertförmig. *ensis,* -is, *m.* das Schwert. Frühere Bezeichnung für → *xiphōīdĕus.*
ĕpi- (ἐπί-), ep-, eph- Präfix mit der Bedeutung auf-, (dr)über-, über hinaus:
ĕp-amnĭon*, -ĭi, *n.* der durch einen Amnionnabelgang mit der Amnionhöhle verbundene Raum, die Ektoplazentarhöhle. *amnĭon,* -ĭi, *n.* die Schafhaut.
ĕp-arteriālis, -is, -e über einer Arterie liegend. Hybride Wortbildung. ἡ ἀρτηρία (hē artēría). Früher gebraucht in → *br. eparteriālis.*
ĕp-axiālis*, -is, -e über der Achse *axis,* -is, *m.* liegend. In → *p. ĕpaxiālis* des Myotoms.
ĕp-endȳma, -ătis, *n.* der innere Überzug, die Auskleidung der Gehirnhöhlen. τὸ ἐπένδυμα (tó epéndyma) das Oberkleid. ἐνδύειν (endýein) bekleiden.
ĕp-endymālis*, -is, -e das Ependym betreffend. In → *str. ĕpendymāle.*
ĕp-endymoblastus*, -i, *m.* die Ependymbildungszelle. βλάστειν (blástein) bilden.
ĕp-endymocȳtus*, -i, *m.* die Ependymzelle. τὸ κύτος (tó kýtos) die Zelle.
ĕpi-blastus*, -i, *m.* die darüberliegende Zellbildungsschicht. βλάστειν (blástein) bilden.
ĕpi-bolīa*, -ae, *f.* das Darüberschieben. ἐπιβάλλειν (epibállein) darüberschieben.
ĕpi-cardĭum*, -ĭi, *n.* das auf dem Herzen aufliegende seröse Blatt. Synonym mit → *lām.* → *viscerālis* → *pericardĭi* → *serōsi.* ἡ καρδία (hē kardía) das Herz.
ĕpi-cĕrăs, -ătos, *n.* das dem Horn Aufliegende. Fachbezeichnung der Veterinäranatomie. τὸ κέρας (tó kéras) das Horn.
ĕpi-condȳlus*, -i, *m.* der über dem *condȳlus* liegende Knochenfortsatz. ὁ κόνδυλος (ho kóndylos) der Gelenkfortsatz. In *epicondȳlus* → *laterālis* und *mediālis* von → *fĕmur* und von → *humĕrus.*
ĕpi-craniālis, -is, -e auf dem Schädel liegend, ἐπικράνιος (epikránios). τὸ κρανίον (tó kraníon) der Kopf. τὸ ἐπικράνιον (tó epikránion) die Kopfbedeckung. In → *aponeurōsis epicraniālis.*
ĕpi-cranĭus, -a, -um auf dem Schädel liegend, ἐπικράνιος (epikránios). τὸ κρανίον (tó kraníon) der Kopf. τὸ ἐπικράνιον (tó epikránion) die Kopfbedeckung. In → *m. ĕpicranĭus.*
ĕpi-dermis, -ĭdis, *f.* die Oberhaut. ἡ ἐπιδερμίς, -ίδος (hē epidermís, -ídos). τὸ δέρμα (tó dérma) die Haut, das Leder.
ĕpi-dermālis, -is, -e die Oberhaut *ĕpi-dermis,* -ĭdis, *f.* betreffend. In → *dysplasīa ĕpidermālis.*
ĕpi-dermocȳtus*, -i, *m.* die Epidermiszelle. τὸ κύτος (tó kýtos) die Zelle.
ĕpi-didȳmis, -ĭdis, *f.* der Nebenhoden. ἡ ἐπιδιδυμίς, -ίδος (hē epididymís, -ídos). δίδυμος (dídymos) zweifach. οἱ δίδυμοι (hoi dídymoi) die Zwillinge. Bei → Herophilus (um 300 v. Chr.) die Hoden.
ĕpi-durālis*, -is, -e auf der *dūra māter,* der harten Hirnhaut liegend. In → *căvum ĕpidurāle.*

ĕpi-gastrĭcus*, -a, -um auf dem Bauch, auf dem Magen befindlich. ἡ γαστήρ -στρός (hē gastḗr, -stros) der Bauch, der Magen. Besser wäre epigastrīus, ἐπιγάστριος (epigástrios). ὁ ἐπιγάστριος (ho epigástrios) der Schlemmer. In → rĕgĭo epigastrĭca.
ĕpi-gastrĭum*, -ĭi, n. die Magengrube, der Oberbauch. τὸ ἐπιγάστριον (tó epigástrion). Bei → Galēn (130 – um 200) wird damit noch die vordere Bauchwand, das über dem Magen Liegende bezeichnet.
ĕpi-glōttis, -ĭdis, f. der Kehldeckel. ἡ ἐπιγλωττίς (hē epiglōttís) ist schon bei → Galēn (130 – um 200) belegt.
ĕpi-glōttĭcus, -a, -um zum Kehldeckel gehörend. In → cart. epiglōttĭca, → tŭberc. ĕpiglōttĭcum.
ĕpi-mĕrus*, -i, m. das paraxiale Medoderm. τὸ μέρος (tó méros) der Teil.
ĕpi-myocardiālis*, -is, -e das Epi- und Myokard betreffend. In → primordĭum ĕpimyocardiāle.
ĕpi-mysĭum*, -ĭi, n. das den Muskel umhüllende Bindegewebe. ὁ μῦς, μυός (ho mȳs, myós) der Muskel.
ĕpi-nephrocȳtus*, -i, m. die Zelle des Nebennierenmarks. ὁ νεφρός (ho nephrós) die Niere. τὸ κύτος (tó kýtos) die Zelle.
ĕpi-neurĭum, -ĭi, n. die äußere Bindegewebshülle eines Nerven. τὸ νεῦρον (tó neûron) und ἡ νευρά (hē neurá) ursprünglich die Sehne, erst später der Nerv.
ĕpi-phȳsis, -is auch -eōs, f. das Gelenkende der langen Knochen, welches vor Abschluß des Längenwachstums durch den Epiphysenknorpel vom Mittelstück oder Diaphyse getrennt ist. ἡ ἐπίφυσις (hē epíphysis). φύειν (phýein) wachsen, auch wachsen lassen. Als Epiphyse wurde früher auch der obere Hirnanhang → corpus → pineāle bezeichnet.
ĕpi-physiālis, -is, -e zur Epiphyse gehörend. In → cart. ĕpiphysiālis, → centrum ĕpiphysiāle, → lām. → ossĕa ĕpiphysiālis, → līnĕa ĕpiphysiālis.
ĕpi-plŏon, -i, n. das große Netz → omentum → mājus. Eigentlich das auf den Eingeweiden Schwimmende. τὸ ἐπίπλοον (tó epíploon), auch ὁ ἐπίπλοος (ho epíploos). ἐπιπλέειν (epipléein) obenaufschwimmen.
ĕpi-plŏĭcus*, -a, -um zum großen Netz gehörend. Die modernen Griechen sagen ἐπιπλοϊκός* (epiploikós). In → appendĭces → epiploĭcae, → fŏrāmen epiploĭcum, → rr. epiploĭci.
ĕpi-sclerālis, -is, -e auf der Sklera des Augapfels liegend. In → aa. ĕpisclerāles, → lām. episclerālis, → spătĭum ĕpisclerāle.
ĕpi-spadīas*, -ădis, f. die obere Harnröhrenspalte. σπάειν (spáein) auseinanderziehen.
ĕpi-sternālis*, -is, -e über dem Brustbein sternum, -i, n. liegend. In → cartil. ĕpisternālis.
ĕpí-stropheus, -ĕi, (auch -eōs), m. der Umdreher. στρέφειν (stréphein) wenden, drehen. Zunächst Bezeichnung des ersten Halswirbels, seit dem Barock des zweiten Halswirbels. Jetzt → axis.
ĕpi-thalămus*, -i, m. der über dem thalămus liegende Abschnitt des Zwischenhirns, bestehend aus dem → corpus → pineāle und den → habenŭlae. ὁ θάλαμος (ho thálamos) die Höhle, das Schlafgemach.
ĕpi-thelĭum*, -ĭi, n. die oberflächliche Zellschicht. Die modernen Griechen sagen τὸ ἐπιθήλιον* (tó epithélion), eigentlich das, was sich auf der Brustwarze ἡ θηλή (hē thēlḗ) befindet.
ĕpi-theliālis*, -is, -e zum Epithel gehörend, aus Epithel bestehend. In → cella epitheliālis, → textus epitheliālis. Die modernen

Griechen kennen ἐπιθηλιακός (epithēliakós). In Zusammensetzungen **ĕpithelīo**: → *placenta ĕpithelīochoriālis*.
ĕpi-thēlīocȳtus*, -i, *m.* die Epithelzelle. τὸ κύτος (tó kýtos) die Zelle.
ĕpi-thēlīocȳtĭcus*, -a, -um aus Epithelzellen bestehend. In → *p. epithēlīocytĭca*.
ĕpi-thelioīdĕus*, -a, -um epithelähnlich. Das Suffix *-(o)īdĕus* drückt eine Ähnlichkeit aus.
ĕpi-thelioīdocȳtus*, -i, *m.* die epithelähnliche Zelle, die epitheloide Zelle.
ĕpi-tympanĭcus*, -a, -um im oberen Teil der Paukenhöhle liegend. → *tympănum*, -i, *n.* die Trommel, die Handpauke, das Tambourin. τὸ τύμπανον (tó týmpanon). In → *rĕc. epitympanĭcus*.
ĕp-onychĭum*, -ĭi, *n.* das auf der Nagelwurzel liegende Epithel. ὁ ὄνυξ, -υχος (ho ónyx, -ychos) der Nagel, der Huf.
ĕp-oöphŏron, -i, *n.* das auf dem Eierstock liegende Organ, der Nebeneierstock. τὸ ᾠόν (tó ōón) das Ei, φέρειν (phérein) tragen.
ēquālis, -is, -e gleichbleibend, *ēquus*, -a, -um gleich. *ēquāre* in gleiche Teile teilen. In → *divisĭo ēquālis* die Äquationsteilung.
ēquātor*, -ōris, *m.* der Äquator, der Gleicher. Begriff der mittelalterlichen Astronomie. *ēquāre* gleich machen, in gleiche Hälften teilen. In *ēquātor* → *bulbi*, *ēquātor* → *fūsi*, *ēquātor* → *lentis*.
ēquatoriālis*, -is, -e im Äquator liegend. In → *lām. ēquatoriālis* der Zellteilung.
ĕquīnus, -a, -um vom Pferde stammend, zum Pferd gehörig. In → *cauda ĕquīna*.
errŏr, -ōris, *m.* der Irrtum, die Fehlleistung. *errāre* sich irren, sich verirren, einen falschen Weg gehen. In *errōres* → *reproductiōnis*.
erythroblastus*, -i, *m.* die kernhaltige Vorstufe der roten Blutzellen. *erythrocȳtus*, -i, *m.* das rote Blutkörperchen, βλάστειν (blástein) bilden.
erythrocȳtus*, -i, *m.* das rote Blutkörperchen. ἐρυθρός (erythrós) rötlich, τὸ κύτος (tó kýtos) die Zelle.
erythrocytĭcus*, -a, -um zum roten Blutkörperchen gehörend, das rote Blutkörperchen betreffend. In → *aggregatĭo erythrocytĭca* die Geldrollenform der roten Blutkörperchen, → *umbra erythrocytĭca*.
erythrocȳtopoēsis*, -is (auch -ĕōs), *f.* die Bildung roter Blutkörperchen. ἡ ποίησις (hē poíēsis) das Hervorbringen. ποιέειν (poiéein) schaffen, erschaffen.
ēsophăgus, -i, *m.* die Speiseröhre. ὁ οἰσοφάγος (ho oisophágos). οἴσειν (oísein) tragen und φαγεῖν (phageín) essen. Schon von → Hippokrates (460 – um 356 v. Chr.) gebraucht, gelegentlich auch von → Galēn (130 – um 200). Später durch ὁ στόμαχος (ho stómachos) verdrängt. Noch bei → Vesal (1514 – 1564) heißt die Speiseröhre ὁ στόμαχος (ho stómachos). Erst im 16. Jahrhundert kommt die Bezeichnung *ēsophăgus* wieder auf.
ēsophageālis*, -is, -e zur Speiseröhre *ēsophăgus*, -i, *m.* gehörend. In → *crista ēsophageālis*, → *septum ēsophagotracheāle*.
ēsophagēus, -a, -um zur Speiseröhre gehörend. Die modernen Griechen sagen οἰσοφαγικός (oisophagikós). In → *gll. ēsophagēae*, → *rr. ēsophagēi*, → *vv. ēsophagēae*.
ēstrus, -i, *m.* die Brunst, die Liebesraserei. ὁ οἶστρος (ho oístros) der Stachel. οἰστράειν (oistráein) reizen, anstacheln. In → *anēstrus, diēstrus, metēstrus, proēstrus*.
ēstrōsus*, -a, -um die Brust betreffend. In → *monoestrōsus*, → *polyestrōsus*.

ētas, -ātis, *f.* die Lebenszeit, die Zeit. *ēvum*, -i, *n.* die Zeitdauer. ὁ αἰών (ho aiōn) die Weltzeit. In *ētas* → *coītūs, ētas* → *fecundatiōnis, ētas* → *fetālis, ētas* → *menstruatiōnis, ētas* → *ovulatiōnis.*

ethmŏĭdālis, -ıs, -e siebähnlich, zum Siebbein gehörend. ἠϑμοειδής (ēthmoeidḗs) ὁ ἠϑμός (ho ēthmós) das Sieb, das Seietuch. Nach den Vorstellungen der Antike wurde der Nasenschleim im Gehirn bereitet und beim Herabfließen durch die → *lām. cribrōsa* durchgeseiht. In → *bulla ethmŏĭdālis,* → *cellŭlae ethmŏĭdāles,* → *fŏrāmen ethmŏĭdāle,* → *infundibŭlum ethmŏĭdāle,* → *labyrinthus ethmŏĭdālis,* → *ŏs ethmŏĭdāle,* → *sīnus ethmŏĭdālis.*

eu-, (εὖ) Präfix mit der Bedeutung wohl-, gut-; Gegensatz *dys-* (δύς-) miß-, un-:

eu-chromatīnum*, -i, *n.* das gut färbbare, normal beschaffene Chromatin. εὖ (eu) gut und τὸ χρῶμα (tó chrṓma) die Farbe.

eu-chrōmatĭcus*, -a, -um zum gut färbbaren Chromatin gehörend. In → *pars euchrōmatĭca* des Chromonems.

eu-ploidēa*, -ae, *f.* der Zustand mit normalem Verhalten des Chromosomensatzes. *ploidēa**, -ae, *f.* die Ploidie, das Verhalten des Chromosomensatzes. Neugebildetes Kunstwort der Genetik, hängt mit dem griechischen πλόος (plóos) -fach zusammen. Ploidie würde eigentlich die „Fachheit" bedeuten.

eu-therĭus*, -a, -um gut mit warmem Blut versehen. *euthērĭa** die Warmblüter. ϑέρεσϑαι (théresthai) warm sein.

ĕx-, ē- (ec-, ef- durch Angleichung an den folgenden Buchstaben) Präfix mit der Bedeutung (her)aus-, (hin)aus-:

ec-centrĭcus*, -a, -um aus der Mitte, exzentrisch. Klassisch kommt nur *eccentrŏs* als Lehnwort vor. ἔκκεντρος (ékkentros). In → *affīxĭo eccentrĭca.*

ec-topīa*, -ae, *f.* eigentlich die Verlagerung nach außen, dann allgemein die falsche Lage. ὁ τόπος (ho tópos) der Ort. In *ectopīa* → *herniālis, ectopīa* → *inversionālis, ectopīa* → *originālis, ectopīa* → *translocationālis.*

ec-topĭcus*, -a, -um außerhalb, dann auch am falschen Ort liegend. In → *implantatĭo ectopĭca,* → *pregnantĭa ectopĭca.*

ef-fectŏr, -ōris, *m.* der Auslöser, der Urheber. *ef-fectus*, -ūs, *m.* die Wirkung. *ef-fĭcĕre* bewirken. *făcĕre* machen.

ef-fĕrens, -entis herausführend. Part. von *ef-ferre.* In → *ductŭli efferentes* → *testis,* → *vās effĕrens* des Nierenglomerulus, → *vāsa efferentĭa* der Lymphknoten.

ē-jaculātĭo, -ōnis, *f.* das Herausschleudern, der Samenerguß. *ē-jaculāri* herausschleudern.

ē-jaculatorĭus, -a, -um zum Herausschleudern dienend. In → *ductus ejaculatorĭus.*

ē-longātĭo, -ōnis, *f.* die Verlängerung. *ē-longāre* verlängern. *longus,* -a, -um lang.

ē-minentĭa, -ae, *f.* die Erhöhung, die Vorragung. *ē-minēre* hervorragen. In der Anatomie vielfach verwendete Bezeichnung.

ē-missārĭus*, -a, -um abziehend. *ē-missārĭum*, -ĭi, *n.* der Abzugskanal. *ēmittĕre* herausschicken. Der Begriff *ēmissārĭum* wurde 1724 von → Santorīni (1681 – 1737) in die anatomische Fachsprache eingeführt. Das Adjektiv *ēmissārĭus* ist eine schlechte Wortneubildung. In → vv. *ēmissārĭae.*

ē-rectŏr, -ōris, m. der Aufrichter. ē-rigĕre aufrichten. In → m. ērectŏr → spīnae.
ē-rosĭo, -ōnis, f. der oberflächliche Abbau. ē-rodĕre benagen. In → lacūna → erosiōnis die Howshipsche Lakune.
ē-ruptīvus*, -a, -um durchbrechend. ē-rumpĕre durchbrechen. In → canālis eruptīvus der Volkmannsche Kanal.
ē-venteratĭo*, -ōnis, f. der Vorfall der Baucheingeweide. venter, -tris, m. der Bauch.
ē-versus, -a, -um herausgewendet. Part. von ē-vertĕre herauswenden. In → vesīca → urinarĭa ēversa.
ē-volūtĭo, -ōnis, f. die Entwicklung. ē-volvĕre herauswickeln, entwickeln. In ēvolūtĭo → fibrillārum, ēvolūtĭo → myofibrillārum.
ĕx-căvātĭo, -ōnis, f. die Aushöhlung. ex-cavāre aushöhlen. In excavatĭo → disci des Sehnerven, ĕxcavātĭo → rectouterīna, ĕxcavātĭo → vesīcouterīna.
ex-crescentĭa, -ae, f. der Auswuchs. ex-crescĕre hervorwachsen. In ex-crescentĭa → cartilaginĕa, excrescentĭa → ossĕa.
ĕx-cretorĭus*, -a, -um der Ausscheidung dienend. ex-cernĕre ausscheiden. In → ductŭli excretorĭi, → ductus excretorĭus.
ĕx-crētum, -i, n. das Ausgeschiedene, die Absonderung. Betrifft zunächst im medizinischen Sinn nur Stuhl und Urin, so bei → Celsus (um Chr. Geburt), dann auch die Ausscheidung von Drüsen, wie etwa der Schweißdrüsen.
ĕx-omphălos, -i, m. das Vorstehen des Nabels. ὁ ὀμφαλός (ho omphalós) der Schildbuckel, der Nabel.
ĕx-ostōsis, -is (auch -eōs) f. der Knochenauswuchs. τὸ ὀστέον (tó ostéon) der Knochen.
ĕx-strophīa*, -ae, f. die Verlagerung nach außen. στρέφειν (stréphein) wenden. In ĕxstrophīa → vesīcae.
ĕx-tensĭo*, -ōnis, f. die Anschwellung. Klassisch ist nur ex-tentĭo, -ōnis, f. belegbar. ĕx-tendĕre vergrößern. In ĕxtensĭo → bulbopontīna.
ĕx-tensŏr, -ōris, m. der Strecker. ĕx-tendĕre ausstrecken. In → m. ĕxtensŏr, → retinacŭlum ĕxtensōrum.
ĕx-tensōrĭus*, -a, -um zum Strecken dienend, zum Streckmuskel gehörend. Das Adjektiv extensōrĭus wird in den PNA nicht mehr gebraucht.
ĕx-ternus, -a, -um außen liegend. exter außen. Gegensatz internus innen liegend. In der Anatomie häufig gebrauchte Bezeichnung.
ĕx-tremĭtas, -ātis, f. das äußerste Ende. ex-trēmus der äußerste. Superlativ von exter außen. In der Anatomie vielfach gebrauchte Bezeichnung. Erst seit dem 18. Jahrh. auch im Sinne von Extremität oder Gliedmaße gebraucht.
ĕxŏ- (ἔξο-) Präfix mit der Bedeutung nach außen:
ĕxŏ-cēlomĭcus*, -a, -um mit dem Exocöl in Beziehung stehend. In → membrāna ĕxŏcēlomĭca die Heusersche Membran.
ĕxŏ-crīnus*, -a, -um nach außen abscheidend. κρίνειν (krínein) ausscheiden. In → gl. ĕxŏcrīna.
ĕxŏ-plasma*, -ătis, n. die Außenschicht des Zellplasmas. τὸ πλάσμα (tó plásma) das Gebildete.
ĕxtrā- Präfix mit der Bedeutung außerhalb:
extrā-cellulāris*, -is, -e außerhalb der Zelle liegend. In → p. extracellulāris des Wimperhaars.
ĕxtrā-embryonĭcus*, -a, -um außerhalb des embryonalen Körpers liegend. In → endoblastus ĕxtrāembryonĭcus, → vv. ĕxtrāembryonĭcae.

ĕxtrā-pulmonāris*, -is, -e außerhalb der Lunge liegend. In → *br. extrā-pulmonāris*.
ĕxtrā-uterīnus*, -a, -um außerhalb der Gebärmutter *utĕrus*, -i, m. liegend. In → *gravidĭtas ĕtrāuterīna*.

F

fabella, -ae, f. die kleine Bohne. Dem. von *faba*, -ae, f. die Bohne. Bezeichnung für das Sesambein in der Sehne des lateralen Gastrocnemiuskopfs.
făcĭes, -ĭēi, f. das Gesicht, die Außenseite, die Außenfläche. In der Anatomie sehr häufig verwendete Bezeichnung.
faciālis*, -is, -e zum Gesicht gehörend. In → *a. faciālis*, → *n. faciālis*, → *v. faciālis*.
facultatīvus*, -a, -um möglicher-, nicht notwendigerweise vorkommend. *facultas*, -ātis, f. die Möglichkeit. In → *parthenogenĕsis facultatīva*.
falsus, -a, -um falsch, gefälscht. *fallĕre* täuschen, vortäuschen. In → *hermaphroditismus falsus*.
falx, -cis, f. die Sichel. In *falx* → *cerebelli*, *falx* → *cerebri*, *falx* → *inguinālis* die von der Transversusaponeurose in das *lig. pectineāle* ziehenden Fasern.
falciformis*, -is, -e sichelförmig. In → *lig. falciforme* der Leber, → *margo falciformis* des → *hiātus* → *saphēnus*, → *prŏc. falciformis* die Fortsetzung des → *lig. sacrotūberāle* auf dem → *ŏs ischĭi*.
fascĭa, -ae, f. die Binde. In der makroskop. Anatomie zur Bezeichnung breitflächiger Bindegewebshüllen. In der Zytologie die Verbindung zweier Zellen: *fascĭa occlūdens*.
fascicŭlus, -i, m. das kleine Bündel. Dem. von *fascis*, -is, m. das Bündel. In der Histologie *fasc*. → *collagenōsus*, *fasc*. → *musculāris*, *fasc*. → *tendinēus*. In der makrosk. Anatomie *fasc*. → *atrĭoventriculāris*. Sonst ausschließlich im Sinne von Nervenbahn gebraucht.
fasciolāris*, -is, -e zur *fascĭŏla* dem Bändchen gehörend. *fascĭŏla* Dem. von *fascĭa* das Bändchen. In → *gȳrus fasciolāris* das Übergangsgebiet zwischen → *gȳrus* → *dentātus* und → *indusĭum* → *grisĕum*.
fastigĭum, -ĭi, n. der Giebel. In der Anatomie der höchste Punkt des 4. Hirnventrikels.
fauces, -ĭum, f. (Plural) der Schlund. Der Singular *faux*, -cis, f. klassisch nur im Abl. *fauce* gebraucht. In → *isthmus faucĭum*.
fĕl, fellis, n. die Galle der Gallenblase, vgl. → *bīlis*. Im Altertum auch für Gallenblase gebraucht.
fellĕus, -a, -um gallig, Galle enthaltend. In → *vesīca fellĕa*.
feminīnus, -a, -um weiblichen Geschlechts. *fēmĭna* die Frau. In → *orgăna* → *genitalĭa fēmĭnīna*, → *partes* → *genitāles feminīnae*, → *pudendum feminīnum*.
fĕmur, -ŏris, n. der Oberschenkel, der Oberschenkelknochen. In → *căput fĕmŏris*, → *collum fĕmŏris*, → *corpus fĕmŏris*, → *regĭo fĕmŏris*.
fĕmŏrālis, -is, -e zum Oberschenkel gehörend. Die Römer gebrauchten das substantivierte Wort *fĕmŏralĭa*, -ĭum, n. für die Binden, welche zum Schutz gegen die Kälte um die Oberschenkel gewickelt wurden. In → *ānŭlus fĕmŏrālis*, → *a. fĕmŏrālis*, → *canālis fĕmŏrālis*, → *hernĭa fĕmŏrālis*, → *septum fĕmŏrāle*, → *trigōnum fĕmŏrāle*, → *v. fĕmŏrālis*.

fenestra, -ae, *f.* das Fenster, die Öffnung. In *fenestra* → *cochleae, fenestra* → *omentalis* die Netzlücke, *fenestra* → *vestibuli*.
fenestrātus, -a, -um gefenstert. *fenestrāre* mit Fenstern versehen. In → *endotheliocӯtus fenestrātus,* → *membrāna fenestrāta,* → *placenta fenestrāta*.
ferritīnum*, -i, *n.* das Ferritin, Ablagerungsform des Eisens im Körper. *ferritīnus, -a, -um* aus Eisen bestehend. *ferrum.* -i, *n.* das Eisen.
ferrugineus, -a, -um rostfarben, dunkel. *ferrum,* -i, *n.* das Eisen. *ferrūgo,* -ĭnis, *f.* der Eisenrost, die dunkle Farbe. In → *subst. ferruginea* des *pons*.
fertilizātĭo*, -ōnis, *f.* die Befruchtung. *fertĭlis,* -is, -e fruchtbar. In → *dēfectĭo fertilizatiōnis*.
fētus, -ūs, *m.* die Leibesfrucht ab Beginn des 3. Schwangerschaftsmonats. Im mittelalterlichen Latein auch *foetus. feo* ich erzeuge.
fetālis*, -is, -e zur Leibesfrucht gehörend. In → *membrāna fētālis,* → *pars fētālis* der Placenta, → *pulmo fētālis*.
fibra, -ae, *f.* die Faser, das durch Spaltung Entstandene. Klassisch der Lappen, so bei → Cicero (106 – 43 v. Chr.) und → Celsus (um Chr. Geburt). *findĕre* spalten. In *fibra* → *affĕrens, fibra* → *autonomĭca, fibrae* → *circulāres* des Ziliarmuskels, *fibra* → *collagenōsa, fibra* → *elastĭca, fibrae* → *intercrurāles* des äußeren Leistenrings, *fibrae* → *lentis, fibrae* → *meridionāles* des Ziliarmuskels, *fibrae* → *radiāles* des Ziliarmuskels, *fibrae* → *zonulāres* des Aufhängapparats der Linse.
fibrilla*, -ae, *f.* das Fäserchen, die Fasereinheit der Histologie (Bindegewebsfibrillen, Muskelfibrillen, Neurofibrillen).
fibrinoīdeus*, -a, -um fibrinähnlich. *fibrīnum*,* -i, *n.* der Faserstoff. Das Suffix *-(o)īdĕus* bezeichnet eine Ähnlichkeit. In → *substantĭa fibrinoīdĕa* der Placenta.
fibrōsus*, -a, -um faserreich. In → *ānŭlus fibr.,* → *appendix fibr.* der Leber, → *astrocӯtus fibr.,* → *medulla fibr.,* → *textus* → *connectīvus fibr.,* → *trigōna fibr.* des Herzsklettes, → *tūn. fibr.* In Zusammensetzungen **fibro-:**
fibroblastus*, -i, *m.* die faserbildende Zelle. βλάστειν (blástein) bilden.
fibrocartilāgo*, -ĭnis, *f.* der Faserknorpel, besser das knorpelharte Bindegewebe. Sprachlich wäre *cart. fibr.* vorzuziehen.
fibrocartilagineus*, -a, -um aus knorpelhartem Bindegewebe bestehend. In → *ānŭlus fibrocartilagineus* des Trommelfells.
fibrocӯtus*, -i, *m.* die Bindegewebszelle. τὸ κύτος (tó kýtos) die Zelle.
fibroelastĭcus*, -a, -um aus kollagenen und elastischen Fasern bestehend. In → *membr. fibroelastĭca* → *laryngis*.
fibromuscŭlocartilagineus*, -a, -um aus Bindegewebe, Muskulatur und Knorpel bestehend. In → *tūn. fibromuscŭlocartilaginea* der Trachea.
fibrōsis*, -is (auch -eōs), *f.* die Vermehrung des Bindegewebes. Das Suffix *-ōsis* bezeichnet eine Degeneration.
fibŭla, -ae, *f.* die Hafte, die Heftnadel, die Spange. *figĕre* heften. Von → Vesal 1543 in Analogie zum griechischen ἡ περόνη (hē peróne) in die anatomische Nomenklatur eingeführt.
fibulāris*, -a, -um zum Wadenbein gehörend. Wurde in der Anatomie gleichbedeutend mit → *peronēus* gebraucht. Noch verwendet in → *facĭes* → *art. fibulāris* des Schienbeins.

fīgens, -entis, festheftend. Part. von *fīgĕre* anheften. In → *villus fīgens* die Haftzotte.

filiālis*, -is, -e der Tochter(zelle) angehörend. *filĭa*, -ae, *f.* die Tochter. In → *centriŏlum filiāle*, → *chromosōma filiāle*.

fīlum, -i, *n.* der Faden. Zusammengezogen aus *fixillum* das zum Heften Verwendete. *figĕre* heften. In *fīlum* → *dūrae* → *mātris* → *spinālis, fīlum* → *termināle* des Rückenmarks.

filamentum*, -i, *n.* das Fädchen. Dem. von *fīlum*. In *filamentum* → *axiāle* der Zilie, *fīlamentum* → *mitochondriāle, tonofilamentum*.

filamentifōrmis*, -is, -e fädchenförmig. *forma*, -ae, *f.* die Gestalt, die Form. Im → *microvillus filamentifōrmis*.

filamentōsus*, -a, -um reich an Fädchen. In → *nŭcleoplasma filamentōsum*, → *pars filamentōsa* des Nukleolonēma.

filifōrmis*, -is, -e fadenförmig. In → *papilla filifōrmis*.

fimbrĭa, -ae, *f.* und *fimbrĭae*, -ārum, *f.* die Franse. In *fimbrĭa* → *hippocampi, fimbrĭa* → *ovarĭca, fimbrĭae* → *tŭbae*.

fimbriātus, -a, -um mit Fransen besetzt. In → *plĭca fimbriāta* der Zungenunterfläche.

fissĭo, -ōnis, *f.* die Spaltung, die Teilung. *findĕre* spalten. In → *dēfectĭo fissiōnis*.

fissus, -a, -um gespalten. Part. von *findĕre* spalten. In → *labĭum fissum*, → *palātum fissum*.

fissūra, -ae, *f.* die Spalte. *findĕre* spalten. In der makrosk. Anatomie sehr häufig verwendete Bezeichnung. In der Teratologie *fissūra* → *abdominālis, fissūra* → *cranĭospinālis, fissūra* → *faciālis*.

fistŭla, -ae, *f.* das Röhrchen, das Rohr. Dann auch die Fistel als röhrenförmiges Geschwür. *fistulāre* und *fistulāri* die Rohrpfeife spielen.

fīxĭo, -ōnis, *f.* die Befestigung. *figĕre* anheften. In *fīxĭo* → *funicŭli* → *umbilicālis*.

fixatĭo*, -ōnis, *f.* die Verfestigung (Fixation), dann auch die Befestigung. *figĕre* anheften. *fixus*, -a, -um angeheftet. Part. von *figĕre*. In → *fibra fixatiōnis*.

flaccĭdus, -a, -um schlaff. *flaccēre* schlaff sein. In → *pars flaccĭda* des Trommelfells.

flagellum, -i, *n.* die Geißel. Dem. von *flagrum*, -i, *n.* die Peitsche.

flagellātus, -a, -um eigentlich gegeißelt, dann auch mit einer Geißel versehen. *flagellāre* geißeln. In → *epitheliocŷtus flagellātus*.

flāvus, -a, -um gelb. In → *lig. flāvum*, → *medulla* → *ossĭum flāva*.

flexŏr*, -ōris, *m.* der Beuger. *flectĕre* krümmen, beugen. In → *m. flexŏr,* → *retinacŭlum flexōrum*.

flexōrĭus*, -a, -um zum Beugen dienend, zum Beugemuskel gehörend.

flexūra, -ae, *f.* die Biegung, die Krümmung. *flectĕre* krümmen, beugen. In *flexūra* → *cervicālis* die Nackenbeuge, *flexūra* → *coli, flexūra* → *duodēni, flexūra* → *duodēnojejunālis, flexūra* → *perineālis, flexūra* → *sacrālis*.

floccŭlus, -i, *m.* die kleine Flocke. Dem. von *floccus*, -i, *m.* die Wollflocke, die Kleinigkeit, paariger Teil der Unterfläche des Kleinhirns. In → *peduncŭlus floccŭli*.

flūmen, -ĭnis, *n.* die Strömung, der Strom. *fluĕre* fließen. In *flūmĭna* → *pilōrum* der Haarstrich.

fŏcus, -i, *m.* der Herd. In *fŏcus* → *absorptiōnis*.

fŏcālis, -is, -e herdförmig, umschrieben. In → *dissolutĭo fŏcālis*.

fŏlĭum, -ĭi, *n.* das Blatt. In *fŏlĭum* → *vermis* des Kleinhirns, *fŏlĭa* → *cerebelli* die Kleinhirnwindungen.

foliātus, -a, -um mit Blättern besetzt. In → *papilla foliāta.*
follicŭlus, -i, *m.* der kleine Schlauch, das Bläschen. Dem. von *follis*, -is, *m.* der Blasebalg, der Lederschlauch. In der Anatomie werden die kleinen, meist unbeständigen Ansammlungen von Lymphozyten als Follikel bezeichnet. Besser wäre → *nōdŭli* → *lymphatĭci*, da es sich um Knötchen handelt. In *follicŭli* → *gl. thyroidĕae, follicŭli* → *linguāles, follicŭli* → *ovarĭci, follicŭlus* → *pĭli.*
folliculāris, -is, -e zum Follikel gehörend. In → *cellŭla folliculāris.*
fonticŭlus, -i, *m.* die kleine Quelle. Dem. von *fons*, fontis, *m.* die Quelle, das Wasser. In der Anatomie gebraucht für Fontanelle. Die Alten nahmen an, daß bei nässenden Ekzemen der Kopfhaut des Säuglings Feuchtigkeit vom Gehirn durch die Fontanellen austreten würde.
fŏrāmen, -ĭnis, *n.* das Loch, die Öffnung. *forāre* durchbohren. In der Anatomie sehr häufig verwendete Bezeichnung.
foraminōsus, -a, -um löcherreich. In → *tr.* → *spirālis foraminōsus.*
forceps, -ĭpis, *m.* die Zange, eigentlich die Ofenzange. *fornus* oder *furnus*, -i, *m.* der Ofen und *capĕre* ergreifen, fassen. In *forceps* → *mājor* und *forceps* → *mĭnor* der Balkenstrahlung.
formatĭo, -ōnis, *f.* die Bildung. *formāre* bilden. In *formatĭo* → *reticulāris* des Hirnstamms.
formatīvus*, -a, -um gestaltend. *forma*, -ae, *f.* die Gestalt. In → *ārĕa formatīva.*
fornix, -ĭcis, *m.* die Wölbung, der Bogen. In *fornix* → *conjunctīvae, fornix* → *pharyngis, fornix* → *sacci* → *lacrimālis, fornix* → *vagīnae.* Der *fornix* als Bildung des Gehirns findet sich schon bei Caspar → Bauhin (1560 - 1624). Der Fornix enthält die wichtigste efferente Bahn des limbischen Systems.
fornicālis*, -is, -e zum Gewölbe *fornix*, -ĭcis, *m.* gehörend. In → *systēma fornicāle.*
fornicātus, -a, -um gewölbeähnlich. Früher in → *gȳrus fornicātus.*
fossa, -ae, *f.* der Graben, die längliche Grube. *fodĕre* graben. In der makr. Anatomie sehr häufig verwendete Bezeichnung.
fossŭla, -ae, *f.* die kleine Grube. Dem. von *fossa.* In *fossŭla* → *fenestrae* → *cochlĕae, fossŭla* → *fenestrae* → *vestibŭli, fossŭla* → *petrōsa, fossŭlae* → *tonsillāres.*
fŏvĕa, -ae, *f.* die Grube, die Delle. In der makr. Anatomie häufig verwendete Bezeichnung.
fŏveŏla*, -ae, *f.* das Grübchen. Dem. von *fŏvĕa.* In *fŏveŏla* → *coccygĕa, fŏveŏlae* → *gastrĭcae, fŏveŏlae* → *granulāres* am Inneren des Schädeldachs.
fŏveŏlāris*, -is, -e zur kleinen Grube gehörend. In → *lig. interfoveŏlāre.*
fractūra, -ae, *f.* der Bruch. *frangĕre* zerbrechen. In *fractūra* → *chromosomālis.*
fragmentatĭo*, -ōnis, *f.* die Zertrümmerung. *frangĕre* zertrümmern, zerbrechen. In *fragmentatĭo* → *chromosomālis.*
frēnŭlum, -i, *n.* der kleine Zügel. Dem. von *frēnum*, -i, *n.* der Zügel, der Zaum. In *frēnŭlum* → *clitorĭdis, frēnŭlum* → *labĭi* → *inferiōris* und → *superiōris, frēnŭlum* → *labiōrum* → *pudendi, frēnŭlum* → *linguae, frēnŭlum* → *prēputĭi, frēnŭlum* → *valvae* → *iliocēcālis, frēnŭlum* → *vēli* → *medullāris* → *superiōris* bandartiger Zipfel der oberen Marklamelle des Kleinhirns.
frondōsus, -a, -um reich belaubt, auch gebraucht für zottenreich. *frons*, -dis, *f.* das Laubwerk. In → *chorĭon frondōsum.*
frons, -tis, *f.* die Stirn.

frontālis, -is, -e zur Stirn gehörend, das Stirnbein betreffend. Als Frontalebene wird die der Stirnfläche parallel laufende Hauptebene des Körpers bezeichnet. In → *gȳrus frontalis*, → *n. frontālis*, → *ös frontāle*, → *r. frontālis*, → *sulcus frontālis*. In Zusammensetzungen fronto-: → *sut. frontoethmoidālis*, → *sut. frontolacrimālis*, → *sut. frontomaxillāris*, → *sut. frontonasālis*, → *sut. frontozygomatĭca*.

frontonasālis*, -is, -e die Stirne und die Nase betreffend. *frons*, -tis, *f.* die Stirn, *nasus*, -i, *m.* die Nase. In → *prominentĭa frontonasālis* des Feten.

functĭo, -ōnis, *f.* die Leistung. *fungī* ausführen.

functionālis, -is, -e der Funktion dienend. *functĭo*, -ōnis, *f.* die Tätigkeit. In → *dēfectĭo functionālis*, *str. functionāle* des Endometrium.

fundiformis*, -is, -e schleuderförmig. *funda*, -ae, *f.* die Schleuder, dann auch die für die Schleuder gegossene Bleikugel. *fundĕre* gießen, schleudern. In → *lig. fundiforme* → *pēnis*.

fundus, -i, *m.* der Boden, der Grund. In *fundus* → *meatūs* → *acustĭci* → *internī, fundus* → *gl., fundus* → *utĕri, fundus* → *vesīcae, fundus vesīcae* → *fellĕae*.

fundālis, -is, -e im Grunde *fundus* liegend. In → *sĭtūs fundālis* der Placenta.

fundamentālis*, -is, -e grundlegend. In → *substantĭa fundamentālis* die Grundsubstanz.

fungiformis*, -is, -e pilzförmig. *fungus*, -i, *m.* der Pilz. In → *papillae fungiformes* der Zunge.

fūnĭcŭlus, -i, *m.* der kleine Strang. Dem. von *fūnis*, -is, *m.* der Strick. In *funĭcŭli* → *medullae* → *spinālis, funĭcŭlus* → *spermatĭcus, funĭcŭlus* → *umbilicālis*.

fuscus, -a, -um dunkelbraun, schwärzlich. In *lām. fusca* → *sclērae*, → *lipocȳtus fuscus* die braune Fettzelle, → *textus* → *adipōsus fuscus* das braune Fettgewebe.

fusĭo, -ōnis, *f.* die Verschmelzung. *fundĕre* schmelzen.

fūsus, -i, *m.* die Spindel. In *fūsus* → *centrālis, fūsus* → *enemāli, fūsus* → *metaphasĭcus, fūsus* → *mitotĭcus, fūsus* → *neuromusculāris, fūsus* → *neurotendinĕus*.

fusālis*, -is, -e zur Spindel gehörend. In → *apparātus fusālis*, → *microtubŭlus fusālis*.

fusiformis*, -is, -e spindelförmig. *forma*, -ae, *f.* die Gestalt. In → *cellŭla fusiformis*, → *m. fusiformis*, → *myoepithelĭocȳtus fusiformis*, → *nŭcl. fusiformis*.

G

gălĕa, -ae, *f.* der lederne Helm, die lederne Kappe. In *gălĕa* → *aponeurotĭca* die Kopfschwarte.

gallus, -i, *m.* der Hahn. In → *crista galli* des → *ŏs* → *ethmoidāle*.

gamētus*, -i, *m.* die reife Geschlechtszelle. ὁ γαμέτης (ho gamétēs) der Hochzeiter. γαμέειν (gaméein) heiraten.

gametocȳtus*, -i, *m.* die (reife) Geschlechtszelle. ὁ γάμος (ho gámos) die Hochzeit. τὸ κύτος (tó kýtos) die Zelle.

gametogenĕsis*, -is, (auch -eōs), *f.* die Bildung der Geschlechtszellen oder Gameten. ἡ γένεσις (hē génesis) die Bildung.

gametogenĭcus*, -a, -um die Bildung der Geschlechtszellen betreffend. In → *dēfectĭo gametogenĭca*.

ganglĭon, -ĭi, *n.* der Nervenknoten, das Ganglion, τὸ γάγγλιον (tó gánglion). Bei → Hippokrates (460 – um 356 v. Chr.) noch das Überbein, bei → Galen (130 – um 200) zunächst auf die Nervenknoten des Sympathicus angewendet.

ganglĭocӯtus*, -i, *m.* die Ganglienzelle. τὸ κύτος (tó kýtos) die Zelle.

ganglionāris*, -is, -e zu einem Ganglion gehörend. In → *neurocӯtus ganglionāris,* → *strātum ganglionāris.*

ganglionĭcus*, -a, -um im Hinblick auf das Ganglion gelegen, das Ganglion betreffend. In → *glīoblastus ganglionīcus* → *postganglionĭcus, prēganglionĭcus.*

gangliōsus*, -a, -um ganglienreich. Hybrid. In → *str. gangliōsum.*

gastēr, gastris, *f.* der Magen, der Bauch. Synonym mit *ventricŭlus.* ἡ γαστήρ, γαστρός (hē gastḗr, gastrós). Die späteren Griechen nannten den Magen auch ὁ στόμαχος (ho stómachos). Bei → Hippokrates (460 – um 356 v. Chr.) war ὁ στόμαχος (ho stómachos) die Speiseröhre oder der Magenmund. Schon in der Antike wurden *gastēr,* → *stomăchus,* → *venter* und → *ventricŭlus* als Synonyma gebraucht: *gastēr* und → *venter* konnten sowohl Magen wie Bauch bedeuten, → *stomăchus* und → *ventricŭlus* dagegen nur Magen. → Vesal (1514 – 1564) nannte den Magen → *ventricŭlus* und die Speiseröhre → *stomăchus.*

gastrĭcus*, -a, -um zum Magen gehörend. In diesem Sinn von Jacobus → Silvius (1478 – 1555) in die anatomische Fachsprache eingeführt. Auch im Sinne von bäuchig gebraucht: *digastrĭcus*.* γαστρικός (gastrikós). In → *arĕae gastrĭcae,* → *a. gastrĭca,* → *făcĭes gastrĭca,* → *follĭcŭli* → *lymphatĭci gastrĭci,* → *foveŏlae gastrĭcae,* → *gll. gastrĭcae,* → *m. digastrĭcus,* → *plīcae gastrĭcae,* → *v. gastrĭca.* In Zusammensetzungen gastro-: → *a. gastroduodenālis,* → *a. gastroepiploĭca,* → *lig. gastrocolĭcum,* → *lig. gastroliēnāle,* → *lig. gastrophrenĭcum,* → *m. gastrocnemĭus,* → *plīca gastropancreatĭca,* → *plīca gastrophrenĭca,* → *plīca gastrosplenĭca,* → *v. gastroepiploĭca.*

gastrocnemĭus* (scīl. *muscŭlus*) der bauchige Wadenmuskel, dessen *căput laterāle* und *căput mediāle* über dem *m. solĕus* liegen und mit ihm zusammen den *m. triceps sūrae* bilden. γαστροκνήμιος* (gastroknḗmios) oder γαστροκνημιαῖος* (gastroknēmiaíos). ἡ κνήμη (hē knḗmē) das Schienbein, aber auch die Wade → Galēn (130 – um 200) und → Aristoteles (384 – 322 v. Chr.) kannten nur ἡ γαστροκνεμία (hē gastroknēmía) der Wadenmuskel und τὸ γαστροκνήμιον (tó gastroknḗmion) die bauchige Vorwölbung der Wade.

gastro-s-chīsis*, -is (auch -eōs), *f.* die Bauchwandspalte. σχίζειν (s-chízein) spalten.

gastrŭla*, -ae, *f.* die Becherlarve. ἡ γαστήρ, γαστρός (hē gastḗr, gastrós) der Bauch, hier in der Bedeutung von Urdarm.

gastrulātĭo*, -ōnis, *f.* die Bildung der Becherlarve, die Gastrulation.

gelatinōsus*, -a, -um gallertig. Neulateinisch von *gelatīna, -ae, f.* die Gallerte. *gelāre* gefrieren. *gelatinōsus* ist vermutlich ein alchemistischer Begriff des 16. Jahrh. In → *medulla gelatinōsa* das gelatinöse Knochenmark, → *subst. gelatinōsa* des Rückenmarks.

gemellus, -a, -um doppelt, einer von den Zwillingen. Eigentl. Dem. von *gemĭnus, -a, -um* zwillingsgeboren. Als Subst. das Paar. In → *m. gemellus.*

gemma, -ae, *f.* die Knospe, der kostbare Stein. In *gemma* → *caudālis* die embryonale Schwanzknospe, *gemma* → *dentis, gemma* → *endotheliālis,*

gemma → *gustatoria, gemma* → *lobālis* der Lungenanlage, *gemma* → *membri* die Extremitätenknospe, *gemma* → *osteogĕna, gemma* → *pancreatĭca, gemma* → *pīli*.
gemmālis*, -is, -e die Knospe *gemma* betreffend. Klassisch nur *gemmātus*, -a, -um mit Knospen versehen nachweisbar. In → *stătus gemmālis*.
gemmatĭo*, -ōnis, *f.* das Ausknospen, die Knospung.
gemmātus, -a, -um eigentlich mit Edelsteinen geschmückt, dann auch mit Knöpfen versehen. In der Anatomie zur *gemma* zur Geschmacksknospe gehörend. In → *neurofībra gemmāta*.
gemmŭla, -ae, *f.* das Knöspchen, das Knöpfchen. Dem. von *gemma*. In *gemmŭla* → *dendritĭca* das Endknöpfchen.
generālis, -is, -e zur Gattung gehörend, allgemein. *gĕnŭs*, -ĕris, *n.* das Geschlecht, die Gattung. In → *histologĭa generālis,* → *termĭni generāles.*
geniculātus, -a, -um → *genu.*
genicŭlum, -i, *n.* → *genu.*
genīoglōssus, -a, -um vom Kinn zur Zunge reichend. τὸ γένειον (tó géneion), das Kinn. ἡ γλῶσσα (hē glóssa), die Zunge. Die modernen Griechen sagen γενειογλωσσικός* (geneioglōssikós). Die beiden langen Vokale werden oft fälschlich kurz ausgesprochen. In → *m. genīoglōssus.*
genīohyŏīdĕus, -a, -um vom Kinn zum Zungenbein ziehend. τὸ γένειον (tó géneion) das Kinn. ὑοειδής (hyoeidēs) ypsilonförmig, von der Form eines υ. In → *m. genīohyŏīdĕus.*
genitālis, -is, -e zur Zeugung gehörend. Vorklassisch *genĕre*, später *gignĕre* zeugen: *geno, genui, gĕnĭtus*, verwandt mit γίγνομαι (gígnomai). In → *partes genitāles,* → *r. genitālis.* In Zusammensetzungen **genĭto-**: *gĕnĭtofemorālis* zu den Geschlechtsorganen und zum Oberschenkel gehörend. In → *n. gĕnĭtofemorālis,* dessen → *r. genitālis* die Haut der Schamgegend und den *m. cremaster* innerviert und dessen → *r.* → *femorālis* einen Hautbezirk an der Vorderseite des Oberschenkels versorgt.
gĕnu, genūs, *n.* das Knie. Im übertragenen Sinn in *gĕnu* → *capsŭlae* → *internae, gĕnu* → *corpŏris* → *callōsi, gĕnu* → *n. faciālis.*
genĭcŭlum, -i, *n.* das kleine Knie. Dem. von *gĕnu* das Knie. In *genĭcŭlum* → *canālis* → *faciālis, genĭcŭlum* → *n.* → *faciālis.*
gĕnĭcŭlātus*, -a, -um knieartig vorstehend, einem gebeugten Knie gleichend. In → *corpus gĕnĭcŭlātum.*
gēnum*, -i, *n.* der Erbträger, die Erbeinheit. τὸ γένος (tó génos) das Geschlecht, die Familie. Kunstwort der Vererbungslehre, das 1909 von Johannson eingeführt wurde.
genētĭcus*, -a, -um die Vererbung betreffend. In → *causa genētĭca,* → *dēfectĭo genētĭca.*
germen, -ĭnis, *n.* der Keim. *germināre* keimen. In *germen* → *dentis.*
germinālis, -is, -e die Funktion des Keimens ausübend. In → *centrum germināle* des → *nōdŭlus* → *lymphatĭcus,* → *plasma germināle* das Keimplasma, → *stratificātĭo germinālis,* → *strātum germināle.*
germinatīvus*, -a, -um zum Keimen dienend. *germināre* keimen. In → *str. germinatīvum* des Nagels.
gestatĭo, -ōnis, *f.* die Tragzeit. *gestāre* ‹Mit-sich-Tragen›. *gerĕre* tragen.
gīgās, -antis, *m.* der Riese. Eigentlich der Eigenname eines der griechischen Riesen, die den Olymp stürmen wollten. Die Giganten galten als Söhne der Gäa (Γῆα) der Mutter Erde. In der Gigantomachie wurden sie mit Hilfe des Herakles vertilgt.

giganticus*, -a, -um riesig. Klassisch findet sich nur *giganteus*. In → *cellŭla gigantĭca* → *trophoblastĭca*.

gigantismus*, -i, *m.* der Riesenwuchs. In *gigantismus* → *locālis*.

gingīva, -ae, *f.* das Zahnfleisch.

gingivālis*, -is, -e zum Zahnfleisch gehörend. In → *fibra gingivālis*, → *margo gingivālis*, → *papilla gingivālis*, → *rr. gingivāles*, → *sulcus gingivālis*.

ginglýmus, -i, *m.* das Scharniergelenk. ὁ γίγγλυμος (ho gínglymos) die Türangel. Bereits bei → Galen (130 – um 200) im Sinn von Scharniergelenk verwendet.

glabella (scīl. *pars*) die kleine Glatze, die „Stirnglatze", die unbehaarte Stelle zwischen den Augenbrauen. Dem. von *glaber*, -ra, -um glatt, kahl. *glăber*, -i, *m.* der Milchbart. → Berengarĭo (1470 – 1530) nennt die Stirnglatze noch *glabra*.

glans, -dis, *f.* die Eichel. In *glans* → *clītŏrĭdis*, *glans* → *pēnis*.

glandŭla, -ae, *f.* die kleine Eichel, das Kügelchen. Dem. von *glans*. In der makroskopischen und mikroskopischen Anatomie die Drüse.

glandulāris*, -is, -e zur Drüse gehörend. In → *acīnus glandulāris*, → *capsula glandulāris*, → *epithelĭum glandulāre*, → *lamella glandulāris*, → *lobŭlus glandulāris*, → *lŏbus glandulāris*, → *rr. glandulāres*, → *strōma glandulāre*, → *tubŭlus glandulāris*. In Zusammensetzungen glando: *glandoprēputiālis*.

glandulocȳtus, -i, *m.* die Drüsenzelle. τὸ κύτος (tó kýtos) die Zelle.

glaucōma*, -ae, *f.* der „grüne" Star. γλαυκός (glaukós) blaugrün.

glēnoidālis*, -is, -e dem glänzenden Augapfel ähnlich. γληνοειδής (glēnoeidés). ἡ γλήνη (hē glḗnē) der glänzende Augapfel. In der Anatomie zur *cavĭtās glēnoidālis* mit ihrem glänzenden Knorpelüberzug gehörend. γλαύσσειν (glaússein) glänzen. In → *cavĭtās glenoidālis*, → *labrum glenoidāle*. In Zusammensetzungen gleno-: → *ligg. glēnohumerālĭa*.

glīa*, -ae, *f.* der Kitt, die Kittsubstanz. ἡ γλία (hē glía). In *neuroglīa* das Stütz- und Nährgewebe des Zentralnervensystems.

glīoblastus*, -i, *m.* die Gliabildungszelle. βλάστειν (blástein) bilden.

glīocȳtus*, -i, *m.* die Gliazelle. τὸ κύτος (tó kýtos) die Zelle.

glīofilāmentum*, -i, *n.* die Gliafaser. *filāmentum* das Fädchen. Dem. von *filum*, -i, *n.* der Faden.

glīoplasma*, -ătis, *n.* das Zytoplasma der Gliazelle. τὸ πλάσμα (tó plásma) das Geformte.

glŏbus, -i, *m.* die kugelrunde Masse, der Klumpen. In *glŏbus* → *pallĭdus* der Stammganglien.

globōsus, -a, -um kugelförmig. In → *nūcl. globōsi* des Kleinhirns.

globŭlus, -i, *m.* das Kügelchen. Dem. von *glŏbus*. In *glŏbulus* → *dentinālis*.

glŏmŭs, -ĕris, *n.* der Knäuel. Nebenform von *glŏbus* die Kugel. In *glŏmus* → *aortĭcum*, *glŏmus* → *carotĭcum*, *glŏmus* → *choroīdĕum*, *glŏmus* → *compactum* und *glŏmus* → *dispersum* der Prophase, *glŏmus* → *pulmonāris*.

glomerātus, -a, -um eigentlich aufgeknäuelt, dann auch zusammengeballt. In → *ren glomerātus*.

glŏmerŭlus, -i, *m.* das Knäuelchen. Besser wäre *glŏmerŭlum*, -i, *n.* Dem. von *glŏmus*. In der Anatomie im Sinne von Gefäßknäuel gebraucht: *glŏmerŭli* der Niere. Auch in *glŏmerŭli* → *arteriōsi* → *cochlĕae*, *glomerŭlus* → *dendritĭcus*.

glŏmerulāris*, -is, -e zum Nierenglomerulus gehörend. In → *capsŭla glomerulāris*, → *rēte glŏmerŭlāre*, → *vās glŏmerŭlāre*.

glŏmerŭlōsus*, -a, -um reich an knäuelförmigen Bildungen. In → *zōna glŏmerŭlōsa* der Nebennierenrinde.

glŏmiformis*, -is, -e knäuelförmig. In → *gll. glŏmiformes*.

-glōsso- und **-glōssus**, -a, -um zur Zunge gehörend. ἡ γλῶσσα (hē glóssa) die Zunge. In → *gl. glōssopalatīna*, → *n. glōssopharyngēus* der Nerv, der zu Zunge und Rachen gehört; die modernen Griechen sagen γλωσσοφαρυγγικός (glōssopharyngikós); ὁ oder ἡ φάρυγξ, -υγγος (ho oder hē phárynx, -yngos) der Schlund, der Rachen, φαρυγγιαῖος (pharyngiaíos) ist nicht klassisch, → *plĭca glōssoepiglottĭca*, ferner in → *m. chondroglōssus*, → *m. hyoglōssus*, → *m. palatoglōssus*, → *m. styloglōssus*, → *n. hypoglōssus*.

glōssālis*, -is, -e zur Zunge ἡ γλῶσσα (hē glóssa) gehörend. In → *ductus* → *thyroglōssālis*.

glōttis, -ĭdis, f. der Stimmapparat, ἡ γλωττίς, -ίδος (hē glōttís, -ídos) das zungenförmige Mundstück einer Pfeife, mit welchem man den stimmbildenden Teil des Kehlkopfs vergleichen zu können glaubte.

glutēus* (scĭl. muscŭlus) der Gesäßmuskel. Als Adj. zum Gesäßmuskel gehörend. ὁ γλουτός (ho glutós) die Hinterbacke. → Galen (130 – um 200) braucht γλουτός (glutós) für die Muskeln der Hinterbacke und das Dem. τὰ γλούτια (tá glútia) für die Sehhügel des Gehirns, die er mit den Hinterbacken vergleicht. Die modernen Griechen benützen das Adj. γλουτιαῖος* (glutiaíos). In → *līnĕa glutēa*, → *m. glutēus* → *maxĭmus*, → *m. glutēus* → *medĭus*, → *m. glutēus* → *minĭmus*, → *tūberos. glutēa*.

glycocălix*, -ĭcis, f. aus Glykoproteiden bestehende äußere Hüllschicht der Zellen. γλυκύς (glykýs) süß, ἡ κάλυξ (hē kályx) der Blumenkelch, der Kelch. Dieser Fachausdruck wurde von Bennet geprägt.

glycogēnum*, -i, n. die tierische Stärke, das Glykogen. Die modernen Griechen sagen τὸ γλυκογόνον (to glykogónon). Eigentlich das Süßmachende, der Zuckerbildner. γλυκύς (glykýs) süß, γεννάειν (gennáein) hervorbringen.

gnathālis*, -is,-e den Kiefer ἡ γνάθος (hē gnáthos) betreffend. In → *junctĭo gnathālis* von Zwillingsmißbildungen.

golgiensis*, -is, -e von Camillo → Golgi beschrieben. In → *complexus golgiensis* der Golgi-Apparat.

gŏmphōsis, -is (auch -ĕos), f. die Knochenverbindung durch Einkeilung. ἡ γόμφωσις (hē gómphōsis), ὁ γόμφος (ho gómphos) der Keil. γομφόειν (gomphóein) zusammenfügen, zusammennageln. Im modernen Griechisch wird mit ὁ γομφίος (ho gomphíos) der Mahlzahn bezeichnet. → Galēn (130 – um 200) definiert die Gomphose: „*ubi ŏs ossi clāvi ad instar infigĭtur*".

gonāda*, -ae, f. die Keimdrüse oder Gonade. γεννάειν (gennáein) zeugen. ἡ γονή (hē goné) und ὁ γόνος (ho gónos) das Geschlecht.

gonadālis*, -is, -e mit der Geschlechtsdrüse oder Gonade in Beziehung stehend. In → *a. gonadālis*, → *chorda gonadālis*, → *crista gonadālis*, → *plĭca* → *suspensorĭa gonadālis*, → *v. gonadālis*.

gonădotrophĭcus*, -a, -um und **gonădotropĭcus***, -a, -um mit der Entwicklung der Geschlechtsdrüsen zu tun habend. ἡ γονή (hē goné) und ὁ γόνος (ho gónos) das Geschlecht. Die Geschlechtsdrüsen werden als Gonaden bezeichnet. τρέφειν (tréphein) ernähren oder τρέπειν (trépein) zuwenden. In → *cellŭla gonădotrophĭca* oder *gonădotropĭca* des Hypophysenvorderlappens.

gonocȳtus*, -i, *m.* die Geschlechtszelle. τὸ κύτος (tó kýtos) die Zelle.
gonosōma*, -ătis, *n.* das Geschlechtskörperchen, besondere Erscheinungsform des Geschlechtschromatins. ἡ γονή (hē goné) und ὁ γόνος (ho gónos) das Geschlecht, τὸ σῶμα (tó sōma) der Körper.
gonosomīa*, -ae, *f.* das Verhalten der Geschlechtschromosomen. τὸ σῶμα (tó sōma) das Körperchen.
gracĭlis, -is, -e dünn, zierlich. In → *fascicŭlus gracĭlis*, → *m. gracĭlis*, → *nŭcl. gracĭlis*. Der *m. gracĭlis* verdankt seinen Namen Caspar Bauhin (1560 – 1624).
grānŭlum, -i, *n.* das Körnchen. Dem. von *grānum*, -i, *n.* In *grānŭlum* → *azurophilĭcum*, *grānŭlum* → *basophilĭcum*, *grānŭlum* → *carotenoīdi*, *grānŭlum* → *cellulāre*, *grānŭlum* → *chromatīni*, *grānŭlum* → *eosinophilĭcum*, *grānŭlum* → *ferritīni*, *grānŭlum* → *glycogēni*, *grānulum* → *hēmosiderīni*, *grānulum* → *hēmatoidīni*, *grānŭlum* → *lipochrōmi*, *grānŭlum* → *lipofuscīni*, *grānulum* → *melanīni*, *grānŭlum* → *mitochondriāle*, *grānŭlum* → *mucigĕnum*, *grānŭlum* → *neutrophilĭcum*, *grānulum* → *pigmenti*, *grānŭlum* → *presecretorĭum*, *grānŭlum* → *proteīni*, *grānŭlum* → *secretorĭum*, *grānŭlum* → *zymogēni*.
granulatĭo, -ōnis, *f.* die Körnelung. In *grānŭlatĭo arachnoideālis*.
granulāris*, -is, -e körnig oder zur Aufnahme von Körnern bestimmt. In → *dendrocȳtus granulāris*, → *foveŏla granulāris*, → *vesicŭla granulāris* der Synapse.
granulĭfer*, -ĕra, -ĕrum Körnchen tragend. Klassisch nur *granĭfer*. *grānŭlum* das Körnchen, *ferre* tragen. In → *str. granulifĕrum* des Haarbalges.
granulocȳtus*, -i, *m.* die granulierte weiße Blutzelle, der Granulozyt. τὸ κύτος (tó kýtos) die Zelle.
granulocytopoiēsis, -is (auch ēōs), *f.* die Bildung granulierter weißer Blutzellen. ἡ ποίησις (hē poíēsis) die Entstehung, die Bildung.
granulomērus*, -i, *m.* der granulierte Anteil des Blutplättchens. τὸ μέρος (tó méros) der Teil.
granulōsus*, -a, -um körnerreich. In → *pars granulōsa* des Nukleonema, → *rēticŭlum granulōsum*, → *str. granulōsum*. In Zusammensetzungen **grānŭlōso-**: *granulosolutĕocȳtus*.
grăvĭdĭtas, -ātis, *f.* die Schwangerschaft. *grăvĭdus*, -a, -um belastet. *gravis*, -is, -e schwer.
grisĕus*, -a, -um grau. Neulateinisch nach dem mittelhochdeutschen ‹gris› und dem französischen ‹gris›. In → *subst. grisĕa*.
gubernācŭlum, -i, *n.* das Steuerruder, das Leitband. *gubernāre* steuern, leiten. In *gubernācŭlum* → *testis*.
gubernaculāris*, -is, -e zum Leitband *gubernācŭlum*, -i, *n.* gehörend. In → *mesenchȳma gubernaculāre*, → *plīca gubernaculāris*.
gustus, -ūs, *m.* der Geschmack. In → *orgănum gustūs*.
gustatorĭus, -a, -um dem Schmecken dienend, zum Schmecken geeignet. *gustāre* schmecken, kosten. In → *calicŭlus gustatorĭus*, → *pŏrus gustatorĭus*.
gutta, -ae, *f.* der Tropfen. In *gutta* → *adipōsa*, *gutta* → *lipĭdis*.
gynēcomastīa*, -ae, *f.* die Ausbildung einer weiblichen Brust beim Mann. ἡ γυνή (hē gyné) die Frau. ὁ μαστός (ho mastós) die Brust.
gynogenĕsis*, -is (auch -eōs), *f.* die Entwicklung ohne väterlichen Kernanteil. Wortbildung in Analogie mit *parthenogenĕsis*. ἡ γυνή (hē gyné) die Frau. ἡ γένεσις (hē génesis) die Erzeugung.
gȳrus, -i, *m.* die Windung. Anatomisch die Hirnwindung. ὁ γῦρος (ho gýros). γυρός (gyrós) gebogen.

H

habēnŭla, -ae, *f.* der kleine Zügel, gebraucht für die beiden zum → *corpus* → *pineāle* ziehenden Leisten. Dem. von *habēna*, -ae, *f.* der Halfter, der Zügel. *habēre* haben, halten.
haemorrhoidālis, -is, -e → *hēmorrhoidālis*, -is, -e.
hallux, -ŭcis, *m.* die große Zehe. Eigentlich *hallex*, -ĭcis, *m.* Die den Alten bekannten Worte *allex, hallex* und *hallus* wurden durcheinandergeworfen und es kam zur Bildung von *hallux*.
hāmŭlus, -i, *m.* der kleine Haken. Dem. von *hāmus*, -i, *m.* der Haken. In *hāmŭlus* → *lacrimālis, hāmŭlus* → *lām. spirālis, hāmŭlus* → *ossis* → *hamāti, hāmŭlus* → *pterygoidĕus*.
hamātus, -a, -um mit einem Haken versehen, hakenförmig gekrümmt. In → *ŏs hamātum*.
haploidēa*, -ae, *f.* der Kern mit halbem Chromosomensatz. ἁπλόος (haplóos) und ἁπλοῦς (haplŭs) einfach. Siehe auch → *ploidēa*, -ae, *f.*
haplŏīdĕus*, -a, -um mit einfachem Chromosomensatz versehen. In → *cellŭla haploīdĕa*.
haustrum, -i, *n.* das Schöpfrad, der Schöpfeimer. In der Anatomie für die Ausbuchtungen des Dickdarms gebraucht. *haurīre, hausi, haustum* schöpfen. Die Vorbuckelungen des *colon* gleichen einem mit Schöpfeimern besetzten Segment eines Schöpfrads.
hĕlix, -ĭcis, *f.* die Windung. In der makr. Anatomie die äußere Windung der Ohrmuschel. ἡ ἕλιξ. -ικος (hē hélix, -íkos).
helicīnus*, -a, -um gewunden. ἑλικόεις (helikóeis). In → *aa. helicīnae*. In der Bedeutung zur äußersten Ohrwindung gehörend in *fissūra antitragohelicīna*.
helicotrēma*, -ătis, *n.* das Schneckenloch, die Verbindung zwischen Vorhof- und Paukentreppe an der Schneckenkuppel. Der franz. Anatom G. → Brechet schuf 1833 den Begriff aus τὸ τρῆμα τῆς ἕλικος (tó tréma tês hélikos) das Schneckenloch.
hēma*, -ătis, *n.* das Blut. τὸ αἷμα (tó haíma).
hēm(o)-, Präfix mit der Bedeutung mit dem Blut in Beziehung stehend:
hēmālis*, -is, -e zum Blut τὸ αἷμα (tó haíma) gehörend. In → *arcus hēmālis* der Hämalbogen, das Basiventrale des aspondylen Stadium.
hēm-angiōma*, -ătis, *n.* die Blutgefäßgeschwulst. τὸ ἀγγεῖον (tó anggeíon) das Gefäß.
hēmatoidīnum*, -i, *n.* eisenfreies Abbauprodukt des Hämoglobins, identisch mit Bilirubin. Wörtlich übersetzt „blutähnlicher Stoff". τὸ αἷμα (tó haíma) das Blut, αἱματώδης (haimatódēs) blutähnlich.
hēmatōmus*, -i, *m.* der Bluterguß, das Hämatom. ἡ αἱμάς (hē haimás).
hemo-capillāris*, -is, -e zum Haargefäß, zur Blutkapillare gehörend. *capillāris*, -is, -e haarartig. In → *vās. hēmocapillāre*.
hēmo-choriālis*, -is, -e gegen das Blut durch die Zottenhaut *choríon* -ĭi, *n.* abgegrenzt. In → *placenta hēmochoriālis*.
hemo-coniúm*, -ĭi, *n.* das Blutstäubchen, die kleinste Partikel im Blut. ἡ κονία (hē konía) der Staub.
hēmo-cÿtus*, -i, *m.* die Blutzelle. τὸ κύτος (tó kýtos) die Zelle.
hēmo-cytoblastus*, -i, *m.* die Blutstammzelle, die gemeinsame Vorstufe aller Blutzellen. τὸ κύτος (tó kýtos) die Zelle. βλάστειν (blástein) bilden.
hēmo-cytopoiēsis*, -is (auch -ĕōs), *f.* die Blutzellbildung. τὸ κύτος (tó kýtos) die Zelle. ἡ ποίησις (hē poíēsis) das Hervorbringen. ποιέειν (poiéein) schaffen, hervorbringen.

hēmo-dichoriālis*, -is, -e gegen das Blut mit einer zweischichtigen Zottenhaut *chorĭon*, -ĭi, *n.* abgegrenzt.
hēmo-lamella*, -ae, *f.* das Blutplättchen. Alternativbezeichnung für → *thrombocŷtus*, -i, *m. lamella* das Plättchen. Dem. von *lamma*, -ae, *f.* die Platte.
hēmo-lamellopoiēsis*, -is (auch -ĕōs), *f.* die Blutplättchenbildung. *lamella* das Plättchen. ἡ ποίησις (hē poíēsis) das Hervorbringen. ποιέειν (poiéein) schaffen, hervorbringen.
hēmo-poiētĭcus*, -a, -um blutbildend. ποιητής (poiétēs) der Schöpfer, der Urheber. ποιητικός (poiētikós) schaffend, schöpferisch. ποιέειν (poiéein) schaffen, hervorbringen. In → *orgănum hēmopoiētĭcum*.
hēmor-rhoidālis*, mit der A. des Mastdarms zu tun habend. Die modernen Griechen sagen αἱμορροϊδικός (haimorroidikós). ἡ αἱμορροίς, -ίδος (hē haimorroís, -ídos) die zum Blutfluß gehörende Ader. τὸ αἷμα (tó haíma) das Blut, ῥέειν (hréein) fließen. Verwandt sind αἱμόρροος (haimórroos) an Blutfluß leidend, αἱμορροικός (haimorroikós) zum Blutfluß gehörend. In → *zōna hēmorrhoidālis*.
hēmo-siderīnum*, -i, *n.* das eisenhaltige Abbauprodukt des Hämoglobins, wörtlich das „Bluteisen". ὁ σίδηρος (hó sídēros) das Eisen. In → *grānŭlum hēmosiderīni*.
hēmo-siderophōrus*, -i, *m.* der Hämosiderinträger. φέρειν (phérein) tragen.
hēmi- (ἡμί-) Präfix mit der Bedeutung halb:
hēmi-acardīa*,-ae, *f.* der eineiige Zwilling mit rudimentärem Herzen. *acardīa**, -ae, *f.* das Fehlen des Herzens. ἡ καρδία (hē kardía).
hēmi-azŷgos*, (scīl. *vēna*) die halbunpaare Vene, welche auf der linken Seite der → *v.* → *azygos* entspricht.
hēmi-cephalīa*, -ae, *f.* die Mißbildung mit teilweisem Fehlen von Gehirn und Schädeldach. ἡ κεφαλή (hē kephalḗ) der Kopf.
hēmi-cranīa*, -ae, *f.* die Mißbildung mit fehlendem Schädeldach. *cranĭum*, -ĭi, *n.* der Schädel.
hēmi-desmosōma*, -ătis, *n.* die Hälfte einer Zellverklammerung. ὁ δεσμός (ho désmos) das Band. τὸ σῶμα (tó sṓma) der Körper.
hēmi-hypertrophīa*, -ae, *f.* die einseitige Vergrößerung durch vermehrtes Wachstum der Zellen und ihrer Abkömmlinge. ὑπέρ (hypér) über hinaus. τρέφειν (tréphein) ernähren.
hēmi-melīa*, -ae, *f.* die einseitige Verstümmelung eines Gliedes. τὸ μέλος (tó mélos) das Glied.
hēmi-sphērĭum, -ĭi, *n.* die Halbkugel. τὸ ἡμισφαίριον (tó hēmisphaírion). ἡ σφαῖρα (hē sphaíra) die Kugel. In *hēmisphērĭum* → *cerebelli, hēmisphērĭum* → *cerebri*.
hēmi-vertebra*, -ae, *f.* die mangelnde Ausbildung der einen Wirbelhälfte. *vertebra*, -ae, *f.* der Wirbel.
hēpar, -ătis, *n.* die Leber. τὸ ἧπαρ (tó hḗpar).
hēpaticocŷtus*, -i, *m.* die Leberzelle. τὸ κύτος (tó kýtos) die Zelle.
hēpatĭcus, -a, -um zur Leber gehörend. ἡπατικός (hēpatikós). In → *a. hēpatĭca*, → *ductus hepatĭus*, → *nōdi* → *lymph. hepatĭci*, → *p. hepatĭca* der unteren Hohlvene, → *pl. hepatĭcus*, → *vv. hepatĭcae*. In Zusammensetzungen **hepăto-**: → *ampulla hepătopancreatĭca*, → *ductŭs hepătopancreatĭcus*, → *lig. hepătoduodēnāle*, → *lig. hepătogastrĭcum*, → *lig. hepătorēnāle*, → *plĭca hepătoduodenālis*, → *plĭca hepătogastrĭca* der embryonalen Leber.
heritabĭlis*, -is, -e vererbbar. *hērēs*, -ēdis, *m.* der Erbe. In → *dēfectĭo heritabĭlis*.

hermăphrŏditismus*, -is, *m.* das Zwittertum. *hermăphrŏdītus,* -i, *m.* der Androgyn. Ursprünglich Stele des Hermes mit Aphroditekopf.
herniātĭo*, -ōnis, *f.* die Bruchsackbildung. *hernĭa,* -ae, *f.* der Bruchsack.
herniălis, -is, -e zum Bruchsack gehörend, hernienähnlich. In→ *ectopīa herniālis.*
hetĕro- verschieden, verschiedenartig. ἕτερος (héteros) der andere:
hetĕro-chrōmatīnum*, -i, *n.* anders (stärker) sich färbendes Chromatin. τὸ χρῶμα (tó chróma) die Farbe, das Gefärbte.
hetĕro-chrōmatĭcus*, -a, -um zum Heterochromatin gehörend. In → *p. hetĕrochrōmatĭca* des Chromonemas.
hetĕro-gamīa*, -ae, *f.* die Verschmelzung verschiedenartiger Geschlechtszellen. γαμέειν (gaméein) heiraten, sich verheiraten. ὁ γάμος (ho gámos) die Hochzeit.
hetĕro-plasīa*, -ae, *f.* die Entstehung von Zellen einer neuen Gewebeart. Der Ausdruck stammt von Rudolf Virchow. πλάσσειν (plássein) bilden.
hetĕro-phagĭcus*, -a, -um Fremdkörper verdauend. φάγειν (phágein) fressen. In → *vacuŏla heterophagĭca.*
hetĕro-ploidēa*, -ae, *f.* der Zustand mit verschiedenem Chromosomensatz im Kern. Siehe → *ploidēa,* -ae, *f.* das Verhalten des Chromosomensatzes. Kunstwort in Anlehnung an ἁπλόος (haplóos) einfach, διπλόος (diplóos) zweifach.
hetĕro-sōma*, -ătis, *n.* das Geschlechtschromosom, eigentlich das sich anders färbende Körperchen. τὸ σῶμα (tó sóma) der Körper.
hetĕro-topīa*, -ae, *f.* das Auftreten bestimmter Zellen am falschen Ort. ὁ τόπος (ho tópos) die Gegend.
hiātus, -ūs, *m.* die klaffende Öffnung. *hiāre* klaffen, offen stehen. *hiscĕre* sich öffnen. In der makr. Anatomie vielfach verwendete Bezeichnung.
hīlus*, -i, *m.* der Ort des Gefäß-Stiels. Die alten Römer kannten nur *hīlum,* -i, *n.* als Dialektform von *fīlum,* -i, *n.* das Fäserchen, die Kleinigkeit. *ne hīlum* wird zu *nihil* zusammengezogen. In *hīlus → liēnis, hīlus → nūcl. → dentāti, hīlus → nūcl. → olivāris, hīlus → ovarĭi, hīlus → pulmōnis, hīlus → renālis.*
hippocampus*, -i, *m.* das Seepferd. Fabeltier der antiken Mythologie mit dem Vorderleib eines Pferdes und einem geringelten Schwanz, das dem Muschelwagen des Neptun und der Thetis vorgespannt war. Die Vorderfüße sind pfotenartig und zeigen Schwimmhäute zwischen den Zehen, was den Ausdruck *digitatiōnes hippocampi* erklärt. In der Zoologie bezeichnet *hippocampus* das Seepferdchen. ὁ ἱππόκαμπος (ho hippókampos). ὁ ἵπποσ (ho híppos) das Pferd. κάμπτειν (kámptein) biegen, krümmen. In der Anatomie seit Julius Caesar → Arantius (1530 – 1589) Bezeichnung für eine wulstförmige Bildung im Unterhorn des Seitenventrikels des Gehirns. In → *alvĕus → hippocampi, → fimbrĭa hippocampi, → pēs hippocampi.*
hippocampālis*, -is, -e zum *hippocampus* gehörend. In → *vestigĭum hippocampāle.*
hirci, -ōrum, *m.* die Achselhaare. *hircus,* -i, *m.* der Bock, dann der Bocksgeruch, schließlich der schlechte Geruch des Achselschweißes.
histiocȳtus*, -i, *m.* der Histiozyt. τὸ ἱστίον (tó histíon) das Segel, dann das Gewebe, aus welchem Segel angefertigt wurden. τὸ κύτος (tó kýtos) die Zelle.
histogenēsis*, -is (auch -eōs), *f.* die Gewebebildung. τὸ ἱστίον (tó histíon) das Gewebe. ἡ γένεσις (hē génesis) die Entstehung.

histogenetĭcus*, -a,-um die Gewebebildung betreffend. In → *dēficientĭa histogenetĭca.*
histologĭa*, -ae, *f.* die Gewebelehre. ὁ ἱστός (ho histós) der Webstuhl, dann das Gewebe. τὸ ἱστίον (tó histíon) das Segel.
histologĭcus*, -a, -um die Histologie oder Gewebelehre betreffend. In → *nōmĭna histologĭca.*
holocrīnus*, -a, -um ganz ausscheidend. ὅλος (hólos) ganz, κρίνειν (krínein) scheiden, ausscheiden. Bezeichnung für Drüsen, deren Zellen sich in Sekret verwandeln wie etwa die Talgdrüsen. In → *gl. holocrīnae.*
homolŏgus*, -a, -um übereinstimmend. ἡ ὁμολογία und ἡ ὁμολόγημα (hē homología und hē homológēma) die Übereinstimmung. ὁμοῖος und ὅμοιος (homoíos und hómoios) übereinstimmend, ὁ λόγος (ho lógos) die Darstellung.
homuncŭlus*, -i, *m.* das (künstlich aufgezogene) Menschlein der mittelalterlichen Alchemisten. Dem. von *homo, -ĭnis, m.*
horizontālis*, -a, -um waagerecht, dem Verlauf des Horizonts entsprechend, d. h. auf denjenigen Kreis zielend, der scheinbar die Erdoberfläche begrenzt. ὁρίζόντιος (horizóntios). *horizōn, -ontis, m.* der Horizont. ὁ ὁρίζων (ho horízōn) (scīl. κύκλος (kýklos)). τὸ ὄρος (tó hóros) die Grenze. Gegensatz *verticālis.* In → *neurocȳtus horizontālis,* → *plānum horizontāle.*
hormonālis*, -is, -e mit innerer Sekretion (Hormonen) zu tun habend. ὁρμάειν (hormáein) antreiben. In → *dēficientĭa hormonālis.*
hospĕs, -ĭtis, *m.* der Wirt. Bezeichnung für den größeren Teil einer Zwillingsmißbildung.
humānus*, -a, -um menschlich. *homo, -ĭnis, m.* der Mensch. In → *placenta humāna.*
hŭmĕrus, -i, *m.* der Oberarmknochen. Eigentlich *ŭmĕrus, -i, m.* ὁ ὦμος (ho ōmos) die Schulter, der Oberarm. *ŭmĕrus* hatte bei den Römern dieselbe Bedeutung.
hŭmĕrālis, -is, -e zum Oberarmknochen gehörend. Die Römer kannten das substantivierte *hŭmĕrāle, -is, n.* der Überwurf, der um die Schultern gelegt wurde. In → *lig. corăcohumerāle.* In Zusammensetzungen **hŭmĕro-**: → *art. hŭmĕroradiālis,* → *art. hŭmĕroulnāris.*
hūmor, -ōris, *m.* die Feuchtigkeit. Eigentlich *ūmor, -ōris, m. ūmēre* naß sein, bewässern. In *hūmor* → *aquōsus, hūmor* → *vitrĕus.*
humorālis, -is, -e die (Körper-)Flüssigkeiten *humōres* betreffend. In → *abundantĭa humorālis,* → *dēficientĭa humorālis.*
hyalīnum*, -i, *n.* auch **hyalīnum*** die durchscheinende Substanz. *hyălus, -i, m.* der durchscheinende Stein. ὁ ὕαλός (ho hyalós) das Glas, der Kristall. ὑάλινος (hyálinos) gläsern. In → *lamella hyalĭni.*
hyalīnus*,-a, -um auch **hyalīnus** durchscheinend. In → *cart. hyalīna.*
hyaloīdĕus, -a, -um glasartig, zum Glaskörper gehörend. ὑαλοειδής (hyaloeidḗs). In → *a. hyaloīdea,* → *canālis hyaloīdĕus,* → *fossa hyaloīdĕa.* Bei → Hippokrates (460 – um 356 v. Chr.) auch ὑαλόεις (hyalóeis).
hyalomērus*, -i, *m.* der strukturlose Teil des Blutplättchens. ὑάλινος (hyálinos) durchscheinend. τὸ μέρος (tó méros) der Anteil.
hyaloplasma*, -ătis, *n.* das homogene Grundplasma. ὁ ὕαλος (ho hýalos) das Glas, τὸ πλάσμα (tó plásma) das Gebildete, der Lebensstoff.
hydro-, hydr-, Präfix mit der Bedeutung wasser-. τὸ ὕδωρ (tó hýdōr) das Wasser:
  hydr-amnĭon*, -ii, *n.* die übermäßige Fruchtwassermenge. *amnĭon, -ĭi, n.* die Schafhaut.

hydr-encephalīa*, -ae, *f.* die Erweiterung der Liquorräume des Gehirns. ὁ ἐγκέφαλος (ho enképhalos) das Gehirn.
hydro-cēlīa*, -ae, *f.* der Wasserbruch des Hodens. κοῖλος (koílos) hohl. ἡ κοιλία (hē koilía) die Höhle.
hydro-cephalīa*, der Wasserkopf. ἡ κεφαλή (hē kephalḗ) der Kopf.
hydroxy-apatītus*,-i, *m.* der Apatit. ἡ ἀπατή (hē apatḗ) die Täuschung, weil Apatit leicht mit Beryll verwechselt wird. In → *cristallum hydroxy-apatīti* des Knochengewebes und des Zahns.
hygrōma*, -ae, *f.* die Wassergeschwulst der Schleimbeutel oder der Sehnenscheiden. ὑγρός (hygrós) feucht, naß. Das Suffix -*ōma* (ῶμα) bezeichnet eine Geschwulst.
hýmēn, -ĕnis, *m.* das Jungfernhäutchen. Noch bei → Galēn (150 – um 200) ist ὁ ὑμήν, -ένος (ho hymḗn, -énos) ganz allgemein die dünne Haut. Die anatomische Begriffseinschränkung entstammt dem 16. Jahrhundert. ὁ ὑμέναιος (ho hyménaios) das Brautkleid, der Hochzeitsgesang. Ὑμήν (Hymḗn) der Hochzeitsgott. Als Fremdwort soll Hymen maskulin gebraucht werden.
hymenālis*, -is, -e zum Jungfernhäutchen gehörend. In → *carunculae hymenāles*.
hyŏīdĕus*, -a, -um wie ein Schweinsrüssel geformt, dem Buchstaben ὐ (hy) ähnlich. ὑοειδής (hyoeidḗs). ἡ oder ὁ ὗς, ὑός (he oder ho hỹs, hyós) das Schwein. In → *ŏs hyŏīdĕum* das Zungenbein, → *lig. thyrohyŏīdĕum*, → *m. genĭohyŏīdĕus*. In Zusammensetzungen hyŏ-: → *lig. hyŏepiglōttĭcum*, → *m. hyŏglōssus*, diese Muskelbezeichnung wurde von Jean → Riolan junior (1580 – 1657) geprägt.
hyper-, (ὑπέρ) Präfix mit der Bedeutung überhinaus-, mehr-:
hyper-dontīa*, -ae, *f.* die Zahnüberzahl. ὁ ὀδούς, ὀδόντος (ho odū́s, odóntos) der Zahn.
hyper-mastīa*, -ae, *f.* die übermäßige Entwicklung der Brustdrüse. ὁ μαστός (ho mastós) die Brust.
hyper-merismus*, -i, *m.* der Zustand übermäßiger Unterteilung. τὸ μέρος (tó méros) der Teil, der Abschnitt.
hyper-onychīa*, -ae, *f.* die übermäßige Entwicklung der Nägel. ὁ ὄνυξ, ὄνυχος (ho ónyx, ónychos) der Nagel.
hyper-ostōsis*, -is (auch -eōs), *f.* die krankhafte Knochenwucherung in Form von Auswüchsen oder Verdickungen. τὸ ὀστέον (tó ostéon) der Knochen.
hyper-phalangīa*, -ae, *f.* das Vorkommen eines überzähligen Mittelgliedes an Daumen oder Großzehe. ἡ φάλαγξ (hē phálanx) das Finger- oder Zehenglied.
hyper-plasīa*, -ae, *f.* die Vergrößerung eines Organs durch Zellvermehrung. πλάσσειν (plássein) bilden. In *hyperplasīa* → *partiālis, hyperplasīa* → *totālis*.
hyper-ploidēa*, -ae, *f.* der Zustand des Kerns mit Chromosomenüberzahl. *ploidĕa**, -ae, *f.* das Verhalten des Chromosomensatzes. Kunstwort der Genetik, gebildet in Anlehnung an ἁπλόος (haplóos) einfach und διπλόος (diplóos) zweifach.
hyper-tēlorismus*, -i, *m.* der übermäßige Augenabstand. τῆλε (tḗle) in der Ferne.
hyper-thelīa*, -ae, *f.* die Überzahl an Brustwarzen. ἡ θηλή (hē thēlḗ) die Brustwarze.
hyper-trichōsis*, -is (auch -eōs), *f.* die übermäßige Behaarung des Körpers oder einzelner Körperstellen. ἡ θρίξ, τριχός (hē thrix, trichós) das Haar.

hyper-trophīa*, -ae, *f.* die Vergrößerung durch vermehrtes Wachstum der Zellen und ihrer Abkömmlinge. τρέφειν (tréphein) ernähren.
hypertrophĭcus, -a, -um vergrößert. ὑπέρ (hypér) über hinaus, mehr. τρέφειν (tréphein) ernähren. In → *typus hypertrophĭcus.*
hypŏ- (ὑπό), **hyp-** Präfix mit der Bedeutung unter(halb):
hyp-arteriālis*, -is, -e unterhalb der Arterie liegend. ἡ ἀρτηρία (hē artēría). Früher gebraucht in → *br. hyparteriālis.*
hyp-axiālis*, -is, -e unterhalb der Achse *axis*, -is, *m.* liegend. In → *p. hypaxiālis* des Myotoms.
hypŏ-blastus*, -i, *m.* die darunterliegende Zellbildungsschicht. βλάστειν (blástein) bilden.
hypŏ-branchiālis*, -is, -e unterhalb der Schlundbogen liegend. *branchĭae*, -ārum, *f.* die Kiemen. In → *ēminentĭa hypŏbranchiālis.*
hypŏ-chondrĭum, -ĭi, *n.* die zu beiden Seiten der Magengrube liegende Region des Oberbauchs, welche vom knorpeligen Rippenbogen teilweise überdeckt wird. τὸ ὑποχόνδριον (tó hypochóndrion). ὁ χόνδρος (ho chóndros) der Knorpel, eigentlich das Körnchen.
hypŏ-chondriăcus*, -a, -um zur seitlichen Oberbauchgegend gehörend. Die modernen Griechen sagen ὑποχονδριακός* (hypochondriakós). In → *rĕgĭo hypochondriăca.*
hypŏ-choriālis*, -is, -e unter der Zottenhaut *chorĭon*, -ĭi, *m.* liegend.
hypŏ-chromīa*, -ae, *f.* die ungenügende Färbbarkeit (durch Verminderung des Hb-Gehalts der Erythrozyten). τὸ χρῶμα (tó chróma) die Farbe.
hypŏ-functĭo*, -ōnis, *f.* die Unterfunktion, die herabgesetzte Tätigkeit. *functĭo*, -ōnis, *f.* die Verrichtung, die Tätigkeit, die Arbeitsleistung. *fungī* verrichten.
hypŏ-gastrĭcus*, -a, -um in der unteren Bauchregion liegend. ὑπογάστριος (hypogástrios). ἡ γαστήρ (hē gastér) der Bauch. In → *a. hypogastrĭca,* → *n. hypogastrĭcus.*
hypŏ-gastrĭum, -ĭi, *n.* die untere Bauchregion. ἡ γαστήρ (hē gastér) der Bauch. τὸ ὑπογάστριον (tó hypogástrion).
hypŏ-glōssus, -a, -um unter der Zunge liegend. ἡ γλῶσσα (hē glóssa) die Zunge. Bezeichnung des 12. Hirnnerven. Die modernen Griechen sagen ὑπογλώσσιος* (hypoglóssios) oder auch ὑπόγλοσσος* (hypóglōssos). In → *n. hypoglōssus.*
hypŏ-gnathīa*, -ae, *f.* die mangelhafte Kieferbildung, dann auch die Mißbildung mit einem zweiten verkümmerten Kopf am Unterkiefer. ἡ γνάθος (hē gnáthos) der (Unter-)Kiefer.
hypŏ-hidrōsis*, -is (auch -eōs), *f.* die verminderte Schweißabsonderung. τὸ ὕδωρ (tó hýdor) das Wasser, der Schweiß.
hypŏ-merismus*, -i, *m.* die mangelnde oder unvollständige Unterteilung. τὸ μέρος (tó méros) der Teil, der Abschnitt.
hypŏ-merus*, -i, *m.* der untere Abschnitt des Ursegments, das laterale Mesoderm. τὸ μέρος (tó méros) der Teil, der Abschnitt.
hypŏ-odontīa*, -ae, *f.* die Zahnunterzahl. ὁ ὀδούς, ὀδόντος (ho odús, odóntos) der Zahn.
hyp-onychĭum*, -ĭi, *n.* das Nagelbett. ὁ ὄνυξ (ho ónyx) der Nagel.
hypŏ-phalangīa*, -ae, *f.* die Unterzahl an Finger- oder Zehengliedern. ἡ φάλαγξ (hē phálanx) das Finger- oder Zehenglied.
hypŏ-phÿsis*, -is (auch -eōs), *f.* der untere Hirnanhang. ἡ ὑπόφυσις* (hē hypóphysis). φύειν und φύεσθαι (phýein und phýesthai) wachsen. Die Bezeichnung Hypophyse wurde von Samuel Thomas → v. Sömmering (1755 – 1830) in die Anatomie eingeführt.

hypŏ-physiālis*, -is, -e zum unteren Hirnanhang gehörend. In → *cartilāgo hypophysiālis,* → *fossa hypophysiālis.*

hypŏ-plasīa*, -ae, *f.* die Unterentwicklung von Geweben oder Organen. πλάσσειν (plássein) bilden.

hypŏ-ploidēa*, -ae, *f.* der Zustand des Kerns mit Chromosomenunterzahl. *ploidēa**, -ae, *f.* das Verhalten des Chromosomensatzes. Kunstwort der Genetik in Anlehnung an ἁπλόος (haplóos) einfach und διπλόος (diplóos) zweifach.

hypŏ-s-chīsis*, -is (auch -eōs), *f.* die mangelnde Aufspaltung. σχίζειν (s-chízein) spalten.

hypŏ-spadīas*, -ătis, *f.* die untere Harnröhrenspalte. σπάειν (spáein) in die Länge ziehen. ὁ σπαδών (ho spadṓn) die Spalte.

hypŏ-thalămus, -i, *m.* der unter dem Thalamus liegende Teil des Zwischenhirns. Die modernen Griechen sagen ὁ ὑποθάλαμος* (ho hypothálamos). ὁ θάλαμος (ho thálamos) das Schlafzimmer, das Gemach.

hypŏ-thalamĭcus*, -a, -um zum Hypothalamus gehörend. In → *sulcus hypothalamĭcus.* In Zusammensetzungen **hypŏthalămo-**: → *tr. hypŏthalămo-hypophyseālis.*

hypŏ-thĕnar*, -ăris, *n.* der Kleinfingerballen. τὸ ὑπόθεναρ (tó hypóthenar) τὸ θέναρ, -αρος (tó thénar, -aros) die flache Hand. Die anatomische Bezeichnung stammt von Jacobus Benignus → Winslow (1669–1760).

hypŏ-trichōsis*, -is (auch -eōs), *f.* die mangelhafte oder fehlende Körperbehaarung. ἡ θρίξ, τριχός (hē thríx, trichós) das Haar.

I

(vor Vokalen s. J)

ichthyōsis*, -is (auch -eōs), *f.* die (erbliche) Fischschuppenkrankheit. ὁ ἰχθύς (ho ichthýs) der Fisch. Das Suffix *-ōsis* drückt eine Degeneration aus.

ilĕum, -i, *n.* (scīl. *intestīnum*) der Krummdarm. εἰλέειν (eiléein) krümmen, winden. In Zusammensetzungen **ilĕo-** zum Krummdarm gehörend: → *a. ilĕocolĭca,* → *ostĭum ilĕocēcāle,* → *rĕc. ilĕocēcālis,* → *valva ilĕocēcālis.*

ileālis*, -is, -e zum Krummdarm *ilĕum,* -i, *n.* gehörend. In → *diverticŭlum ileāle.*

ilĭa, -ĭum, *m.* Plural die Weichen. Die willkürliche Singularform wird verschieden angegeben: *ilĕum,* -ĕi, *n., īlĕ,* -is, *n., ilĭum ,*-ĭi, *n.* Der deutschen Bezeichnung Darmbein entspräche → *ŏs ilĕi.* → Vesal (1514–1564) führte die Bezeichnung → *ŏs ilĭum* das Weichenbein in die Anatomie ein, wobei *ilĭum* als Gen. Plural aufzufassen ist.

iliăcus*, -a, -um zur Weiche oder zum Weichenbein → ŏs ilĭum gehörend. Das klassische *iliăcus* hat die Bedeutung trojanisch, troisch: Ilĭon Ἴλιον (Ílĭon)=Troja. In → *crista iliăca,* → *fascĭa iliăca,* → *fossa iliăca,* → *m. iliăcus,* → *sp. iliăca,* → *tuberōs. iliăca.* In Zusammensetzungen **ilĭo-**: → *arcus ilĭopectinĕus,* → *b. ilĭopectinĕa,* → *eminentĭa ilĭopubĭca,* → *lig. ilĭofemorāle,* → *lig. ilĭolumbāle,* → *m. ilĭococcygĕus,* → *m. ilĭocostālis,* → *m. ilĭopsōas,* → *n. ilĭohypogastrĭcus,* → *n. ilĭoinguinālis, tr. ilĭotibiālis.*

iliāris*, -is, -e zum Bauch gehörend, den Bauch betreffend. *ilĭa,* ilĭum, *n.* kann auch die Bedeutung von Bauch haben. In → *n. iliāris.*

īmus, -a, -um der unterste. Superl. von *infer* bzw. *infěrus*. Gegensatz → *suprēmus* der höchste. In → *a.* → *lumbālis īma,* → *n.* → *splanchnǐcus īmus.*

in-, ǐm- Präfix mit den Bedeutungen: 1. (hin)ein, an-; 2. un-:
ǐ-gnōtus, -a, -um unbekannt. Part. von *i-gnoscěre* nicht kennen. *(g)nōtus*, -a, -um bekannt. Part. von *(g)noscěre* kennen. In → *dēficientǐa ignōta.*

im-matūrus, -a, -um unreif. *matūrus*, -a, -um reif. In → *gamētus immatūrus,* → *saccus* → *chorionǐcus immatūrus,* → *somītus immatūrus.*

im-migratǐo, -ōnis, *f.* die Einwanderung. *migrāre* wandern.

im-munālis*, -is, -e die Immunreaktion betreffend. *im-munǐtas*, -ātis, *f.* die Lastenfreiheit, die Befreiung, In → *incompatibilǐtas immunālis.*

im-pār, -ǎris ungleich, ungerade. Gegensatz *pār* gleich, entsprechend, gepaart. In → *ganglǐon impār,* → *pl.* → *thyroiděus impār.*

im-pedimentum, -i, *n.* die Behinderung. *im-pedǐre* hindern, eigentlich in den Füßen sein. *pēs*, pědis, *m.* der Fuß.

im-perfectus, -a, -um unvollständig. Part. von *per-ficěre* vervollständigen, vollenden. In → *geminus imperfectus,* → *lām. basālis imperfecta.*

im-perforātus, -a, -um undurchbohrt. *perforātus*. Part. von *perforāre* durchbohren. In → *ānus imperforātus,* → *duodēnum imperforātum.*

im-plantāre, einpflanzen. *planta,* -ae, *f.* das Gewächs.
   im-plantatǐo, -ōnis, *f.* die Einbettung des Eies.
   im-plantationālis*, -is, -e die Einbettung betreffend. In → *phasis implantationālis* die Einbettungsphase.

im-pregnatǐo, -ōnis, *f.* die Befruchtung. *im-pregnāre* befruchten.
   im-pregnatīvus*, -a, -um die Befruchtung betreffend.

im-pressǐo, -ōnis, *f.* der Eindruck, der Abdruck. *im-priměre* aufpressen, eindrücken. In der Anatomie vielfach verwendete Bezeichnung.

in-actīvus*, -a, -um nicht tätig, untätig. *agěre* handeln. In → *phasis inactīva.*

in-cisǐo, -ōnis, *f.* der Einschnitt, die Einkerbung. *in-cīděre* einschneiden. *caeděre* spalten. In *incisǐo* → *myelīni* die → Schmidt-Lantermannsche Einkerbung.

in-cisīvus*, -a, -um zum Abschneiden geeignet, zu den Schneidezähnen gehörend. In → *canālis incisīvus,* → *dentes incisīvi,* → *ŏs incisīvum.*

in-cisālis*, -is, -e die Kaukante betreffend. In → *margo incisālis.*

in-cisūra, -ae, *f.* der Einschnitt, auch *incisǐo*, -ōnis, *f.* und *incīsum*, -i, *n.* In der Anatomie sehr häufig verwendete Bezeichnung.

in-clinatǐo, -ōnis, *f.* die Neigung. *in-clināre* hinneigen. κλίνειν (klínein). In *inclinatǐo* → *pelvis.*

in-clusǐo, -ōnis, *f.* der Einschluß. *includěre* einschließen. In *inclusǐo* → *cristalloīděa, inclusiōnes* → *cytoplasmatǐcae, inclusǐo* → *mitochondriālis.*

in-clūsus, -a, -um eingeschlossen. Part. von *in-cluděre* einschließen. In → *fētus inclūsus.*

in-compatibilǐtas*, -ātis, *f.* die Unvereinbarkeit. *com-pǎti* mitleiden. In → *incompatibilǐtas* → *immunālis.*

in-conjunctus, -a, -um getrennt. *con-jungěre* verbinden. In → *digǐti inconjuncti,* → *mesenterǐum inconjunctum.*

in-cornificǐens*, -ēntis, nicht verhornend. *cornificǐens* Part. von *cornificěre* verhornen. In → *phasis incornificǐens.*

in-crementālis*, -is, -e mit dem Zuwachs zu tun habend. *incrementum*, -i, *n.* der Zuwachs. *increscěre* wachsen. In → *līněa incrementālis.*

in-crētum*, -i, *n.* die Absonderung, welche direkt in die Blutbahn übergeht. *cernĕre* abscheiden. Von Wilhelm Roux geprägtes Synonym für Hormon.

in-cus, -ūdis, *f.* der Amboß. *cūdĕre* schlagen. In der Anatomie Bezeichnung für eines der Gehörknöchelchen: das vom Hammer Getroffene = Amboß. In Zusammensetzungen incūdo-: → *art. incūdomalleāris*, → *art. incūdostapedĭa*.

in-dēciduātus*, -a, -um ohne hinfällige Haut *dēcidŭa*, -ae, *f.* In → *eutherĭa indeciduāta* die höheren Säuger, welche keine *dēcĭdua* bilden.

in-determinātus, -a, -um unbestimmt. *termināre* begrenzen. In → *fissĭo indetermināta*.

in-dex, -ĭcis, *m.* der Anzeiger, der Zeigefinger. *indicāre* angeben, zeigen. *dicĕre* sagen. In → *m.* → *extensor indĭcis*.

in-dĭcans, -antis, anzeigend. Part. von *indicāre* angeben, zeigen. In → *termĭni* → *situm et* → *directiōnem* → *partĭum* → *corpŏris indĭcantes*.

in-diffĕrens, -ēntis, gleichgültig, undifferenziert. *diffĕre* sich unterscheiden. In → *stătus indiffĕrens*.

in-disjunctĭo*, -ōnis, *f.* das Fehlen einer Trennung. *disjungĕre* trennen.

in-ductĭo, -ōnis, *f.* die Anregung, die Induktion. *in-ducĕre* anregen. In → *abnormalĭtas inductiōnis*.

in-ductus, -a, -um angeregt, induziert. Part. von *in-ducĕre*. In → *ovulatĭo inducta*.

in-dusĭum, -ĭi, *n.* die obere Tunica, der Schleier. *induĕre* anziehen, bedekken. In der Anatomie Bezeichnung für die graue Substanz auf der Oberfläche des Balkens, welche sich in den → *gȳrus* → *fasciolāris* fortsetzt.

in-ēquālis, -is, -e ungleich. *ēquālis*, -is, -e gleich. In → *fissĭo inēquālis*.

in-fantīlis, -is, -e kindlich. *in-fans*, -antis, *m.* und *f.* das Kind. *fāri* sprechen. In → *phasis infantīlis*, → *utĕrus infantīlis*.

in-fantilismus*, -i, *m.* die Entwicklungshemmung mit Verbleiben auf kindlicher Stufe. *in-fans*, -antis, *m.* und *f.* das Kind.

in-fectĭo, -ōnis, *f.* die Ansteckung. *in-ficĕre* „hinein"bringen, vergiften, erst später infizieren.

in-fectiōsus*, -a, -um ansteckend. In → *dēficientĭa infectiōsa*.

in-fertĭlĭtas, -ātis, *f.* die Unfruchtbarkeit. *fertĭlis*, -is, -e fruchtbar. *ferre* tragen.

in-fundibŭlum, -i, *n.* der Trichter. *infundĕre* eingießen. In der Anatomie Bezeichnung für einen Teil des Bodens des Zwischenhirns. Auch in *infundibŭlum* → *ethmoidāle, infundibŭlum* → *tŭbae* → *uterīnae*.

in-fundibulāris, -is, -e zum Trichter gehörend. In → *p. infundibulāris* der Hypophyse, → *peduncŭlus infundibulāris*.

in-gressĭo, -ōnis, *f.* das Eintreten. *in-grĕdi* eintreten.

in-hibĭtus, -a, -um behindert, gehemmt. Part. von *in-hibēre* hemmen. *habēre* halten. In → *crescentĭa inhibĭta*.

in-scriptĭo, -ōnis, *f.* die Einzeichnung. *inscribĕre* einschreiben. Frühere Bezeichnung der → *intersectiōnes* → *tendinĕae* des → *m.* → *rectus* → *abdomĭnis*.

in-seminātĭo, -ōnis, *f.* die Besamung. *in-semināre* aussäen.

in-sertĭo, -ōnis, *f.* der Ansatz (eines Muskels). *inserĕre* einpflanzen. Gegensatz *orīgo*, -ĭnis, *f.* der Ursprung.

in-tegumentum, -i, *n.* die Decke, die Hülle, die Haut. *tegĕre* decken. *integĕre* überdecken, schützen. In *integumentum* → *commūne*.

in-tumescentĭa, -ae, *f.* die Anschwellung. *intumescĕre* anschwellen. *tumŏr*, -ōris, *f.* die Anschwellung, die Geschwulst. In *intumescentĭa* → *cervicālis, intumescentĭa* → *lumbālis* des Rückenmarks.
in-vaginatĭo, -ōnis, *f.* die Einstülpung. *vagīna*, -ae, *f.* die Scheide des Schwertes, dann die weibliche Scheide. In *invaginatĭo* → *cellulāris*.
in-vaginātus*, -a, -um eingestülpt. In → *synapsis invagināta*.
in-vasculōsus*, -a, -um gefäßlos. *vascŭlum*, -i, *n.* das kleine Gefäß. In → *placenta invasculōsa*.
in-versĭo, -ōnis, *f.* die Umstellung, die Inversion. *in-vertĕre* umstellen. In *inversĭo* → *chromosomālis, inversĭo* → *partiālis, inversĭo* → *sacci* → *vitellīni, inversĭo* → *totālis*.
in-versionālis*, -is, -e umgestellt. Klassisch belegt ist nur *inversus*, -a, -um. In → *ectopīa inversionālis*.
in-versus, -a, -um umgekehrt. In → *placenta* → *vitellīna inversa, sĭtus inversus*.
in-vestĭo, -ōnis, *f.* die Hülle, die Umhüllung. *vestis*, -is, *f.* das Kleid. In *investĭo* → *processŭs* → *neurōni*.
in-villōsus*, -a, -um zottenfrei. *villi*, -ōrum, *m.* die Zotten. In → *placenta invillōsa*.
in-volucrum, -i, *n.* die Hülle. *in-volvĕre* einwickeln.
in-volutĭo, -ōnis, *f.* die Rückbildung. *in-volvĕre* einrollen. In → *phasis involutiōnis*.
inferĭor, -ĭor, -ĭus weiter unten gelegen, der untere. Komp. von *infĕrus*, -a, -um. In der Anatomie sehr häufig verwendete Lagebezeichnung. Gegensatz → *superĭor* weiter oben gelegen, der obere. In Zusammensetzungen **infĕro-**: → *făcĭes infĕrolaterālis*.
infrā- Präfix mit der Bedeutung unter(halb von). Gegensatz → *supra-* ober (-halb von):
infrā-cardiăcus*, -a, -um unterhalb des Herzens ἡ καρδία (hē kardía) liegend. In → *bursa infracardiăca* der oberste Anteil der primitiven *bursa omentālis*.
infrā-claviculāris*, -a, -um unterhalb des Schlüsselbeins *clavicŭla* liegend. In → *p. infrāclaviculāris,* → *rĕgĭo infrāclaviculāris*.
infrā-glenoidālis*, -a, -um unterhalb der Gelenkpfanne *făcĭes glenoidālis* liegend. In → *tuberc. infrāglenoidāle*.
infrā-glottĭcus*, -a, -um unterhalb der Stimmritze *glōttis* liegend. In → *căvĭtas infrāglottĭca,* → *cāvum infrāglottĭcum*.
infrā-hyoĭdĕus* unterhalb des Zungenbeins *ŏs hyoīdĕum* liegend. In → *b. infrāhyoĭdĕa,* → *r. infrāhyoidĕus*.
infrā-lobāris*, -is, -e unterhalb des (Lungen-)Lappens *lŏbus* liegend. In → *p. infrālobāris* des *r. posterĭor* der rechten oberen Lungenvene.
infrā-orbitālis*, -is, -e unterhalb der Augenhöhle *orbĭta* liegend. In → *a. infrāorbitālis,* → *canālis infrāorbitālis,* → *fŏrāmen infrāorbitāle,* → *n. infrāorbitālis,* → *rĕgĭo infrāorbitālis,* → *sulcus infrāorbitālis*.
infrā-palpebrālis*, -is, -e unterhalb des Augenlids *palpebră* liegend. In → *sulcus* → *infrāpalpebrālis*.
infrā-patellāris*, -is, -e unterhalb der Kniescheibe *patellă* liegend. In → *b. infrāpatellāris,* → *corpus* → *adipōsum infrāpatellāre,* → *plĭca* → *synoviālis infrāpatellāris,* → *r. infrāpatellāris*.
infrā-scapulāris*, -is, -e unterhalb des Schulterblattes *scapŭla* liegend. In → *rĕgĭo infrāscapulāris*.
infrā-segmentālis*, -is, -e unterhalb des (Lungen-)Segments *segmentum* liegend. In → *p. infrāsegmentālis* der unteren Lungenvenen.

infrā-spinātus*, -is, -e unterhalb der Schultergräte *spīna* liegend. Sprachlich besser wäre *infrā-spinālis*. In → *fossa infraspināta*, → *m. infrāspinātus*.

infrā-sternālis*, -is, -e unterhalb des Brustbeins *sternum* liegend. In → *ang. infrāsternālis*.

infrā-temporālis*, -is, -e unterhalb den Schläfen *tempŏră* liegend. In → *crista infrātemporālis**, → *făcĭes infrātemporālis*, → *fossa infrātemporālis*, → *rĕgĭo infrātemporālis*.

infrā-trochleāris*, -is, -e unterhalb der Rolle *trochlĕa* liegend. In → *n. infrātrochleāris*.

inguĕn, -ĭnis, *n.* die Leistengegend. Klassisch meist *inguĭna*, -um, *n.* die Weiche, der Unterleib.

inguinālis, -is, -e zur Leistengegend gehörend. In → *ānŭlus inguinālis*, → *canālis inguinālis*, → *falx inguinālis*, → *fŏvĕa inguinālis*, → *n. ilĭoinguinālis*, → *nōdi* → *lymph. inguināles*, → *rĕgĭo inguinālis*.

inĭon*, -ĭi, *n.* der am weitesten vorstehende Punkt der → *prŏtuberantĭa* → *occipitālis* → *externa*. Seit etwa 1800 gebrauchter anthropologischer Begriff. Bei → Galēn (130 – um 200) bedeutet τὸ ἰνίον (tó iníon) das Genick. Gegensatz → *bregma*.

insŭla, -ae, *f.* die Insel. In der Anatomie der Stammlappen des Großhirns. In → *gȳri insŭlae*, → *līmĕn insŭlae*, → *sulci insŭlae*. In der mikroskopischen Anatomie *insŭlae* → *cellularum* der Decidua, *insŭla* → *juxtavasculāris*, *insŭla* → *pancreatĭca*.

intĕr- Präfix mit der Bedeutung zwischen:

intĕr-alveolāris*, -is, -e zwischen den Zahnfächern *alveŏlae* liegend. In → *septa intĕralveolarĭa*.

intĕr-arytenoīdĕus*, -a, -um zwischen den Gießbeckenknorpeln *cart. arytenŏīdĕae* liegend. In → *incisūra intĕrarytenoīdĕa*.

intĕr-atriālis*, -is, -e zwischen den Vorhöfen *atria* liegend. In → *septum intĕratriāle, sulcus intĕratriālis*.

intĕr-calātus*, -a, -um dazwischengeschaltet. *intĕr-calāre* einschalten. In → *discus intĕrcalātus* der Glanzstreifen der Herzmuskulatur, → *ductus intĕrcalātus* das Drüsenschaltstück, → *epitheliocȳtus intĕrcalātus*, → *nŭcl. intĕrcalātus*.

intĕr-capitālis*, -is, -e zwischen den Köpfchen *capĭta* liegend. In → *vv. intĕrcapitāles*.

intĕr-carpēus*, -a, -um zwischen den Handwurzelknöchelchen *ossa carpi* liegend. In → *art. intĕrcarpēa*, → *ligg. intĕrcarpēa*.

intĕr-cartilaginĕus*, -a, -um zwischen den Knorpeln liegend. In → *p. intĕrcartilaginĕa* der Stimmritze.

intĕr-cavernōsus*, -a, -um zwischen den beiden → *sĭnūs* → *cavernōsi* liegend. In → *sĭnūs intĕrcavernosus*.

intĕr-cellulāris*, -is, -e zwischenzellig. In → *canalicŭlus intĕrcellulāris*, → *junctĭo intĕrcellulāris*, → *spătĭum intĕrcellulāre*, → *subst. intĕrcellulāris*.

intĕr-chondrālis*, -is, -e zwischen den Knorpeln οἱ χόνδροι (hoi chóndroi) liegend. In → *art. intĕrchondrāles*.

intĕr-clavicularis*, -is, -e zwischen den Schlüsselbeinen *claviculae* liegend. In → *lig. intĕrclaviculāre*.

intĕr-condylāris*, -is, -e zwischen den Gelenkfortsätzen *condȳli* liegend. In → *ārĕa intĕrcondylāris*, → *eminentĭa intĕrcondylāris*, → *fossa intĕrcondylāris*, → *līnĕa intĕrcondylāris*, → *tŭberc. intĕrcondylāre*.

intĕr-costālis*, -is, -e zwischen den Rippen *costae* liegend. Von Jacobus → Silvius (1478 – 1555) in die anatomische Fachsprache eingeführt.

In → *aa. intĕrcostāles*, → *memb. intĕrcostālis*, → *mm. intĕrcostāles*, → *rr. intĕrcostāles*, → *spătĭum intĕrcostāle*, → *vv. intĕrcostāles*.
intĕr-costobrachiālis*, -is, -e zwischen den Rippen *costae* und dem Oberarm *brachĭum* verlaufend. In → *nn. intĕrcostobrachiāles*.
intĕr-crurālis*, -is, -e zwischen zwei Schenkeln *crūra* liegend. In → *fībrae* → *intĕrcrurāles* des äußeren Leistenringes.
intĕr-cuneiformis*, -is, -e zwischen den Keilbeinen *ossa cuneiformĭa* des Fußes liegend. In → *ligg. intĕrcuneiformĭa*.
intĕr-dentālis*, -is, -e zwischen den Zähnen *dentes* liegend. In → *cellŭla intĕrdentālis* der Hörschnecke, → *fībra intĕrdentālis*, → *papilla intĕrdentālis*.
intĕr-foveolāris*, -is, -e zwischen den Leistengrübchen *foveŏlae* liegend. In → *lig. intĕrfoveolāre*.
intĕr-ganglionāris*, -is, -e zwischen den Nervenknoten *ganglĭa* liegend. In → *rr. intĕrganglionāres*.
intĕr-globulāris*, -is, -e zwischen den Kügelchen *globŭli* liegend. In → *spătĭa* → *intĕrglobularĭa* nahe der Oberfläche des Zahnbeins.
intĕr-hēmālis*, -is, -e zwischen fetalem und mütterlichem Kreislauf liegend. τὸ αἷμα (tó haíma) das Blut. In → *membrāna intĕrhēmālis* der Placenta.
intĕr-kinēsis, -is (auch -ēōs), *f.* das Stadium zwischen zwei Mitosen. ἡ κίνησις (hē kínēsis) die Bewegung.
intĕr-lobāris*, -is, -e zwischen den Lappen *lŏbi* liegend. In → *aa. intĕrlobāres*, der Niere, → *ductus intĕrlobaris*, → *făcĭes intĕrlobāris*, → *vv. intĕrlobāres* der Niere.
intĕr-lobulāris*, -is, -e zwischen den Läppchen *lobŭli* liegend. In → *aa. intĕrlobulāres* von Leber und Niere, → *ductŭlus intĕrlobulāris* der Gallenwege, → *ductus intĕrlobulāris*, → *vās intĕrlobulāre*, → *vv. intĕrlobulāres*.
intĕr-maxillāris*, -is, -e zwischen beiden Oberkieferknochen *ossa maxillāria* liegend. In → *sut. intĕrmaxillāris*.
intĕr-mĕdĭus*, -a, -um in der Mitte zwischen zwei anderen Gebilden liegend. *mĕdĭus* der mittlere. In → *corpuscŭlum intĕrmĕdĭum* der Telophase, → *mesoderma intĕrmĕdĭum*, → *n. intĕrmĕdĭus* des 7. Hirnnerven, → *p. intĕrmĕdĭa* der Hypophyse, → *str. intĕrmĕdĭum* des Epithels, *subst. intĕrmĕdĭa*, → *sulcus intĕrmĕdĭus* → *postĕrĭor* des Rückenmarks. In der Histologie in der Bedeutung von mittlerer Größe: *myofilamentum intĕrmĕdĭum*. In Zusammensetzungen **intĕr-mĕdĭo-:** → *nŭcl. intĕrmĕdĭomediālis*, → *intĕrmĕdĭolaterālis*.
intĕr-membranacĕus*, -a, -um zwischen zwei Häuten *membrānae* liegend. In → *p. intĕrmembranacĕa* der Stimmritze.
intĕr-membranōsus*, -a, -um zwischen zwei Membranen *membrānae* liegend. In → *os intĕrmembranōsum* der desmale Knochen, der Belegknochen, → *spătĭum intĕrmembranōsum* des Mitochondrium.
intĕr-mesentĕrĭcus*, -a, -um zwischen dem oberen und unteren Gekrösegeflecht *pl. mesentericus* liegend. In → *pl. intĕrmesentĕrĭcus*.
intĕr-metacarpĕus*, -a, -um zwischen zwei Mittelhandknochen *ossa metacarpalĭa* liegend. In → *art. intĕrmetacarpĕa*.
intĕr-metatarsĕus*, -a, -um zwischen zwei Mittelfußknochen *ossa metatarsalĭa* liegend. In → *art. intĕrmetatarsĕa*.
intĕr-musculāris*, -is, -e zwischen zwei Muskeln *muscŭli* liegend. In → *b. intĕrmusculāris*, → *septum intĕrmusculāre*.

intĕr-nasālis*, -is, -e zwischen beiden Nasenbeinen *ossa nasalĭa* liegend. In → *sŭt. intĕrnasālis.*
intĕr-nodālis*, -is, -e zwischen zwei Knoten *nōdi* gelegen. In → *segm. intĕrnodāle.*
intĕr-ossĕus*, -a, -um zwischen zwei Knochen *ossa* liegend. In → *a. intĕrossĕa,* → *memb. intĕrossĕa,* → *n. intĕrossĕus,* → *spătĭum intĕrossĕum.*
intĕr-palpebrālis*, -is, -e zwischen beiden Lidern *palpebrae,* -ārum, *f.* liegend. In → *junctio intĕrpalpebrālis.*
intĕr-parietālis*, -is, -e zwischen den beiden Scheitelbeinen *ossa parietalĭa* liegend. In → *ŏs intĕrparietāle.*
intĕr-peduncŭlāris*, -is, -e zwischen beiden Hirnstielen *peduncŭli* liegend. In → *cisterna intĕrpeduncŭlāris,* → *fossa intĕrpeduncŭlāris,* → *nŭcl. intĕrpeduncŭlāris.*
intĕr-phalangēus*, -a, -um zwischen den Gliedern der Finger oder Zehen *phalanges* liegend. In → *art. intĕrphalangēa.*
intĕr-phasĭcus*, -a, -um zwischen zwei Mitosephasen *phases* sich befindend. *phāsis,* -is (auch -ĕōs oder -ĭdis), *m.* der Zustand. φαίνειν (phaínein) erscheinen. In → *cellŭla intĕrphasĭca,* → *nŭcl. intĕrphasĭcus.*
intĕr-pŏsĭtus*, -a, -um dazwischen geschoben. Part. von *intĕr-pŏnĕre* dazwischenschieben. *pŏnĕre* stellen, legen. In → *vēlum interpŏsĭtum.*
intĕr-pubĭcus*, -a, -um zwischen beiden Schambeinen *ossa pubĭca* liegend. In → *discus intĕrpubĭcus.*
intĕr-radiculāris*, -is, -e zwischen zwei (Zahn-)Wurzeln *radīces* liegend. In → *septa intĕrradiculārĭa.*
intĕr-sectĭo, -ōnis, *f.* der Einschnitt. *secāre* zerschneiden. In *intĕrsectiōnes* → *tendĭnĕae* des geraden Bauchmuskels. Die Bezeichnung geht auf Adrian van den → Spieghel (Spigelius) (1578 – 1625) zurück.
intĕr-segmentālis*, -is, -e zwischen zwei (Lungen-)Segmenten *segmenta* liegend. In → *p. intĕrsegmentālis* der verschiedenen Zweige der Lungenvenen. In der Embryologie → *a. intĕrsegmentālis.*
intĕr-sexŭs*, -ūs, *m.* der Zwitter. *sexŭs,* -ūs, *m.* das Geschlecht.
intĕr-sigmoidĕus*, -a, -um zwischen Abschnitten des Sigmoids liegend. In → *rĕc. intĕrsigmoidĕus.*
intĕr-spinālis*, -is, -e zwischen zwei Dornfortsätzen *prŏc. spinōsi* von Wirbeln liegend. In → *lig. intĕrspināle,* → *mm. intĕspināles.*
intĕr-stitĭum*, -ĭi, *n.* der Zwischenraum. *intĕrsistĕre* absetzen, innehalten. In *intĕrstitĭum* → *testis.*
intĕr-stitiālis*, -is, -e im Zwischenraum liegend. In → *cellula intĕrstitiālis* die Leydigsche Zwischenzelle, → *implantatĭo* → *utĕri intĕrstitiālis,* → *nŭcl. intĕrstitiālis,* → *pregnantĭa* → *extrauterīna intĕrstitiālis.*
intĕr-stitiocȳtus*, -i, *m.* die Zwischen(raum)zelle. τὸ κύτος (tó kýtos) die Zelle.
intĕr-tarsēus*, -a, -um zwischen den Fußwurzelknochen *ossa tarsi* liegend. In → *art. intĕrtarsēa.*
intĕr-tendĭnĕus*, -a, -um zwischen zwei Sehnen *tendĭnes* liegend. In → *connexus intĕrtendĭnĕus.*
intĕr-territoriālis*, -is, -e zwischen zwei Gebieten *territorĭa* liegend. In → *mātrix intĕrterritoriālis.*
intĕr-textus*, -a, -um eingewoben. *texĕre* weben, flechten. In → *ŏs intertextum* der Bindegewebsknochen.
intĕr-thalamĭcus*, -a, -um zwischen beiden *thalămi* liegend. In → *adhēsĭo intĕrthalamĭca.*

intĕr-tragĭcus*, -a, -um zwischen → *trăgus* und → *antitrăgus* liegend. In → *incisūra intĕrtragĭca.*
intĕr-transversarĭus*, -a, -um zwischen zwei *prōc. transversi* der Wirbel liegend. In → *lig. intĕrtransversarĭum,* → *mm. intĕrtransversarĭi.*
intĕr-trochanterĭcus*, -a, -um zwischen den beiden Rollhügeln des Oberschenkelbeins *trochanteres* liegend. In → *crista intĕrtrochanterĭca,* → *līnĕa intĕrtrochanterĭca.*
intĕr-tuberculāris*, -is, -e zwischen beiden *tubercŭla* des *humĕrus* liegend. In → *sulcus intĕrtuberculāris,* → *vag.* → *synov. intĕrtuberculāris.*
intĕr-tubulāris*, -is, -e zwischen zwei Röhrchen *tubŭli* liegend. In → *epidermis* → *intĕrtubulāris.*
intĕr-ureterĭcus*, -a, -um zwischen beiden Harnleitern *ureteres* liegend. In → *plīca intĕrureterĭca.*
intĕr-vaginālis*, -is, -e zwischen den Hüllen *vagīnae* liegend. In → *spătĭa intĕrvaginalĭa* des Sehnerven.
intĕr-vallum, -i, *n.* der Zwischenraum oder die Zwischenzeit. Eigentlich der Raum zwischen zwei Schanzpfählen. *vallus,* -i, *m.* der Pfahl, die Palisade. In → *periŏdus intĕrvalli.*
intĕr-venōsus*, -a, -um zwischen den beiden (Hohl-)Venen *venae (cavae)* liegend. In → *tuberc. intĕrvenōsum* des rechten Vorhofs.
intĕr-ventriculāris*, -is, -e zwischen beiden Ventrikeln *ventricŭli* liegend. In → *fŏrāmen intĕrventriculāre,* → *r. intĕrventriculāris,* → *septum intĕrventriculāre,* → *sulcus intĕrventriculāris.*
intĕr-vertebrālis*, -is, -e zwischen zwei Wirbeln *vertebrae* liegend. In → *discus intĕrvertebrālis,* → *v. intĕrvertebrālis.*
internus, -a, -um innen liegend, der innere, im Inneren befindlich. Gegensatz → *externus* außen liegend, der äußere, außen befindlich. In der Anatomie sehr häufig verwendete Lagebezeichnung.
intestīnum, -i, *n.* das Eingeweide, der Darm. *intestīnus,* a, -um innen liegend, innerlich. Klassisch nur Plural *intestīna,* -ōrum, *n.* In *intestīnum* → *crassum, intestīnum* → *tenŭe.*
intestinālis*, -a, -um zum Darm gehörend. In → *ansa intestinālis,* → *făcĭes intestinālis.*
intĭmus, -a, -um der innerste. Superl. von → *interĭor.* In → *mm.* → *intercostāles intĭmi,* → *tŭnĭca intĭma* eines Gefäßes.
intrā- Präfix mit der Bedeutung inner(halb von):
intrā-capsulāris*, -a, -um im Innern der Gelenkkapsel liegend. In → *ligg. intrācapsularĭa.*
intrā-cardiăcus, -a, -um im Innern des Herzens *cardia,* -ae, *f.* sich befindend.
intrā-cellulāris*, -a, -um in der Zelle → *cellŭla,* -ae, *f.* drinnen liegend. In → *agenesīa intrācellulāris,* → *apparātus* → *reticulāris intrācellulāris,* → *canalicŭlus intrācellulāris,* → *p. intrācellulāris* der Zilien.
intrā-cēlōmĭcus*, -a, -um innerhalb der primitiven Leibeshöhle *cēlōma,* -ătis, *n.* sich befindend. In → *glomerŭlus intracēlōmĭcus.*
intrā-embryonĭcus*, -a, -um innerhalb des Embryo liegend. In → *mesoderma intraembryonĭcum,* → *vv. intraembryonĭcae.*
intrā-fissurālis*, -is, -e in der Spalte liegend. In → *subst. intrāfissurālis.*
intrā-fusālis*, -is, -e innerhalb der Spindel liegend. *fūsus,* -i, *m.* In → *myofībra intrāfusālis* die Muskelspindelfaser.
intrā-jugulāris*, -is, -e im Innern des → *fŏrāmen jugulāre* liegend. In → *prōc. intrājugulāris* des → *ŏs occipitāle.*

intrā-lamināris*, -is, -e innerhalb von Blättern liegend. In → *nūcl. intrālamināris* des → *thalămus*.
intrā-lobāris*, -is, -e innerhalb des (Lungen- oder Drüsen-)Lappens liegend. In → *p. intrālobāris* der Äste der Lungenvenen.
intrā-lobulāris*, -is, -e innerhalb eines (Drüsen-)Läppchens liegend. In → *a. intrālobulāris*, → *ductus intralobulāris*.
intrā-mucōsus*, -a, -um innerhalb der Schleimhaut *mucōsa**, -ae, *f.* liegend. In → *pl. intrāmucōsus* der Meissnersche Plexus.
intrā-musculāris*, -is, -e im Innern des Muskels liegend. In → *pl. intrāmusculāris* der Auerbachsche Plexus, → *rēte intrāmusculāre*.
intrā-occipitālis*, -is, -e im Innern des Hinterhauptbeines *(ŏs) occipitāle* liegend. In → *synchrondrōsis intrāoccipitālis*.
intrā-papillāris*, -is, -e innerhalb einer (Bindegewebs-)Papille liegend. In → *ansa* → *hēmocapillāris intrapapillāris*.
intrā-parietālis*, -is, -e innerhalb des Schläfenlappens des Großhirns *lobus parietālis* liegend. In → *sulcus intraparietālis*.
intrā-pineālis*, -is, -e innerhalb der Zirbeldrüse → *corpus* → *pineāle* liegend. In → *neuron intrāpineāle*.
intrā-pulmonāris*, -is, -e im Innern der Lunge liegend. In → *br. intrāpulmonāris*.
intrā-retinālis*, -is, -e innerhalb der Netzhaut *retīna, -ae, f.* liegend. In → *spătĭum intraretināle*.
intrā-segmentālis*, -is, -e innerhalb eines (Lungen-)Segments liegend. In → *p. intrāsegmentālis* der Äste der Lungenvenen.
intrā-tendinĕus*, -a, -um innerhalb einer Sehne liegend. In → *b. intrātendinĕa* → *ōlecrăni*.
intrā-vasculāris*, -is, -e innerhalb eines Gefäßes *vās*, vāsis, *n.* liegend. In → *cellŭla gigantĕa intrāvasculāris* der Zottenhaut, → *constrictor intrāvasculāris*.
intrin-sĕcŭs, -a, -um innen liegend. *sĕcŭs* Adv. anders. In → *pl. intrinsĕcus*, → *vās intrinsĕcum*.
īris, -ĭdis, *f.* die Regenbogenhaut des Auges. ἡ ἶρις, -ιδος (hē íris, -idos) der Regenbogen. Die Götterbotin Ἶρις (Iris) ist die Personifikation des Regenbogens.
iridĭcus*, -a, -um zur Regenbogenhaut des Auges gehörend. ἰριδικός* (iridikós). In → *epithelĭum iridĭcum*, → *p. iridĭca* → *retīnae*. In Zusammensetzungen **irĭdo-**: → *angŭlus irĭdocorneālis*.
irregulāris, -i, -e unregelmäßig. *regŭla*, -ae, *f.* die Regel, die Ordnung. In → *textus* → *fibrōsus* → *compactus irregulāris*.
is-chēmĭcus*, -a, -um blutleer. *is-chēmon*, -ŏnis, *n.* die blutstillende Pflanze. ἴσχειν (ís-chein) zurückhalten. τὸ αἷμα (tó haíma) das Blut. In → *phasis ischēmĭca*.
is-chĭum, -ĭi, *n.* die Sitzfläche, das Gesäß. In der Ilias τὰ ἴσχια (tá íschia). τὸ ἰσχίον (tó ischíon) ist mehrdeutig und kann sowohl Pfanne des Hüftgelenks wie Femurkopf bedeuten. Bei → Galēn (130 – um 200) ist *ischĭum* der Sitzhöcker. In → *ŏs ischĭi*.
is-chiadĭcus, -a, -um zum Sitzbein gehörend. ἰσχιαδικός (ischiadikós) hat die Bedeutung an Hüftweh leidend, ἡ ἰσχιάς (hē ischiás) der Hüftschmerz. Der Hüftnerv bekam im 18. Jahrh. die Bezeichnung *n. ischiadĭcus*. Die → *v. sciatĭca* oder *ischiadĭca* genannte Vene entspricht der → *v.* → *saphēna* → *parva, scia*, -ae, *f.* das Hüftbein. In → *b. ischiadĭca* des großen Gesäßmuskels und des inneren Hüftmuskels, → *fŏrāmen* → *ischiadĭcum*, → *incisūra ischiadĭca*, → *n. ischiadĭcus*, → *sp. ischiadĭca*, → *tŭber ischiadĭcum*. In Zusammensetzun-

gen ischĭo-: → *fossa ischĭorectālis*, → *lig. ischĭofemorāle*, → *m. ischĭocavernōsus*.

iso-, Präfix mit der Bedeutung gleich-, ἴσος (ísos) einerlei, gleich, gleichmäßig:
  iso-chromosōma, -ătis, *n*. die gleiche Kernschleife *chromosōma*, -ătis, *n*.
  iso-gamīa*, -ae, *f.* die Verschmelzung einander gleicher Geschlechtszellen (bei Algen vorkommend). γαμέειν (gaméein) heiraten, sich verheiraten. ὁ γάμος (ho gámos) die Hochzeit.
  iso-lecithālis*, -is, -e gleichmäßig Dotter enthaltend. *lezithīnum** -i, *n*. das Esterphosphatid des Eidotters. ἡ λέκιθος (hē lékithos) der Eidotter. In → *ovum isolecithāle*.
isthmus, -i, *m*. die schmale Verbindung, die Enge. ὁ ἰσϑμός (ho isthmós). Ursprünglich im Sinne von Landenge gebraucht wird *isthmus* in der Anatomie zur engen Verbindung zweier Hohlräume. Schon bei den Alten als *isthmus* → *faucĭum* der Racheneingang. Später auch für eine schmale Gewebebrücke zwischen zwei größeren Bezirken gebraucht. In der Anatomie und Histologie vielfach verwendete Bezeichnung.

J

Der Vokal J wird im klassischen Latein **nicht** gebraucht. In Anlehnung an die angelsächsischen Sprachgewohnheiten wird in den **Nomĭna anatomĭca** vor Vokalen jedoch J geschrieben.

jejūnus, -a, -um nüchtern, leer. *jejūnum* (scīl. *intestīnum*) der Leerdarm. Der Begriff *jejūnum* wird schon von → Celsus (um Christi Geburt) gebraucht. *jejunĭum, -ĭi, n.* das Fasten, der Hunger.
jejunālis*, -is, -e zum Leerdarm gehörend. In → *aa. jejunāles*.
jŭgum, -i, *n*. das über den Nacken der Zugtiere gelegte Joch, auch für die Bezeichnung eines Bergkamms verwendet. In der Anatomie mit der Bedeutung Kamm. In *jŭga* → *alveolarĭa, jŭgum sphenoidāle*.
jŭgŭlum, -i, *n*. die Drosselgrube zwischen den beiden Schlüsselbeinen. Dem. von *jŭgum*. Im klassischen Latein das Schlüsselbein, welches mit einem Joch verglichen werden kann. Dann auf die zwischen den Schlüsselbeinen liegende Grube übertragen.
jugulāris, -is, -e zur Drosselgrube, dann auch zur vorderen Halsseite gehörend. *jugulāre* abschlachten, den Hals abschneiden. In → *forāmen jugulāre*, → *incisūra jugulāris*, → *n. jugulāris*, → *prōc. jugulāris*, → *tŭberc. jugulāre*. → *v. jugulāris*. In Zusammensetzungen **jŭgŭlo-**: → *nōdus* → *lymph. jugŭlodigastrĭcus*, → *nōdus* → *lymph. jugŭloomohyoidĕus*.
junctĭo, -ōnis, *f.* die Verbindung. *jungĕre* verbinden. In *junctĭo dentīnocementi* die Zement-Dentingrenze, *junctĭo dentīnoenemäli* die Schmelz-Dentingrenze, *junctĭo* → *neuroepitheliālis*.
junctūra, -ae, *f.* die Verbindung, die Haft und das Gelenk. *jungĕre* anjochen, verbinden. In der Anatomie wird *junctūra* als Synonym von → *articulatĭo* gebraucht und bezeichnet jede Art von Knochenverbindung, sei es Haft oder Gelenk. In *junct.* → *cartilagĭnĕa* bedeutet es Knorpelhaft, in *junct.* → *fibrōsa* Bandhaft, in *junct.* → *synoviālis* echtes Gelenk mit Gelenkspalt. Die *junct. sacrococygēa* und *junct. zygapophysiālis* sind echte Gelenke. Die *junct. lumbosacrālis* dagegen ist eine Knorpelhaft.

juvenīlis, -is, -e jugendlich. *juvĕnis*, -is, *m.* der junge Mann. In → *granulocȳtus juvenīlis* die Jugendform einer Körnerzelle.

juxtā- Präfix mit der Bedeutung (da)neben, verwandt mit *jungĕre:*
juxtā-glomerulāris*, -is, -e neben dem Knäuelchen *glomerŭlus* liegend. In → *cellŭla juxtāglomerulāris,* → *complexus juxtāglomerulāris.*
juxtā-medullāris*, -is, -e neben dem (Nieren-)Mark *medulla* liegend. In → *nephrōnum juxtāmedullāre,* → *zōna juxtamedullāris.*
juxtā-pulpāris*, -is, -e neben der (Zahn-)Pulpa liegend. In → *dentīnum juxtapulpāre.*
juxtā-vasculāris*, -is, -e neben dem kleinen Gefäß *vascŭlum* liegend. In → *insŭla juxtāvasculāris.*

K

Klassisch ist K nur in *karthāgo* und *kălendae* gebraucht. Vereinzelt kommt es in neu gebildeten Kunstworten der Nomenklatur vor.

karyotȳpus*, -i, *m.* die durch den Chromosomensatz bedingte Grundform des Kerns. τὸ κάρυον (tó káryon) der Kern. *tȳpus*, -i, *m.* die Grundform.
keratohyalīnum*, -i, *n.* die durchscheinende Vorstufe der Hornsubstanz. τὸ κέρας, -ατος (tó kéras, -atos) das Horn. ὁ ὕαλος (ho hýalos) der durchscheinende Stein.
kinetochōrus*, -i, *m.* das Zentromer, eigentlich der Ort der Bewegung. κίνειν (kínein) bewegen. ὁ χορός (ho chorós) der Ort, der Platz.
kinetocilĭum*, -ii, *n.* das Wimperhaar, die Zilie. κίνειν (kínein) bewegen, *cilĭum*, -iī, *n.* die Wimper, ursprünglich das Augenlid, erst später auf die am Lidrand stehenden Wimpern übertragen. Hybrid.
kyphōsis, -is (auch -eōs), *f.* der Buckel, die Kyphose. κυφός (kyphós) buckelig.

L

lăbĭum, -iī, *n.* die Lippe, nur bei paarigen Gebilden, sonst *lăbrum*, -i, *n. lambĕre* lecken. In *lăbĭum* → *inferĭus* und *superĭus* des Mundes, *lăbĭum* → *externum* und → *internum* der Darmbeinkante, *lăbĭum* → *mediāle* und → *laterāle* der rauhen Doppellinie des Femurknochens, *lăbĭum* → *limbi* → *tympanĭcum* und *vestibulāre* des verdickten Randes der knöchernen Spirallamelle der Schnecke, *lăbĭum* → *anterĭus* und *posterĭus* des äußeren Muttermundes, *lăbĭum* → *măjus* und → *mĭnus* → *pudendi.*
labiālis*, -is, -e zur Lippe gehörend. In → *a. labiālis,* → *gll. labiāles,* → *vv. labiāles.* In Zusammensetzungen **labĭo-:**
labĭo-gingivālis*, -is, -e Lippe und Zahnfleisch *gingīva*, -ae, *f.* betreffend. In → *sulcus labĭogingivālis,* → *tēnĭa labĭogingivālis.*
labĭo-scrotālis*, -is, -e die Schamlippe *labĭum*, -iī, *n.* oder den Hodensack *scrōtum*, -i, *n.* betreffend. In → *tuberc. labĭoscrotāle.*
lăbrum, -i, *n.* die Lippe, der Rand eines unpaaren Gebildes. In *lăbrum* → *acetabulāre, lăbrum* → *glenoidāle.*
labȳrinthus, -i, *m.* das Labyrinth, der Irrgang. Der Ägyptologe Brugsch leitet das griechische ὁ λαβύρινθος (ho labýrinthos) vom altägyptischen Loperohunt, der Bau mit den vielen Gemächern ab. Nach einer andern Ableitung geht Labyrinth auf die Doppelaxt, Labrys, zurück,

die im Stierkult eine Rolle spielte und im Palast von Knossos häufig abgebildet ist. Die Bezeichnung Ohrlabyrinth stammt von Gabriele → Fallopio 1561. In *labyrinthus* → *ethmoidālis, labyrinthus* → *hepatĭcus, labyrinthus* → *membranacĕus, labyrinthus* → *ossĕus, labyrinthus* → *vestibulāris*.

labyrinthĭcus*, -a, -um zum Labyrinth gehörend, auch labyrinthartig. In → *părĭes labyrinthĭcus* des Mittelohrs, → *placenta labyrinthĭca*.

lāc, lactis, *n*. die Milch.

lactatĭo, -ōnis, *f.* das Stillen. *lactāre* Milch geben.

lactĕus, -a, -um milchweiß. In → *macŭla lactĕa*.

lactifer, auch *lactifĕrus*, -a, -um milchführend. *ferre* tragen. In → *ductus lactĭfer(us)*, → *phasis lactifĕra*, → *sĭnus lactĭfer(us)*.

lactocȳtus*, -i, *m*. die Zelle der Brustdrüse.

lăcer, -ĕra, -ĕrum zerfleischt, zerrissen. *lacerāre* zerfleischen. ἡ λακίς (hē lakís) der Fetzen. λακίζειν (lakízein) zerreißen. In → *fŏrāmen lăcĕrum*.

lacertus, -i, *m*. der muskelstarke Oberarm, dann der lange und schmale Muskel. *lacerta*, -ae, *f.* die Eidechse. Der früher als *lacertus* → *fibrōsus* bezeichnete Sehnenausläufer des Bicepsmuskels wird jetzt als → *aponeurōsis* → *m.* → *bicipĭtis* → *brachĭi* in den PNA geführt. In *lacertus* → *m*. → *recti* → *laterālis* der Sehnenzipfel, welcher vom kleinen Keilbeinflügel entspringt und eine Art Ring bildet, durch welchen der → *n*. → *abdūcens*, der → *n*. → *nasociliāris* und der → *n*. → *oculomotorĭus* in die Augenhöhle tritt.

lacrĭma, -ae, *f.* die Träne.

lacrimālis*, -is, -e zu den Tränen oder zu den Tränenorganen gehörend. In → *canalicŭlus lacrimālis*, → *ductus nasolacrimālis*, → *gl. lacrimālis*, → *lācus lacrimālis*, → *papilla lacrimālis*, → *plĭca lacrimālis*, → *punctum lacrimāle*. → *rīvus lacrimālis*, → *saccus lacrimālis*. In Zusammensetzungen **lacrĭmo-:** → *sūt. lacrĭmoconchālis, sūt. lacrĭmomaxillāris*.

lacrimocȳtus*, -i, *m*. die Zelle der Tränendrüse.

lacūna, -ae, *f.* die Vertiefung, die Lücke, das Loch. Verwandt mit → *lăcŭs* -ūs *m.* das Seebecken, der Teich. ὁ λάκκος (ho lákkos). In *lacūna* → *cavernōsa, lacūna* → *cementālis, lacūna* → *chondriăca, lacūna* → *muscŭlōrum, lacūna* → *trophoblastĭca, lacūna* → *urethrālis, lacūna* → *vasōrum*. Die Bezeichnungen *lacūna musculōrum* und *lacūna vasōrum* gehen auf Franz Kaspar → Hesselbach (1759 – 1816) zurück.

lacunāris*, -a, -um zur Lücke gehörend. In → *lig. lacunāre*.

lācus, -ūs, *m*. das Seebecken, der Teich. ὁ λάκκος (ho lákkos). In *lācus* → *lacrimālis*.

lăgēna, -ae, *f.* eigentlich der Wasserkrug, dann auch die Anlage der mit Endolymphe gefüllten Hörschnecke. λάγινος (láginos) bauchig.

lambdōĭdĕus, -a, -um dem Buchstaben Λ = τὸ λάμβδα (tó lámbda) ähnlich. λαμβδοειδής (lambdoeidḗs). In → *margo lambdōĭdĕus*. → *sūt. lambdōĭdĕa*. Die Bezeichnung Lambdanaht kommt schon bei → Galēn (130 – um 200) vor.

lāmĭna, -ae, *f.* auch *lammĭna* und *lamma* die Platte, das Blatt. In der Anatomie vielfach verwendete Bezeichnung. In der Zytologie *lāmĭna* → *basālis, lāmĭna equatoriālis, lāmĭna* → *externa*, → *intermĕdĭa* und *interna* des Zytoplasmas. In der Histologie *lāmĭna* → *lucĭda* der Epidermis. In der Embryologie *lāmĭna* → *dentālis, lāmĭna neurālis*.

lāmĭnālis*, -is, -e zur Platte, zur Leiste gehörend. Klassisch belegt ist nur *lamellōsus*, -a, -um reich an Schichten. In → *vestigĭum lāmĭnāle*.

lāmĭnāris*, -is, -e aus Schichten bestehend, Schichten aufweisend. In → *blastocystis uni-, bi-* und *trilamināris*.
lamella, -ae, *f.* das Blättchen. Dem. von *lamma* die Platte. *lamella* wird für die Blättchen des Golgiapparates gebraucht. In *lamella* → *elastĭca, lamella* → *ossĕa, lamella* → *osteōni*.
lamellāris*, -is, -e aus Blättchen bestehend. In → *textus connectīvus* → *fibrōsus lamellāris,* → *textus* → *ossĕus lamellāris* der Haverssche Knochen.
lamellōsus, -a, -um reich an Plättchen. In → *corpuscŭla lamellōsa,* → *proc. lamellōsus.*
lānūgo, -ĭnis, *f.* das Wollhaar, das primitive Haarkleid des Neugeborenen. *lāna, -ae, f.* die Wolle.
larynx, -yngis, *m.* der Kehlkopf. ὁ oder ἡ λάρυγξ, -υγγος (ho oder hē lárynx, -yngos). λαρύνειν (larýnein) gurren. Das Dem. τὸ λαρύγγιον (tò larýngion) bedeutet die Gurgel, die Kehle.
laryngeālis*, -is, -e zum Kehlkopf gehörend. In → *primordĭum* → *musculāre laryngeāle,* → *vestibŭlum laryngeāle.*
laryngēus*, -a, -um zum Kehlkopf gehörend. Abgeleitet vom mittelalterlichen λαρυγγιαῖος (laryngiaíos). Besser wäre die Adjektivform *laryngĭcus**. Die modernen Griechen sagen λαρυγγικός* (laryngikós). In → *a. laryngēa,* → *follicŭli* → *lymph. laryngēi,* → *gll. laryngēae,* → *n. laryngēus,* → *prōminentĭa laryngēa,* → *v. laryngēa.* In Zusammensetzungen **laryngo-:** → *rr. laryngopharyngēi,* → *sulcus laryngotracheālis.*
latitudinālis*, -is, -e die Breite *latitūdo, -ĭnis, f.* betreffend. In → *fissĭo latitudinālis.*
lătus, -ĕris, *n.* die Seite, die Flanke.
laterālis, -is, -e seitlich, weiter von der Symmetrieebene entfernt. Gegensatz *mediālis,* -is, -e näher zur Symmetrieebene gelegen. *laterālis* ist eine in der Anatomie vielfach verwendete Lagebezeichnung.
lātus, -a, -um breit. In → *fascĭa lāta,* → *lig. lātum* der Gebärmutter.
lātissĭmus, -a, -um sehr breit. Superl. von *lātus.* In → *m. lātissĭmus* → *dorsi.*
laxus, -a, -um schlaff, locker. In → *textus* → *connectīvus* → *fibrōsus laxus.*
lectus, -i, *m.* das Bett. In *lectus* → *unguis.*
lemniscus, -i, *m.* die Schleife, das Band. Klassisch nur im Plural *lemnisci, -ōrum, m.* Griechisches Lehnwort ὁ λημνίσκος (ho lēmnískos) eigentlich die kleine Schleife. Dem. von ὁ λῆμνος (ho lḗmnos) die Schlinge. In der Anatomie zur Bezeichnung von Faserzügen im Gehirn gebraucht. In *lemniscus* → *laterālis, lemniscus* → *mediālis, lemniscus* → *spinālis, lemniscus* → *trigeminālis.*
lens, -tis, *f.* die Linse. Im Zusammenhang mit Teilen der Augenlinse vielfach verwendet.
lenticulāris, -a, -um von der Form einer kleinen Linse. *lenticŭla, -ae, f.* die kleine Linse, Dem. von *lens.* In → *prōc. lenticulāris* des langen Amboßschenkels.
lentiformis*, -is, -e linsenförmig. Das klassische Latein kennt nur *lenticulāris* und *lenticulātus.* In → *nūcl. lentiformis,* → *papilla lentiformis.*
leptomeninx, -ingis, *f.* die zarte Hirnhaut, welche → *pĭa* → *māter* und → *arachnoidĕa* umfaßt. ἡ λεπτὴ μῆνιγξ (hē leptḗ mḗninx). λεπτός (leptós) zart. ἡ μῆνιγξ, μήνιγγος (hē mḗninx, mḗningos) die Hirnhaut.

leptonēma*, -ătis, *n.* der feine Faden der Mitose. λεπτός (leptós) dünn, fein, zart, τὸ νῆμα (tó néma) der Faden.
leptotēnĭcus*, -a, -um im Stadium des dünnen Fadens oder Leptoten. λεπτός (leptós) dünn, fein. ἡ ταινία (hē tainía) das Band. In → *phasis leptotēnĭca* der Reifeteilung.
let(h)ālis, -is, -e tödlich. *lētum*, -i, *n.* der Tod. *dē-lēre* vernichten. In → *gēnum lethāle.*
leucocȳtus*, -i, *m.* die weiße (Blut-)Zelle. λευκός (leukós) weißlich, τὸ κύτος (tó kýtos) die Zelle.
levātŏr, -ōris, *m.* der Heber. *lĕvis* leicht, *levāre* heben. In → *m. levātor.*
levatorĭus, -a, -um zum Heber gehörend. In → *tŏrus levatorĭus.*
lēvis, -is, -e glatt. In → *chorĭon lĕve.* Gegensatz → *chorĭon* → *frondōsum.*
lēvocardīa*, -ae, *f.* die Linkslage des Herzens. *lēvus*, -a, -um links. ἡ καρδία (hē kardía) das Herz.
līber, -ĕra, -ĕrum frei. In → *margo līber* des Nagels und des Eierstocks, → *tēnĭa lībĕra* des Dickdarms, → *villus līber.*
lĭbīdo, -ĭnis, *f.* das geschlechtliche Verlangen. *lĭbet* es gefällt.
liēn, -ēnis, *m.* die Milz. In → *hīlus liēnis, liēn* → *accessorĭus,* → *pulpa liēnis,* → *sĭnus liēnis,* → *trabecŭla liēnis.*
lienālis*, -is, -e zur Milz gehörend. In → *a. lienālis,* → *follicŭli* → *lymph. lienāles,* → *pl. lienālis,* → *rr. lienāles,* → *v. lienālis.*
līgamentum, -i, *n.* das Band. *ligāre* binden. *ligāmen*, -ĭnis, *n.* die Binde. In der Syndesmologie oder Bänderlehre sehr häufig verwendete Bezeichnung.
limbus, -i, *m.* der Saum, der Randstreifen. In *limbus* → *cornĕae, limbus* → *fossae* → *ovālis, limbus* → *lām.* → *spirālis* → *ossĕa, limbus* → *palpebrālis, limbus* → *penicillātus, limbus striātus* der Stäbchensaum.
limbātus*, -a, -um mit einem Saum versehen. In → *cellŭla limbāta,* → *epitheliocȳtus limbātus* die Saumzelle.
līmĕn, -ĭnis, *n.* die Schwelle, der Grenzwall, die Grenze. In *līmĕn* → *insŭlae, līmĕn* → *nāsi.*
limĭtans, -antis begrenzend. Partiz. von *limitāre.* In → *cellŭla limĭtans,* → *lām. limĭtans,* → *memb. limĭtans,* → *sulcus limĭtans.*
līnĕa, -ae, *f.* die Linie. In der Anatomie sehr häufig verwendete Bezeichnung einer Knochenleiste. Verwandt mit *līnum*, -i, *n.* der Lein, der Flachs, dann auch die aus Flachs gedrehte Schnur, vgl. im Deutschen Leine, das aus Lein Gedrehte. In der Histologie *līnĕa Z* und *līnĕa M* der quergestreiften Muskelfibrille.
lingŭa, -ae, *f.* die Sprache, die Zunge. *lingĕre* lecken. Eine im Zusammenhang mit Teilen der Zunge vielfach gebrauchte Bezeichnung.
linguālis*, -is, -e zur Zunge gehörend. In → *a. linguālis,* → *follicŭli linguāles,* → *papillae linguāles,* → *v. linguālis.* In Zusammensetzungen **linguo-:** → *truncus linguofaciālis.*
linguogingivālis*, -is, -e die Zunge und das Zahnfleisch *gingīva*, -ae, *f.* betreffend. In → *sulcus linguogingivālis.*
lingŭla, -ae, *f.* das Züngelchen. Dem. von *lingŭa.* Klassisch in der Bedeutung Landzunge. In *lingŭla* → *cerebelli, lingŭla* → *mandibŭlae, lingŭla* → *pulmōnis sinistri, lingŭla* → *sphenoidālis.*
lingulāris*, -is, -e zur *lingŭla* → *pulmōnis* gehörend. In → *br. lingulāris,* → *r. lingulāris,* → *segm. lingulāre.*
lipes, -ĭdis, *n.* das Fett. τὸ λίπος (tó lípos) das Fett, das Öl. In → *gutta lipĭdis.*
lipo-, Präfix mit der Bedeutung das Fett betreffend:
lipo-blastus*, -i, *m.* die Vorstufe der Fettzelle.

lipo-chromophōrus*, -i, *m*. die Fettzelle. *lipochrōmum*, -i, *n*. gelber Fettstoff, φέρειν (phérein) tragen.
lipo-chrōmum*, -i, *n*. der gelbe Fettstoff. τὸ χρῶμα (tó chróma) die Farbe. In → *granŭlum lipochrōmi*.
lipo-cȳtus*, -i, *m*. die Fettzelle. τὸ κύτος (tó kýtos) die Zelle.
lipo-fuscīnum*, -i, *n*. das bräunliche lipoidhaltige Abnutzungspigment. *fuscus*, -a, -um dunkel. In → *granŭlum lipofuscīni*.
lĭquŏr, -ōris, *m*. die Flüssigkeit. In *lĭquŏr* → *cerebrospinālis*, *lĭquŏr* → *follicŭli*.
lŏbus, -i, *m*. der Lappen. ὁ λοβός (ho lobós) eigentlich das Ohrläppchen, dann der Lappen eines Organs. In der Anatomie häufig verwendete Bezeichung.
lobālis*, -is, -e zum Lappen gehörend. In → *gemma lobālis*.
lŏbāris*, -is, -e zum Lappen gehörend. In → *br. lŏbāris*.
lobātus*, -a, -um gelappt. In → *placenta lobāta*, → *rēn lobātus*.
lŏbŭlus*, -i, *m*. das Läppchen. Dem. von *lŏbus*. In der Anatomie und der Histologie häufig verwendete Bezeichnung.
lŏbulāris*, -is, -e zum Läppchen *lobŭlus* gehörend. In → *aa*. und → *vv. interlobulāres*.
lŏcus, -i, *m*. der Ort, der Platz. Mit Doppelplural *lŏca*, -ōrum, *n*. die Orte, *lŏci*, -ōrum, *m*. die Stellen in Büchern: *Sunt plerumque lŏci in scriptīs; lŏca sunt regiōnes*. In *lŏcus* → *cērulĕus*.
lŏcālis, -is, -e umschrieben. In → *orgănum lŏcāle*, → *p. lŏcālis*.
longitudinālis*, -is, -e längs gerichtet. *longitŭdo*, -ĭnis, *f*. die Länge. In → *fissūra longitudinālis*, → *lig. longitudināle*, → *m. longitudinālis*, → *plĭca longitudinālis* → *duodĕni*, → *str. longitudināle*, → *strĭa longitudinālis*.
longus, -a, -um lang. Gegensatz → *brĕvis* kurz. In → *aa. ciliāres* → *posteriōres longae*, → *căput longum*, → *crūs longum*, → *gȳrus longus* der Insel, → *m. longus*, → *n*. → *ciliāris longus*, → *n. thoracĭcus longus*.
longiaxŏnĭcus*, -a, -um mit einem langen Achsenzylinder versehen. In → *neurōnum* → *multipolāre longiaxŏnĭcum*.
longissĭmus, -a, -um der längste, sehr lang. Superl. von *longus*. In → *m. longissĭmus*, welcher sich über den ganzen Rücken erstreckt.
lordōsis*, -is (auch -eōs), *f*. die Vorwärtskrümmung oder Lordose. λορδός (lordós) nach vorn gekrümmt.
lucĭdus, -a, -um hell glänzend. *lŭx*, lūcis, *f*. das Licht, die Helligkeit. In → *cellŭla lucĭda*, → *lam. lucĭda* der Basalmembran, → *str. lucĭdum*, → *vesicŭla lucĭda* der Synapse, → *zōna lucĭda* der Querstreifung.
lumbricālis*, -is, -e regenwurmähnlich. *lumbrīcus*, -i, *m*. der Regenwurm. In → *mm. lumbricāles*. Ihre Benennung geht auf → *Albīnus* (1697-1770) zurück.
lumbus, -i, *m*. die Lende. In → *m. quadrātus* → *lumbōrum*.
lumbālis*, -is, -e zur Lende gehörend. Die lateinische Form *lumbāris* wird in der Anatomie nicht verwendet. In → *aa. lumbāles*, → *nn. lumbāles*, → *p. lumbālis*, → *pl. lumbālis*, → *rĕgĭo lumbālis*, → *trig. lumbāle*, → *trunci lumbāles*, → *vv. lumbāles*. In Zusammensetzungen **lumbo-:** → *junct. lumbosacrālis*, → *lig. lumbocostale*, → *pl. lumbosacrālis*, → *truncus lumbosacrālis*.
lūmĕn, -ĭnis, *n*. das Licht. In der Histologie die Lichtung. *lucēre* leuchten. In *lūmĕn* → *gl*.
lunāris, -is, -e mondförmig. *lūna*, -ae, *f*. der Mond. *semilunāris* halbmondförmig gekrümmt. In → *fasc. semilunāris*, → *valvŭla semilunāris*.

lunātus, -a, -um halbmondförmig gekrümmt. Part. von *lunāre* halbmondförmig krümmen. In → *făcĭes lunāta,* → *ŏs lunātum,* → *placenta lunāta,* → *sulcus lunātus.*
lūnŭla, -ae, *f.* das Möndchen. Dem. von *lūna.* In *lūnŭla* des Nagels, *lūnŭla* → *valvārum* → *semilunarĭum.*
lūtĕus, -a, -um gelb. *lūtum,* -i, *n.* eine zum Gelbfärben benützte Reseda-Art, dann die gelbe Farbe überhaupt. In → *corpus lūtĕum,* → *măcŭla (lūtĕa).*
luteālis*, -is, -e mit dem Gelbkörper *corpus lutĕum* in Beziehung stehend. In → *phasis luteālis.*
luteocȳtus*, -i, *m.* die Gelbkörperzelle. τὸ κύτος (tó kýtos) die Zelle.
lympha, -ae, *f.* Bedeutete bei den Römern das reine, klare Quellwasser. Das Wort wird in verschiedener Weise abgeleitet. Entweder ist es verwandt mit *limpĭdus* klar — es kommt auch *limfa* vor — oder stellt, was weniger wahrscheinlich ist, eine Ableitung vom griechischen Νύμφη (Nýmphē), weibliche Gottheit einer Quelle, auch eines Haines oder eines Berges vor, wobei der erste Buchstabe durch das verwandte λ ersetzt ist. Die Griechen sagen ὁ λέμφος (ho lémphos), was ursprünglich der eingetrocknete Schleim, im übertragenen Sinn einfältig, blödsinnig bedeutete. In die Anatomie kam das Wort *lympha* durch die junge Hämatologie des Barock in der Bedeutung von Blutwasser.
lymphatĭcus*, -a, -um lymphatisch. λυμφατικός* (lymphatikós) im modernen Griechisch. Im klassischen Latein bedeutete *lymphatĭcus* wasserscheu, im übertragenen Sinn wahnsinnig. Der Begriff der *vāsa lymphatĭca* wurde 1654 von Thomas → Bartholin (1616 – 1680) eingeführt. In → *ductus lymph.,* → *nōdus lymph.,* → *systēma lymph.,* → *vāsa lymph.* In Zusammensetzungen **lymphatĭco:** → *junctĭo lymphatĭcovenōsa.*
lymphoblastus*, -i, *m.* die Stammzelle der Lymphozyten. βλάστειν (blástein) bilden.
lymphoblastĭcus*, -a, -um die Stammzellen der Lymphozyten betreffend. In → *textus lymphoblastĭcus.*
lymphocapillāris*, -is, -e zur Lymphkapillare gehörend. *capillāris,* -is, -e haarartig. In → *rēte lymphocapillāre,* → *vās lymphocapillāre.*
lymphocȳtus*, -i, *m.* der Lymphozyt. τὸ κύτος (tó kýtos) die Zelle.
lymphocytopoiēsis*, -is (auch -ĕōs), *f.* die Bildung der Lymphozyten. ἡ ποίησις (hē poíēsis) die Bildung.
lymphoīdĕus*, -a, -um eigentlich lymphähnlich, dann zum Lymphsystem gehörend. In → *textus lymphoīdĕus.*
lymphonōdus*, -i, *m.* der Lymphknoten. Alternativbezeichnung zu → *nōdus* → *lymphatĭcus,* welche Bezeichnung allgemein gebräuchlich ist.
lymphonodŭlus*, -i, *m.* das Lymphknötchen. Dem. von *lymphonōdus.* In *lymphonodŭlus* → *splēnĭcus.*
lymphovasculāris*, -is, -e die Lymphgefäße betreffend. *vāsa,* -ōrum, *n.* die Gefäße. In → *systēma lymphovasculāre.*
lyosōma* oder **lysosōma,** -ătis, *n.* die Organelle der intrazellulären Verdauung. λύειν (lýein) auflösen, τὸ σῶμα (tó sōma) das Körperchen.

M

macro-, Präfix mit der Bedeutung groß-, μακρός (makrós) groß:
macr-encephalīa*, -ae, *f.* der Zustand mit abnorm großem Gehirn. ὁ ἐγκέφαλος (ho engképhalos) das Gehirn.
macro-brachīa*, -ae, *f.* die übermäßige Länge der oberen Extremitäten, *brachĭum*, -ĭi, *n.* die obere Extremität.
macro-cephalīa*, -ae, *f.* die abnorme Größe des Kopfes. ἡ κεφαλή (hē kephalḗ) der Kopf.
macro-cheilīa*, -ae, *f.* die abnorme Größe der Lippen. τὸ χεῖλος (tó cheílos) die Lippe.
macro-cheirīa*, -ae, *f.* die abnorme Größe der Hände. ἡ χείρ (hē cheír) die Hand.
macrocȳtus*, -i, *m.* das große rote Blutkörperchen. μακρός (makrós) groß, τὸ κύτος (tó kýtos) die Zelle.
macro-dactylīa*, -ae, *f.* die abnorme Größe der Finger oder Zehen. ὁ δάκτυλος (ho dáktylos) der Finger, die Zehe.
macro-glossīa*, -ae, *f.* die abnorme Größe der Zunge. ἡ γλῶσσα (hē glōssa) die Zunge.
macro-gnathīa*, -ae, *f.* das Vorstehen des Oberkiefers. ἡ γνάθος (hē gnáthos) der Kiefer.
macro-mastīa*, -ae, *f.* die übermäßige Größe der Brustdrüse. ὁ μαστός (ho mastós) die Brust.
macro-melīa*, -ae, *f.* der Riesenwuchs der Extremitäten. τὸ μέλος (tó mélos) das Glied.
macro-mērus*, -i, *m.* die große Furchungszelle. τὸ μέρος (tó méros) der Teil.
macrophagocȳtus*, -i, *m.* die große Freßzelle. μακρός (makrós) groß, φάγειν (phágein) fressen, τὸ κύτος (tó kýtos) die Zelle.
macr-ophthalmīa*, -ae, *f.* die abnorme Größe des Augapfels. ὁ ὀφθαλμός (ho ophthalmós) das Auge.
macro-plasīa*, -ae, *f.* die übermäßige Entwicklung einzelner Gewebe, Organe oder Körperteile. πλάσσειν (plássein) bilden.
macro-podīa*, -ae, *f.* der Riesenwuchs der Füße. ὁ πούς, ποδός (ho pūs, podós) der Fuß.
macro-somīa*, -ae, *f.* der Riesenwuchs. τὸ σῶμα (tó sōma) der Körper.
macro-stomīa*, -ae, *f.* die übermäßige Erweiterung der Mundspalte. τὸ στόμα (tó stóma) der Mund.
macr-ōtīa*, -ae, *f.* die abnorme Größe der Ohrmuschel. τὸ οὖς, ὠτός (to ūs, ōtós) das Ohr.
măcŭla, -ae, *f.* der Fleck. In der Anatomie der Sehfleck oder gelbe Fleck. In der Bedeutung von Fleck im allgemeinen in *măcŭla* → *adhērens* der Herzmuskelfaser, *măcŭla* → *cellulāris*, *măcŭla* → *cribrōsa*, *măcŭla* → *densa*, *măcŭla* → *lactĕa*, *măcŭla* → *saccŭli*, *măcŭla* → *utricŭli*.
maculāris*, -is, -e zum (Seh-)Fleck gehörend. In → *arteriŏla maculāris*.
magnus, -a, -um groß. Gegensatz → *parvus* klein. In → *forāmen magnum*, → *m. adductŏr magnus*.
mājor, -or, -us größer. Komparativ von *magnus*. Gegensatz → *mĭnor*, -or, -us kleiner. In → *curvatūra* → *ventricŭli mājor*, → *lābĭum mājus* → *pudendi*, → *m.* → *pectorālis mājor*, → *m. psŏas mājor*, → *m.* → *rectus* → *căpĭtis mājor*, → *m. zygomatĭcus mājor*.
maxĭmus, -a, -um der größte, sehr groß. Superlativ von *magnus*. Gegensatz → *minĭmus* sehr klein, der kleinste. In → *m.* → *glutĕus maxĭmus*.

măl-, Präfix mit der Bedeutung schlecht, falsch, miß-, *mălus*, -a, -um schlecht:
   măl-formātĭo*, -ōnis, *f.* die Mißbildung. *formātĭo*, -ōnis, *f.* die Bildung.
   măl-posĭtĭo*, -ōnis, *f.* die falsche Lage. *ponĕre* legen, stellen.
   măl-rŏtātĭo*, -ōnis, *f.* die falsche Drehung. *rŏta*, -ae, *f.* das Rad. In *măl-rŏtātĭo* → *intestīni*.
māla, -ae, *f.* die Wange, der Oberkiefer. Zusammengezogen aus → *maxilla* der Oberkiefer oder → *mandēla* der Kiefer. *mandĕre* kauen.
malāris*, -is, -e zur Wange gehörend. In → *făcĭes malāris* des → *ŏs* → *zygomatĭcum*.
mallĕus, -i, *m.* der Schlägel, der Hammer, das von → Massa († 1569) als Hammer bezeichnete Gehörknöchelchen. In → *căput mallĕi*, → *manubrĭum mallĕi*.
malleāris*, -is, -e zum Hammer gehörend. In → *plĭca malleāris*, → *prōminentĭa malleāris*, → *strĭa malleāris*.
malleŏlus, -i, *m.* das Hämmerchen. Dem. von *mallĕus*. Von Jacobus → Silvius (1478 – 1555) und Andreas → Vesalius (1514 – 1564) zur Bezeichnung des Fußknöchels gebraucht. In *malleŏlus* → *laterālis* und *mediālis*.
malleolāris*, -is, -e zum Knöchel gehörend. In → *a. malleolāris*, *făcĭes malleolāris* → *laterālis* und → *mediālis* des → *tālus*.
mamma, -ae, *f.* die weibliche Brust. In *mamma* → *accessorĭa*, *mamma masculīna*.
mammarĭus, -a, -um zur weiblichen Brust gehörend. In → *crista mammarĭa* die Milchleiste, → *cyclus mammarĭus*, → *gl. mammarĭa*, → *rr. mammarĭi*, → *regĭo mammarĭa*.
mammotrophĭcus*, -a, -um und **mammotropĭcus***, -a, -um mit dem Wachstum der Brustdrüse zu tun habend. τρέφειν (tréphein) ernähren, τρέπειν (trépein) sich zuwenden. In → *cellula mammotrophĭca* und *mammotropĭca* des Hypophysenvorderlappens.
mamilla, -ae, *f.* die Brustwarze. Als Dem. von *mamma* müßte eigentlich *mammilla* geschrieben werden.
mamillaris, -is, -e brustwarzenähnlich. Die Römer verstanden unter *mamillāre*, -is, *n.* eine Binde zum Festhalten der Brüste. In → *corpus mamillāre*, → *prŏc. mamillāris*. In Zusammensetzungen **mamillo-:** → *fasc. mamillotegmentālis*, → *fasc. mamillothalamĭcus*.
mandĭbŭla*, -ae, *f.* der Unterkiefer im mittelalterlichen Latein. *mandĕre* kauen.
mandibulāris*, -is, -e zum Unterkiefer gehörend. In → *lig. stylomandibulāre*, → *lig. tempŏromandibulāre*, → *n. mandibulāris*, → *nōdi* → *lymph. mandibulāres*.
mănus, -ūs, *f.* die Hand. In der Anatomie der Renaissance bedeutete *mănus* der Arm. Die Hand wurde → *summa mănus* genannt. Ähnlich ist im Griechischen ἡ χείρ, χειρός (hē cheír, cheirós) der Unterarm, während ἡ ἀκρόχειρ (hē akrócheir) die Hand bedeutete. In → *digĭti mănus*, → *dorsum mănūs, mănūs* → *bifurcāta* die Spalthand, → *palma mănūs*.
mănĭca, -ae, *f.* der Handschuh, eigentlich der die Hand bedeckende Ärmel. In *mănĭca* → *lamellāris* → *terminālis*.
manūbrĭum, -ĭi, *n.* der Handgriff. In *manūbrĭum* → *mallĕi*, → *manūbrĭum* → *sterni*. In Zusammensetzungen **manūbrĭo-:** syn. *manūbrĭosternālis*.
margo, -ĭnis, *m.* und *f.* der Rand. In der Anatomie stets **männlich** verwendet. Sehr häufige Bezeichnung. In *margo* → *interossĕus, margo lambdoĭ-*

děus, margo → mastoīděus, margo → mesovarĭcus, margo → occultus der Hinterrand des Nagels, margo → prĕaxiālis und postaxiālis des Embryo, margo → squamōsus, margo → zygomatĭcus und zahlreiche andere.

marginālis, -is, -e zum Rand gehörend. In → fīxĭo marginālis der Nabelschnur, → lām. marginālis → anterĭor → irĭdis, → papilla marginālis, → p. marginālis des M. → orbiculāris → ōris, → r. marginālis → mandĭbŭlae des N. faciālis, → sĭnus marginālis des Lymphknotens, → strātum margināle der Randschleier des Nervenrohrs, → vv. margināles, → zōna marginālis.

marginātus, -a, -um randständig. Part. von margināre umranden. In → placenta margināta.

masculīnus, -a, -um männlich. mās, māris, m. der Mann. In → orgăna → genitalĭa masculīna.

massa, -ae, f. die Masse, der Klumpen. In massa → embryonĭca, massa → laterālis des Atlas.

massēter, -ēris, m. der vom Jochbogen zum Unterkieferwinkel ziehende Kaumuskel. ὁ μασ(σ)ητήρ, -ῆρος (ho mas(s)ētér, -éros). μασ(σ)άεσϑαι (mas(s)áesthai) kauen. In → m. massēter. Schon bei → Hippokrates (460 – um 356 v. Chr.).

massetērĭcus*, -a, -um zum Massetermuskel gehörend. In → a. massetērĭca, → n. massetērĭcus.

mastŏīděus, -a, -um brustwarzenförmig, mit dem Warzenfortsatz in Beziehung stehend. μαστοειδής (mastoeidés). ὁ μαστός (ho mastós) die Brustwarze. In → angŭlus mastŏīděus, → cellŭlae mastŏīděae, → fŏrāmen mastŏīděum, → incisūra mastŏīděa, → prŏc. mastŏīděus.

mäter, -tris, f. die Mutter, das Umhüllende (vgl. Perlmutter, Schraubenmutter). In der Anatomie im Sinne von Umhüllung für Gehirn- und Rückenmarkshäute gebraucht. Herkunft aus dem Arabischen. In → dūra māter → encephăli, → dūra māter → spinālis, → pĭa māter → encephăli, → pĭa māter → spinālis.

maternus, -a, -um mütterlich. In → p. materna der Placenta.

mātrix, -īcis, f. der Mutterboden, die Hülle, Klinisch auch für Gebärmutter gebraucht. In mātrix → cartilaginĕa, mātrix → chromosomātis, mātrix → interterritoriālis, mātrix → mitochondriālis, mātrix → territoriālis, mātrix → unguis.

matricālis*, -is, -e mit einer Matrix versehen. In → mitochondrĭum matricāle.

mātūrātĭo, -ōnis, f. die Reifung. mātūrāre reifen. In → divisĭo mātūrātiōnis.

matūrus, -a, -um reif. maturāre reifen. In → follĭcŭlus → ovarĭcus matūrus der Graafsche Follikel.

maxilla, -ae, f. der Oberkiefer. Im Altertum gleichbedeutend mit Kiefer. Deshalb die Bezeichnungen maxilla → inferĭor und maxilla → superĭor. Seit → Vesal (1514 – 1564) wird der Unterkiefer mit → mandibŭla bezeichnet. In → corpus maxillae, → tūber maxillae.

maxillāris, -is, -e zum (Ober-)Kiefer gehörend. In → a. maxillāris, → făcĭes maxillāris, → hiātus maxillāris, → sĭnus maxillāris.

meātus, -ūs, m. der Gang. meāre gehen. In meātus → acustĭcus, meātus → nāsi, meātus → nasopharyngĕus.

mechanĭcus, -a, -um durch äußere Einwirkung bedingt, mechanisch. μηχανικός (mēchanikós) kunstreich. ἡ μηχανή (hē mēchanḗ) das Werkzeug, die Maschine. In → dēficentĭa mechanĭca.

mecōnĭum, -ĭī, n. das Kindspech, der Darminhalt des Neugeborenen. In diesem Sinn schon bei → Aristoteles (384 – 322 v. Chr.) gebraucht. τὸ μηκώνιον (tó mēkónion) der eingedickte Mohnsaft. ἡ μήκων, -ωνος (hē mékon, -ōnos) der Mohn.

mědǐus, -a, -um der mittlere von dreien. Synonym mit → *intermědǐus*. In der Anatomie häufig verwendete Lagebezeichnung. In der Mißbildungslehre → *junctǐo mědǐa* von Zwillingsmißbildungen.

mediālis, -is, -e näher der Symmetrieebene liegend. Gegensatz → *laterālis* weiter entfernt von der Symmetrieebene liegend. *mědǐum*, -ǐi, *n*. die Mitte. In der Anatomie sehr häufig verwendete Seitenbezeichnung.

mediānus, -a, -um in der Mitte liegend. *vena mediāna* soll nach → Hyrtl (1811 – 1894) vom arabischen ‹al-madian› abgeleitet sein und bedeuten Vene des → Madjan Ibn Abderrahman, Kommentator des Avicenna (980 – 1037). Nach → Macalister ist dagegen al-madjan nichts anderes als das aus dem Latein entlehnte *mediāna*. In → *a. mediāna*, → *lig.* → *arcuātum* → *mediānum*, → *lig.* → *thyrohyoīděum mediānum*, → *lig.* → *umbilicāle mediānum*, → *līněa mediāna*, → *n. mediānus*, → *sulcus mediānus*, → *v. mediāna* → *cubǐti*.

mediastīnum*, -i, *n*. das Mittelfell, die Organe, welche beide Pleurahöhlen voneinander trennen. Ableitung von *mědǐum intestīnum* oder von *in mědǐo stans*. In *mediastīnum* → *anterǐus*, *mediastīnum* → *mědǐum*, *mediastīnum* → *posterǐus* und *mediastīnum* → *superǐus*. Ferner in *mediastīnum* → *testis* der ins Innere des Hodens vorspringende Wulst.

mediastinālis*, -is, -e zum Mittelfell gehörend. In → *nōdi* → *lymph. mediastināles*, → *pleura mediastinālis*, → *rěc. costomediastinālis*, → *truncus bronchomediastinālis*.

medulla, -ae, *f*. das mitten im Knochen Liegende, das Mark. In *medulla* → *oblongāta*, *medulla* → *ossǐum* → *flāva*, *medulla* → *ossǐum* → *rubra*, *medulla* → *rēnis*, *medulla* → *spinālis*.

medullāris, -is, -e. 1. Zum Knochenmark gehörend. In → *căvǐtas medullāris*. 2. Zum Nervenmark gehörend. In → *cōnus medullāris*, → *lām. medullāris*, → *strǐa medullāris*,→ *vēlum medullāre*.

medullarǐus*, -a, -um zum Mark gehörend. In → *p. medullarǐa* des → *rēte* → *capillāre* → *peritubulāre*.

mega(l)-, Präfix mit der Bedeutung groß, μέγας, μεγάλη, μέγα (mégas, megálē, méga) groß:

mega-caryocўtus*, -i, *m*. die Knochenmarksriesenzelle. μέγας (mégas) groß. τὸ κάρυον (tó káryon) die Nuß, der (Nuß-)Kern. τὸ κύτος (tó kýtos) die Zelle.

mega-caryoblastus*, -i, *m*. die myeloblastenähnliche Vorstufe der Knochenmarksriesenzelle. βλάστειν (blástein) bilden.

mega-caryocytopoiësis*, -is auch -ĕōs, *f*. die Bildung von Knochenmarksriesenzellen. ἡ ποίησις (hē poíēsis) die Bildung.

mega-colon*, -i, *n*. der abnorm große Dickdarm *colon*, -i, *n*. In → *mega-colon* → *congenǐtum*.

mega-gӯrǐa*, -ae, *f*. die abnorme Größe der Hirnwindungen. *gӯri*, -ōrum, *m*.

mega-lecithālis*, -is, -e stark dotterhaltig. *lezithīnum**, -i, *n*. das Esterphosphatid des Eidotters. ἡ λέκιθος (hē lékithos) der Eidotter. In → *ōvum megalecithāle*.

megalo-cardīa*, -ae, *f*. die übermäßige Größe des Herzens. ἡ καρδία (hē cardía) das Herz.

meiōsis*, -is, *f*. die Teilung mit Verminderung der Chromosomenzahl, die Reduktionsteilung. μειόειν (meióein) vermindern.

meiotǐcus*, -a, -um die Reduktionsteilung *meiōsis** betreffend. In → *dēfectǐo meiotǐca.*
melanīnum*, -i, *n.* das dunkle stickstoffhaltige Pigment. μέλας (mélas) dunkel.
melani-fer*, -fĕra, -fĕrum dunkles Pigment führend. *ferre*, φέρειν (phérein) tragen. In → *corpus lamellōsum melanifĕrum.*
melanismus*, -i, *m.* die übermäßige Pigmentierung.
melano-blastus*, -i, *m.* die Vorstufe der schwarz pigmentierten Zelle. βλάστειν (blástein) bilden.
melano-cȳtus*, -i, *m.* die schwarze Pigmentzelle. τὸ κύτος (tó kýtos) die Zelle.
melano-phōrus, -i, *m.* der Melaninträger. φέρειν (phérein) tragen.
melano-sōma, -ătis, *n.* das dunkel pigmentierte Körperchen. τὸ σῶμα (tó sōma) der Körper.
melano-trophǐcus*, -a, -um oder **melano-tropǐcus***, -a, -um die Melaninbildung fördernd. τρέφειν (tréphein) ernähren, τρέπειν (trépein) zuwenden. In → *cellŭla melanotrophǐca* und *melanotropǐca.*
membrāna, -ae, *f.* die feine Haut. Eigentlich die zum Schreiben präparierte Tierhaut (Pergament). ἡ μεμβράνα (hē membrána) das Pergament. In der Anatomie, Histologie, Zytologie und Embryologie sehr häufig verwendete Bezeichnung für eine flächenhaft ausgedehnte „Haut" oder für flächenhaft angeordnetes Bindegewebe.
membranacĕus, -a, -um häutig. In → *labyrinthus membranacĕus,* → *ŏs membranacĕum,* → *osteogenĕsis membranacĕa,* → *parǐes membranacĕus,* → *p. membranacĕa* der Nasenscheidewand, der männlichen Harnröhre, der Ventrikelscheidewand des Herzens, *placenta membranacĕa.*
membranōsus, -a, -um reich an Membranen, membranartig. In → *m. semimembranōsus* der halbhäutige Muskel.
membrum, -i, *n.* das Glied, die Extremität. In *membrum* → *inferǐus* und *membrum* → *superǐus.*
membrālis, -is, -e zum zur Extremität *membrum* gehörend. In → *mesoderma membrāle.*
menarche, -ae, *f.* die erste Monatsblutung. ὁ μήν, μηνός (ho mēn, mēnós) der Monat. ἄρχειν (árchein) beginnen. ἡ ἀρχή (hē archḗ) der Anfang.
meninx, -ingis, *f.* die Hirnhaut. ἡ μῆνιγξ, μήνιγγος (hē mḗninx, mḗningos) zunächst die Haut, dann erst die Hirnhaut.
meningĕus, -a, -um zur Hirnhaut gehörend. Mittelalterlich μηνιγγιαῖος (mēningiaíos), die modernen Griechen sagen μηνιγγικός (mēningikós). In → *a. meningĕa,* → *r. meningĕus.* In Zusammensetzungen **meningo-:**
meningo-cēlīa*, -ae, *f.* der Hirnhaut- oder Rückenmarkshautbruch, die Meningozele. κοῖλος (koílos) hohl.
meningo-encephalocēlīa*, -ae, *f.* der Vorfall von Hirngewebe und seinen Häuten. ὁ ἐγκέφαλος (ho enképhalos) das Gehirn. κοῖλος (koílos) hohl.
meningo-myelocēlīa*, -ae, *f.* der Vorfall von Nervengewebe des Rückenmarks mit seinen Häuten. ὁ μυελός (ho myelós) das (Rükken-)Mark.
meniscus, -i, *m.* der Halbmond. ὁ μηνίσκος (ho mēnískos) der kleine Mond. Dem. von ὁ μήν, μηνός (ho mēn, mēnós) der (Mond-)Monat. In der Anatomie der halbmondförmige Faserknorpel des Kniegelenks,

auch eine Art von Nervenendkörperchen, die Meckelschen Tastscheiben. In *meniscus* → *art., meniscus tactūs.*

menopausa*, -ae, *f.* das Aufhören der Monatsblutung. ὁ μήν, μηνός (ho mén, mēnós) der Monat. παύειν (paúein) aufhören.

menses, -ĭum (auch mensum und mensŭum), *f.* die Monatsblutung.

menstrualis, -is, -e monatlich, dann auch die Monatsblutung *menstrŭa*, -ōrum, *n.* betreffend, *mensis*, -is, *m.* der Monat. In → *cyclus menstruālis*, → *phasis menstruālis*.

mentum, -i, *n.* das Kinn. *prominēre* hervorstehen.

mentālis*, -is, -e zum Kinn gehörend. In → *a. mentālis*, → *fŏrāmen mentāle*, → *m. mentālis*, → *n. mentālis*, → *prōtuberantĭa mentālis*, → *sp. mentālis*, → *tŭberc. mentāle*. In Zusammensetzungen **mento-:** → *sulcus mentolabiālis*.

mĕrīdiānus (scīl. *circŭlus*) der Meridian, der größte Kreis, welcher durch die beiden Pole einer Kugel geht. *mĕrīdĭes* oder *medĭusdĭes* der Mittag, der Süden. In *mĕrīdiāni* des Augapfels.

mĕridionālis, -is, -e wie ein Meridian laufend. In → *fĭbrae meridionāles* des Ziliarmuskels.

merocrīnus*, -a, -um teilweise absondernd. Gebildet aus τὸ μέρος (tó méros) der Teil und κρίνειν (krínein) absondern. Bei merokrinen Drüsen wird nur der als Prosekret sichtbare Teil des Zellinhalts ausgeschieden, wobei die Gesamtform der Zelle erhalten bleibt, wie etwa in den *acĭni* der Bauchspeicheldrüse oder der Ohrspeicheldrüse. In → *gl. merocrīna*.

mesiālis*, -is, -e eigentlich nach der Mitte zu liegend. In der Zahnheilkunde die gegen den Vorderzahn schauende Kronenfläche. In → *făcĭes mesiālis*.

mĕsŏ- (μέσο-), mes- Präfix mit der Bedeutung mittel-, halb-, zwischen-:

mĕs-angĭum*, -ĭi, *n.* die Gefäßduplikatur. τὸ αγγεῖον (tó angeíon) das Gefäß.

mĕs-angiocȳtus*, -i, *m.* die Zelle des Mesangium.

mĕs-axōn*, -ōnis, *n.* das im Axon darin Liegende, der Achsenzylinder. ὁ ἄξον (ho áxōn) die Achse.

mĕs-encephălon*, -i, *n.* das Mittelhirn.

mĕs-encephalĭcus*, -a, -um zum Mittelhirn gehörend. In → *căvĭtas mĕsencephalĭca*, → *flexūra mĕsencephalĭca* die Scheitelbeuge, → *nŭcl.* → *tr. mĕsencephalĭci* des Trigeminus, → *prōminentĭa mĕsencephalĭca* des Embryo, → *tr. mĕsencephalĭcus* des Trigeminus.

mĕs-enchȳma*, -ătis, *n.* das vom mittleren Keimblatt herstammende Füllgewebe, das embryonale Bindegewebe. ἐγχέειν (engchéein) eingießen, auffüllen.

mĕs-endoderma*, -ătis, *n.* das Mesendoderm. *endoderma**, -ătis, *n.* das innere Keimblatt.

mĕs-enterĭum*, -ĭi, *n.* das zwischen den Eingeweiden Liegende, das Gekröse, die Bauchfellduplikatur. τὸ μεσεντέριον (tó mesentérion) schon bei → Aristoteles (384 – 322 v. Chr.). τὸ ἔντερον (tó énteron) das Eingeweide. ἔντός (entós) innen. In *mesenterĭum* → *inconjunctum*, → *radix mesenterĭi*.

mĕs-enterĭcus*, -a, -um zum Gekröse gehörend. In → *a. mesenterĭca*, → *nŏdus* → *lymph. mesenterĭcus*, → *pl. mesenterĭcus*, → *v. mesenterĭca*.

mĕs-enterŏn*, -i, *n.* der Mitteldarm. τὸ ἔντερον (tó énteron) der Darm.

mĕs-ēsophagēum*, -i, *n.* das embryonale Mesenterium der Speiseröhre *ēsophăgus**, -i, *m.*

měsŏ-appendix*, -īcis, *f.* das Mesenterium des Wurmfortsatzes.
měsŏ-blastus*, -i, *m.* die dazwischenliegende Zellbildungsschicht. βλάστειν (blástein) bilden. → *měsŏ-derma.*
měsŏ-cardium*, -ĭi, *n.* das Herzgekröse, *cardiăcus,* -a, -um zum Herzen *cardīa,* -ae, *f.* gehörend.
měsŏ-colon*, -i, *n.* das Mesenterium des Dickdarms. τὸ μεσόκολον* der modernen Griechen. In *mesocolon* → *sigmoidĕum, mesocolon* → *transversum.*
měsŏ-colĭcus*, -a, -um mit dem Mesenterium des Dickdarms in Beziehung stehend. In → *tēnĭa měsŏcolĭca.*
měsŏ-derma*, -ătis, *n.* das mittlere Keimblatt. τὸ δέρμα (tó dérma) die Haut.
měsŏ-dermālis*, -is, -e vom mittleren Keimblatt *mesoderma** abstammend. In → *epithēlĭum mesodermāle.*
měsŏ-duodēnum*, -i, *n.* das embryonale Mesenterium des Zwölffingerdarms *duodēnum,* -i, *n.*
měsŏ-gastrĭum, -ĭi, *n.* das Mesenterium des Magens, aber auch die mittlere Region des Bauches zwischen → *epigastrĭum* und → *hypogastrĭum.* Die modernen Griechen sagen τὸ μεσογάστριον* (tó mesogástrion).
měsŏ-ilĕum*, -i, *n.* das Mesenterium des Krummdarms *ilĕum,* -i, *n.*
měsŏ-jejūnum*, -i, *n.* das Mesenterium des Leerdarms *jejūnum,* -i, *n.*
měsŏ-lecithālis*, -is, -e mittelmäßig Dotter enthaltend. *lezithīnum**, -i, *n.* das Esterphosphatid des Eidotters. ἡ λέκιθος (hē lékithos) der Eidotter. In → *ōvum mesolecithāle.*
měsŏ-mērus*, -i, *m.* die Furchungszelle mittlerer Größe. τὸ μέρος (tó méros) der Teil.
měsŏ-metrĭum*, -ĭi, *n.* der zur Gebärmutter ziehende Teil des → *lig. lātum.* ἡ μήτρα (hē métra) die Gebärmutter. Im modernen Griechisch τὸ μεσομήτριον (to mesométrion).
měsŏ-metriālis*, -is, -e an der Ansatzstelle des *měsŏmetrĭum* liegend. In → *implantātĭo měsŏmetriālis.*
měsŏ-nephros*, -i, *m.* die Urniere, die an 2. Stelle gebildete Niere. ὁ νέφρος (ho néphros) die Niere.
měsŏ-nephrĭcus*, -a, -um zur Urniere gehörend. In → *corpusculum měsŏnephrĭcum,* → *crista měsŏnephrĭca,* → *ductus měsŏnephrĭcus,* → *plĭca měsŏnephrĭca,* → *prōminentĭa měsŏnephrĭca* des Embryo, → *tūbŭlus měsŏnephrĭcus.*
měs-orchĭum*, -ĭi, *n.* das Aufhängeband des sich entwickelnden Hodens. Die modernen Griechen sagen τὸ μεσόρχιον* (tó mesórchion). ὁ ὄρχις, -εως (ho órchis, -éōs) der Hoden.
měsŏ-phragma, -ătis, *n.* die Zwischenwand oder M-Linie der quergestreiften Muskelfaser. φράσσειν (phrassein) abgrenzen. τὸ φράγμα (tó phrágma) die Trennwand.
měsŏ-rectum*, -i, *n.* das embryonale Mesenterium des Mastdarms *rectum,* -i, *n.*
měsŏ-salpinx, -ĭngis, *f.* das Gekröse des Eileiters. Die modernen Griechen sagen τὸ μεσοσαλπίγγιον (tó mesosalpíngion). ἡ σάλπιγξ, -ιγγος (hē sálpinx, -ingos) die Trompete.
měsŏ-tendinĕum, -i, *n.* das gekröseähnliche synoviale Haftband der Sehne in den Sehnenscheiden. *tendo,* -ĭnis, *m.* die Sehne, neulateinisch. ὁ τένων (ho ténōn) die Sehne.

měsŏ-thelĭum*, -ĭi, *n.* das Mesothel, die epithelähnlichen Abkömmlinge des Mesenchyms. Der Begriff ist in Analogie zu → *endothelĭum* und → *epithelĭum* gebildet.
měsŏ-theliocȳtus*, -i, *m.* die Mesothelzelle.
měs-ovarĭum*, -ĭi, *n.* die Bauchfellduplikatur des Eierstocks *ovarĭum* Hybrid.
měs-ovarĭcus*, -a, -um der Bauchfellduplikatur des Eierstocks anliegend. In → *margo mesovarĭcus.*
mětă- (μετά-), *mět*- örtliches Präfix mit der Bedeutung inmitten, zwischen, über hinaus. Zeitliches Präfix mit der Bedeutung nach:
mětă-bolĭcus*, -a, -um den Stoffwechsel betreffend. ἡ μεταβολή (hē metabolē) der Wechsel, der Umsatz. μεταβάλλειν (metabállein) verändern. In → *dēfectĭo metabolĭca.*
mětă-carpus*, -i, *m.* die Mittelhand. Die modernen Griechen sagen τὸ μετακάρπιον* (tó metakárpion). ὁ καρπός (ho karpós) → *carpus.*
mětă-carpālis*, -is, -e zur Mittelhand gehörend. In → *ossa mětacarpalĭa.*
mětă-carpēus*, -a, -um zur Mittelhand gehörend. In → *aa. mětacarpēae,* → *art. carpomětacarpēae,* → *art. intermětacarpēae,* → *art. mětacarpophalangēae,* → *ligg. carpomětacarpēa,* → *ligg. mětacarpēa,* → *vv. mětacarpēae.*
mětă-centrĭcus*, -a, -um das Zentrum in der Mitte habend. *centrĭcus* ein Zentrum habend. In → *chromosōma mětacentrĭcum.*
mětă-merismus*, -i, *m.* die Gliederung in hintereinanderliegende gleiche Abschnitte. τὸ μέρος (tó méros) der Teil.
mětă-myelocȳtus*, -i, *m.* die Zwischenstufe zwischen rundkernigen und reifen segmentkernigen Granulozyten.
mětă-nephros*, -i, *m.* die Nachniere, die zuletzt gebildete Niere. ὁ νεφρός (ho nephrós) die Niere.
mětă-nephrĭcus*, -a, -um zur Nachniere *mětănephros* gehörend. In → *diverticŭlum mětănephrĭcum.*
mětă-nephrogenĭcus*, -a, -um die Nachniere *mětănephros* bildend. γεννάειν (gennáein) bilden. In → *blastema mětănephrogenĭcum.*
mětă-phāsis*, -is (auch -ĕōs), *f.* die Zwischenphase. ἡ φάσις (hē phásis) die Erscheinung.
mětă-phasĭcus*, -a, -um zur Metaphase gehörend. In → *fusus mětaphasĭcus.*
mětă-phȳsis*, -is (auch -ĕōs), *f.* die Epiphysenfuge, die zwischen Epiphyse und Diaphyse des Röhrenknochens gelegene Wachstumszone. φύειν (phȳein) wachsen.
mětă-plasīa*, -ae, *f.* die Umwandlung in ein anderes Gewebe. πλάσσειν (plássein) bilden.
mětă-stāsis*, -is, (auch -eōs), *f.* die Umstellung, die Veränderung, die Auswanderung, dann auch die Tochtergeschwulst oder Metastase. ἡ μετάστασις (hē metástasis). ἡ στάσις (hē stásis) die Stockung. στατικός (statikós) stehend.
mětă-tarsus*, -i, *m.* der Mittelfuß. Die modernen Griechen sagen τὸ μετατάρσιον* (tó metatársion). ὁ ταρσός (ho tarsós) die Fußwurzel. → *tarsus.*
mětă-tarsālis*, -is, -e zum Mittelfuß gehörend. In → *ossa mětatarsalĭa.*
mětă-tarsēus*, -a, -um zum Mittelfuß gehörend. In → *aa. mětatarsēae,* → *art. intermětatarsēae,* → *art. mětatarsophalangēae,* → *art. tarsomětatarsēae,* → *ligg. mětatarsēa,* → *ligg. tarsomětatarsēa,* → *vv. mětatarsēae.*

mĕtă-thalămus*, -i, m. der hinter dem Thalamus liegende Hirnteil, bestehend aus → *corpus* → *geniculātum* → *laterāle* und → *mediāle*.
mĕt-encephălon*, -i, n. das Hinterhirn. → *encephălon*.
 mĕt-encephalĭcus*, -a,-um das Hinterhirn betreffend. In → *prōminentĭa mĕtencephalĭca*.
mĕt-entĕron*, -i, n. der Hinterdarm. τὸ ἔντερον (tó énteron) der Darm.
mĕt-ēstrus*, -i, m. die Zeit unmittelbar nach der Brunst, *ēstrus*, -i, m.
micro-, micr- μικρός (mikrós) klein, kurz. In Zusammensetzungen:
 micr-encephalīa*, -ae, f. die abnorme Kleinheit des Gehirns. ὁ ἐγκέφαλος (ho engképhalos) das Gehirn.
micro-brachīa*, -ae, f. die abnorme Kürze der oberen Extremität. *brachĭum*, -ĭi, n. die obere Extremität.
micro-cephalīa*, -ae, f. die abnorme Kleinheit des Kopfes. ἡ κεφαλή (hē kephalḗ) der Kopf.
micro-cheirīa*, -ae, f. die abnorme Kleinheit der Hände. ἡ χείρ, χειρός (hē cheír, cheirós) die Hand.
micro-cȳtus*, -i, m. das zu kleine rote Blutkörperchen. τὸ κύτος (tó kýtos) die Zelle.
micro-dactylīa*, -ae, f. die abnorme Kleinheit der Finger oder Zehen. ὁ δάκτυλος (ho dáktylos) der Finger, die Zehe.
micro-fibrilla*, -ae, f. die ultrastrukturelle Fäserchen. *fibrilla*, -ae, f. das Fäserchen. Dem. von → *fĭbra*.
micro-glīa*, -ae, f. die kleine Gliazelle. → *glīa**, -ae, f. ἡ γλία (hē glía) der Leim.
micro-glōssīa*, -ae, f. die abnorme Kleinheit der Zunge. ἡ γλῶσσα (hē glṓssa) die Zunge.
micro-gnathīa*, -ae, f. die abnorme Kleinheit des (Unter-)Kiefers, das Vogelgesicht. ἡ γνάθος (hē gnáthos) der Kiefer.
micro-gyrīa*, -ae, f. die abnorme Kleinheit der Hirnwindungen. *gȳrus*, -i, m. die Hirnwindung.
micro-mastīa*, -ae, f. die abnorme Kleinheit der Brustdrüse. ὁ μαστός (ho mastós) die Brust.
micro-melīa*, -ae, f. die abnorme Kleinheit der Extremitäten. τὸ μελός (tó mélos) das Glied.
micro-mērus*, -i, m. die kleine Furchungszelle. τὸ μέρος (tó méros) der Teil.
micr-ophthalmīa*, -ae, f. die abnorme Kleinheit des Augapfels. ὁ ὀφθαλμός (ho ophthalmós) das Auge.
micro-papilla*, -ae, f. die ultrastrukturelle Papille. Dem. von *papŭla*, -ae, f. das Bläschen.
micro-plasīa*, -ae, f. die Entwicklung eines zu kleinen Organs. πλάσσειν (plássein) bilden.
micro-pȳlum*, -i, n. die kleine Öffnung der Eihülle für das Eindringen des Samenfadens. ἡ πύλη (hē pýlē) das Tor.
micro-sōmīa*, -ae, f. die abnorme Kleinheit des Körperwuchses. τὸ σῶμα (tó sṓma) der Körper.
micro-stomīa*, -ae, f. die abnorme Kleinheit der Mundspalte. τὸ στόμα (tó stóma) der Mund.
micro-thēlīa*, -ae, f. die abnorme Kleinheit der Brustwarze. ἡ θήλη (hē thḗlē) die Brustwarze.
micr-ōtīa*, -ae, f. die abnorme Kleinheit der Ohrmuschel. τὸ οὖς, ωτός (tó ūs, ōtós) das Ohr.
micro-tubŭlus*, -i, m. das ultrastrukturelle Röhrchen. *tubŭlus*, -i, m. das Röhrchen. Dem. von *tŭbus*, -i, m. das Rohr. In *microtubŭlus* → *fusā-*

lis die Spindelfaser, → *diplomicrotubŭlus* das ultrastrukturelle Zweifachröhrchen, → *triplomicrotubŭlus* das ultrastrukturelle Dreifachröhrchen.
micro-villus*, -i, *m.* die ultrastrukturelle Zotte der Zelloberfläche. *villus*, -i, *m.* die Zotte. Hybrid.
migrātĭo, -ōnis, *f.* die Wanderung. *migrāre* wandern. In → *dēfectĭo migrātĭōnis*.
minerāle, -is, *n.* das Berggut, das Erzgestein, die anorganische Substanz.
minĭmus, -a, -um der kleinste. Superl. von *parvus*, -a, -um. Gegensatz → *maxĭmus* der größte. In → *digĭtus minĭmus*, → *m.* → *glutēus minĭmus*, → *vv.* → *cordis minĭmae*.
mĭnor, -ōris kleiner. Komparativ von → *parvus* klein. Gegensatz → *mājor* größer. In → *curvatūra* → *ventricŭli mĭnor*, → *labĭum mĭnus* → *pudendi*, → *m.* → *pectorālis mĭnor*, → *m.* → *psŏas mĭnor*, → *n.* → *petrōsus mĭnor*.
mirabĭlis, -is, -e staunenswert. *mirāri* sich wundern. In → *rēte mirabĭle*.
mitochondrĭum*, -ĭi, *n.* das Fadenkörnchen. Neu geschaffenes Kunstwort der Zytologie. ὁ μίτος (ho mítos) die Schlinge, der Faden, ὁ χόνδρος (ho chóndros) das Korn. Das Mitochondrium ist die energetische Zellorganelle.
mitochondriālis*, -is, -e zum Mitochondrium gehörend, Mitochondrien enthaltend. In → *crista mitochondriālis*, → *filamentum mitochondriāle*, → *granŭlum mitochondriāle*, → *inclusĭo mitochondriālis*, → *matrix mitochondriālis, membrāna mitochondriālis*, → *tubŭlus mitochondriālis*, → *vagīna mitochondriālis*.
mitōsis*, -is, *f.* die indirekte Zellteilung unter Schlingenbildung der Chromosomen. ὁ μίτος (ho mítos) der Faden, die Schlinge. In *mitōsis* → *cellulāris*.
mitotĭcus*, -a, -um die Mitose betreffend. In → *apparatus mitotĭcus*, → *cyclus mitotĭcus*, → *fūsus mitotĭcus*, → *periŏdus mitotĭcus*.
mitrālis*, -is, -e einer Bischofsmitra ähnlich. Die Bischofsmitra ist der Kopfbedeckung der jüdischen Hohenpriester nachgebildet. Klassisch nur *mitrātus*, -a, -um eine Mütze tragend. ἡ μίτρα (hē mítra) ursprünglich die Leibbinde des Kriegers, dann die Kopfbinde oder Kopfbedeckung der griechischen und römischen Frauen. In der christlichen Kirche wurde die Mitra zur Kopfbedeckung des Bischofs. *mitrālis* ist eine hybride Bildung, jedoch als Lehnwort aus dem Griechischen statthaft. Die modernen Griechen sagen μιτροειδής (mitroeidés). Die → *valva* → *atrĭoventriculāris* → *sinistra* wird in der Klinik noch häufig als → *valva mitrālis* bezeichnet.
mixtus, -a, -um gemischt. Part. von *miscēre* mischen. In → *gl. mixta*.
mixtotypĭcus*, -a, -um von gemischtem Bautyp. In → *a. mixtotypĭca*.
mōbĭlis, -is, -e beweglich. *movēre* bewegen. In → *p. mōbĭlis* der Nasenscheidewand.
modiŏlus, -i, *m.* die an der Basis ausgehöhlte Hörschnecke. Von Bartolomeo → Eustachi (1520 – 1574) in die anatomische Fachsprache eingeführtes Wort. Dem. von *modĭus*, -ĭi, *m.* der Scheffel. Wurde von den Römern zur Bezeichnung verschiedener Hohlzylinder, wie auch des Mantels am Trepan oder der Nabe des Rads gebraucht.
mŏdus, -i, *m.* der Maßstab, die Art und Weise. *mŏdificāre* nach einem Maßstab abmessen, gebildet aus *mŏdus* und *facĕre* machen, tun. In *mŏdus* → *progressiōnis*, *mŏdus reproductiōnis*.
mŏdificātus, -a, -um abgeändert. Part. von *mŏdificāre* abmessen, nach einem Maßstab beurteilen, abändern. In → *karyotȳpus mŏdificātus*.

mŏlāris, -is, -e zum Mahlen geeignet. Als Substantiv *molāris*, -is, *m*. der Mühlstein. *mŏla*, -ae, *f.* der Mühlstein, Plural die Mühle. ἡ μύλη (hē mýlē). In → *dentes mŏlāres*, → *gll. mŏlāres*.

mōleculāris*, -is, -e feinteilig. Der Begriff *mōlecŭla*, -ae, *f.* das Ur-Teilchen ist eine Sprachschöpfung des Barock. Dem. von *mōles*, -is, *f.* die Masse. In → *str. mōleculāre* der Groß- und der Kleinhirnrinde.

mollis, -is, -e weich. Gegensatz *durus*, -a, -um hart. In → *palātum molle*.

mongolismus*, -i, *m*. die Idiotie mit mongolenähnlicher Gesichtsbildung (Schlitzäugigkeit), die Trisomie 21.

moniliformis*, -is, -e halsbandartig. *monīle*, -is, *n*. das Halsband. *forma*, -ae, *f.* die Gestalt. In → *nŭcl. moniliformis*.

mŏnŏ-, mŏn- nur mit einem einzigen versehen. μόνος (mónos) allein, einzig, μονόειν (monóein) allein lassen, übrig lassen:

mŏnŏ-centrĭcus*, -a, -um ein einziges Zentrum habend. *centrum*, -i, *n*. der Mittelpunkt. In → *chromosōma mŏnŏcentrĭcum*.

mŏnŏ-cytoblastus*, -i, *m*. die Stammzelle der Monozyten. βλάστειν (blástein) bilden.

mŏnŏ-cytopoiēsis*, -is (auch -ĕōs), *f.* die Bildung der Monozyten. ἡ ποίησις (hē poíēsis) die Bildung. ποιέειν (poiéein) bilden.

mŏnŏ-cȳtus*, -i, *m*. die Zelle mit dem einzigen Kern, der Monozyt. τὸ κύτος (tó kýtos) die Zelle.

mŏnŏ-embryonĭcus*, -a, -um mit einem einzigen Embryo versehen. In → *gestatĭo mŏnŏembryonĭca*.

mŏnŏ-ēstrōsus*, nur eine einzige Brunstzeit habend. *ēstrus*, -i, *m*. die Liebesraserei, die Brunst. In → *typus monoēstrōsus*.

mŏnŏ-nŭcleāris*, -is, -e mit einem einzigen Kern. *nŭclĕus*, -i, *m*. versehen. In → *status mŏnŏnŭcleāris*, → *cellŭla* → *gigantĭca mŏnŏnŭcleāris*.

mŏnŏ-ploidēa*, -ae, *f.* der Zustand des Kerns mit einfachem Chromosomensatz. → *ploidēa**, -ae, *f.* Kunstwort der Genetik zur Charakterisierung des Chromosomensatzes, gebildet in Anlehnung an ἁπλόος (haplóos) einfach und διπλόος (diplóos) zweifach.

mŏnŏ-somīa*, -ae, *f.* das Vorhandensein eines unpaaren Chromosoms im diploiden Chromosomensatz des Zellkerns. Beispiel der Monosomie eines Autosoms: Monosomīa 22. Beispiel der Monosomie eines Heterochromosoms: Syndroma Turner mit einem einzigen X-Chromosom.

mŏnŏ-spermīa*, -ae, *f.* die Befruchtung durch einen einzigen Samenfaden *spermĭum*, -ĭi, *n*.

mons, -tis, *m*. der Berg. In *mons* → *pūbis*.

monstrum, -i, *n*. das Wunderzeichen, das Ungeheuer. Zusammengezogen aus *monestrum*. *monēre* warnen, ermahnen.

monstruōsus, -a, -um ungeheuerlich. In → *tŭmor monstruōsus*.

morphogenĕsis*, -is (auch -eōs), *f.* die Gestaltbildung. ἡ μορφή (hē morphḗ) die Gestalt. ἡ γένεσις (hē génesis) die Entstehung.

morphogenetĭcus*, -a, -um gestaltend. In → *motŭs morphogenetĭcus* des Keimes.

morphologĭcus*, -a, -um die Gestaltlehre (Morphologie) betreffend. ἡ μορφή (hē morphḗ) die Gestalt. λέγειν (légein) lehren. In → *dēfectĭo morphologĭca*.

mortŭus, -a, -um tot. Part. von *mori* sterben. In → *partŭs mortŭus*.

morŭla, -ae, *f.* die Maulbeere, dann die Maulbeerform des Keimes.

mosaicismus*, -i, *m.* das bunte Allerlei, dann das Chromosomenmosaik. Kunstwort der Genetik, abgeleitet vom franz. „mosaique". Beispiel einer solchen Mißbildung: Syndroma Edwards.
motŭs, -ūs, *m.* die Bewegung. *movēre* bewegen. In *motŭs* → *morphogenetĭcus* die Gestaltbewegung des Keims.
motōrĭus, -a, -um der Bewegung dienend, für Bewegung geeignet. *mōtŏr*, -ōris, *m.* der Beweger. *movēre* bewegen. In → *nŭcl. motōrĭus* des Trigeminus, → *rādix motōrĭa.*
mūcus, -i, *m.* der Schleim. Klassisch *muccus.*
   mucigĕnus*, -a, -um schleimbildend. γεννάειν (gennáein) hervorbringen. In → *granŭlum mucigĕnum.*
   mucīnus*, -a, -um schleimig, Schleimstoffe enthaltend. In → *tŭnĭca mucīna* der Eizelle.
   muco-cȳtus*, -i, *m.* die schleimbereitende Drüsenzelle. τὸ κύτος (tó kýtos) die Zelle.
   mucoīdĕus*, -a, -um schleimähnlich. Das Suffix *-(o)īdĕus* bezeichnet eine Ähnlichkeit. In → *textus mucoīdĕus* → *connexens.*
   mucōsa*, (scīl. *tŭnĭca*), -ae, *f.* die Schleimhaut.
     mucosālis*, -is, -e zur Schleimhaut gehörend. In → *crypta mucosālis.*
   mucōsus, -a, -um schleimig. In → *gll. mucōsae*, → *str. mucōsum.*
multus, -a, -um viel. Gegensatz *paucus*, -a, -um wenig. In Zusammensetzungen **multĭ-, mult-:**
   multangŭlus, -a -um vieleckig. *angŭlus*, -i, *m.* der Winkel. Alte Bezeichnung für die Vieleckbeine → *ossa multangŭla.* Jetzt → *ŏs* → *trapezĭum* und → *ŏs trapezōīdĕum.*
   multĭ-cellulāris*, -is, -e vielzellig. → *cellŭla*, -ae, *f.* die Zelle.
   multĭ-fĭdus, -a, -um vielfach gespalten. *findĕre* spalten. In → *m. multifĭdus.*
   multi-lŏbātĭo*, -ōnis, *f.* die Unterteilung in viele Lappen. *lŏbus*, -i, *m.* der Lappen.
   multi-lŏbātus*, -a, -um in viele Lappen *lŏbi* unterteilt. In → *placenta multilŏbāta.*
   multi-nŭcleāris*, -is, -e mit vielen Kernen versehen. *nŭclĕus*, -i, *m.* der Kern. In → *stătus multinucleāris.*
   multi-ovulatōrĭus*, -a, -um zahlreiche Eizellen beim Follikelsprung entlassend. *ōvŭlum*, -i, *n.* das Ei. Dem. von *ōvum*, -i, *n. In* → *ōvulātĭo multiovulatōrĭa.*
   multi-parĭtas*, -ātis, *f.* die Mehrfachgeburt. *parĕre* gebären.
   multi-plicātĭo, -ōnis, *f.* die Vervielfältigung. *plicāre* falten. In → *multiplicātĭo* → *orgăni.*
   multi-plex, -ĭcis, vielfältig. In → *dēformitas multiplex*, → *placenta multiplex.*
   multĭ-polāris*, -is, -e mehrpolig, vielpolig. *pŏlus*, -i, *m.* der Pol. In → *mitōsis multipolāris*, → *neurōnum multipolāre.*
   multi-segmentālis*, -is, -e aus vielen Teilstücken bestehend. *segmentum*, -i, *n.* der Abschnitt. *secāre* schneiden. In → *m. multisegmentālis.*
   multĭ-vesiculāris*, -is, -e viele Bläschen enthaltend. *vesicŭla*, -ae, *f.* das Bläschen. Dem. von *vesīca*, -ae, *f.* In → *corpus multĭvesiculāre*, → *lipocȳtus multĭvesiculāris* die braune Fettzelle.
mumificatĭo*, -ōnis, *f.* die Eintrocknung von Gewebe, der trockene Brand. Vom arabischen „mumĭja" das Erdpech, welches zum Einbalsamieren verwendet wurde. In → *rĕtentĭo cum mumificatiōne.*

muscŭlus, -i, m. der Muskel, eigentlich das Mäuslein. mūs, mūris, m. die Maus. ὁ μῦς, -μυός (ho mýs, myós).
muscularis*, -is, -e zum Muskel gehörend. Die modernen Griechen sagen μυικός* (myikós) und nennen das Muskelgewebe μυικὸς ἱστός (myikós histós). In → p. musculāris, → prōc. musculāris, → r. musculāris, → textus musculāris, → trochlĕa musculāris. In Zusammensetzungen muscŭlo-:
muscŭlo-cartilaginĕus*, -a, -um aus Muskulatur und Knorpel bestehend. cartilāgo, -ĭnis, f. der Knorpel. In → tŭn. muscŭlocartilaginĕa der Bronchen, → tŭn. muscŭlofibrocartilaginĕa der Trachea.
muscŭlo-cutanĕus*, -a, -um dem Muskel und der Haut zugehörend. In → n. muscŭlocutanĕus, der die Beuger am Oberarm innerviert und als Hautast den r. → cutanĕus → antebrachĭi → laterālis abgibt.
muscŭlo-phrenĭcus*, -a, -um zur Wandmuskulatur und zum Zwerchfell αἱ φρένες (hai phrénes) gehörend. In → a. musculophrenĭca.
mūtātĭo, -ōnis, f. die Abänderung. mutāre verändern. 1. die Erbänderung. In mūtatĭo → gēnōrum. 2. der Stimmbruch.
mūtans, -antis, sich verändernd. Part. von mutāre sich verändern. In → gēnum mūtans.
myelīnum*, -i, n. die Markschicht, das Myelin. ὁ μυελός (ho myelós) das Mark.
myĕl-encephălon*, -i, n. das verlängerte Mark. ὁ ἐγκέφαλος (ho enképhalos) das Gehirn.
myĕl-encephalĭcus*, -a, -um das verlängerte Mark myĕl-encéphalum, -i, n. In → prōminentĭa myĕlencephalĭca.
myĕl-inātus*, -a, -um mit Mark (Scheide) versehen. Die modernen Griechen brauchen für markhaltig μυελώδης (myelódēs). In τὸ μυελῶδες ἔλυτρον (tó myelódes élytron) die Markscheide. In → neurofībra myelināta die markhaltige Nervenfaser.
myĕlinizātĭo*, -ōnis, f. die Markscheidenbildung.
myĕlīno-poiētĭcus*, -a, -um Markscheiden bildend. In → prōc. myelīnopoietĭcus der Oligodendrozyten.
myĕlo-blastus*, -i, m. die erste Vorstufe der Granulozyten im Knochenmark. βλάστειν (blástein) bilden.
myĕlo-cēlĭa*, -ae, f. der Rückenmarksbruch bei spīna bifĭda. κοῖλος (koílos) hohl.
myĕlo-cȳtus*, -i, m. der Knochenmarksgranulozyt mit rundem Kern und spezifischer Granulierung. τὸ κύτος (tó kýtos) die Zelle.
myĕlo-īdĕus*, -a, -um markähnlich. In → textus myĕloīdĕus.
myĕlo-s-chīsis*, -is (auch -eōs), f. die Spaltbildung im Rückenmark. σχίζειν (s-chízein) spalten.
mylo- nur in Zusammensetzungen. ἡ μύλη (hē mýlē) die Mühle, mit dem die Mahlzähne tragenden Unterkiefer in Beziehung stehend. ὁ μύλος (ho mýlos) der Mühlstein.
mylo-hyŏīdĕus*, -a, -um den Unterkiefer mit dem Zungenbein verbindend. ὑοειδής (hyoeidés) dem Buchstaben υ oder dem Zungenbein ähnlich. In → m. mylohyŏīdĕus, → n. mylohyŏīdĕus.
mylo-pharyngēus*, -a, -um den Unterkiefer mit dem Rachen verbindend. ὁ oder ἡ φάρυγξ (ho oder hē phárynx) der Rachen. In → p. mylopharyngēa des oberen Schlundschnürers.
mȳ(o)- Präfix mit der Bedeutung mit Muskeln zu tun habend. ὁ μῦς, μυός (ho mȳs, myós) der Muskel:

myōnum, -i, *n*. die Arbeitseinheit des Muskels bestehend aus Muskelfaser, Kapillaren und Nerven. ὁ μυών, -ῶνος (ho myṓn, -ṓnos) die Muskelmasse. Die moderne Bedeutung lehnt sich an ähnliche Ausdrücke wie Chondron, Neuron oder Osteon an.

mȳ-enterĭcus*, -a, -um zur Darmmuskulatur gehörend. ὁ μῦς, μυός (ho mŷs, myós) der Muskel. ἐντερικός (enterikós) zu den Eingeweiden gehörend. In → *pl. myenterĭcus.*

mȳo-blastus*, -i, *m*. die Muskelbildungszelle. βλάστειν (blástein) bilden.

mȳo-cardĭum*, -ĭi, *n*. die Herzmuskulatur. ἡ καρδία (hē kardía) das Herz.

mȳo-cȳtus*, -i, *m*. die Muskelzelle. τὸ κύτος (tó kýtos) die Zelle.

mȳo-elastĭcus*, -a, -um aus Muskelfasern und elastischen Fasern bestehend. *elastĭcus,* -a, -um elastisch. In → *str. mȳoelastĭcum* des Endokards, → *strōma mȳoelastĭcum* der Prostata.

mȳo-epithelĭum*, -ĭi, *n*. die Epithelzelle mit muskulärem Charakter. *epithelĭum,* -ĭi, *n*. die oberflächliche Zellschicht.

mȳo-epitheliocȳtus*, -i, *m*. die Myoepithelzelle. τὸ κύτος (tó kýtos) die Zelle.

mȳo-fībra*, -ae, *f*. die Muskelfaser. *fībra,* -ae, *f*. die Faser.

mȳo-fibrilla*, -ae, *f*. die Muskelfibrille. *fibrilla,* -ae, *f*. das Fäserchen. Dem. von *fībra.*

mȳo-filamentum*, -i, *n*. das ultrastrukturelle Myofilament.

mȳo-īdĕus*, -a, -um muskelähnlich. Das Suffix *-(o)īdĕus* bezeichnet eine Ähnlichkeit. In → *str. mȳoīdĕum* der Basalmembran.

mȳo-logĭa*, -ae, *f*. die Muskellehre. λέγειν (légein) sagen, lehren. Im 17. Jahrhundert geprägter Begriff.

mȳo-metrĭum*, -ĭi, *n*. die glatte Muskulatur der Gebärmutter. ἡ μήτρα (hē métra) die Gebärmutter.

mȳo-pigmentocȳtus*, -i, *m*. die pigmentierte Muskelzelle. *pigmentum,* -i, *n*. der Farbstoff, das Pigment. τὸ κύτος (tó kýtos) die Zelle.

mȳo-satellitocȳtus*, -i, *m*. die Begleitzelle der Muskelzelle. *satelles,* -ĭtis, *m*. und *f*. der Trabant. τὸ κύτος (tó kýtos) die Zelle.

mȳo-tendinĕus*, -a, -um muskulös-sehnig. *tendinĕus**, -a, -um sehnig. In → *junctĭo myotendinĕa* die Muskelsehnengrenze.

mȳo-tōmus*, -i, *m*. das Muskelsegment, das Myotom. ἡ τομή (hē tomḗ) der Schnitt, der Abschnitt.

mȳo-tŭbus, -i, *m*. die röhrenförmige Muskelzelle, Stadium der Histogenese der quergestreiften Muskulatur. *tŭbus,* -i, *m*. das Rohr.

mȳo-tubŭlus*, -i, *m*. das (ultrastrukturelle) Röhrchen *tubŭlus,* -i, *m*. der Muskelfaser.

mȳo-typĭcus*, -a, -um typisch muskulär gebaut. *typus,* -i, *m*. die Grundform. In → *a. mȳotypĭca* die Arterie von muskulärem Bautyp, → *vās mȳotypicum.*

N

nānus, -i, *m*. der Zwerg. ὁ νάνος (ho nános).

nanismus*, -i, *m*. der Zwergwuchs.

nāris, -is, *f*. das Nasenloch. Der Plural *nāres,* -ĭum, *f*. bedeutet zunächst die Nasenlöcher, dann die Nase als Atmungs- und Geruchsorgan.

nāsus, -i, *m*. die äußere Nase. In *nāsus* → *externus.*

nasālis, -is, -e zur Nase gehörend. In → *cartil. nasāles,* → *concha nasālis,* → *orgănum voměronasāle,* → *sĭnus paranasāles.* In Zusammensetzungen **nāso-**: → *ductus nāsolacrimālis,* besser wäre *lacrimonāsālis,* → *meātus nāsopharyngēus, n. nāsociliāris, n. nāsopalatīnus,* → *sulcus nasolabiālis,* → *sut. nāsomaxillāris,* → *tonsilla nasopharyngeālis.*
    nāso-maxillāris*, -is, -e die Nase und den Oberkiefer *maxilla,* -ae, *f.* betreffend. In → *sulcus nāsomaxillāris,* → *sutūra nāsomaxillāris.*
nātālis, -is, -e zur Zeit der Geburt. *nātŭs,* -ūs, *m.* die Geburt. In → *periŏdus nātālis.*
nātis, -is, *f.* die Hinterbacke. Im Plural *nātes,* -ĭum, *f.* das Gesäß.
nāturālis, -is, -e natürlich, von Natur entstanden. *nātūra,* -ae, *f.* die Weltordnung. In → *parthenogenĕsis naturālis.*
naviculāris, -is, -e kahnförmig. Klassisch zur Schiffahrt gehörend. *naviculāris,* -is, *m.* der Reeder. *navicŭla,* -ae, *f.* das Schiffchen. Dem. von *nāvis,* -is, *f.* das Schiff. In → *art. talocalcanĕonaviculāris,* → *lig. calcanĕonaviculāre,* → *lig. talonaviculāre,* → *ŏs naviculāre.*
necrōsis, -is, *f.* das Absterben. ἡ νέκρωσις (hē nékrōsis). νεκρός (nekrós) tot.
něŏ- Präfix mit der Bedeutung neu-, neu gebildet. νέος (néos) neu, jung:
    něŏ-cortex*, -ĭcis, *m.* die „Neu-Rinde". *cortex,* -ĭcis, *m.* die Rinde.
    něŏ-nātus*, -i, *m.* der Neugeborene. *nātus,* -a, -um Part. von *nasci* geboren werden.
    neonatālis*, -is, -e zum *neonātus** dem Neugeborenen gehörend. *natālis,* -is, -e mit der Geburt in Beziehung stehend. *nasci* geboren werden. In → *līnĕa neonatālis.*
    něŏ-pallĭum*, -ĭi, *n.* der Neuhirnanteil des Hirnmantels *pallĭum,* -ĭi, *n.*
    něŏ-palliālis*, -is, -e zum Neuhirnanteil des Hirnmantels *něŏ-pallĭum* gehörend. In → *commissūra něŏpalliālis.*
    něŏ-plasīa*, -ae, *f.* die Neubildung, der Tumor. πλάσσειν (plássein) bilden.
    něŏ-tēnīa*, -ae, *f.* die Geschlechtsreife im Larvenstadium. τείνειν (teínein) verlängern.
nephrōnum*, -i, *n.* die Arbeitseinheit der Niere bestehend aus *glomerŭlus* und Nierenkanälchen. ὁ νεφρός (ho nephrós) die Niere. In Anlehnung an ähnliche Einheiten wie Chondron, Myon, Neuron oder Osteon gebildet.
nephro-, Präfix mit der Bedeutung mit der Niere ὁ νεφρός (ho nephrós) zu tun habend:
    nephro-blastōma, -ătis, *n.* das Nierenbildungsgewebe. βλάστειν (blástein) bilden.
    nephro-stŏma*, -ătis, *n.* die Mündung des Vornierenkanälchens. τὸ στόμα (tó stóma) der Mund, die Mündung.
    nephro-stomatĭcus*, -a, -um mit einem Nephrostoma endigend. In → *canalicŭlus nephrostomatĭcus.*
    nephro-tōmus*, -i, *m.* das Entstehungsgebiet der primären Harnorgane. ἡ τομή (hē tomḗ) der Abschnitt.
nervus, -i, *m.* der Nerv. τὸ νεῦρον (tó neúron) bedeutete urpsrünglich die Sehne. → Aristoteles (384 – 322 v. Chr.) verwendet die Bezeichnung im Sinn von Nerv. In der makro- und mikroskopischen Anatomie sehr häufig verwendetes Fachwort.
nervōsus, -a, -um ursprünglich sehnig, kraftvoll. In der makro- und mikroskopischen Anatomie in der Bedeutung von nervenreich oder zum Nerven gehörig. Die modernen Griechen verwenden νευρικός* (neurikós). In → *systēma nervōsum,* → *textus nervōsus,* → *trr. nervōsi.*

neurālis*, -is, -e das Nervensystem betreffend. In → *dysplasīa neurālis*, → *lāmĭna neurālis*, → *sulcus neurālis*.

neurōnum*, -i, *n.* das Neuron, die Arbeitseinheit des Nervensystems, bestehend aus Nervenzelle und der Gesamtheit aller ihrer Fortsätze. Analoge Bildung zu Chondron, Myon, Nephron, Osteon. τὸ νεῦρον (tó neúron) der Nerv.

neuro-, (neuri-), Präfix mit der Bedeutung mit dem Nervensystem zu tun habend, τὸ νεῦρον (tó neúron) der Nerv:

neur-ectoderma*, -ătis, *n.* das äußere Keimblatt, insofern es Nervengewebe bildet, das Neurektoderm.

neur-enterĭcus*, -a, -um das Nervenrohr mit dem Darm τὰ ἔντερα (tá éntera) die Eingeweide verbindend. In → *canālis neurenterĭcus*.

neuri-lemma*, -ătis, *n.* die Nervenfaserscheide, die Schwannsche Scheide. Die Bezeichnung *neurilemma* geht auf Johann Christian → Reil (1759 – 1813) zurück. Besser wäre *neurolemma*. Das eingeschaltete i ist ungewöhnlich: vgl. neuroglīa, neurologīa und viele andere. τὸ λέμμα (tó lémma, -atos) das Abgeschälte. λέπειν (lépein) schälen. Die modernen Griechen sagen τὸ νευρείλημα* (to neureílēma).

neurītum*, -i, *n.* das zur Nervenzelle Gehörende, der lange Nervenzellfortsatz oder Neurit.

neuroblastōma*, -ătis, *n.* das Nervenbildungsgewebe, dann auch die aus Neuroblasten bestehende Geschwulst. βλάστειν (blástein) bilden.

neuro-blastus*, -i, *m.* die embryonale Vorstufe der Nervenzelle. βλάστειν (blástein) bilden.

neuro-cranĭum*, -iī, *n.* der Hirnschädel. *cranĭum*, -iī, *n.* der Schädel.

neuro-cȳtus*, -i, *m.* die Nervenzelle. τὸ κύτος (tó kýtos) die Zelle.

neuro-epithelĭum*, -iī, *n.* das Sinnesepithel. Die Retīna kann als Sinnesepithel bezeichnet werden. Neuroepithel findet sich auch in den *cristae* der Bogengangsampullen und den *maculae* des großen und kleinen Vorhofsäckchens. *epithelĭum**, -iī, *n.* die oberflächliche Zellschicht.

neuro-epitheliālis*, -is, -e zum Sinnesepithel gehörend, mit Nervensystem und Epithel zu tun habend. In → *junctĭo neuroepitheliālis*, → *str. neuroepitheliāle* → *retīnae* die Stäbchen- und Zapfenschicht der Netzhaut, → *terminatĭo neuroepitheliālis*.

neuro-fībra*, -ae, *f.* die Nervenfaser. *fībra*, -ae, *f.* die Faser. In *neurofībra* → *radiāta*.

neuro-filamentum*, -i, *n.* das ultrastrukturelle Fädchen im Neuroplasma.

neuro-gĕnĕsis*, -is (auch -ĕōs), *f.* die Bildung des Nervensystems. ἡ γένεσις (hē génesis) die Bildung, die Entstehung.

neuro-glandulāris*, -is, -e der Nervenversorgung von Drüsenzellen dienend. *glandŭla*, -ae, *f.* die Drüse. In → *terminatĭo neuroglandulāris*.

neuro-glīa*, -ae, *f.* das Hüll- und Stoffwechselgewebe der Nervenzellen und Nervenfasern im Zentralnervensystem. ἡ γλία (hē glía) der Leim, der Kitt. Wortbildung 1854 von Rudolf → Virchow (1821 – 1902) geprägt. Die modernen Griechen gebrauchen dieselbe Bezeichnung ἡ νευρογλία (hē neuroglía).

neuro-hypophўsis*, -is (auch -ĕōs), *f.* der zum Zwischenhirn gehörende Anteil des unteren Hirnanhangs. ὑπό- (hypo-) unterhalb. ἡ φύσις (hē phýsis) das Gewachsene, die Anlage. φύεσθαι (phýesthai) wachsen.

neuro-hypophysiālis*, zur Neurohypophyse gehörend. In → *gemma neurohypophysiālis*.

neuro-lemma*, -ătis, *n.* → *neurilemma.*
neuro-lemmoblastus*, -i, *m.* die Bildungszelle des Neurilemms.
neuro-lemmocӯtus*, -is, *m.* die Schwannsche Zelle. *τὸ κύτος* (tó kýtos) die Zelle.
neuro-logĭa*, -ae, *f.* die Nervenlehre oder Neurologie. *λέγειν* (légein) sagen lehren. Die Bezeichnung Neurologie wurde 1681 von Thomas → Willis (1621 – 1675) in die Anatomie eingeführt.
neuro-melanocӯtus*, -i, *m.* die Pigmentzelle des Nervengewebes. *μέλας* (mélas) schwarz. *τὸ κύτος* (tó kýtos) die Zelle.
neuro-musculāris*, -is, -e der Nervenversorgung von Muskelfasern dienend. *muscŭlus,* -i, *m.* der Muskel. In → *terminatĭo neuromusculāris.*
neuro-pīlus*, -i, *m.* der Nervenfibrillenfilz. *ὁ πῖλος* (ho pîlos) der Filz.
neuro-pōrus*, -i, *m.* die Öffnung des Nervenrohrs kranial und kaudal. *ὁ πόρος* (ho póros) die Öffnung, der Durchgang. *περάειν* (peráein) durchbohren. In *neuropōrus* → *caudālis* und *neuropōrus* → *rostrālis.*
neuro-secretōrĭus*, -a, -um neurosekretorisch. *secrētum,* -i, *n.* die Abscheidung. In → *subst. neurosecretorĭa,* → *terminatĭo neurosecretōrĭa.*
neuro-sensōrĭus*, -a, -um Sinnesfunktion ausübend. In → *epitheliocӯtus neurosensorĭus* die Sinnesepithelzelle, → *cellŭla neurosensorĭa.*
neuro-tubŭlus*, -i, *m.* das ultrastrukturelle Röhrchen im Neuroplasma.
neurŭla, -ae, *f.* der Keim im Stadium der Neuralplatte.
  neurŭlātĭo*, -ōnis, *f.* die Anlage des Zentralnervensystems, die Bildung der Neurula.
neutrophilĭcus*, -a, -um weder Säuren noch Basen liebend, neutrophil. *neuter* keiner von beiden. *φιλεῖν* (phílein) lieben. In → *granulocӯtus neutrophilĭcus.*
nēvus, -i, *m.* der Körperfleck, das Muttermal. In → *nēvus* → *iliāris, nēvus* → *pigmentōsus.*
nexus, -ūs, *m.* die Verbindung. In der Zytologie „gap junction". *nectĕre* verflechten.
nictĭtans, -tis nickend. *nictitāre* ein wenig blinzeln, *nictāre* blinzeln. In → *memb. nictitans.* Alternativbezeichnung für → *palpĕbra* → *tertĭa* der Karnivoren und Ungulaten.
nidātĭo, -ōnis, *f.* die Einnistung, die Eieinbettung. *nīdus,* -i, *m.* das Nest.
nĭger, nĭgra, nĭgrum schwarz, dunkel. In → *subst. nĭgra* des Mittelhirns.
nōdus, -i, *m.* der Knoten. In *nōdus* → *atrĭoventriculāris, nōdus* → *lymph., nōdus* → *neurofībrae* der Ranviersche Schnürring, *nōdus* → *sinuatriālis, nōdi* → *syncytiāles* des Synzytiotrophoblasten.
nōdŭlus, -i, *m.* das Knötchen. Dem. von *nōdus.* Die kleinen unbeständigen Lymphozytenanhäufungen in den Schleimhäuten, besonders des Darmtrakts werden in den PNA fälschlicherweise als → *follicŭli* → *lymph.* bezeichnet. Man würde besser von *nōdŭli* → *lymph.* sprechen. In *nōdŭlus* → *cartilagineus, nōdŭli* → *thymĭci, nōdŭli* → *valvārum* → *semilunarĭum, nōdŭlus* → *vermis.*
nodālis*, -is, -e zum Knoten *nōdus* gehörend. In → *myofībra nodālis,* die Reizleitungsfaser des Herzens.
nomadĭcus*, -a, -um umherschweifend. *nomādes* die Hirtenvölker. *ὁ νόμας* (ho nómas) der Nomade. In → *macrophāgus nomadĭcus.*
nōmen, -ĭnis, *n.* die Bezeichnung, der Name. In *nōmĭna* → *anatomĭca, nōmĭna* → *embryologĭca, nōmĭna* → *histologĭca.*
nōn nein, nicht. Adverb der Verneinung mit der Bedeutung ohne, frei von, nicht-. Zusammengezogen aus *ne unum.*

nucleŏlus 131

nōn-capsulātus*, -a, -um ohne Kapsel. In → *corpuscŭlum* → *tactūs nōncapsulātum.*
nōn-cellulāris*, -is, -e zellfrei. In → *cementum nōncellulāre.*
nōn-ciliātus*, -a, -um ohne Zilien. In → *cellŭla nōnciliāta.*
nōn-cornificātus*, -a, -um unverhornt. In → *epithelĭum* → *squamōsum* → *stratifīcātum nōncornificātum.*
nōn-differentiātus*, -a, -um undifferenziert. In → *cellŭla nōndifferentiāta.*
nōn-fenestrātus*, -a, -um ungefenstert In → *membrāna nōnfenestrāta.*
nōn-glandulāris*, -is, -e nichtdrüsig. In → *p. nōnglandulāris.*
nōn-granulocȳtus*, -i, m. die nichtgekörnte Zelle.
nōn-granulōsus*, -a, -um ungekörnt.
nōn-pigmentōsus*, -a, -um pigmentfrei. In → *dendrocȳtus nōnpigmentōsus* die Langhanssche Zelle, → *str. nōnpigmentōsum* des Ziliarkörpers.
nōn-placentālis*, -is, -e nicht den Mutterkuchen *placenta, -ae, f.* betreffend. In → *dēfectio nōnplacentālis.*
nōn-rŏtātus*, -a, -um ungedreht. *rŏtāre* drehen. *rŏta, -ae, f.* das Rad. In → *intestīnum nōnrotātum.*
nōn-stratificātus*, -a, -um ungeschichtet. In → *epithelium nōnstratificātum.*
nōn-striātus*, -a, -um ungestreift. In → *textus* → *musculāris nōnstriātus* das glatte Muskelgewebe.
nōn-vasculōsus*, -a, -um gefäßlos. In → *str. nōnvasculōsum* der Iris.
nōn-vesiculāris*, -is, -e bläschenfrei. In → *synapsis nōnvesiculāris.*
norepinephrocȳtus*, -i, m. die Noradrenalin bildende Markzelle der Nebenniere. ἐπί- (epi-) auf, darauf. ὁ νεφρός (ho nephrós) die Niere. τὸ κύτος (to kýtos) die Zelle.
normocȳtus*, -i, m. das normale rote Blutkörperchen. *norma, -ae, f.* die Regel. τὸ κύτος (tó kýtos) die Zelle.
nōtochordālis*, -is, -e zur Rückensaite *nōtochorda*, -ae, f.* gehörend. ὁ νῶτος (ho nótos) der Rücken. *chorda, -ae, f.* die Saite. ἡ χορδή (hē chordé) der Darm, dann auch die aus Darm gedrehte Saite. In → *canālis nōtochordālis,* → *lāmĭna nōtochordālis.*
nōtomēlus*, -i, m. die asymmetrische Doppelmißbildung mit Extremitäten auf der Rückseite. ὁ νῶτος (ho nótos) der Rücken. τὸ μέλος (tó mélos) das Glied.
nucha*, -ae, f. der Nacken. Wird wie ein lateinisches Substantiv flektiert, stammt aber aus dem Arabischen, wobei es zur Verwechslung zwischen *nugrah* der Nacken und *nucha* das Rückenmark gekommen ist. In → *fascĭa nuchae,* → *lig. nuchae,* → *līnĕa nuchae.*
nŭclĕus, -i, m. der Kern. Zusammengezogen aus *nucŭlĕus, -i, m. nucŭla, -ae, f.* der Nußkern. *nŭx, nŭcis, f.* die Nuß. In der Zytologie der Zellkern. In der Neuroanatomie die Anhäufung von Nervenzellen. Sehr häufig verwendete Bezeichnung.
nucleāris*, -is, -e zum Kern gehörend. In → *bursa nucleāris,* → *divisĭo nucleāris,* → *fībrae cortĭconucleāres,* → *membrāna nucleāris,* → *pŏrus nucleāris,* → *vincŭlum nucleāre.*
nŭclĕĭcus*, -a, -um zum Kern *nŭclĕus, -i, m.* gehörend. In → *acĭdum nŭclĕĭcum.*
nucleolonēma*, -ătis, n. der Faden des Kernkörperchens. τὸ νῆμα (tó néma) der Faden.
nuclĕŏlus, -i, m. der kleine Kern, das Kernkörperchen. Dem. von *nŭclĕus.*

nuclĕoplasma*, -ătis, *n.* das Kernplasma. τὸ πλάσμα (tó plásma) das Geformte, das Gebildete. πλάσσειν oder πλάστειν (plássein oder plástein) bilden.
nūdus, -a, -um unbekleidet, entblößt. *nūdāre* entkleiden. In → *ārĕa nūda* der Leber.
nulliparĭtas*, -ātis, *f.* der Zustand ohne Geburt. *nullus*, -a, -um keiner. *parĕre* gebären.
nŭmerĭcus*, -a, -um zahlenmäßig. Klassisch belegt ist nur *nŭmerĭus*, -a, -um. *nŭmĕrus*, -i, *m.* die Zahl. In → *aberrātĭo nŭmerĭca*.
nutricĭus, -a, -um ernährend. *nūtrix*, -īcis, *f.* die Amme. *nūtrīre* säugen, ernähren. In → *a. nutricĭa*, → *canālis nutricĭus*, → *fŏrāmen nutricĭum*.
nutrĭens, -entis ernährend. Part. von *nūtrīre*. In → *canālis nutrĭens*.

O

ŏb- (**ŏc-** und **ŏp-** durch Angleichung an den folgenden Buchstaben). Präfix mit der Bedeutung entgegen-:
ŏb-ex, -ĭcis, *m.*, eigentlich *ob-jex* der Riegel, die Barrikade. *ob-jicĕre* entgegenstellen. In der Anatomie die kleine Querverbindung am Ende des Daches der Rautengrube.
ŏb-līquus, -a, -um schräg laufend, schief, auch *ob-līcus*. *līcĭum*, -ĭi, *n.* der Querfaden. In → *căput oblīquum* eines Muskels, → *chorda oblīqua*, → *fissūra oblīqua*, → *līnĕa oblīqua*, → *m. oblīquus*.
ŏb-li(t)terātĭo, -ōnis, *f.* eigentlich das Austilgen von Buchstaben *littĕra*, -ae, *f.*, dann die Verödung eines Hohlraums. *ŏb-litterāre* auswischen.
ŏb-longāta (scīl. *medulla*) das verlängerte Mark. Part. des neulateinischen Verbs *ob-longāre** länglich machen, verlängern. *ob-longus* länglich. In der Anatomie stets als *medulla oblongāta* gebraucht.
ŏb-structĭo, -ōnis, *f.* das Verbauen, das Verstopfen. *ŏb-struĕre* verbauen. *struĕre* bauen.
ŏb-turātus, -a, -um verstopft. Part. von *ob-turāre* verstopfen. In → *fŏrāmen obturātum*.
ob-turatōrĭus*, -a, -um verstopfend, zum verstopfenden Muskel *m. obturatōrĭus* gehörend. Die Muskelbezeichnung stammt von Jacobus → Silvius (1478 – 1555). In → *a. obturatōrĭa*, → *canālis obturatōrĭus*, → *fascĭa obturatōrĭa*, → *memb. obturatōrĭa*, → *m. obturatōrĭus*, → *n. obturatōrĭus*, → *r. obturatōrĭus*.
ŏc-cĭput*, -ĭtis, *m.* das Hinterhaupt. *căput*, -ĭtis, *n.* der Kopf. Klassisch *occipitĭum*, -ĭi, *n.* der Hinterkopf. Gegensatz → *sin-cĭput* der Vorderkopf.
oc-cipitālis*, -is, -e zum Hinterhaupt gehörend. In → *a. occipitālis*, → *n. occipitālis*, → *nōdi* → *lymph. occipitāles*, → *r. occipitālis*, → *sulcus occipitālis*, → *v. occipitālis*. In Zusammensetzungen **occipĭto-**: → *sulcus occipĭtotemporālis*, → *sūt. occipĭtomastoidĕa*.
ŏc-clusĭo, -ōnis, *f.* der Verschluß, dann auch die Schlußbiß-Stellung oder Okklusion. In → *dēfectŭs ŏcclusiōnis*, *ŏcclūsĭo* → *dentĭum*.
ŏc-clūdens, -entis verschließend. Part von *ŏc-cludĕre*. In → *v. occlūdens*, → *zōnŭla occlūdens* zweier benachbarter Zellen.
ŏc-clusālis, -is, -e zur Kaufläche gehörend. *oc-cludĕre* verschließen. In → *făcĭes occlusālis* der Zähne.
ŏc-cultus, -a, -um verborgen. Part. von *oc-cŭlĕre* verbergen. In → *margo occultus* der Hinterrand des Nagels, → *spīna* → *bifĭda occulta*.

ŏp-pōnens, -entis gegenüberstellend. Part. von *op-pōnĕre.* In → *m. oppōnens.*
octavus (scīl. *nervus*) früher der 8. Hirnnerv, jetzt *n. vestibŭlocochleāris.*
ŏcŭlus, -i, *m.* das Auge.
oculomotorĭus*, -a, -um das Auge bewegend. Das eingeschobene o verbindet die beiden gleichwertigen Wörter. In → *n. oculomotorĭus,* → *rādix oculomotorĭa.*
odontoblastus*, -i, *m.* der Zahnbeinbildner. *ὁ ὀδούς, -ὀδόντος* (ho odús, odóntos) der Zahn. *βλάστειν* (blástein) bilden.
odontogenĕsis, -is (auch -ĕōs), *f.* die Zahnbildung. *ὁ ὀδούς, ὀδόντος* (ho odús, odóntos) der Zahn. *ἡ γένεσις* (hē génesis) die Bildung, die Entstehung.
oesophăgus → **ēsophăgus.**
oestrus → **estrus,** -i, *m.*
olecrănon, -i, *n.* der Ellbogen. Nach → Hyrtl (1811 – 1894) ist *τὸ ὠλέκρανον* (tó ōlékranon) aus *τὸ τῆς ὠλένης κρᾶνον* (tó tēs olénēs krānon) eigentlich der Kopf des Arms zusammengezogen. *ἡ ὠλένη* (hē olénē) der Arm. *τὸ κρᾶνον, τὸ κρανίον* und *τὸ κάρα* (tó krānon, tó krāníon und tó kára) der Kopf.
olfactorĭus*, -a, -um dem Riechen dienend. *olfacĕre* riechen, Geruch empfinden. In → *bulbus olfactorĭus,* → *gll. olfactorĭae,* → *nn. olfactorĭi,* → *rĕgĭo olfactorĭa,* → *strīae olfactorĭae,* → *sulcus olfactorĭus,* → *tr. olfactorĭus,* → *trig. olfactorĭum.*
olfactŭs, -ūs, *m.* der Geruchssinn. *olfacĕre* riechen, Geruch empfinden. In → *orgănum olfactūs.*
oligodendrocȳtus*, -i, *m.* die Gliazelle mit wenigen Fortsätzen. *ὀλίγος* (olígos) wenig. *τὸ δένδρον* (tó déndron) der Baum, die baumartige Verzweigung. *τὸ κύτος* (tó kýtos) die Zelle.
olīgohydramnĭon*, -ĭi, *n.* die Verminderung der Fruchtwassermenge. *ὀλίγος* (olígos) wenig. *τὸ ὕδωρ* (tó hýdōr) das Wasser. *amnĭon,* -ĭi, *n.* die Schafhaut.
olīgolecithālis*, -is, -e mit wenig Dotter versehen. *ὀλίγος* (olígos) wenig. *lezithīnum*,* -i, *n.* das Esterphosphatid des Eidotters. *ὁ λέκιθος* (ho lékithos) der Eidotter. In → *ōvum olīgolecithāle.*
olīva, -ae, *f.* die Olive des verlängerten Marks. Der Name beruht auf der äußeren Formähnlichkeit.
olivāris*, -is, -e zur Olive gehörend. In → *nŭcl. olivāris,* → *tr. spīnooliväris.* In Zusammensetzungen olīvo-: → *tr. olīvocerebellāris.*
omāsum, -i, *n.* die Kutteln. In → *lām. omāsi, papilla omāsi.*
omentum, -i, *n.* das Netz, die Netzhaut der Eingeweide. Die etymologische Ableitung des anatomischen Fachworts ist unklar, vielleicht zusammengezogen aus *operimentum,* -i, *n.* die Decke. *operīre* zudecken. In *omentum* → *mājus, omentum* → *mĭnus.*
omentālis*, -is, -e zum Netz gehörend. In → *bursa omentālis,* → *rĕc. omentālis,* → *tēnĭa omentālis,* → *tūber omentāle.*
ōmo- mit der Schulter in Beziehung stehend. Nur in Zusammensetzungen. *ὁ ὦμος* (ho ómos) die Schulter, verwandt mit (h)*umĕrus.*
ōmo-claviculāris*, -is, -e von Schultermuskel und Schlüsselbein begrenzt. In → *trig. ōmoclaviculāre.*
ōmo-hyŏīdĕus*, -a, -um vom Schulterblatt zum Zungenbein ziehend. In → *m. ōmohyŏīdĕus.*
omphălocēlīa*, -ae, *f.* der Nabelbruch. *ὁ ὀμφαλός* (ho omphalós) der Nabel. *ἡ κοιλία* (hē koilía) die Höhle.

omphălopleura*, -ae, f. die Wand der Nabelblase. ὁ ὀμφαλός (ho omphalós) der Nabel. *pleura*, -ae, f. eigentlich die Leibeswand, dann das Rippenfell und schließlich die Membran.

ōntogĕnĕsis*, -is (auch -ĕōs), f. die Keimentwicklung. τὸ ὄν ὄντος (tó ón, óntos) das Seiende, das Bestehende. ἡ γένεσις, -εως (hē génesis, -ĕōs) die Entstehung, das Werden. Part. von εἶναι (eínai) sein.

ontogenetĭcus*, -a, -um zur Keimentwicklung des Einzelnen gehörend. γενετικός und γεννητικός (genetikós und gennētikós) zur Zeugung gehörend. γεννάειν (gennáein) zeugen. In → *nōmĭna ontogenetĭca*, → *termĭni ontogenetĭci*.

onychodystrophīa*, -ae, f. die Störung des Nagelwachstums an Fingern oder Zehen. ὁ ὄνυξ, ὄνυχος (ho ónyx, ónychos) der Nagel. ἡ δυστροφία (hē dystrophīa) die Mangelernährung.

oŏgĕnĕsis, -is (auch -ĕōs), f. die Entwicklung des Eis. τὸ ᾠόν (tó ōón) das Ei. ἡ γένεσις, -εως (hē genesis, -ĕōs) die Entstehung, das Werden.

ōŏlemma*, -ătis, n. die Eihülle. τὸ ᾠόν (tó ōón) das Ei. τὸ λέμμα, -ατος (tó lémma, -atos) die Hülle.

ōŏphŏrus, -a, -um eitragend. ὠόφορος (ōóphoros). τὸ ᾠόν (tó ōón) das Ei. φέρειν (phérein) tragen. In → *cumŭlus ōŏphŏrus*.

ōŏphŏron, -i (auch -ontis) n. der Eierstock. Substantiviertes Adjektiv. In *epŏŏphŏron* der auf dem Eierstock liegende Urnierenrest, *parŏŏphoron* der neben dem Eierstock liegende Urnierenrest.

ŏpācus, -a, -um undurchsichtig, dunkel. *opacāre* beschatten. In → *arĕa ŏpāca* der Keimscheibe.

ŏpercŭlum, -i, n. der Deckel. *operīre* bedecken. In *ŏpercŭlum* → *frontāle*, *ŏpercŭlum* → *frontoparietāle*, *ŏpercŭlum* → *temporāle*.

operculāris*, -is, -e zum Deckel *opercŭlum* gehörend. In → *plĭca operculāris*.

ophthalmĭcus, -a, -um zum Auge gehörend. ὀφθαλμικός (ophthalmikós). ὁ ὀφθαλμός (ho ophthalmós) das Auge. Zurückzuführen auf den Stamm ὀπτ- (opt-). In → *a. ophthalmĭca*, → *calicŭlus ophthalmĭcus*, → *n. ophthalmĭcus*, → *v. ophthalmĭca*, → *vesicŭla ophthalmĭca*.

optĭcus, -a, -um zum Sehen dienend, zum Sehnerven gehörend. Zurückzuführen auf den Stamm ὀπτ- (opt-). ἡ ὤψ, ωπός (hē ōps, ōpós) das Auge, das Gesicht. In → *canālis optĭcus*, → *cāvĭtas optĭca*, → *n. optĭcus*, → *peduncŭlus optĭcus*, → *placōda optĭca*, → *rĕcessus optĭcus*.

orbicŭlus, -i, m. der kleine Kreis. Dem. von *orbis*, -is, m. der Kreis. In *orbicŭlus* → *ciliāris*.

orbiculāris, -is, -e kreisförmig. In → *m. orbiculāris*, → *zōna orbiculāris*.

orbĭta, -ae, f. die Augenhöhle. Verwandt mit *orbis* der Kreis. Im klassischen Latein bedeutet *orbĭta* das Wagengeleis. In Analogie hat → Gerardus Cremonensis (1114 – 1187) die → *vagīna* → *bulbi* als Geleise des Augapfels bezeichnet und schließlich den Begriff *orbĭta* auf die ganze Augenhöhle übertragen.

orbitālis*, -is, -e zur Augenhöhle gehörend. In → *făcĭes orbitālis*, → *fissūra orbitālis*, → *lām. orbitālis*, → *m. orbitālis*, → *părĭes orbitālis*, → *rĕgĭo orbitālis*, → *septum orbitāle*.

orgănum, -i, m. das chirurgische Werkzeug, das Instrument, das Organ. τὸ ὄργανον (tó órganon). ἐργάζεσθαι (ergázesthai) arbeiten. In der makroskopischen und mikroskopischen Anatomie wird der Begriff Organ auf ein räumlich in sich abgeschlossenes Ganzes, welches aus verschiedenen Geweben aufgebaut, eine oder mehrere typische Funktionen ausübt, angewendet.

organella*, -ae, *f.* eigentlich *organellum*, -i, *n.* das Zellwerkzeug. Dem. von *orgănum*.

organismus*, -i, *m.* das lebende sich selbst regulierende dynamische System. Latinisiert aus dem franz. „organisme". In *organismus* → *totālis*.

organogĕnĕsis*, -is (auch -eōs), *f.* die Bildung der Organe. ἡ γένεσις (hē génĕsis) die Entstehung.

organogenetĭcus*, -a, -um organbildend. In → *dēficientĭa organogenētĭca*.

orientātĭo*, -ōnis, *f.* die Ortsbestimmung. *orīri* aufgehen (der Sonne).

orīgo, -ĭnis, *f.* der Ursprung. *orīri* aufgehen, entstehen, abstammen. In → *nŭcl. orīgĭnis*.

originālis, -is, -e den Ursprung *orīgo*, -ĭnis, *f.* betreffend, ursprünglich, angeboren. In → *ectopĭa originālis*.

orthomesometriālis*, -is, -e senkrecht zur Ansatzstelle des *mesometrĭum**, -ĭi, *n.* liegend. ὀρϑός (orthós) aufrecht, senkrecht. In → *implantātĭo orthomesometriālis*.

ōs, -ōris, *n.* der Mund. In → *ang. ōris*, → *căvum ōris*, → *gll. ōris*, → *lăbĭa ōris*, → *rīma ōris*, → *vestibŭlum ōris*.

orālis, -is, -e zum Mund gehörend. In → *p. orālis* des Rachens, → *rĕgĭo orālis*. In Zusammensetzungen ōro-: → *membr. ōronasālis*.

ōra, -ae, *f.* der Saum, der Rand. In → *ōra* → *serrata* die vordere gezackte Begrenzung des lichtempfindlichen Teils der Netzhaut.

ostĭum, -ĭi, *n.* die Mündung, der Eingang. Eine in der Anatomie und Embryologie vielfach verwendete Bezeichnung.

ŏs, ossis, *n.* der Knochen. In der Anatomie sehr häufig verwendete Bezeichnung. τὸ ὀστέον (tó ostéon) der Knochen, auch τὸ ὀστοῦν (tó ostūn).

ossĕus, -a, -um knöchern. Die modernen Griechen sagen ὀστικός* (ostikós). In → *labyrinthus ossĕus*, → *lām. spirālis ossĕa*, → *p. ossĕa*, → *septum* → *nāsi ossĕum*, → *textus ossĕus*.

ossicŭlum, -i, *n.* das Knöchelchen. Dem. von *ŏs*. In *ossicŭla* → *audītūs*.

ossificatĭo*, -ōnis, *f.* die Verknöcherung. *facĕre* machen, bewirken. In → *centrum ossificatiōnis*, *ossificatĭo* → *en(do)chondriālis*, *ossificatĭo* → *perichondrioseālis*.

ostĕo-, Präfix mit der Bedeutung mit Knochen zu tun habend, τὸ ὀστέον (tó ostéon) und τὸ ὀστοῦν (tó ostūn) der Knochen:

ostĕo-blastus*, -i, *m.* die Knochenbildungszelle. βλάστειν (blástein) bilden.

ostĕo-blastĭcus*, -a, -um knochenbildend. βλάστειν (blástein) bilden. In → *lāmĭna ostĕoblastĭca*.

ostĕo-clastus*, -i, *m.* die Knochenabbauzelle. κλάζειν (klázein) zerstören, zerbrechen.

ostĕo-cranĭum*, -ĭi, *n.* der knöcherne Schädel. *cranĭum*, -ĭi, *n.* der Schädel.

ostĕo-cȳtus*, -i, *m.* die Knochenzelle. τὸ κύτος (tó kýtos) die Zelle.

ostĕo-gĕnĕsis*, -is (auch -ēōs), *f.* die Knochenbildung. ἡ γένεσις (hē génesis) die Bildung, die Entstehung. In *osteogĕnĕsis* → *cartilagĭnĕa* der Ersatzknochen oder die knorpelig präformierte Knochenbildung, *osteogĕnĕsis* → *membranacĕa* die Knochenbildung auf membranöser Grundlage, *ostĕogĕnĕsis* → *imperfecta*.

ostĕo-genetĭcus*, -a, -um knochenbildend. γεννάειν (gennáein) bilden. In → *strātum oatĕogenetĭcum*.

osteogenĭcus*, -a, -um knochenbildend. γεννάειν (gennáein) erzeugen, bilden. In → *str. osteogenĭcum*, → *textus osteogenĭcus*.

ostĕo-īdĕus*, -a, -um knochenähnlich. In → *textus osteŏīdĕus.*
ostĕo-logĭa, -ae, *f.* die Knochenlehre. ἡ ὀστεολογία (hē osteología). λέ-γειν (légein) sagen, lehren.
osteōnum*, -i, *n.* Die Baueinheit des lamellären Knochens. Wortbildung in Anlehnung an Chondron, Myon, Nephron, Neuron.
ōtĭcus, -a, -um zum Ohr gehörend. ὠτικός (ōtikós). τὸ οὖς, ὠτός (tó ûs, ōtós) das Ohr. In → *fŏvĕa ōtĭca,* → *ganglĭon ōtĭcum,* → *placōda ōtĭca,* → *vesicŭla ōtĭca.*
ōtocephalĭa*, -ae, *f.* die Verschiebung der Ohranlagen nach medial und vorn mit völligem oder weitgehendem Fehlen des Unterkiefers. ἡ κεφαλή (hē kephalḗ) der Kopf.
ōvum, -i, *n.* das Ei. τὸ ᾠόν (to ōón).
ovālis*, -is, -e eiförmig, oval. Erst seit dem 16. Jahrh. in Gebrauch. Klassisch belegt ist *ovātus.* In → *fŏrāmen ovāle,* → *fossa ovālis.*
ōvarĭum*, -ĭi, *n.* der Eierstock. Der Begriff wurde 1667 von Niels → Stensen (1638 – 1686) in die anatomische Fachsprache eingeführt. Vorher nannte man die Eierstöcke → *testes* → *mulĭĕbres.*
ovariānus*, -a, -um den Eierstock *ovarĭum* betreffend. In → *rēte ovariānum.*
ōvarĭcus*, -a, -um zum Eierstock gehörend. In → *fimbrĭa ōvarĭca,* → *follicŭli ōvarĭci,* → *implantātĭo ovarĭca,* → *margo mesōvarĭcus.*
ōvi-, ōvo-, Präfix mit der Bedeutung mit dem Ei *ōvum,* -i, *n.* zu tun habend:
ōvi-parĭtas*, -ātis, *f.* das Legen von Eiern. *parĕre* gebären.
ōvi-posītĭo, -ōnis, *f.* die Eiablage. *ponĕre* setzen, legen.
ōvocȳtus*, -i, *m.* die reifende Eizelle, die Ovozyte. τὸ κύτος (tó kýtos) die Zelle.
ōvogenĕsis*, -is (auch -ĕōs), *f.* die Eireifung. γεννάειν (gennáein) bilden, verursachen.
ōvogenetĭcus*, -a, -um die Eireifung betreffend. γεννάειν (gennáein) bilden. In → *cyclus ōvogenetĭcus,* → *phāsis ōvogenetĭca.*
ōvo-gonĭum*, -ĭi, *n.* das Úrei. γεννάειν (gennáein) bilden.
ōvo-lemma*, -ătis, *f.* die Eihülle. λέπειν (lépein) schälen.
ōvo-nŭclĕus*, -i, *m.* der Eikern. → *nŭclĕus,* -i, *m.* der Kern.
ōvo-plasma*, -ătis, *n.* das *plasma* des Eis. τὸ πλάσμα (tó plásma) das Geformte.
ōvo-testis*, -is, *m.* das Vorkommen von Eierstocksgewebe und Hodengewebe in derselben Geschlechtsdrüse, die Zwitterdrüse. *testis,* -is, *m.* der Hoden.
ōvo-viviparĭtas*, -ātis, *f.* die Ablage bereits embryonierter Eier (z. B. bei Insekten). *viviparĭtas**, -ātis, *f.* das Gebären lebender Junger. *vīvus,* -a, -um lebendig. *parĕre* gebären.
ōvulātĭo*, -ōnis, *f.* der Follikelsprung oder Eisprung.
ōvulatorĭus*, -a, -um mit dem Follikelsprung oder dem Eisprung zu tun habend. In → *typus ovulatorĭus.*
ōvoīdĕus*, -a, -um eiförmig, ovoid. In → *cellŭla ovoīdĕa,* → *nŭcl. ovoīdĕus.*
oxycephalĭa*, -ae, *f.* die abnorme Höhe des Kopfes, der Turmschädel, der Spitzkopf. ὀξύς (oxýs) spitz. ἡ κεφαλή (hē kephalḗ) der Kopf.
oxyphĭlus*, -a, -um oxyphil, säureliebend. ὀξύς (oxýs) scharf, stechend. φίλειν (phílein) lieben. In → *cellŭla oxyphĭla.*

P

pachy-, Präfix mit der Bedeutung kurz-, dick-, παχύς (pachýs) dick:
pachy-cephalīa*, -ae, f. der Kurzschädel mit vorzeitiger Verknöcherung der Schädelnähte. ἡ κεφαλή (hē kephalé) der Kopf.
pachy-glōssīa*, -ae₂ f. die abnorme Kürze und Dicke der Zunge. ἡ γλῶσσα (hē glóssa) die Zunge.
pachy-gyrīa*, -ae, f. das Vorhandensein abnorm kurzer und dicker Hirnwindungen. ὁ γῦρος (ho gŷros) die Windung.
pachymeninx*, -ingis, f. die derbe, fibröse Hirnhaut, welche jetzt als *dūra māter* bezeichnet wird. παχύς, -εῖα, -ύ (pachýs, -eía, -ý) dick, derb. ἡ μῆνιγξ, μήνιγγος (hē mēninx, mēningos) die Hirnhaut.
pachynēma*, -ătis, n. der dicke Faden der Mitose. παχύς (pachýs) dick. τὸ νῆμα (tó néma) der Faden.
pachy-onychīa*, -ae, f. die abnorme Verdickung der Nagelplatten an Fingern und Zehen. ὁ ὄνυξ, ὄνυχος (ho ónyx, ónychos) der Nagel.
pachy-somīa*, -ae, f. die Kurzleibigkeit. τὸ σῶμα (tó sóma) der Körper.
pachy-tēnǐcus*, -a, -um sich im Stadium des dicken Fadens befindend. ἡ ταινία (hē tainía) das Band. In → *phăsis pachytēnǐca* der Reifeteilung.
paidogĕnĕsis*, -is (auch -eōs), f. die Fortpflanzung einer Jugendform. ὁ oder ἡ παῖς, παιδός (ho oder hē país, paidós) das Kind. ἡ γένεσις (hē génesis) die Entstehung.
palātum, -i, n. der Gaumen. In *palātum* → *dūrum, palātum* → *molle, palātum* → *ossĕum,* → *raphē palāti.*
palatālis*, -is, -e zum Gaumen *palātum* gehörend. In → *primordǐum* → *musculāre palatāle.*
palatīnus*, -a, -um zum Gaumen gehörend. Bei den Römern hieß *palatīnus* zum palatinischen Hügel gehörend, später zum kaiserlichen Palast *palatīum,* -ĭi, n. auf dem palatinischen Hügel gehörend. In → *canālis palatīnus,* → *crista palatīna,* → *fŏrāmen palatīnum,* → *gll. palatīnae,* → *n. palatīnus,* → *ŏs palatīnum,* → *prōc. palatīnus,* → *sulcus palatīnus.* In Zusammensetzungen **palāto-:** → *arcus palātoglōssus,* → *arcus palātopharyngĕus,* → *m. palātoglōssus,* → *m. palātopharyngĕus,* → *sulcus palātovaginālis.*
palĕocortex*, -ĭcis, m. die „Alt"-Rinde. παλαιός (palaiós) alt. *cortex,* -ĭcis, m. die (Hirn-)Rinde.
palisadǐcus, -a, -um spalierförmig. *palis,* -is, f. der Zaun, das Spalier. In → *terminātǐo palisadǐca.*
pallǐdus, -a, -um blaß, bleich. *pallēre* blaß sein. In → *glŏbus pallǐdus.*
pallǐum, -ĭi, n. das griechische Obergewand, der Mantel. In der Anatomie der Hirnmantel, die den Hirnstamm überdeckenden Teile der Großhirnhemisphären. *pallāre* verbergen.
palliālis*, -a, -um zum (Hirn-)Mantel *pallǐum* gehörend. In → *strātum palliāle* des Neuralrohrs und der Netzhaut.
palma, -ae, f. das Palmblatt, dann die Handfläche. ἡ παλάμη (hē palámē) die Schaufel des Ruders. In *palma* → *manūs.*
palmāris, -is, -e zur Handfläche gehörend, handflächenseitig gelegen. Gegensatz *dorsālis* gegen den Handrücken zu gelegen. In → *aponeurōsis palmāris,* → *arcus palmāris,* → *facǐes palmāris,* → *ligg. palmārǐa,* → *mm.* → *interossĕi palmāres,* → *m. palmāris.*
palmātus, -a, -um eigentlich mit Palmzweigen verziert, dann palmzweigähnlich. In → *plǐcae palmātae.*

palpĕbra, -ae, *f.* das Augenlid. *palpitāre* zucken. *palpāri* streicheln. Beide Ableitungen sind für den Lidschlag sinnvoll. In → *commissūra palpebrārum*, → *făcĭes palpebrārum*, → *rīma palpebrārum*.

palpebrālis, -is, -e zum Augenlid gehörend. In → *arcus palpebrālis*, → *glandŭla palpebrālis*, → *lig. palpebrāle*, → *limbi palpebrāles*, → *p. palpebrālis*, → *plĭca palpebrālis*, → *rr. palpebrāles*, → *raphē palpebrālis*, → *vv. palpebrāles*.

pampiniformis*, -is, -e rankenförmig. Klassisch nur *pampinātus*. *pampĭnus*, -i, *m.* das Weinlaub, die Ranke. Die Bezeichnung *plexus pampiniformis* stammt von Andreas → Vesalius (1514 – 1564): Die Venen umgeben den Samenleiter wie ein Geflecht.

pancrĕas, -ătis, *n.* die Bauchspeicheldrüse. πᾶς, πᾶσα, πᾶν (pás, pása, pán) ganz, vollständig. τὸ κρέας, -ατος (tó kréas, -atos) das Fleischstück. Bei → Galen (130 – um 200) τὸ πάγκρεας (tó pánkreas). In → *căput pancreătis*, → *cauda pancreătis*, → *corpus pancreătis*, → *incisūra pancreătis*.

pancreatĭcus*, -a, -um zur Bauchspeicheldrüse gehörend. Die modernen Griechen sagen παγκρεατικός* (pankreatikós). In → *a. pancreatĭca*, → *ductus pancreatĭcus*, → *insŭla pancreatĭca*, → *pl. pancreatĭcus*, → *plĭca gastropancreatĭca*, → *v. pancreatĭca*. In Zusammensetzungen **pancreatĭco-**: → *a. pancreatĭcoduodenālis*, → *nōdi* → *lymph. pancreatĭcolienāles*.

pandūraformis*, -is, -e lautenförmig. *pandūra*, -ae, *f.* die Laute. ἡ πανδοῦρα (hē pandūra) die Laute. πᾶς, πᾶσα, πᾶν (pás, pása, pán) ganz, vollständig. τὸ δόρυ (tó dóry) das Holz. Eigentlich das ganz aus Holz angefertigte Musikinstrument. In → *placenta pandūraformis*.

panethensis*, -is, -e nach Joseph → Paneth (1857 – 1890) benannt. In → *cellŭla panethensis* die Panethsche Körnerzelle.

panĭcŭlus, -i, *m.* der Lappen, das ärmliche Kleid, die Schicht. Besser wäre *pannicŭlus*. Dem. von *pannus*, -i, *m.* das Tuch, der Lappen. In *panicŭlus* → *adipōsus* das Unterhautfettgewebe.

papilla, -ae, *f.* die Warze. Dem. von *papŭla*, -ae, *f.* das Bläschen. In der makro- und mikroskopischen Anatomie werden auch die warzenförmigen Erhebungen der Lederhaut und der Zunge als *papillae* bezeichnet. Ferner in *papilla* → *dentis, papilla* → *duodēni, papilla* → *gingivālis, papilla* → *lacrimālis, papilla* → *mammae, papilla* → *parotīdĕa, papilla* → *pĭli, papilla* → *renālis*.

papillāris*, -is, -e warzenförmig, auf einer Papille liegend. In → *ductus papillāris* der Niere, → *forāmen papillāre*, → *m. papillāris*, → *proc. papillāris*, → *str. papillāre*.

papyracĕus, -a, -um papierdünn. *păpȳrus*, -i, *m.* das ägyptische Schilfrohr, aus dessen Blättern Papier angefertigt wurde. πάπυρος (pápyros). Früher wurde die *lāmĭna orbitālis* des Siebbeins als *lāmĭna papyracĕa* bezeichnet. In → *fētus papyracĕus*.

pără- (παρά) *par-* Präfix mit der Bedeutung neben-, auch entlang.

pără-aortĭcus*, -a, -um neben der Aorta liegend. In → *corpŏra păraaortĭca* Inseln von chromaffinem Gewebe neben der Aorta.

pără-centrālis*, -is, -e neben der Zentralwindung des Gehirns liegend. Hybrid. Die modernen Griechen sagen παρακεντρός (parakentrós). In → *lobŭlus păracentrālis* die Fortsetzung der Zentralwindung auf die Medialseite der Hemisphäre.

pără-chordālis*, -is, -e neben der Rückensaite *chorda*, -ae, *f.* liegend. In → *cartil. părăchordālis*, → *myotōmi părăchordāles*.

pără-colĭcus*, -a, -um neben dem Dickdarm *colon* liegend. In → *sulci păräcolĭci* die Nischen an der Lateralseite des Colon.
pără-cortex*, -icis, *m.* das neben der Rinde *cortex* Liegende.
pără-didўmis*, -ĭdis, *f.* das neben den Hoden δίδυμοι (dídymoi) liegende Organ, das aus Resten gewundener Urnierenkanälchen besteht. *oi δίδυμοι* (hoi dídymoi) die Zwillinge, dann die beiden Hoden. ἡ παραδίδυμις* (hē paradídymis) im modernen Griechisch. Die Bezeichnung *paradidўmis* für das von → Giraldès 1859 entdeckte Organ stammt von → Waldeyer (1836 – 1921).
pără-duodenālis*, -is, -e neben dem Zwölffingerdarm *duodenum* liegend. In → *plĭca păräduodenālis*, → *rĕc. păräduodenālis*.
pără-epiglottĭcus*, -a, -um neben dem Kehldeckel *epiglōttis* liegend. In → *tonsilla păräepiglottĭca*.
pără-folliculāris*, -is, -e neben den Follikeln der Schilddrüse liegend. In → *cellŭla păräfolliculāris* die C-Zelle der Schilddrüse, welche Calcitonin herstellt.
pără-gangliŏn*, -ĭi, *n.* das neben den Nervenknoten *ganglion* vorkommende Paraganglion. τὸ γαγγλίον (tó ganglíon) der Nervenknoten. In *păräganglĭon* → *aortĭcum*, *păräganglĭon sympathetĭcum*.
pără-hippocampālis*, -is, -e neben dem → *hippocampus* liegend. In → *gӯrus păräihippocampālis*.
păr-allēlŏs*, -on gleichlaufend, parallel. παράλληλος (parállēlos). παραλλάσσειν (paralléssein) nebenherlaufen. In → *gemĭni păralléli*.
pără-mastoīdĕus*, -a, -um neben dem Warzenfortsatz → *prŏc. mastoīdĕus* des Schläfenbeins liegend. In → *prŏc. părămastoīdĕus* ein gelegentlich am *prŏc. jugulāris* vorkommender Fortsatz, welcher gegen den Querfortsatz des Atlas gerichtet ist.
pără-mesonephrĭcus*, -a, -um neben der Urniere *mesonephros*, -i, *n.* liegend. In → *ductus părămesonephrĭcus* der Müllersche Gang, → *sulcus părămesonephrĭcus*.
pără-metrĭum*, -ĭi, *n.* das neben der Gebärmutter ἡ μήτρα (hē métra) liegende Gewebe.
păr-anālis*, -is, -e neben dem After *ānus*, -i, *m.* liegend. In → *sĭnus părănālis*.
pără-nasālis*, -is, -e neben der Nasenhöhle liegend. *nasālis* zur Nase gehörend. Hybrid. In → *sĭnūs păränasāles*.
pără-plasīa*, -ae, *f.* die „Daneben-Bildung", die Fehlbildung, die Mißbildung. πλάσσειν (plástein) bilden.
pără-papillāris*, -is, -e neben der Papille liegend. In → *pl. păräpapillāris*.
pără-placenta*, -ae, *f.* die Nebenplacenta. *placenta*, -ae, *f.* der Mutterkuchen.
pără-plasīa*, -ae, *f.* die „danebengeratene" Bildung, die Mißbildung. πλάσσειν (plássein) bilden.
pără-plasma*, -ātis, *n.* die im Zytoplasma eingeschlossenen Nebenprodukte (z. B. Pigmente und Reservestoffe, auch Abfallprodukte). πλάσσειν (plássein) bilden.
pără-sītus, -i, *m.* der Schmarotzer, der Mitesser. παράσιτος (parásitos) σιτεύειν (siteúein) füttern, mästen. In der Teratologie bezeichnet man als *pără-sītus* die weniger entwickelte Zwillingsmißbildung.
pără-sītĭcus, -a, -um schmarotzend. In → *junctĭo părăsitĭca*.
pără-sternālis*, -is, -e neben dem Brustbein *sternum*, -i, *n.* liegend. Hybrid. Die modernen Griechen sagen παραστερνιός (parasterniós). In → *nōdi* → *lymph. părăsternāles*.

pără-sympathĭcus* (scīl. *nervus*) der dem Sympathicus entgegenwirkende Teil des autonomen Nervensystems. Die modernen Griechen sagen παρασυμπαθητικός (parasympathētikós).
pără-terminālis*, -is, -e das neben der *lāmĭna terminālis* des 3. Hirnventrikels Liegende. In → *gȳrus paraterminālis* die vor der *lāmĭna terminālis* und unter dem *rostrum corpŏris callōsi* liegende Hirnwindung.
pără-thyroīdĕus*, -a, -um das neben der Schilddrüse *gl. thyroīdĕa* Liegende. In → *gl. părăthyroīdĕa* die Nebenschilddrüse, das Epithelkörperchen.
pără-thyrocȳtus*, -i, *m.* die Zelle der Nebenschilddrüse *gl. părăthyroīdĕa.*
pără-umbilicālis*, -is, -e neben dem Nabel *umbilīcus*, -i, *m.* liegend. In → *vv. părăumbilicāles* des *lig. tĕres hepătis.*
pără-urethrālis*, -is, -e neben der Harnröhre *urethra*, -ae, *f.* liegend. In → *ductūs părăurethrāles* die Drüsenschläuche, welche in die Harnröhre münden.
pără-ventriculāris*, -is, -e neben dem 3. Hirnventrikel liegend. In → *nŭcl. părăventriculāris* neurosekretorischer Hypothalamuskern.
păr-axiālis*, -is, -e neben der Mittelinie liegend. *axis*, -is, *m.* die Achse. In → *mesoderma păraxiāle.*
păr-enchȳma, -ătis, *n.* das besondere Leistungen vollbringende Gewebe der großen Drüsen oder drüsenartiger Organe. Nach → Vesal (1514 – 1564) wurde der Begriff τὸ παρέγχυμα, -ατος (tó parénchyma, -atos) im 3. Jahrh. v. Chr. von Erasistratos geschaffen. παρ-εν-χέειν (par-en-chéein) danebenhineingießen. Man stellte sich vor, daß das Venenblut die besonderen Drüsenprodukte in die Zwischenräume zwischen den Gefäßen absondere. In *parenchȳma* → *glandulāre.*
păr-oŏphŏron*, -i, *n.* das unterhalb des Nebeneierstocks liegende, aus verzweigten Urnierenkanälchen bestehende Organ. τὸ ᾠόν (tó ōón) das Ei, φέρειν (phérein) tragen. Die modernen Griechen sagen τὸ παρῳοθήκιον* (tó paróothēkion).
păr-ōtis, -ĭdis, *f.* die Ohrspeicheldrüse. ἡ παρωτίς, -τίδος (hē parōtís, -tídos) war bei den alten Autoren die Entzündung neben dem Ohr, der Mumps. παρωτίς (parōtís) zur Bezeichnung der Ohrspeicheldrüse wird erst von Jean → Riolan junior (1580 – 1657) gebraucht. τὸ οὖς, ὠτός (tó ūs, ōtós) das Ohr. In → *gl. parōtis.*
păr-otīdĕus*, -a, -um zur Ohrspeicheldrüse gehörend. Die modernen Griechen sagen παρωτιδικός* (parōtidikós). In → *ductus parotīdĕus*, → *fascĭa parotīdĕa*, → *nōdi* → *lymph. parotīdĕi*, → *pl. parotīdĕus*, → *rr. parotīdĕi.*
părĭes, -ĕtis, *m.* die Wand. In der makroskop. Anatomie sehr häufig verwendete Bezeichnung.
parietālis, -is, -e zur Wand gehörend, zum Scheitelbein oder zum Scheitellappen des Gehirns gehörend. In → *cellŭla parietālis* die Belegzelle der Magendrüse, → *fascĭa* → *pelvis parietālis*, → *förāmen parietāle*, → *incisūra parietālis*, → *lām. parietālis*, → *lobŭlus parietālis*, → *lŏbus parietālis*, → *ŏs parietāle*, → *pleura parietālis*, → *tūber parietāle*. In Zusammensetzungen **parĭĕto-:** → *sulcus parĭĕtooccipĭtālis*, → *sūt. parĭĕtomastoīdĕa.* → *tr. parĭĕtopontīnus.*
părĭtas, -ātis, *f.* die Reihenfolge der Geburten. *parĕre* gebären. In → *primipărĭtas* die Erstgeburt.

pars, -tis, *f.* der Teil. In der makro- und mikroskop. Anatomie sehr häufig verwendete Bezeichnung.
particŭla, -ae, *f.* das Teilchen. Dem. von *pars.* In *particŭla* → *elementarĭa des Mitochondrium.*
parthĕnogĕnĕsis*, -is (auch -eōs), *f.* die Jungfernzeugung, die Fortpflanzung durch unbefruchtete Eier (z. B. bei Insekten). *ἡ παρϑένος* (hē parthénos) die Jungfrau. *ἡ γένεσις* (hē génesis) die Erzeugung.
partiālis, -is, -e teilweise. *pars,* -tis, *f.* der Teil. In → *fissĭo partiālis,* → *inversĭo partiālis.*
parturītĭo, -ōnis, *f.* der gesamte Ablauf des Geburtsvorgangs. *parturīre* gebären.
partŭs, -ūs, *m.* die geborene Leibesfrucht. *parĕre* gebären. In *partŭs mortŭus.*
parvus, -a, -um klein. Gegensatz *magnus* groß. In → *v.* → *cordis parva,* → *v.* → *saphena parva.*
patella, -ae, *f.* die Kniescheibe. Schon von → Celsus (um Chr. Geburt) in diesem Sinn gebraucht. Eigentlich die Opferschale. Dem. von *patēra,* -ae, *f.* die Pfanne, die Schüssel. *patēre* offen stehen. *ἡ πατάνη* (hē patánē). Von der älteren Bezeichnung *rŏtŭla,* -ae, *f.* für Kniescheibe leitet sich die franz. Bezeichnung ‹la rotule› ab. Dem. von *rŏta,* -ae, *f.* das Rad, die Scheibe.
patellāris*, -is, -e zur Kniescheibe gehörend. In → *b. infrāpatellāris,* → *b. prēpatellāris,* → *b. suprapatellāris,* → *corpus* → *adipōsum infrāpatellāre,* → *plīca* → *synoviālis infrāpatellāris,* → *r. infrāpatellāris.*
pătentĭa*, -ae, *f.* das Offenbleiben. *pătēre* offenstehen. In *pătentĭa* → *persistens.*
patientĭa, -ae, *f.* das Leiden, das Ertragen. *păti* ertragen.
pectĕn, -ĭnis, *m.* der Weberkamm, erst später der Grat. *pectĕre* kämmen. *πέκειν* (pékein). Bei den Römern war *pectĕn* das ganze Schambein. *ὁ κτείς, κτενός* (ho kteís, ktenós) der Kamm wurde in derselben Bedeutung gebraucht. Erst im Mittelalter bezeichnete *pectĕn* nur mehr einen Teil des Schambeins, nämlich den Grat. In *pectĕn* → *ossis* → *pūbis.*
pectĭnātus, -a, -um mit einem Kamm versehen, kammähnlich. In → *lig. pectĭnātum des Iridokornealwinkels,* → *mm. pectĭnāti* im rechten Vorhof des Herzens, → *zōna pectĭnāta.*
pectineālis*, -is, -e auf dem Schambeinkamm liegend. In → *lig. pectineāle* die auf den Schambeinkamm auslaufende Faserung des *lig. lacunāre.*
pectīnĕus, -a, -um zum Schambeinkamm oder zum Kammuskel gehörend. In → *līnĕa pectīnĕa,* → *m. pectīnĕus.*
pectus, -ŏris, *n.* die Brust.
pectorālis, -is, -e zur Brust gehörend. In → *fascĭa pectorālis,* → *m. pectorālis,* → *rr. pectorāles,* → *vv. pectorāles.*
pĕdicŭlus, -i, *m.* das Füßchen, der Stiel eines Blatts oder einer Frucht. Dem. von *pēs,* pĕdis, *m.* der Fuß. Nicht zu verwechseln mit *pēdicŭlus* die kleine Laus. *pēdis,* -is, *m.* die Laus. In *pēdicŭlus* → *arcūs* → *vertebrae.*
pĕduncŭlus, -i, *m.* der Stiel. Korrekt *pĕduncŭlum,* da Dem. von *pĕdum,* -i, *n.* der Stab. In *pĕduncŭlus* → *cerebellāris, pĕduncŭlus* → *cerebri, pĕduncŭlus* → *connexens* der Haftstiel, *pĕduncŭlus* → *corpŏris mamillāris, pĕduncŭlus* → *floccŭli, pĕduncŭlus* → *thalămi, pĕduncŭlus* → *vitellīnus.*
pĕduncŭlāris*, -is, -e zum Stiel gehörend. In → *ansa pĕduncŭlāris,* → *fossa interpĕduncŭlāris, villi pĕduncŭlāres* der Placenta.

pelvis, -is, *f.* das Becken, die Schüssel. ἡ πελλίς (hē pellís) der Eimer. 1559 von Realdo → Colombo auf das knöcherne Becken im heutigen Sinn angewendet. In → *apertūra pelvis,* → *axis pelvis,* → *inclinatĭo pelvis, pelvis* → *mājor, pelvis* → *mĭnor, pelvis* → *renālis.*

pelvĭcus*, -a, -um zum Becken *pelvis* gehörend. In → *lāmĭna* → *diaphragmatĭca pelvĭca,* → *rēn pelvicus.*

pelvīnus*, -a, -um zum Becken gehörend. In → *făcĭes pelvīna* des Kreuzbeins, → *fŏrāmina* → *sacralĭa pelvīna,* → *nn. splanchnĭci pelvīni.*

pĕnĕtrātĭo, -ōnis, *f.* das Eindringen, das Durchbrechen. *pĕnĭtus* tief hinein, *pĕnĕtrāre* eindringen, durchdringen.

pĕnĕtratīvus*, -a, -um das Eindringen betreffend. In → *vīa pĕnĕtratīva.*

penicillus, -i, *m.* der Pinsel. Dem. von *penicŭlus,* -i, *m.* der Schwamm. In → *penicilli* der Milzarterien.

penicillātus*, -a, -um mit einem Pinsel versehen. In → *cellŭla penicillāta,* → *epitheliocȳtus penicillātus,* → *limbus penicillātus* der mit Pinseln versehene Saum.

pēnis, -is, *m.* das männliche Glied, ursprünglich der Schwanz. In → *bulbus pēnis,* → *corpus* → *cavernōsum pēnis,* → *corpus pēnis,* → *corpus* → *spongiōsum pēnis,* → *crūs pēnis,* → *dorsum pēnis,* → *fascĭa pēnis,* → *glans pēnis,* → *prēputĭum pēnis,* → *raphē pēnis,* → *septum pēnis.*

pennātus, -a, -um befiedert, geflügelt. *penna,* -ae, *f.* die Feder, der Flügel. In → *m. bipennātus,* → *m. unipennātus.*

pĕr- (**pĕl-** durch Angleichung an den folgenden Buchstaben) (πέρα, péra). Präfix mit der Bedeutung (hin-)durch, Präfix der Verstärkung:

pel-lucĭdus, -a, -um durchscheinend. *perlucēre* durchscheinen. *lūx,* lūcis, *f.* das Licht. In → *arĕa pellucĭda* der Keimscheibe, → *căvum* → *septi pellucĭdi,* → *lām. septi pellucĭdi,* → *septum pellucĭdum,* → *zōna pellucĭda* des Eies.

pĕr-fŏrātĭo, -ōnis, *f.* der Durchbruch. *pĕr-fŏrāre* durchlöchern. *fŏrāre* mit einem Loch *fŏrāmen,* -ĭnis, *n.* versehen. In → *dēfectĭo perforatiōnis.*

pĕr-fŏrans, -antis durchbohrend. Part. von *pĕrforāre* durchlöchern. In → *aa. pĕrforantes,* → *canālis pĕrfŏrans,* → *fībra pĕrfŏrans,* → *rr. pĕrforantes,* → *vv. pĕrforantes.*

pĕr-forātus, -a, -um durchbohrt, durchlöchert. Part. von *per-forāre.* In → *subst. perforāta.*

pĕr-mănēns, -entis bleibend, fortdauernd. *manēre* bleiben, dauern. In → *dentes permanentes.*

pĕr-oxysōma*, -ătis, *n.* das Peroxydase-Fermente tragende Körperchen. ὀξύς (oxýs) scharf, sauer. τὸ σῶμα (tó sōma) der Körper, das Körperchen.

pĕr-pendiculāris, -is, -e senkrecht. *perpendicŭlum,* -i, *n.* das Richtblei, das Lot. *perpendĕre* ausloten, gründlich erwägen. In → *lām. perpendiculāris* des Siebbeins, → *lām. perpendiculāris* des Gaumenbeins.

pĕr-sistentia*, -ae, *f.* die Dauer, das Andauern. *pĕr-sistĕre* dauern. In → *pĕrsistentĭa* → *atresīae.*

pĕr-sistens, -entis, bestehenbleibend. Part. von *pĕr-sistĕre* übrig bleiben. In → *apertūra pĕrsistens,* → *ductus* → *arteriōsus pĕrsistens,* → *fissūra pĕrsistens,* → *fŏrāmen pĕrsistens,* → *membrāna* → *pupillāris pĕrsistens,* → *pătentĭa pĕrsistens,* → *urăchus pĕrsistens.*

pĕri- (περί) Präfix mit der Bedeutung (her-)um:
pĕri-arteriālis*, -is, -e um die Arterie herumliegend. In → *pl. pĕriarteriālis,* → *vagīna pĕriarteriālis.*
pĕri-cardĭum*, -ĭi, *n.* der Herzbeutel. τὸ περικάρδιον (tó perikárdion). ἡ καρδία (hē kardía) das Herz. In *pĕricardĭum* → *fibrōsum, pĕricardĭum* → *serōsum.*
pĕri-cardiăcus*, -a, -um zum Herzbeutel gehörend. In → *rr. pĕricardiăci* → *ligg. sternopĕricardiăca,* → *vv. pĕricardiăcae.* In Zusammensetzungen **pĕricardiăco-**: → *a. pĕricardiăcophrenĭca,* → *vv. pĕricardiăcophrenĭcae.*
pĕri-cardiālis*, -is, -e zum Herzbeutel gehörend. In → *căvĭtas pĕricardiālis.* In Zusammensetzungen **pericardīo-**: → *canālis pĕricardīopĕritoneālis.*
pĕri-carȳon*, -ōnis, *n.* das den Kern Umgebende, der Zell-Leib.
pĕri-cephalĭcus*, -a, -um den Kopf ἡ κεφαλή (hē kephalḗ) umgebend. In → *cytoplasma pĕricephālĭcum* des Samenfadenkopfes.
pĕri-chondrĭum*, -ĭi, *n.* die bindegewebige Haut des Knorpels. Die modernen Griechen sagen τὸ περιχόνδριον* (tó perichóndrion). ὁ χόνδρος (ho chóndros) der Knorpel, ursprünglich das Korn.
pĕri-chondriālis*, -is, -e mit der Bindegewebshaut des Knorpels *perichondrĭum,* -ĭi, *n.* in Beziehung stehend. In → *ŏs pĕrichondriăle.*
pĕri-chondrĭosteālis*, -is, -e das Perichondrium und den Knochen betreffend. In → *ossificatĭo pĕrichondrĭosteālis* die Verknöcherung auf bindegewebiger Grundlage.
pĕri-choroideālis*, -is, -e um die Aderhaut *choroīdĕa,* -ae, *f.* liegend. In → *spatĭum pĕrichoroīdeāle.*
pĕri-crānĭum*, -ĭi, *n.* das den Schädel τὸ κρανίον (tó kraníon) Umgebende. ὁ περικράνιος χιτών (ho perikránios chitón).
pĕri-cȳtus*, -i, *m.* die darum herum ligende Zelle, der Perizyt. τὸ κύτος (tó kýtos) die Zelle.
pĕri-derma*, -ătis, *n.* die oberflächlichen platten Zellen der Epidermisanlage. τὸ δέρμα (tó dérma) die Haut.
pĕri-folliculāris*, -is, -e um den (Schilddrüsen-)Follikel herum liegend. *follicŭlus,* -i, *m.* das Bläschen. In → *rēte* → *capillāre pĕrifolliculāre.*
pĕri-lympha*, -ae, *f.* die das häutige Gehörlabyrinth umspülende Flüssigkeit.
pĕri-lymphatĭcus*, -a, -um mit Perilymphe gefüllt. In → *ductus pĕrilymphatĭcus,* → *spătĭum pĕrilymphatĭcum.*
pĕri-metrĭum*, -ĭi, *n.* der Peritonealüberzug der Gebärmutter. Gelegentlich auch synonym für *tŭnĭca serōsa* der Gebärmutter verwendet. ἡ μήτρα (hē métra) die Gebärmutter.
pĕri-mysĭum*, -ĭi, *n.* die bindegewebige Hülle eines Muskelbündels. Die modernen Griechen sagen τὸ περιμύιον (tó perimýion). ὁ μῦς (ho mýs) der Muskel, eigentlich die Maus. Das s in *pĕrimysĭum* ist des Wohlklanges halber eingeschoben.
pĕri-natālis*, -is, -e um die Zeit der Geburt herum; vor, während und nach der Geburt. In → *pĕriŏdus pĕrinatālis.*
pĕri-nēum, -i, *n.* der Damm, das Mittelfleisch. τὸ περίναιον (tó perínaion) oder τὸ περίνεον (tó períneon). ἰνάειν (ináein) und ἰνόειν (inóein) entleeren, gebären. ἡ oder ὁ ἴνις (ho oder hē ínis) das Kind.
pĕrinēum bezeichnet bei der Frau die Weichteilbrücke zwischen After und Scheide. Sekundär wurde die Bezeichnung *pĕrinēum* auch auf den Mann übertragen zur Bezeichnung der Weichteile zwischen

After und Hodensack. In → *centrum* → *tendinĕum pĕrinēi* → *fascĭa pĕrinēi,* → *m.* → *transversus pĕrinēi,* → *spatĭum pĕrinēi.*
pĕri-neālis*, -is, -e zum Damm gehörend. In → *a. pĕrineālis,* → *nn. pĕrineāles,* → *prōminentĭa pĕrineālis,* → *rr. pĕrineāles,* → *rĕgĭo pĕrineālis.*
pĕri-neurĭum*, -ĭi, *n.* die Hülle eines Nervenfaserbündels. *τὸ νεῦρον* (tó neúron) eigentlich die Sehne, erst später der Nerv.
pĕri-nodulāris*, -is, -e um das Knötchen *nodŭlus* herum angeordnet. In → *sĭnus pĕrinodulāris* des Lymphknotens.
pĕri-odontĭum*, -ĭi, *n.* die Wurzelhaut des Zahns. *ὁ ὀδούς, -όντος* (ho odū́s, -óntos) der Zahn.
pĕri-odontālis*, -is, -e zur Wurzelhaut gehörend. In → *lig. pĕriodontāle.*
pĕri-odontoblastĭcus*, -a,-um die Wurzelhaut *pĕri-odontĭum,* -ĭi, *n.* bildend. *βλάστειν* (blástein)bilden. In → *lāmĭna pĕriodontoblastĭca.*
pĕri-ŏdus, -us, *f.* der Umlauf, die regelmäßige Wiederkehr, eigentlich der Rundherumweg. *ἡ ὁδός* (hē hodós) der Weg. In *periŏdus* → *intervalli, pĕriŏdus* → *mitotĭca, pĕriŏdus* → *synthēsis, pĕriŏdus* → *tubālis, pĕriŏdus* → *uterīna.*
pĕri-ŏnyx, -ychos, *m.* das Nagelhäutchen. *ὁ ὄνυξ, -υχος* (ho ónyx, -y̆chos) der Nagel, der Huf.
pĕri-orbĭta*, -ae, *f.* das die Augenhöhle *orbĭta* auskleidende Periost. Hybrid.
pĕri-ostĕum, -ĕi, *n.* die Knochenhaut, das Periost. *τὸ περιόστεον* (tó periósteon). *ὁ περιόστεος ὑμήν* (ho periósteos hymḗn) bei → Galḗn (130 – um 200) und *ὁ περιόστεος χιτών* (ho periósteos chitṓn) bei → Rufus Ephesĭus (um 200). *τὸ ὀστέον* (tó ostéon) und *τὸ ὀστοῦν* (tó ostū́n) der Knochen.
pĕri-osteālis*, -is, -e zur Knochenhaut *pĕri-ostĕum* in Beziehung stehend. In → *ŏs pĕriosteāle.*
pĕri-phĕrĭcus*, -a, -um und *pĕri-pherālis*,* -is, -e zu den äußeren Teilen gehörend, peripherisch. *peripherīa,* -ae, *f.* der Umkreis. Die modernen Griechen sagen *περιφερικός* (peripherikós). *ἡ περιφέρεια* (hē periphéreia). *περιφέρειν* (periphérein) herumtragen. Gegensatz *centrālis. centrum,* -i, *n.* der Mittelpunkt. In → *diplomicrotubŭlus pĕriphĕrĭcus,* → *glĭocȳtus pĕriphĕrĭcus,* → *nervus pĕriphĕrĭcus,* → *systēma* → *nervōsum pĕriphĕrĭcum,* → *zōna pĕripherālis.*
pĕri-sinusŏīdĕus*, -a, -um um das Lebersinusoid herum liegend. In → *lipocȳtus pĕrisinusŏīdĕus,* → *spatĭum pĕrisinusŏīdĕum* der Dissesche Raum.
pĕri-tendinĕum*, -i, *n.* das die Sehne umhüllende Bindegewebe. *tendo*,* -ĭnis, *m.* die Sehne. Hybrid. Die modernen Griechen sagen *τὸ περιτενόντιον* (tó peritenóntion).
pĕri-tonēum, -i, *n.* das (den Darm) Umspannende. *τὸ περιτόναιον* (tó peritónaion) schon bei → Hippokrates (460 – um 356). *περιτείνειν* (periteínein) umspannen. In → *căvum pĕritonēi, pĕritonēum* → *parietāle, pĕritonēum* → *viscerāle.*
pĕri-toneālis*, -is, -e zum Bauchfell *pĕri-tonēum* gehörend. In → *căvĭtas pĕritoneālis.*
pĕri-tubulāris*, -ĭs, -e um das Röhrchen *tubŭlus,* -i, *m.* herum liegend. In → *dentīnum pĕritubulāre,* → *rēte* → *capillāre pĕritubulāre* des Nierenkanälchens.
pĕri-vasculāris*, -is, -e um das Gefäß *vās,* vāsis, *n.* herum liegend. In → *capsŭla* → *fibrōsa pĕrivasculāris* das die Lebergefäße und die Gal-

lengänge begleitende Bindegewebe, früher als Glissonsche Scheide bezeichnete Abgrenzung der Leberläppchen, → Glisson Francis (1597 – 1677), → *membrāna limĭtans* → *glīae pĕrivasculāris*.

pĕri-ventriculāris*, -is, -e um den 3. Gehirnventrikel liegend. In → *fībrae pĕriventriculāres*, die vom Hypothalamus zum *fasc. longitudinālis dorsālis* laufen und den 3. Ventrikel umgeben, → *membrāna* → *limĭtans* → *glīae pĕriventriculāris*.

pĕri-vitellīnus*, -a, -um den Dotter *vitellus*, -i, *m*. umgebend. In → *spătĭum pĕrivitellīnum*.

peromelīa*, -ae, *f*. die (angeborene) Verstümmelung oder Lähmung der Gliedmaßen, dann genauer die Mißbildung mit stummelartig verkürzten Gliedmaßen. πηρός (pērós), verstümmelt, gelähmt. πηρόειν (pēróein) lähmen, verstümmeln. τὸ μέλος (tó mélos) das Glied.

peronēus*, -a, -um zum Wadenbein gehörend. Die modernen Griechen sagen περονιαῖος (peroniaíos). ἡ περόνη (hē perónē) das Wadenbein, eigentlich die Spange. Der Begriff περόνη (perónē) kommt schon bei → Hippokrates (460 – um 356 v. Chr.) vor und wird von Jacobus → Silvius (1478 – 1555) wiedergebraucht.

peroneālis*, -is, -e zum Wadenbein gehörend. In → *trochlĕa peroneālis* des Fersenbeins.

pēs, pĕdis, *m*. der Fuß, die Tatze. In *pēs* → *basālis* der Zilie, *pēs* → *hippocampi* das tatzenartige Vorderende des *hippocampus*, *pēs* → *terminālis*.

petiŏlus, -i, *m*. der Stiel. Dem. von *pēs* anstatt *pediŏlus*. In *petiŏlus* → *epiglōttĭdis*.

petrōsus*, -a, -um felsig. Hybrid; gebildet von ὁ πέτρος (ho pétros) und ἡ πέτρα (hē pétra) der Felsen. Auch im Sinne von zum Felsenbein gehörend. In → *fissūra sphenopetrōsa*, → *fossŭla petrōsa*, → *n. petrōsus*, → *p. petrōsa*, → *sulcus petrōsus*, → *syn. sphenopetrōsa*. In Zusammensetzungen **petro-:** → *fissūra petrooccipitālis*, → *fissūra petrosquamōsa*, → *fissūra petrotympanĭca*.

phagocytĭcus*, -a, -um phagozytierend. In → *synovicȳtus phagocytĭcus*.

phagolysosōma*, -ătis, *n*. das Körperchen mit den Eigenschaften des Phagosoms und des Lysosoms. φάγειν (phágein) fressen. λύειν (lýein) auflösen. τὸ σῶμα (tó sōma) das Körperchen.

phagosōma*, -ătis, *n*. das Bläschen mit zellfremdem Inhalt.

phainomĕnon*, -i, *n*. die Erscheinungsform. φαίνειν und φαίνεσθαι (phaínein und phaínesthai) in Erscheinung treten. In *phainomĕna* → *nŭclearĭa*.

phălanx, -angis, *f*. das Fingerglied, das Zehenglied. In diesem Sinn schon bei → Aristoteles (384 – 322 v. Chr.). ἡ φάλαγξ, -αγγος (hē phálanx, -angos) hatte zunächst die Bedeutung der Baumstamm, die Rolle, der Block, später die dichtgedrängte Schlachtordnung. Nach → Hyrtl (1811 – 1894) wurde diese zweite Bedeutung auf die Gesamtheit der Finger und Zehen übertragen und erst später auf ein einzelnes Finger- oder Zehenglied. In → *băsis phălangis*, → *căput phălangis*, → *corpus phălangis*, *phălanx* → *distālis*, *phălanx* → *medĭa*, *phălanx* → *proximālis*.

phalangēus*, -a, -um zum Finger- oder Zehenglied gehörend, eigentlich phalanxähnlich. Besser wäre *phalangĭcus*. Die modernen Griechen sagen φαλαγγικός (phalangikós). In → *art. interphalangēa*, → *art. metatarsophalangēa*, → *cellŭla phalangēa*.

phallus, -i, *m*. der Pfahl, das männliche Glied. Im 19. Jahrh. wird der Begriff *phallus* in der Entwicklungsgeschichte zur Bezeichnung des Geschlechtshöckers eingeführt. ὁ φαλλός (ho phallós) war die künstliche Nachbildung aus Feigenholz eines männlichen Glieds, das als Sinnbild der Zeugungskraft bei Bacchusfesten durch die Straßen getragen wurde.

phallĭcus, -a, -um zum Phallus gehörend. In → *p. phallĭca* der Harnröhrenanlage.

pharynx, -yngis, *m.* und *f.* der Rachen, der Schlund. ὁ und ἡ φάρυγξ, -υγγος (ho und hē phárynx, -yngos). In → *căvum pharyngis*, → *fornix pharyngis*, → *m.* → *constrictŏr pharyngis*, → *răphē pharyngis*, → *tŭn.* → *musculāris pharyngis*.

pharyngeālis*, -is, -e zum Schlund *pharynx* gehörend. In → *gll. pharyngeāles*, → *p. pharyngeālis*, → *primordĭum* → *musculāre pharyngeāle*, → *saccus pharyngeālis* die Schlundtasche.

pharyngēus*, -a, -um zum Schlund *pharynx* gehörend. Abgeleitet vom mittelalterlichen φαρυγγιαῖος (pharyngiaíos). Die modernen Griechen sagen φαρυγγικός (pharyngikós). In → *a. pharyngēa* → *ascendens*, → *gll. pharyngēae*, → *ostĭum pharyngēum*, → *p. pharyngēa*, → *pl. pharyngēus*, → *plĭca salpingopharyngēa*, → *rr. pharyngēi*, → *rĕc. pharyngēus*, → *tonsilla pharyngēa*, → *vv. pharyngēae*. In Zusammensetzungen **pharyngo-**: → *fascĭa pharyngobasilāris*.

phāsis, -is (auch -eōs), *f.* die Erscheinungsform, der Abschnitt in einem zeitlichen Ablauf. ἡ φάσις (hē phásis). φαίνειν (phaínein) in Erscheinung treten. In → *phāsis* → *folliculāris, phāsis* → *involutiōnis, phāsis ovogenetĭca*.

philtrum, -i, *n.* die von der Nasenscheidewand zur Oberlippe reichende Rinne. τὸ φίλτρον (tó phíltron) der Liebestrank, der Liebeszauber, die Verlockung. φίλειν (phílein) lieben.

phōcomelīa*, -ae, *f.* die Robbengliedrigkeit, die Mißbildung mit direktem Ansatz von Händen und Füßen am Rumpf. ἡ φώκη (hē phṓke) der Seehund. τὸ μέλος (tó mélos) das Glied.

photoreceptŏr*, -ōris, *m.* der Lichtempfänger. τὸ φῶς, φωτός (tó phós, photós) das Licht. *receptŏr*, -ōris, *m.* der Hehler, der Empfänger. *recipĕre* empfangen.

photosensorĭus*, -a, -um lichtempfindlich. *sensorĭus* der Empfindung dienend. In → *str. photosensorĭum* der Netzhaut.

phrenĭcus*, -a, -um zum Zwerchfell gehörend. φρενικός (phrenikós). *phrēnēs*, -um, *f.* das Zwerchfell. Der Singular ἡ φρήν, -ενός (hē phrḗn, -enós) die Gefühlsäußerung, das Gemüt. αἱ φρένες (hai phrénes) die Erregungen des Gemüts. Sie rufen körperliche Empfindungen in der Oberbauchgegend hervor, die sehr eindrücklich sein können. Die Alten verlegten deshalb den Sitz der Gemütsäußerungen in die Gegend des Zwerchfells. Schon bei Homer wird αἱ φρένες (hai phrénes) im Sinn von Zwerchfell gebraucht. Im gleichen Sinn ist es bei → Hippokrates (460 – um 356) belegt. In → *a. muscŭlophrenĭca*, → *a. pĕricardiacophrenĭca*, → *aa. phrenĭcae*, → *n. phrenĭcus*, → *n. phrenĭcus* → *acessorĭus*, → *vv. phrenĭcae*. In Zusammensetzungen **phrenĭco-**, was eigentlich *phreno-* heißen müßte: → *lig. phrenĭcocolĭcum*, → *lig. phrenicolienāle*, → *plĭca phrenĭcocolĭca*.

physĭcus, -a, -um physikalisch, die Physik *physĭca*, -ae, *f.* betreffend. ἡ φύσις (hē phýsis) die Natur. ἡ φυσική (hē physikḗ) die Naturlehre. In → *defĭcientĭa physĭca* der Entwicklung.

pigmentum, -i, *n.* der Farbstoff. *pingĕre* malen.

pigmentātĭo*, -ōnis, *f.* die Einlagerung von gefärbten Körnern in die Zellen.

pigmentocȳtus*, -i, *m.* die Pigmentzelle. *τὸ κύτος* (tó kýtos) die Zelle.
pigmentōsus*, -a, -um pigmentreich. In → *cellŭla pigmentōsa,* → *epitheliocȳtus pigmentōsus,* → *neurōnum pigmentōsum, nēvus pigmentōsus,* → *strātum pigmentōsum,* → *textus* → *connectīvus pigmentōsus.*
pĭlus, -i, *m.* das einzelne Haar.
pilonidālis*, -is, -e mit Haaren versehen, zum Haar *pilum,* -i, *n.* gehörend. In → *cystis pilonidālis,* → *sĭnus pilonidālis.*
pĭlōsus, -a, -um behaart. In → *cellŭla* → *sensorĭa pilōsa.*
pineālis*, -is, -e fichtenzapfenähnlich. *pinĕa,* -ae, *f.* der Fichtenzapfen, *pīnus,* -i (auch -ūs), *f.* die Fichte. In → *corpus pineāle* die Zirbeldrüse, der obere Hirnanhang. In → *gemma pineālis,* → *rĕc. pineālis,* → *rĕc. suprapineālis.*
pinealocȳtus*, -i, *m.* die Zirbelzelle. *τὸ κύτος* (tó kýtos) die Zelle.
pinguĭcŭla (scīl. *mācula*) der fettartig aussehende Lidspaltenfleck, meist nasal auf der Hornhaut. Hyaline Degeneration des subepithelialen Bindegewebes unter Vermehrung der elastischen Fasern. *pinguĭcŭlus* fett, abgeleitet von *pinguis* fett, dick, schwülstig. Sachlich ist die Bezeichnung unrichtig, da es sich nicht um Fettgewebe handelt. Die Schreibweise *pinguĕcŭla* ist falsch.
pinocytōtĭcus*, -a, -um der Pinozytose dienend. *πίνειν* (pínein) trinken. *τὸ κύτος* (tó kýtos) die Zelle. In → *vesicŭla pinocytotĭca.*
piriformis*, -is, -e birnförmig, dann auch zum lobus piriformis des Gehirns gehörend. *pirum,* -i, *n.* die Birne. Die Bezeichnung *m. piriformis* stammt von Adrian van den → *Spieghel* (1578 – 1625). In → *apertūra piriformis, cortex piriformis,* → *fŏrāmen infrapiriforme,* → *fŏrāmen suprapiriforme,* → *m. piriformis,* → *nŭcl. piriformis,* → *rĕc. piriformis.*
pīsiformis*, -is, -e erbsenförmig. *pīsum,* -i, *n.* die Erbse. In → *ŏs pīsiforme.* In Zusammensetzungen **piso-**: → *līg. pīsohamātum,* → *līg. pīsometacarpĕum.*
pituitarĭus, -a, -um schleimig. *pituīta,* -ae, *f.* der Schleim. *gl. pituitarĭa* ist eine Alternativbezeichnung für die Hypophyse.
pituitocȳtus*, -i, *m.* die Zelle des Hypophysenhinterlappens. *τὸ κύτος* (tó kýtos) die Zelle.
pĭus, -a, -um fromm, zärtlich, weich. In *pĭa* → *māter* die weiche Hirnhaut. Bei der Übersetzung aus dem Arabischen übersetzten die Mönche den entsprechenden arabischen Ausdruck mit *pĭus,* was fromm und zart heißen kann.
placenta, -ae, *f.* der Kuchen, erst seit Realdo → Colombo (1516 – 1559) der Mutterkuchen: *in modum orbiculāris placenta.* ὁ πλακοῦς, -οῦντος (ho plakūs, -ūntos) der Kuchen, eigentlich ὁ πλακόεις (ho plakóeis) das plattenförmige. ἡ πλάξ, πλακός (hē pláx, plakós) die Platte. *Placenta* sollte als Lehnwort mit c und nicht mit z geschrieben werden.
placentālis, -is, -e zum Mutterkuchen *placenta* gehörend. In → *dēformĭtas placentālis,* → *phăsis placentālis,* → *typus placentālis.*
placentōnum*, -i, *n.* die Bau- und Arbeitseinheit des Mutterkuchens *placenta,* -ae, *f.* In Anlehnung an *chondrōnum, myōnum, ostĕōnum, nephrōnum, neurōnum* u. a. gebildetes Kunstwort.
placōda*, -ae, *f.* der runde (Sinnes-)Fleck, die Plakode. ὁ πλακοῦς, πλακοῦντος (ho plakūs, plakūntos) der Kuchen. ἡ πλάξ, πλακός (hē pláx, plakós) die Platte. In *placōda* → *dorsolaterālis, placōda* → *ĕpibranchiālis, placōda* → *lentis, placōda* → *nasālis, placōda* → *neurālis, placōda* → *olfactorĭa, placōda* → *ōtĭca, placōda* → *suprabranchiālis.*

plagiocephalia*, -ae, *f.* der angeborene Schiefschädel. πλάγιος (plágios) schief. ή κεφαλή (hē kephalḗ) der Kopf.

planta, -ae, *f.* die Fußsohle, eigentlich der Pflänzling, der mit der Fußsohle festgedrückt wird. Vielleicht verwandt mit *plānus*. Die Alten bezeichneten mit *planta* auch den ganzen Fuß. In *planta* → *pĕdis*.

plantāris*, -is, -e zur Fußsohle gehörend. *plantarĭa*, -ĭum, *n.* hatten bei den Römern die Bedeutung von Gewächsausläufern. Gegensatz → *dorsālis* gegen den Fußrücken zu liegend. Die Bezeichnung *m. plantāris* findet sich bei Jacobus → Silvius (1418 – 1555) und Jean → Riolan jun. (1580 – 1657). In → *aa. plantāres*, → *arcus plantāris*, → *arcus* → *venōsus plantāris*, → *lig. plantāre*, → *m. plantāris*, → *n. plantāris*, → *r. plantāris*, → *rēte* → *venōsum plantāre*, → *vv. plantāres*.

plānus, -a, -um flach, eben. *plānum*, -i, *n.* die Fläche, die Ebene. In → *art. plāna*, → *cellŭla plāna*, → *epitheliocȳtus plānus*, → *epithelĭum plānum*, → *ŏs plānum*, → *sut. plāna*.

plasma, -ătis, *n.* in der ursprünglichen Bedeutung das Geschöpf, das Gebilde, das Geformte. Erst Ende des 19. Jahrhunderts der Lebensstoff. τὸ πλάσμα (tó plásma). πλάστειν (plástein) bilden, formen. Dann auch in der Bedeutung von Blutflüssigkeit (Blutplasma).

plasmatĭcus*, -a, -um mit dem Lebensstoff *plasma* in Beziehung stehend. In der Embryologie in der Bedeutung die formende Kraft betreffend. In → *dēfectŭs plasmatĭcus*.

plasmo-, Präfix mit der Bedeutung das Plasma betreffend:

plasmo-cȳtus*, -i, *m.* die Plasmazelle. τὸ πλάσμα (tó plásma) das Geformte, die Bildung, das Plasma. πλάστειν (plástein) bilden. τὸ κύτος (tó kýtos) die Zelle.

plasmo-cytoblastus*, -i, *m.* die (retikuläre) Stammzelle der Plasmazelle. βλάστειν (blástein) bilden.

plasmo-cytopoiēsis*, -is (auch -ēōs), *f.* die Bildung der Plasmazellen. ποιέειν (poiéein) bilden. ή ποίησις (hē poíēsis) die Bildung.

plasmo-lemma*, -ătis, *n.* die äußere Schicht des Zellplasmas. τὸ λέμμα, -ατος (tó lémma, -atos) die Hülle, eigentlich das Abgeschälte. λέπειν (lépein) schälen.

plasmo-lemmatĭcus*, -a,-um zum Plasmolemm gehörend. In → *vesicŭla plasmolemmatĭca*.

platysma, -ătis, *n.* die Platte, bei → Galēn (130 – um 200) der breite Halsmuskel. τὸ πλάτυσμα μυῶδες (tó plátysma myódes) oder μυοειδής (myoeidḗs). πλατύς, -εῖα, -ύ (platýs, -eía, -ý) breit. ὁ μυῶν, -ῶνος (ho myṓn, -ṓnos) die Muskelmasse.

pleura, -ae, *f.* das Brustfell. ή πλευρά, αί πλευραί (hē pleurá, hai pleuraí) eigentlich die Flanke, die Seitenwand des Leibes, die Rippen. Erst im Mittelalter wurde *pleura* auf das Rippenfell und das Lungenfell übertragen. In → *căvum pleurae*, → *cupŭla pleurae*, *pleura* → *costālis*, *pleura* → *diaphragmatĭca*, *pleura mediastinālis*, *pleura* → *parietālis*, *pleura* → *pulmonālis*.

pleurālis*, -is, -e zum Brustfell gehörend. Die modernen Griechen kennen πλευρικός (pleurikós) zur Rippe gehörend. In → *căvĭtas pleurālis*, → *fascĭa phrenĭcopleurālis*, → *memb. suprapleurālis*, → *rĕc. pleurālis*. In Zusammensetzungen **pleuro**-: → *hiātus pleuropericardiālis*, *hiātus pleuroperitoneālis*, → *membrāna pleuropericardiālis*, *membrāna pleuroperitoneālis*, → *plĭca pleuropericardiālis*.

plexus, -ūs, *m.* das Geflecht. *plectĕre* flechten. πλέκειν (plékein) knüpfen, flechten. In der makroskopischen und mikroskopischen Anatomie vielfach verwendete Bezeichnung für Nerven- oder Venengeflechte. In *plexus* → *autonomĭcus, plexus* → *choroīdĕus, plexus* → *lymph., plexus* → *terminālis.*

plexĭformis*, -is, -e geflechtähnlich. *forma,* -ae, *f.* die Gestalt, die Form. In → *str. plexiforme* der Retīna.

plĭca*, -ae, *f.* die Falte. Mönchslatein des 13. Jahrh., klassisch nur *plicatūra. plicāre* falten. In der Anatomie sehr häufig verwendete Bezeichnung. In der Histologie *plĭca* → *postsynaptĭca.*

plĭcatĭo*, -ōnis, *f.* die Faltung. *plĭcare* falten. In *plĭcatĭo* → *amnĭi* → *dēfectĭo plĭcatiōnis.*

ploīdēa*, -ae, *f.* die Ploidie, die Ausbildung des Chromosomensatzes. Kunstwort der Genetik, abgeleitet von *-πλόος* (-plóos) -fach. In → *euploīdēa*, → *diploīdēa*, → *polyploīdēa*.

pneumatĭcus*, -a, -um lufthaltig. πνευματικός (pneumatikós). τὸ πνεῦμα, πνεύματος (tó pneúma, pneúmatos) der Hauch, die Luft. In → *cellŭlae pneumatĭcae.* In Zusammensetzungen **pneumăto-**: → *rĕcessŭs pneumătoenterĭcus* die obere Aussackung der primitiven *bursa omentālis.*

podocӯtus*, -i, *m.* die Fußzelle der Bowmannschen Kapsel. ὁ πούς, ποδός (ho pūs, podós) der Fuß. τὸ κύτος (tó kýtos) die Zelle.

pollex, -ĭcis, *m.* der Daumen. Hängt zusammen mit *pollēre* viel können, viel vermögen, wodurch die überragende Funktionsbedeutung des Daumens gekennzeichnet wird: ‹*quod vi et dignitate pollĕat*› – weil er sich durch Kraft und Bedeutung auszeichnet. (Volcher → Coiter, 1564).

pŏlus, -i, *m.* der Pol. ὁ πόλος (ho pólos) die Achse des Himmelsgewölbes, die Sonnenuhr. πέλειν (pélein) sich bewegen, sich befinden. In *pŏlus* → *anterĭor* und *pŏlus* → *posterĭor* der Linse, *pŏlus frontālis, pŏlus* → *occipitālis, pŏlus* → *temporālis* der Großhirnhemisphäre. In der Zytologie *pŏlus* → *cellulāris.*

polāris, -is, -e zum Pol gehörend, den Pol betreffend. In → *radiatĭo polāris.*

polocӯtus*, -i, *m.* die Polzelle. τὸ κύτος (tó kýtos) die Zelle.

poly- vielfach, viel-. πολύς, πολλή, πολύ (polýs, pollḗ, polý):

poly-centrĭcus*, -a, -um viele Mittelpunkte habend. *centrĭcus,* -a, -um einen Mittelpunkt habend. *centrum,* -i, *n.* der Mittelpunkt.

poly-chromatophilĭcus*, -a, -um vielfarbig. τὸ χρῶμα (tó chrṓma) die Farbe. φίλειν (phílein) lieben. In → *erytrocӯtus polychromatophilĭcus.*

poly-corīa*, -ae, *f.* das Vorkommen mehrerer Pupillen. ἡ κόρη (hē kórē) in einem einzigen Auge. Siehe auch → *pupilla.*

poly-cystĭcus*, -a, -um reich mit Hohlräumen versehen, zystenreich. *cista,* -ae, *f.* die Kiste, der Hohlraum, die Zyste. ἡ κύστη (hē kýstē) die Zyste.

poly-dactylīa*, -ae, *f.* das Vorhandensein überzähliger Finger oder Zehen. ὁ δάκτυλος (ho dáktylos) der Finger, die Zehe.

poly-dysplasīa*, -ae, *f.* die „Vielfach"-Mißbildung. δυς- (dys-) schlecht, miß-. πλάσσειν (plássein) bilden.

poly-embryonīa*, -ae, *f.* die Bildung zahlreicher Keimanlagen. *embryo,* -ōnis, *m.* die Leibesfrucht, der Keim.

poly-embryonĭcus*, -a, -um viele Embryonen tragend. In → *gestātĭo polyembryonĭca.*

poly-ēstrōsus*, -a, -um viele Brunstzeiten habend. *ēstrus*, -i, *m*. die Liebesraserei, die Brunst. In → *typus polyēstrōsus*.
poly-gōnālis*, -is, -e vielflächig, eigentlich vielwinklig. ἡ γωνία (hē gōnía) der Winkel. In → *cellŭla polygōnālis*.
poly-gȳrīa*, -ae, *f.* die Ausbildung abnorm vieler Hirnwindungen. ὁ γῦρος (ho gȳros) die Windung.
poly-hedrālis*, -is, -e vielflächig. ἡ ἕδρα (hē hédra) der Sitz, die (Sitz-) Fläche. In → *cellŭla polyhedrālis*.
poly-mastīa*, -ae, *f.* die Ausbildung überzähliger Brustdrüsen (besonders in der Achselhöhle). ὁ μαστός (ho mastós) die Brust.
poly-melīa*, -ae, *f.* die Ausbildung überzähliger Extremitäten. τὸ μέλος (tó mélos) das Glied.
poly-merismus*, -i, *m*. die Abhängigkeit eines Erbmerkmals von mehreren Erbanlagen. τὸ μέρος (tó méros) das (Erb-)Teil.
poly-morphus*, -a, -um vielgestaltig. ἡ μορφή (hē morphḗ) die Gestalt. In → *nŭcl. polymorphus*.
poly-onychīa*, -ae, *f.* der Zustand mit mehreren Nägeln pro Finger. ὁ ὄνυξ, ὄνυχος (ho ónyx, ónychos) der Nagel.
poly-nucleāris*, -a, -um vielkernig. *nŭclĕus*, -i, *m.* der Zellkern. In → *cellŭla* → *gigantĕa polynucleāris*.
poly-odontīa*, -ae, *f.* die Zahnüberzahl. ὁ ὀδούς, ὀδόντος (ho odū́s, odóntos) der Zahn.
poly-orchismus*, -i, *m*. das Vorhandensein überzähliger Hoden. ὁ ὄρχισ (ho órchis) die Hode.
poly-ōtīa*, -ae, *f.* das Vorhandensein überzähliger Ohrmuscheln oder Ohranlagen. τὸ οὖς, ὠτός (tó ū́s, ōtós) das Ohr.
poly-ovarīa*, -ae, *f.* das Vorhandensein überzähliger Eierstöcke. *ovarĭum*, -ĭī, *n*. der Eierstock.
poly-phyodontīa*, das Auftreten überzähliger Zahngenerationen φύειν (phýein) wachsen. ὁ ὀδούς, ὀδόντος (ho odū́s, odóntos) der Zahn.
poly-ploīdĕa*, -ae, *f.* der Zustand des Kerns mit vielfachem Chromosomensatz. *ploīdĕa**, -ae, *f.* das Verhalten des Chromosomensatzes. Kunstwort der Genetik in Anlehung an ἁπλόος (haplóos) einfach, διπλόος (diplóos) zweifach. -πλόος (-plóos) -fach.
poly-ploīdĕus*, -a, -um mit vielfachem (Chromosomensatz) versehen. πολυπλοῦς und πολυπλόος (polyplū́s und polyplóos). In → *cellŭla polyploīdĕa*.
poly-poīdĕus*, -a, -um polypenartig, vielfüßig. *poly-pus*, -i, *m*. der Meerpolyp, der Nasenpolyp. ὁ πολύπους (ho polýpū́s). ὁ πούς (ho pū́s) der Fuß.
poly-somīa*, -ae, *f.* die Mißbildung mit einem einzigen Kopf und mehreren Körpern. τὸ σῶμα (tó sōma) der Körper.
poly-ribosōma*, -ătis, *n*. aus zahlreichen Ribosomen bestehendes Gebilde. *ribo-* Ribosezucker enthaltend. τὸ σῶμα (tó sōma) der Körper, das Körperchen.
poly-sōma*, -ătis, *n*. Alternativbezeichnung für Polyribosoma.
poly-spermīa*, -ae, *f.* die Befruchtung durch zahlreiche Samenfäden. *spermĭum*, -ĭī, *n.* der Samenfaden.
poly-thelīa*, -ae, *f.* das Vorhandensein überzähliger Brustwarzen. ἡ θηλή (hē thēlḗ) die Brustwarze.
pons, -tis, *m.* die Brücke, der Pons. In → *fībrae pontis*, → *nŭcl. pontis*, → *p.* → *dorsālis pontis*, → *p.* → *ventrālis pontis*, → *sectiōnes pontis*.
pontīnus*, -a, -um zur Brücke gehörend. Richtig wäre *pontānus*, wie *fontānus, montānus*. Klassisch belegt ist nur *pontīlis*, -is, -e. In → *fle-*

xūra pontīna die Brückenbeuge, → *tr. cortĭcopontīnus*, → *tr. frontopontīnus*, → *tr. occipĭtopontīnus*, → *tr. pariĕtopontīnus*, → *tr. tempŏropontīnus*.
pŏplĕs, -ĭtis, *m.* die Kniekehle, eigentlich der Knöchel, das Knie.
pŏplitĕus, -a, -um zur Kniekehle gehörend. Da *pŏplĕs* ein lateinisches Stammwort ist, kann die Bezeichnung *poplitēus*, die man viel hört, nicht richtig sein. Den → *m. pŏplitĕus* kannten schon Jacobus → Silvius (1478 – 1555) und Kaspar → Bauhin (1560 – 1624). In → *a. pŏplitĕa*, → *fossa pŏplitĕa*, → *m. pŏplitĕus*, → *nōdi* → *lymph. pŏplitĕi*, → *v. pŏplitĕa*.
porta, -ae, *f.* das Tor, der Zugang. Auch im Plural gebraucht wie das griechische αἱ πύλαι (hai pýlai) das Tor mit Torflügeln. In *porta* → *hepătis* die Ein- und Ausgangsstelle der peripheren Bahnen der Leber, → *v. portae*.
portālis*, -is, -e zur (Leber-)Pforte gehörend, einen Pfortaderkreislauf bildend. In → *canālis portālis*, → *vās portāle* der Hypophyse.
portĭo, -ōnis, *f.* der Anteil. In *portĭo* → *supravaginālis*, *portĭo* → *vaginālis* des Gebärmutterhalses. Die Geburtshelfer bezeichnen die *portĭo vaginālis* kurzweg als *portĭo*.
pŏrus, -i, *m.* der Durchgang, die Öffnung. ὁ πόρος (ho póros). περάειν (peráein) durchbohren, durchdringen. In *pŏrus* → *acustĭcus*, *pŏrus* → *gustatorĭus*, *pŏrus* → *nucleāris*, *pŏrus* → *septi*, *pŏrus sudorifĕrus* (!), richtig wäre *sudorĭfĕr*.
post- Präfix mit der Bedeutung hinter-:
post-axiālis*, -is, -e hinter der (Körper-)Achse *axis*, -is, *m.* liegend. In → *margo postaxiālis* des Keims.
post-capillāris*, -is, -e hinter dem Haargefäß *vās capillāre* liegend. In → *venŭla postcapillāris*.
post-cardinālis*, -is, -e hinter den Kardinalvenen *vv. cardināles* liegend. *cardinālis*, -is, -e hauptsächlich. *cardo*, -ĭnis, *m.* der Angelpunkt. In → *v. postcardinālis*.
post-centrālis*, -is, -e hinter der Zentralfurche liegend. Hybrid. In → *gȳrus postcentrālis*, → *sulcus postcentrālis*.
posterĭor, -or, -us hinten liegend. Im klassischen Latein fast nur zeitlich gebraucht im Sinne von nachkommend, später folgend. Nur selten örtlich wie in *posterĭōra*, -um, *n.* die Rückseite des Körpers, der Hintere. Komparativ von *postĕrus*. In der Anatomie hat *posterĭor* das klassische *postīcus* vollständig verdrängt. *postīcus* – beachte bei der Aussprache das lange *ī* – hat sich nur als klinische Kurzbezeichnung des *m. cricoarytenŏĭdĕus posterĭor* erhalten. Gegensatz *anterĭor* und *antīcus* vorne liegend. In Zusammensetzungen **postĕro-**: → *fissūra postĕrolaterālis* an der Unterseite des Kleinhirns, welche → *nodŭlus* und → *floccŭlus* vom Körper des Kleinhirns abtrennt.
post-ganglionĭcus*, -a, -um hinter dem Nervenknoten *ganglĭon* liegend. In → *fībra postganglionĭca*.
post-infundibulāris*, -is, -e hinter dem Trichter *infundibŭlum*, -i, *n.* liegend. In → *p. postinfundibulāris* des *ductŭs paramesonephrĭcus*.
post-menstruālis*, -is, -e die Zeit nach der Monatsblutung betreffend. *menstruālis**, -is, -e zur Monatsblutung gehörend. *menstrŭa*, -ōrum, *n.* gehörend. In → *phāsis postmenstruālis*.
post-nātālis*, -is, -e nachgeburtlich. *nasci* geboren werden. In → *dēfectĭo postnātālis*, → *ōs postnātāle*, → *perĭŏdus postnātālis*.
post-rĕductans, -antis nach der Reifeteilung auftretend. *rĕductāre* vermindern. In → *divīsĭo postrĕductans*.

post-synaptĭcus*, -a, -um hinter der Synapse liegend. In → *densĭtas postsynaptĭca*, → *membrāna postsynaptĭca*, → *p. postsynaptĭca*, → *plīca postsynaptĭca*.
prae- → **prē-**.
prē- (παραί-, paraí-) Präfix, welches in der Anatomie meist örtlich gebraucht wird mit der Bedeutung vor oder bei etwas liegend. In der Zytologie auch im Sinne einer Vorstufe gebraucht:
prē-auriculāris, -is, -e vor der Ohrmuschel *auricŭla*, -ae, *f.* liegend. In → *r. prēauriculāris, sĭnŭs prēauriculāris.*
prē-axiālis*, -is, -e vor der (Körper-)Achse *axis*, -is, *m.* liegend. In → *margo prēaxiālis* des Keims.
prē-capillāris*, -is, -e vor dem Haargefäß *vās capillāre* liegend. In → *arteriŏla prēcapillāris.*
prē-cardinālis*, -is, -e vor den Kardinalvenen *vv. cardināles* liegend. *cardinālis*, -is, -e hauptsächlich. *cardo-*, -ĭnis, *m.* der Angelpunkt. In → *anastomōsis prēcardinālis*, → *vv. prēcardināles.*
prē-cartilāgo*, -ĭnis, *f.* der Vorknorpel. *cartĭlāgo*, -ĭnis, *f.* der Knorpel.
prē-cartilaginĕus*, -a, -um aus Vorknorpel *prē-cartilāgo* bestehend. In → *costa prēcartilagīnĕa*, → *vertĕbra prēcartilagīnĕa.*
prē-centrālis*, -is, -e vor der Zentralfurche des Großhirns liegend. Hybrid. In → *gȳrus prēcentrālis*, → *sulcus prēcentrālis.*
prē-cervicālis*, -is, -e vor dem Halsteil *cervix*, -īcis, *f.* liegend. In → *implantātĭo prēcervicālis.*
prē-chondriālis*, -is, -e vorknorpelig. ὁ χόνδρος (ho chóndros) der Knorpel. In → *textus prēchondriālis.*
prē-chordālis*, -is, -e vor der Rückensaite *chorda*, -ae, *f.* liegend. In → *lāmĭna prēchordālis.*
prē-cunĕus*, -i, *m.* der vor dem Keil *cunĕus*, -i, *m.* liegende Teil des Großhirns, welcher durch den → *sulcus parĭētooccipitālis* vom *cunĕus* getrennt ist.
prē-dentīnum*, -i, *n.* die Vorstufe des Dentins.
prē-dentinālis*, -is, -e zum Prädentin gehörend. In → *fībra prēdentinālis.*
prē-ganglionĭcus*, -a, -um vor dem Nervenknoten *gangliŏn* liegend. In → *fībra prēganglionĭca.*
prē-gnantĭa*, -ae, *f.* die Schwangerschaft, die Zeit vor der Geburt. *gnasci* gebären. Klassisch ist nur *prē-gnātŭs*, -ūs, *m.* die Schwangerschaft nachweisbar.
prē-implantationālis*, -is, -e die Zeit vor der Einbettung des befruchteten Eies betreffend. *implantātĭo**, -ōnis, *f.* die (Ei-)Einbettung. *implantāre* einsetzen. In → *phāsis prēimplantationālis.*
prē-infundibulāris*, -is, -e vor dem Trichter *infundibŭlum*, -i, *n.* liegend. In → *p. prēinfundibulāris* des *ductus paramesonephrĭcus*.
prē-maxilla*, -ae, *f.* der Zwischenkiefer. Auch *ŏs incisīvum* genannt. *maxilla*, -ae, *f.* der (Ober-)Kiefer.
prē-maxillāris*, -is, -e den Zwischenkiefer *prē-maxilla* betreffend. In → *palātum prēmaxillāre*, → *rĕgĭo prēmaxillāris.*
prē-melanosōma*, -ătis, *n.* die Vorstufe des Melanosoms. → *melanosōma.*
prē-mŏlāris*, -is, -e vor den Mahlzähnen liegend. *mŏla*, -ae, *f.* der Mühlstein. *mŏlāris*, -is, -e zum Mahlen dienend. In → *dentes prēmolāres.*
prē-nātālis*, -is, -e vorgeburtlich. *nasci* geboren werden. In → *dēfectĭo prēnātālis*, → *mors prēnātālis*, → *ŏs prēnātāle*, → *pĕrĭŏdus prēnātālis.*

prē-occipitālis*, -is, -e vor dem Hinterhauptslappen des Großhirns liegend. In → *incisūra prēoccipitālis* der Einschnitt in der Seitenkante des Großhirns, welcher den Hinterhauptslappen nach vorn und unten begrenzt.
prē-patellāris*, -is, -e vor der Kniescheibe *patella, -ae, f.* liegend. In → *b*. → *subcutanĕa prēpatellāris*, → *b*. → *subfasciālis prēpatellāris*, → *b*. → *subtendinĕa prēpatellāris*.
prē-pubertālis*, -is, -e vor der Pubertät bestehend. In → *phāsis prēpubertālis*.
prē-putĭum, -ĭi, *n.* die Vorhaut. Abgeleitet von *putāre* beschneiden, säubern in der Gartenkunst oder von τὸ πόσθιον (tó pósthion) oder ἡ πόσθη (hē pósthē) das männliche Glied. Die modernen Griechen sagen ἡ ἀκροποσθία (hē akroposthía).
prē-putiālis*, -is, -e zur Vorhaut gehörend. In → *gll. prēputiāles*.
prē-pylorĭcus*, -a, -um vor dem Magenpförtner *pylōrus, -i, m.* liegend. ὁ πυλωρός (ho pylōrós) der Torwächter, der Pförtner. In → *v. prēpylōrĭca*.
prē-rĕductans*, -antis, vor der Reduktionsteilung sich befindend. Part. *rĕductāre* vermindern. In → *divīsĭo prērĕductans*.
prē-sacrālis*, -is, -e vor dem Kreuzbein liegend. *săcer, sacra, sacrum* heilig, groß. *ŏs sacrum* der große Knochen, das Sacrum. In seltenen Fällen bildet der *pl. hypogastrĭcus superĭor* einen als *n. prēsacrālis* bezeichneten einzigen, vor dem Sacrum liegenden Stamm.
prē-secretōrĭus*, -a, -um die Vorstufe der Sekretbildung darstellend. In → *granŭlum prēsecretorĭum*.
prē-synaptĭcus*, -a, -um vor der Synapse liegend. In → *densĭtas prēsynaptĭca*, → *membrāna prēsynaptĭca*, → *p. prēsynaptĭca* des Neuropils.
prē-tectālis*, -is, -e vor dem Mittelhirndach *tectum* liegend. *tectum, -i, n.* das Dach. In → *nŭcl. prētectālis* die Zellgruppe, welche zwischen *collicŭlus inferĭor* und *commissūra posterĭor* liegt.
prē-terminālis*, -is, -e vor der Endigung *termĭnus, -i, m.* liegend. In → *bulba prēterminālis*, → *prōc. prēterminālis*.
prē-tracheālis*, -is, -e vor der Luftröhre *trachēa, -ae, f.* liegend. ἡ ἀρτηρία τραχεῖα (hē artērίa tracheίa) die „rauhe" Luftader, so benannt wegen ihrer Knorpelspangen. In → *lām. prētracheālis*, das Blatt der Halsfaszie, das sich zwischen den *mm. omohyŏĭdĕi* einerseits, dem *manubrĭum sterni* und dem Schlüsselbein andererseits ausspannt.
prē-vertebrālis*, -is, -e vor der Wirbelsäule liegend. *vertebrālis** zur Wirbelsäule *columna vertebrālis* gehörend. In → *lām. prēvertebrālis* das Blatt der Halsfaszie, das sich zwischen der Wirbelsäule einerseits, Pharynx und Esophag andererseits ausspannt.
prē-vĭus, -a, -um vorausgehend, dann auch den Weg versperrend. *vĭa, -ae, f.* der Weg. In → *placenta prēvĭa*.
prīmus, -a, -um der erste. In → *fissūra prīma* des Kleinhirns, → *fŏrāmen prīmum*, → *intervallum prīmum*, → *septum primum*.
primarĭus, -a, -um zu den Ersten, Vornehmsten gehörend. In → *follicŭli* → *ovarĭci primārĭi*, → *ŏs* → *membranācĕum primārĭum*, → *ostĕōnum primārĭum*, → *pregnantĭa* → *extrauterīna primārĭa*.
prīmĭ-parĭtas, -ātis, *f.* die Erstgeburt. *parĕre* gebären.
prīmĭ-tīvus, -a, -um zuerst angelegt, ursprünglich. In → *fŏvĕa prīmĭtīva*, → *līnĕa prīmĭtīva*, → *nōdus prīmĭtīvus*, → *sĭnus* → *urogenitālis prīmĭtīvus*, → *sulcus prīmĭtīvus*, → *urethra prīmĭtīva*.

primordĭum, -ĭi, n. die erste Anlage. *ordīri* entstehen. In *primordĭum* → *musculāre*.
primordiālis, -is, -e ursprünglich, zur ersten Anlage *primordĭum* gehörend, von erster Ordnung. *primordĭum*, -ĭi, n. der Ursprung. *ordīri* beginnen. In → *cartilāgo primordiālis*, → *follicŭlus primordiālis*, → *lig. primordiāle*, → *synoviāle primordiāle*.
princeps, -ĭpis, der wichtigste. Eigentlich *primĭceps* die erste Stelle einnehmend. *capĕre* ergreifen, einnehmen. In → *a. princeps pollĭcis*.
principālis, -is, -e fürstlich, zur Hauptsache, zum Wichtigsten gehörend. In → *granulocȳtus* → *glomĕris principālis*, → *nŭleŏlus principālis*, → *nŭcl.* → *sensorĭcus principālis*, → n. → *trigemini* der Hauptkern des Trigeminus.
prisma, -ătis, n. die Säule mit eckigem Querschnitt. τὸ πρίσμα, -ατος (tó prísma, -atos) das Herausgesägte, das Säulensegment. πρίειν (príein) sägen. In *prisma* → *adamantĭnum* oder *prisma* → *enamēli* des Zahnschmelzes.
prismatĭcus, -a, -um säulenförmig. In → *cellŭla prismatĭca*.
prŏ- (πρό-) Präfix mit der Bedeutung vor (wärts), vor (zeitlich):
prŏ-acrosomālis*, -is, -e vor dem Akrosom liegend. In → *granŭlum prŏacrosomāle*.
prŏ-acrosomatĭcus*, -a, -um vor dem Akrosom liegend. In → *granŭlum prŏ-acrosomatĭcum*.
prŏ-amnĭon*, -ĭi, n. die Vorstufe der Schafhaut *amnĭon*, -ĭi, n. aus Ekto- und Endoderm bestehend.
prŏ-amniotĭcus*, -a, -um zum Proamnion gehörend. In → *cavĭtas prŏamniotĭca*.
prŏ-erythroblastus*, -i, m. die hämoglobinfreie Vorstufe des roten Blutkörperchens. *erythroblastus**, -i, m. die kernhaltige Vorstufe des roten Blutkörperchens.
prŏ-ēstrus*, -i, m. die Zeit unmittelbar vor der Brunst *ēstrus*, -i, m.
prŏ-fundus, -a, -um tief, tief liegend. *fundĕre* ergießen. *fundus*, -i, m. der Boden, der Grund, der Abgrund. Gegensatz *superficiālis* oberflächlich. In der makroskopischen Anatomie sehr häufig verwendete Lagebezeichnung für Gefäß- und Nervenäste sowie Muskeln.
prŏ-leptonēma*, -ătis, n. das Vorstadium des feinen Fadens der Mitose. λεπτός (leptós) dünn, fein. τὸ νῆμα (tó nēma) der Faden, die Schlinge.
prŏ-leptotēnĭcus*, -a, -um sich vor dem Leptoten-Stadium befindend. In → *phāsis prŏleptotēnĭca*.
prŏ-meiōtĭcus*, -a, -um das Stadium vor der Reduktionsteilung *meiōsis*, -is (auch -eōs), f. betreffend.
prŏ-metaphāsis*, -is (auch -ēōs), f. der Zustand unmittelbar vor der Metaphase.
prŏ-myelocȳtus*, -i, m. die Zwischenstufe zwischen Myeloblast und Myelozyt.
prŏ-nephros*, -i, m. die Vorniere, welche zunächst gebildet wurde. ὁ νέφρος (ho néphros) die Niere.
prŏ-nephrĭcus*, -a, -um zur Vorniere *prŏ-nephros*, -i, m. gehörend. In → *ductŭs prŏnephrĭcus*.
prŏ-nŭclĕus*, -i, m. der Vorkern. *nŭclĕus*, -i, m. der Kern. In → *prŏnŭclĕus* → *femīnīnus* und → *masculīnus*.
prŏ-phāsis*, -is auch -ēōs, f. das Vorstadium der Kern- und Zellteilung. ἡ φάσις (hē phásis) die Erscheinung. *phāsis*, -is oder -ĭdis, f. der Zustand.

prŏ-phasĭcus*, -a, -um die Vorphase betreffend. In → *nŭcl. prŏphasĭcus.*
prŏ-s-encephălon*, -i, *n.* das Vor- oder Vorderhirn. Neubildung des 19. Jahrh., wobei das s des Wohlklanges wegen eingeschoben wurde und mit πρός- (prós-) nichts zu tun hat.
prŏ-s-encephalĭcus*, -a, -um das Vor- oder Vorderhirn betreffend. In → *căvĭtas prŏsencephalĭca,* → *prŏminentĭa prŏsencephalĭca.*
prŏ-stăta*, -ae, *f.* die von der männlichen Harnröhre durchbohrte Vorsteherdrüse. Von → Herophĭlos (335 – 280 v. Chr.) wurde der Plural προστάται (prostátai) für die Bläschendrüsen gebraucht. Der Singular konnte sehr wohl auf die unpaare akzessorische Geschlechtsdrüse übertragen werden. ὁ προστάτης (ho prostátēs) der Vordermann, der Beschützer. προστῆναι (prostēnai) sich voranstellen. Die Änderung von *prostátēs* in *prostăta* entspricht dem lat. Sprachgebrauch: vgl. μαργαρίτης (margarítēs) und *margarīta* die Perle.
prŏ-statĭcus*, -a, -um zur Vorsteherdrüse *prŏstăta* gehörend. In → *gemma* → *glandulāris prostātĭca.*

prō- Präfix mir der Bedeutung vor (räumlich), hervor:
prō-cephalĭcus*, -a, -um vor dem Kopf ἡ κεφαλή (hē kephalḗ) liegend. In → *vesicŭla* → *cēlomatĭca prōcephalĭca.*
prō-cērus, -a, -um schlank. *crescĕre* wachsen. In → *m. prōcĕrus* des Nasenrückens.
prō-cessus, -ūs, *m.* der Fortsatz, eigentlich der Fortschritt. *prōcedĕre* vorwärtsschreiten. In der makrosk. Anatomie sehr häufig, aber stets in der Bedeutung von Fortsatz verwendete Bezeichnung.
prō-cessificātĭo*, -ōnis, *f.* die Bildung von Fortsätzen *prō-cessūs*. In *prōcessificātĭo* → *neuroblasti.*
prō-chordālis*, -is, -e vor der Rückensaite *chorda*, -ae, *f.* liegend. In → *myotōmum prōchordāle.*
prō-entĕron*, -i, *n.* der Vorderarm. τὸ ἔντερον (tó énteron) der Darm.
prō-jectĭo, -ōnis, *f.* das Vorwerfen, das Hinauswerfen. *prōjicĕre* hinauswerfen. Anatomischer Begriff der modernen Hirnanatomie. In der Sinnesphysiologie versteht man unter Projektion die Verlegung eines Sinneseindrucks an eine bestimmte Stelle des Zentralnervensystems. In → *trr.* → *nervōsi projectiōnis.*
prō-lifĕrans*, -antis durch Zellvermehrung wachsend. Part. von *prōliferāre** wuchern. In → *stătus prōlifĕrans* der Zustand des lebhaften Wachstums.
prō-liferatīvus, -a, -um aussprossend. *proliferāre* aussprossen. *prōlēs*, -is, *f.* die Nachkommenschaft. In → *phasis proliferatīva,* → *zōna proliferatīva* des Knorpels.
prō-minens, -entis, hervorragend. Part. von *prōminēre.* In → *văs. prōmĭnens,* → *vertebra prōmĭnens.*
prō-minentĭa, -ae, *f.* das Hervorragen, die Hervorragung. In *prōminentĭa* → *canālis* → *faciālis, prominentĭa* → *canālis* → *semicirculāris* → *laterālis, prōminentĭa* → *frontālis, prōminentĭa* → *frontonasālis, prōminentĭa* → *laryngēa, prōminentĭa* → *malleāris, prōminentĭa nasālis laterālis* und *mediāna, prōminentĭa* → *spirālis, prōminentĭa* → *styloidĕa.*
prō-montorĭum, -ĭi, *n.* das Vorgebirge, der Vorsprung eines Gebirges. *prōminēre* hervorragen. Die ältere Anatomie kannte mehrere *prōmontorĭa.* Als *prōmontorium* werden heute nur noch der Oberrand des Kreuzbeins und die durch die basale Schneckenwindung bedingte Vorwölbung der medialen Paukenhöhlenwand bezeichnet.

prō-nātŏr, -ōris, *m.* der Neiger. Gebraucht für diejenigen Muskeln, welche durch Drehung des Vorderarms die Handfläche nach unten richten. *prōnāre* vornüberneigen. *prōnus*, a, -um vornübergeneigt. In → *m. prōnātor* → *quadrātus*, → *m. prōnātor* → *tĕres*.

prō-ōtĭcus*, -a, -um vor der Ohranlage liegend. τὸ οὖς, ὠτός (tó ūs, ōtós) das Ohr. In → *myotōmi prōōtĭci*.

prō-tuberantĭa*, -ae, *f.* die stumpfe Vorragung. *tŭber*, -ĕris, *n.* der Höker. In → *prōtuberantĭa* → *mentālis, prōtuberantĭa* → *occipitālis*.

proctodēum*, -i, *n.* die Anlage des Mastdarms. ὁ πρωκτός (ho prōktós).

proprĭus, -a, -um eigentümlich, bezeichnend. In → *a.* → *hepatĭca proprĭa*, → *lām. proprĭa, fasc. proprĭus*, → *lig.* → *ovarĭi proprĭum*, → *palātum proprĭum*, → *subst. proprĭa*.

prōto- abgeleitet von ὁ πρῶτος (ho prótos) der früheste, der erste:

prōteīnum*, -i, *n.* der erste, der wichtigste Stoff, der einfache Eiweißkörper. In → *granŭlum prōteīni*.

prōto-fibrilla*, -ae, *f.* das Urfäserchen, die ultrastrukturelle Fasereinheit. *fibrilla*, -ae, *f.* Dem. von *fībra*, -ae, *f.*

prōto-plasma*, -ătis, *n.* der Urstoff, der Lebensstoff. πλάστειν (plástein) bilden.

prōto-plasmatĭcus* und **prōto-plasmĭcus**, -a, -um aus Protoplasma bestehend. In → *astrocȳtus protoplasmatĭcus* die protoplasmatische Gliazelle.

proximālis, -is, -e rumpfnahe. Als Lagebezeichnung nur an Extremitäten gebraucht. Gegensatz *distālis* rumpffern. In der Embryologie vorne liegend. In → *saccus* → *vitellīnus proximālis*, → *tuberc.* → *linguāle proximāle*.

pseudo-, Präfix mit der Bedeutung falsch ψευδής (pseudés):

pseudo-glandulāris*, -is, -e scheinbar drüsenartig. *glandŭla*, -ae, *f.* die Drüse. In → *pĕrĭŏdus pseudoglandulāris* der Lungenanlage.

pseudo-hypertrophĭa*, -ae, *f.* die scheinbare Vergrößerung durch Zellwachstum. ὑπέρ (hypér) übermäßig. τρέφειν (tréphein) ernähren. In *pseudohypertrophĭa* → *musculāris*.

pseudo-prēgnantĭa*, -ae, *f.* die Scheinschwangerschaft. *prēgnantĭa*, -ae, *f.* die Schwangerschaft.

pseudo-stratificātus*,-a, -um scheinbar vielschichtig, mehrstufig. ψευδής (pseudés) falsch. *stratificātus* Part. von *stratificāre**, klassisch nur *strātus*, -a, -um ausgebreitet. In → *epithelĭum pseudostratificātum* das mehrstufige Epithel.

psŏas, psŏae, *m.* der Lendenmuskel. ἡ ψόα (hē psóa). Bei → Hippokrates (460 – um 356) die Lende. *psŏas* ist eigentlich ein griechischer Genitiv, wird aber in der makroskopischen Anatomie als Nominativ gebraucht. Die alten Griechen nannten den Lendenmuskel ὁ ψοίτης (ho psoítēs). Die Bezeichnung *m. psŏas* stammt von Jean → Riolan junior (1580 – 1657) und geht auf ἡ ψόας μῦς (hē psóas mȳs) → Galēns (130 – um 200) zurück.

ptĕrygoīdĕus, -a, -um flügelförmig. πτερυγοειδής (pterygoeidés). ἡ πτέρυξ, -υγος (hē ptéryx, -ygos) der Flügel. In → *canālis ptĕrygoīdĕus*, → *fossa ptĕrygoīdĕa*, → *hamŭlus ptĕrygoīdĕus*, → *incisūra ptĕrygoīdĕa*, → *m. ptĕrygoīdĕus*, → *n. ptĕrygoīdĕus*, → *pl. ptĕrygoīdĕus*, → *prōc. ptĕrygoīdĕus*, → *rr. ptĕrygoīdĕi*. In Zusammensetzungen **ptĕrȳgo-**: → *fissūra ptĕrȳgomaxillāris*, → *fossa ptĕrȳgopalatīna*, → *lig. ptĕrȳgospināle*, → *p. ptĕrȳgopharyngēa*, → *prōc. ptĕrȳgospinōsus*, → *răphē ptĕrȳgomandibulāris*.

pūbes, -is, *f.* die Scham, die Schamgegend, die Schamhaare. *pūber* auch *pūbes,* pubĕris mannbar, erwachsen. In → *arcus pūbis,* → *corpus* → *ossis pūbis,* → *ŏs pūbis,* → *pecten* → *ossis pūbis,* → *r.* → *ossis pūbis.*
pubertālis*, -is, -e die Pubertät betreffend. In → *phāsis pubertālis.*
pubĭcus*, -a, -um zur Schamgegend gehörend. In → *ang. subpubĭcus,* → *crista pubĭca,* → *eminentĭa ilĭopubĭca,* → *lig. pubĭcum* → *superĭus,* → *r. pubĭcus,* → *rĕgĭo pubĭca,* → *tūberc. pubĭcum.* In Zusammensetzungen pubo-: → *lig. pubofemorāle,* → *lig. puboprostatĭcum.*
pudendum, -i, *n.* die Scham, die Schamgegend. *pudēre* sich schämen. Auch im Plural *pudenda,* -ōrum, *n.* In *pudendum* → *femīnīnum.*
pudendus*, -a, -um zur Scham gehörend, sich auf etwas beziehend, dessen man sich zu schämen hat. In → *a. pudenda,* → *n. pudendus,* → *v. pudenda.*
pudendālis*, -is, -e zur Schamgegend gehörend. In → *canālis pudendālis.*
puerperĭum, -ĭī, *n.* das Wochenbett, das Kindbett. *pŭĕr,* -ĕri, *m.* das Kind. *parĕre* gebären.
pulmo, -ōnis, *m.* die Lunge. Im Griechischen ὁ πλεύμων (ho pleúmōn) und ὁ πνεύμων (ho pneúmōn). In → *apex pulmōnis,* → *alveŏli pulmōnis,* → *băsis pulmōnis,* → *hīlus pulmōnis,* → *incisūra* → *cardĭăca pulmōnis,* → *lingŭla pulmōnis,* → *rādix pulmōnis.*
pulmonālis*, -is, -e zur Lunge gehörend. Die Römer kannten nur das Adjektiv *pulmonĕus,* -a, -um. In der makroskopischen Anatomie hat sich allgemein *pulmonālis* durchgesetzt. In → *a. pulmonālis,* → *lig. pulmonāle,* → *nōdi* → *lymph. pulmonāles,* → *pleura pulmonālis,* → *pl. pulmonālis,* → *truncus pulmonālis,* → *v. pulmonālis.*
pulmonāris*, -is, -e zur Lunge gehörend. Die *Nomĭna histologĭca* führen *pulmonāris.* In → *gemma pulmonāris,* → *glŏmus pulmonāre.*
pulmonārĭus*, -a, -um zur Lunge gehörend ist klassisch belegt. In → *saccus pulmonārĭus.*
pulpa*, -ae, *f.* das weiche Fleisch, das Mark, das Organparenchym. Der Begriff Pulpa wurde 1715 von Frederik → Ruysch (1638 – 1731) in die Milzanatomie eingeführt, um das zwischen den Gefäßen liegende weiche Gewebe zu bezeichnen. In *pulpa* → *alba, pulpa* → *coronālis, pulpa* → *dentis, pulpa* → *liēnis, pulpa* → *radiculāris, pulpa* → *rubra, pulpa* → *splenĭca.* Letztere Bezeichnung geht auf die *Nomĭna histologĭa* zurück.
pulpāris*, -is, -e zur Pulpa gehörend. In → *a. pulpāris,* → *căvĭtas pulpāris.*
pulpocȳtus*, -i, *m.* die Pulpazelle.
pulpōsus*, -a, -um aus weichem Gewebe bestehend. In → *nŭcl. pulpōsus* der Zwischenwirbelscheibe.
pulverĕus, -a, -um mit Staub beladen. *pulvis,* -ĕris, *n.* der Staub. In → *cellŭla pulverĕa* die Staubzelle der Lunge.
pulvīnar, -āris, *n.* das Kissen, das Polster. In *pulvīnar* → *thalămi,* synonym mit *nŭcl. posterĭor thalămi* gebraucht.
punctum, -i, *n.* der Punkt, der Stich. *pungĕre* stechen. In *punctum* → *lacrimāle.*
punctātus*, -a, -um mit Punkten versehen. In → *nuclĕoplasma punctātum* der granulierte Teil des Kerns.
pūpilla, -ae, *f.* das Sehloch, die Pupille. Dem. von *pūpa* das Mädchen. Als *pūpae* wurden auch die Figürchen oder Puppen bezeichnet, welche kleinen Kindern als Spielzeug dienen. Ursprünglich war *pūpilla* das verkleinerte Spiegelbild, das man im Auge sieht. Schon die Griechen nannten das Sehloch ἡ κόρη (hē kórē) das Mädchen. In → *m. dilātŏr pūpillae,* → *m. sphincter pūpillae.*

pūpillāris, -is, -e zur Pupille gehörend. Die Römer brauchten *pūpillāris* nur in Zusammenhang mit *pūpillus* und *pūpilla* der Waisenknabe, die Waise. In → *margo pūpillāris*, → *memb. pūpillāris*.

purkinjiensis*, -is, -e durch Jan Evangelista von → Purkyne (1787 – 1869) beschrieben. In → *myofībra* → *conducens purkinjiensis* die Faser des Reizleitungssystems des Herzens.

putāmen, -ĭnis, *n*. die Schale. In der Neuroanatomie Bezeichnung für den äußeren Teil des Linsenkerns des Gehirns. *putāre* beschneiden, besonders in der Gärtnerei.

pyĕlon*, -i, *n*. das Nierenbecken. ἡ πύελος (hē pýelos) die Badwanne, der Trog. In der Antike bezeichnete τὸ πύελον (tó pýelon) die knöcherne Augenhöhle sowie das Infundibulum des Gehirns. Kaspar → Bauhin (1560 – 1624) bezeichnete 1600 das Nierenbecken als *pelvis renālis*. Der Begriff Pyelitis für Nierenbeckenentzündung stammt von → Rayer 1837.

pygālis*, -is, -e den Steiß ἡ πυγή (hē pygḗ) betreffend. In → *junctĭo pygālis* von Zwillingsmißbildungen.

pyknotĭcus*, -a, -um dichtgefügt. πυκνός (pyknós) dicht, fest. In → *nŭcl. pyknotĭcus*.

pylōrus, -i, *m*. der Pförtner, der Magenausgang. ὁ πυλωρός (ho pylōrós) der Torwächter, der Pförtner. Schon → Celsus (um Chr. Geburt) braucht *pylōrus* für Magenausgang. ἡ πυλή (hē pylḗ) das Tor, der Torflügel. αἱ πυλαί (hai pylaí) das Tor mit zwei Flügeln. ὄρεσθαι (óresthai) die Aufsicht führen. ὁράειν und ὁρᾶν (horáein und horán) beobachten, achtgeben, sehen. In → *m*. → *sphincter pylōri*.

pylōrĭcus*, -a, -um zum Magenausgang gehörend. Die modernen Griechen sagen πυλωρικός (pylōrikós). In → *antrum pylōrĭcum*, → *canālis pylōrĭcus*, → *gll. pylōrĭcae*, → *nōdi lymph. pylōrĭci*, → *ostĭum pylōrĭcum*, → *p. pylōrĭca*, → *v. prēpylōrĭca*.

pȳrămis, -ĭdis, *f*. die Pyramide. ἡ πυραμίς, -ίδος (hē pyramís, -ídos). Wahrscheinlich ägyptischen Ursprungs. In → *dĕcussatĭo pȳramĭdum*, *pȳramĭdes* → *renāles*, *pȳrămis* → *medullae* → *oblongātae*, *pȳrămis* → *vermis*, *pȳrămis* → *vestibŭli* der verbreiterte obere Teil der *crista vestibŭli*.

pyramidālis, -is, -e zur Pyramide gehörend, dann auch pyramidenförmig. In → *cellŭla pyramidālis*, → *lŏbus pyramidālis* der Schilddrüse, → *m. pyramidālis*, → *prōc. pyramidālis* des Gaumenbeins, → *tr. pyramidālis*. Der *m. pyramidālis* erhielt seinen Namen von Gabriele → Fallopio (1523 – 1562).

Q

quadrangulāris, -is, -e vierwinklig, viereckig, *quattuor* vier. *angulus*, -i, *m*. der Winkel. ἀγκύλος (angkýlos) gekrümmt, krumm. In → *lobŭlus quadrangulāris* des Kleinhirns, → *membrāna quadrangulāris* des Kehlkopfs.

quadrātus, -a, -um rechteckig, viereckig, quadratisch. Part. von *quadrāre*. In → *lig. quadrātum*, → *lŏbus quadrātus* der Leber, → *m. quadrātus* → *femŏris*, → *m. quadrātus* → *lumbōrum*, → *m. quadrātus* → *plantae*, → *p. quadrāta*.

quadricamerātus*, -a, -um vierhöhlig. *camĕra*, -ae, *f*. das Gewölbe. *camerātus* Part. von *camerare* wölben. In → *cŏr quadricamerātum*.

quadrĭceps, -ipĭtis vierköpfig. *quattuor* vier. *cǎput*, -ĭtis, *n*. der Kopf. In → *m. quadrĭceps* → *femǒris*.
quadrivǎlens*, -entis vierwertig. *quattuor* vier. *valēre* wertsein.
quartus, -a, -um der vierte. In→ *arcus*, → *aortĭcus quartus*, → *arcus* → *branchiālis quartus*,→ *digĭtus quartus, saccus quartus*, die 4. Schlundtasche, → *ventricŭlus quartus*.
quintus, -a, -um der fünfte. In → *arcus* → *aortĭcus quintus*, → *arcus* → *branchiālis quintus*, → *digĭtus quintus*, → *saccus quintus*.

R

răcēmus, -i, *m*. die Traube. ἡ ῥάξ (hē hráx) die Weinbeere. In *răcēmus* → *ovōrum*.
racemōsus, -a, -um traubenartig. *racēmus*, -i, *m*. die Traube. In → *terminatĭo racemōsa* die Blütendoldenendigung.
rachi-s-chīsis*, -is (auch -eōs), *f*. die Wirbelsäulenspalte, der fehlende Verschluß der Wirbelbogen. ἡ ῥάχις (hē hráchis) die Wirbelsäule. σχίζειν (s-chízein) spalten.
rachītis*, -is, *f*. eigentlich die „Wirbelsäulenentzündung", heute die D-Avitaminose. Der Begriff stammt aus England. ἡ ῥάχις (hē hráchis) die Wirbelsäule.
radĭus, -ĭi, *m*. der Stab, der Sonnenstrahl, der Halbmesser des Kreises, die Radspeiche. Seit → Celsus (um Chr. Geburt) in der makrosk. Anatomie Benennung des daumenseitigen Vorderarmknochens. In → *cǎput radĭi*, → *collum radĭi*, → *corpus radĭi*, → *lig*. → *anulāre radĭi, radĭi* → *lentis*, → *tuberōs. radĭi*.
radiālis*, -is, -e zum Speichenknochen des Unterarms gehörend, auf der Radial- oder Daumenseite liegend. In der Histologie mit der Bedeutung radiär verlaufend. In → *a. radiālis*, → *art. humĕroradiālis*, → *fasc. radiālis*, → *fībra radiālis*, → *glĭocȳtus radiālis* die Müllersche Stützfaser der Netzhaut, → *lig. collaterāle radiāle*, → *m. brachĭoradiālis*, → *m*. → *extensor* → *carpi radiālis*, → *m*. → *flexor* → *carpi radiālis*, → *n. radiālis*, → *prōc. radiālis*, → *sulcus* → *n. radiālis*, → *vv. radiāles*. In Zusammensetzungen **radĭo-**: → *art. radĭocarpēa*, → *art. radĭoulnāris*, → *lig. radĭocarpēum*.
radiātus, -a, -um mit Strahlen versehen, ausstrahlend. In → *corōna radiāta*, → *lig*. → *carpi radiātum*, → *p. radiāta* des Nierenläppchens, → *str. radiātum* des Trommelfells.
radiātĭo, -ōnis, *f*. die Ausstrahlung. In *radiātĭo* → *acustĭca, radiātĭo* → *corpǒris* → *callōsi, radiātĭo* → *optĭca, radiātĭo* → *polāris* der Mitose.
rādix, -īcis, *f*. die Wurzel, der Grund. ἡ ῥάδιξ (hē hrádix) der Zweig. In der Anatomie vielfach verwendete Bezeichnung. In der Zytologie *rādix* → *basālis* der Zilien.
rādicŭla, -ae, *f*. die kleine Wurzel. Dem. von *rādix*, -īcis, *f*. In *rādicŭla* → *affīxa*.
rādicālis*, -is, -e zur Wurzel *rādix* gehörend. In → *vagīna rādicālis*.
rādiculāris*, -is, -e zur Wurzel gehörend. In → *fīla rādicularĭa*, → *pulpa rādiculāris*, → *vagīna radiculāris* die Wurzelscheide des Haars.
rāmus, -i, *m*. der Ast, der Zweig. Sowohl im Singular wie auch im Plural sehr häufig in der makrosk. Anatomie verwendete Bezeichnung für Gefäß- und Nervenäste.

ramōsus, -a, -um verzweigt. In → *gl. ramōsa,* → *villus ramōsus* der Placenta.

răphē, -ēs, *f.* die Naht. ἡ ῥαφή (hē hraphḗ). ῥάπτειν (hráptein) zusammennähen, zusammenfügen. In *răphē* → *palāti, răphē* → *palpebrālis, răphē* → *pēnis, răphē* → *pharyngis, răphē pterȳgomandibulāris, răphē* → *scrōti.* Eigentlich müßte *hrăphē* geschrieben werden, da das ὁ einen Spiritus asper trägt. Der Singular wird nach griechischer Art dekliniert, der Plural lateinisch: Nom. *răphē,* Gen. *răphēs,* Dativ *răphē,* Akkusativ *răphēn,* Abl. *răphē.*

rĕ- Präfix mit der Bedeutung zurück-, abermals:

rĕ-actĭo, -ōnis, *f.* die Rückwirkung. *agĕre* handeln, wirken. In → *dēfĭcientĭa reactiōnis.*

rĕ-ceptŏr, -ōris, *m.* der Empfänger, eigentlich der Hehler. *rĕ-cipĕre* empfangen. *capĕre* ergreifen. In der Anatomie und Histologie im Sinne von Sinnesempfänger verwendet.

rĕ-cessus, -ūs, *m.* das Zurückweichen, der Rückgang, der Schlupfwinkel, die Vertiefung. *rĕ-cedĕre* zurückweichen. *cedĕre* gehen, vorwärtsgehen. In der Anatomie und Histologie vielfach verwendete Bezeichnung.

rĕ-cessīvus*, -a, -um überdeckt. *rĕ-cedĕre* zurückweichen. In → *gĕnum rĕcessīvum.*

rĕ-currens, -entis zurücklaufend. Part. von *rĕ-currĕre. currĕre* laufen. In → *a. recurrens,* → *n.* → *laryngĕus recurrens.*

rĕ-ductans, -antis, vermindernd. Part. von *rĕ-ductāre* vermindern. *rĕducĕre* verkleinern. In → *divīsĭo rĕductans* die Reduktionsteilung.

rĕ-d-undantĭa, -ae, *f.* die Überfülle. *rĕ-d-undāre* zurückwogen, im Überfluß vorhanden sein. *unda,* -ae, *f.* die Woge.

rĕ-duplicātĭo, -ōnis, *f.* die Verdoppelung. *duplex* doppelt.

rĕ-flexus, -a, -um umgebogen. Part. von *rĕ-flectĕre* zurückbiegen. *flectĕre* biegen. In → *lig. rĕflexum* bogenförmige Züge, die von der medialen Anheftung des Leistenbandes nach oben ziehen, → *placenta reflexa.*

rĕ-gressĭo, -ōnis, *f.* das Zurückgehen. *rĕ-grĕdi* zurückkommen.

rĕ-lictum, -i, *n.* der Rest, das Überbleibsel. Part. von *rĕ-linquĕre* zurücklassen. *linquĕre* lassen. In *rĕlictum* → *epitheliāle* der Epithelrest, *rĕlictum* → *fūsi* der Spindelrest der Mitose.

rĕ-partītĭo, -ōnis, *f.* die Verteilung. *partīri* teilen.

rĕ-prōductĭo, -ōnis, *f.* die Zeugung. *prō-ducĕre* weiterführen, zeugen.

rĕ-servātus, -a, -um erhalten geblieben. Part. von *rĕ-servāre* bewahren, erhalten. *servāre* erhalten, behalten. In → *cartilāgo reservāta.*

rĕ-sidŭum, -i, *n.* der Rest. *rĕ-sidĕre* übrigbleiben. *sedĕre* sich setzen. In *rĕsidŭum* → *chromatīni.*

rĕsidŭālis*, -is, -e übrigbleibend, übriggeblieben. Klassisch kommt nur *rĕ-sidŭus,* -a, -um vor. In → *corpuscŭlum rĕsidŭāle* der Restkörper in der Elektronenmikroskopie, → *lūmen residuāle.*

rĕ-sorptĭo, -ōnis, *f.* das Wiederaufnehmen. *rĕ-sorbĕre* wiederaufnehmen. *sorbĕre* verschlucken, aufnehmen. In → *līnea rĕsorptiōnis.*

rĕ-sorbens, -entis wiederaufnehmend. Part. von *rĕ-sorbĕre. In* → *zōna rĕ-sorbens.*

rĕ-spiratorĭus, -a, -um der Atmung dienend. *rĕ-spirāre* atmen. *spirāre* blasen, hauchen. *spirĭtus,* -i, *m.* der Hauch, der Atemzug. In → *apparātus rĕspiratorĭus,* → *bronchiŏli respiratorĭi,* → *mm. respiratōrĭi.*

rĕ-tardātĭo, -ōnis, *f.* die Verzögerung. *rĕ-tardāre* verzögern. *tardus,* langsam, zögernd.

rĕ-tentĭo, -ōnis, *f.* das Zurückhalten, *rĕ-tinēre* zurückhalten.
rĕ-tinacŭlum, -i, *n.* das zum Zurückhalten dienende Band. In *rĕtinacŭlum* → *caudāle* der Chordarest, welcher *ŏs coccygēum* mit *foveŏla coccygēa* verbindet, *rĕtinacŭlum* → *cŭtis, rĕtinacŭlum* → *extensōrum, rĕtinacŭlum* → *flexōrum, rĕtinacŭlum* → mm. → *extensōrum* → *superĭus* und → *inferĭus, rĕtinacŭlum* → mm. → *flexōrum, rĕtinacŭlum* → mm. *peroneōrum, rĕtinacŭlum* → *unguis* die Verankerungszüge des Nagelbetts am Periost.
rĕ-tĭnens, -entis haltend, befestigend. Part. von *rĕ-tinēre* festhalten. In → *fascĭa rĕtĭnens* → *rostrālis.*
rĕ-unĭens*, -entis verbindend. Part. von *rĕ-unīre* verbinden, einigen; mittelalterliches Latein, nur *unire* ist klassisch belegt.
rectum, -i, *n.* (scīl. *intestīnum*) der Mastdarm. Die Bezeichnung geht auf die antike Tieranatomie zurück, die irrtümlicherweise auf dem Menschen übertragen wurde. Bei den Haustieren verläuft der Mastdarm gestreckt und wurde deshalb τὸ ὀνϑόν oder τὸ ἀπευϑυσμένον ἔντερον (tó orthón oder tó apeuthysménon énteron) genannt. ἀπευϑύνειν (apeuthýnein) geraderichten. Diese Bezeichnung wird schon vor → Galēn (130 – um 200) verwendet.
rectālis*, -is, -e zum Mastdarm gehörend. In → *a. rectālis,* → *pl. rectālis,* → *v. rectālis.* In Zusammensetzungen **recto-**: → *excavatĭo rectouterīna* und *rectovesicālis,* → *m.* → *rectococcygēus,* → *m. rectourethrālis,* → *fistŭla rectourethrālis,* → *fistŭla rectovaginālis,* → *fistŭla rectovesicālis,* → *fistŭla rectovestibulāris,* → *m. rectouterīnus,* → *m. rectovesicālis,* → *plĭca rectouterīna,* → *septum rectovagināle,* → *septum rectovesicāle.*
rectus, -a, -um gerade. Als Adjektiv gebrauchtes Part. von *rĕgĕre* richten. In → *arterĭŏla recta* der Nierenarterie, → *gȳrus rectus,* → *m. rectus,* → *p. recta,* → *sĭnus rectus,* → *venŭla recta.*
rĕgĭo, -ōnis, *f.* die Lage, die Gegend, ursprünglich die Richtung. *rĕgĕre* richten. In der makrosk. Anatomie sehr häufig verwendete Bezeichnung.
regulāris, -is, -e regelmäßig. *regŭla,* -ae, *f.* die Norm, die Maßeinheit. In → *textus* → *fibrōsus* → *compactus regulāris.*
rēn, -is, *m.* die Niere. In → *a. rēnis,* → *corpuscŭlum rēnis,* → *cortex rēnis,* → *medulla rēnis,* → *v. rēnis.*
renālis*, -is, -e zur Niere gehörend. Wurde von Jacobus → Silvius (1478 – 1555) in die anatomische Fachsprache eingeführt. In → *calix renālis,* → *columna renālis,* → *hīlus renālis,* → *lŏbus renālis,* → *papilla renālis,* → *pelvis renālis,* → *pȳrămis renālis,* → *segm. renāle,* → *sĭnus renālis,* → *tubŭlus renālis.*
rencŭlus, -i, *m.* die kleine Niere. Zusammengezogen aus *renicŭlus.* Dem. von *rēn.* Embryologische Bezeichnung für die Anlagen der einzelnen Nierenlappen.
reniformis*, -is, -e nierenförmig. In → *nŭcl. reniformis,* → *placenta reniformis.*
rēte, -is, *n.* das Netz. Plural *rētĭa.* Meist in der Bedeutung von Gefäßnetz gebraucht *rēte* → *capillāre* → *termināle.* Ferner in *rēte* → *elastĭcum, rēte* → *testis* das Kanälchennetz im *mediastīnum testis,* → *rēte* → *ovariānum.*
reticulāris*, -is, -e netzartig, dann auch in der Bedeutung zum *reticŭlum* gehörend. In → *apparātus reticulāris* → *internus* Alternativbezeichnung zu → *complexus* → *golgiensis,* → *cellŭla reticulāris* die Reticulumzelle, → *erythrocȳtus reticulāris,* → *fĭbra reticulāris* die Gitterfa-

ser, → *formatĭo reticulāris* des Hirnstamms, → *memb. reticulāris, nūcl. reticulāris* des Thalamus, → *str. reticulāre*, → *textus* → *connectivus reticulāris*. In Zusammensetzungen **reticŭlo-**: → *systēma reticŭloendotheliāle*, → *ŏs reticŭlofibrōsum* der Bindegewebsknochen, → *str. reticŭlospinālis*.

reticulātus*, -a, -um netzförmig, netzähnlich, eigentlich mit einem Netz versehen. In → *apparātus reticulātus* → *internus* der Golgi-Apparat.

reticŭlum, -i, *n*. das kleine Netz. Dem. von *rēte*. In *reticŭlum* → *adamantĭnum* die Schmelzpulpa, *reticŭlum* → *endoplasmĭcum, reticŭlum* → *sarcoplasmatĭcum, reticŭlum* → *trabeculāre* des Iridokornealwinkels.

retīna, -ae, *f.* (scīl. *tŭnĭca*) die Netzhaut des Auges. Die richtige Betonung liegt auf dem i. Von *rēte* kann nur *retīnus* mit langem *ī* abgeleitet werden. Die alten Griechen verglichen die Netzhaut mit einem Fischernetz τὸ ἀμφίβληστρον (tó amphíblēstron). → Galēn (130 - um 200) nennt die Netzhaut ὁ ἀμφιβληστροιδής χιτών (ho amphiblēstroeidés chitón) die netzartige Haut. ἀμφιβάλλειν (amphiballein) umgarnen. Von → Gerardus Cremonensis (1114 - 1187), dem Übersetzer des Avicenna stammt die lateinische Bezeichnung *retīna,* weil die Nervenhaut des Auges den Glaskörper umschließt, „wie ein Fischernetz den Fang".

retinālis*, -is, -e zur Netzhaut gehörend. In → *astrocȳtus retinālis*, → *cystis retinālis*.

rĕtrō- Präfix mit der Bedeutung zurück-, rückwärts liegend. In der Anatomie ausschließlich räumlich gebraucht, Gegensatz → *ante* vorne liegend:

rĕtrō-auriculāris*, hinter der Ohrmuschel *auricŭla*, -ae, *f.* liegend. In → *nŏdi* → *lymph. rĕtrōauriculāres*.

rĕtrō-cēcālis*, -is, -e hinter dem Blinddarm *cēcum*, -i, *n*. liegend. In → *rĕc. rĕtrōcēcālis*.

rĕtrō-duodenālis*, -is, -e hinter dem Zwölffingerdarm *duodēnum*, -i, *n*. liegend. In → *aa. rĕtrōduodenāles*, → *rĕc. rĕtrōduodenālis*.

rĕtrō-flexus*, -a, -um zurückgebogen. In → *fasc. rĕtrōflexus*.

rĕtro-gressĭo*, -ōnis, *f.* das Zurückgehen, das Verschwinden. Klassisch ist nur *rĕtro-gressŭs,* -ūs, *m*. belegt. *rĕtro-gradi* zurückgehen. *gradi* schreiten. In → *dēfectĭo rĕtrogressiōnis*.

rĕtrō-hyoīdĕus*, -a, -um hinter dem Zungenbein *ŏs hyoīdĕum* liegend. In *b. rĕtrōhyŏīdĕa*.

rĕtrō-lentiformis*, -is, -e hinter dem Linsenkern *nŭcl. lentiformis* liegend. In → *p. rĕtrōlentiformis* der inneren Kapsel.

rĕtrō-mandibulāris*, -is, -e hinter dem Unterkiefer *mandibŭla*, -ae, *f.* liegend. In → *v. rĕtrōmandibulāris*.

rĕtrō-peritoneālis*, -is, -e hinter dem Bauchfell *peritonēum*, -i, *n*. liegend. In → *spătĭum rĕtrōperitoneāle*.

rĕtrō-pharyngēus*, -a, -um hinter dem Rachen *pharynx*, -ingis, *m*. und *f.* liegend. In → *nŏdi* → *lymph. rĕtrōpharyngēi*.

rĕtro-plasīa*, -ae,*f.* die Rückbildung. πλάσσειν (plássein) bilden.

rĕtro-plastĭcus*, -a, -um rückgebildet. In → *dēfectĭo rĕtroplastĭca*.

rĕtrō-pubĭcus*, -a, -um hinter dem Schambein *ŏs pūbis* liegend. In → *spătĭum rĕtrōpubĭcum*.

*rhinencephălon**, -i, *n.* das Riechhirn. ἡ ῥίς, -ῥινός (hē hrís, -hrinós) die Nase. *encephălon*, -i, *n.* das Gehirn. Zum Geruchsorgan gehörende Gehirnanteile. Sie werden heute größtenteils zum limbischen System gerechnet.

rhinencephalĭcus*, -a, -um zum Riechhirn *rhinencephălon** gehörend. In → *căvĭtas rhinencephalĭca*.

rhinālis, -is, -e zur Nase als Geruchsorgan gehörend. In → *fissūra rhinālis*, → *sulcus rhinālis*.

rhombencephălon, -i, *n.* das Rautenhirn, der die Rautengrube enthaltende Teil des Gehirns. ὁ ῥόμβος (ho hrómbos) der Kreisel, das verschobene Quadrat, der Rhombus, die Raute. ῥέμβειν (hrémbein) herumdrehen.

rhombencephalĭcus*, -a, -um das Rautenhirn *rhombencephălon* betreffend. In → *căvĭtas rhombencephalĭca*, → *labĭum rhombencephalĭcum*, → *prōminentĭa rhombencephalĭca* des Embryo.

rhombŏīdĕus, -a, -um rautenförmig. ὁ ῥόμβος (ho hrómbos) die Raute. ῥομβοειδής (hromboeidés). In → *fossa rhombŏīdĕa*, → *m. rhombŏīdĕus*.

rhombomērus*, -i, *m.* die Rhombomere des Rautenhirns beim Embryo. ὁ ῥόμβος (ho hrómbos) die Raute. τὸ μέρος (tó méros) der Teil.

ribosōma*, -ătis, *n.* das Ribonukleinsäuren enthaltende Körperchen. Ribose ist ein Pentose-Zucker. τὸ σῶμα (tó sōma) das Körperchen, der Körper.

rīma, -ae, *f.* die Spalte. In *rīma* → *glōttĭdis, rīma* → *ōris, rīma* → *palpebrārum, rīma* → *pudendi*.

rīsōrĭus, -a, -um zum Lachen dienend, eigentlich lächerlich. *rīsŏr*, -ōris, *m.* der Lacher, der Spötter. *ridēre* lachen. In → *m. rīsōrĭus*, Muskelbezeichnung, die auf Giovanni Domenico → Santorīni (1681 – 1737) zurückgeht.

rīvus, -i, *m.* der Bach, die Wasserrinne, der Kanal. In → *rīvus* → *lacrimālis* die Rinne zwischen Augapfel und den geschlossenen Augenlidern.

rostrum, -i, *n.* der Schnabel, die Ramme. *rōdēre* benagen. In *rostrum* → *corpŏris callōsi, rostrum* → *sphenoidāle*.

rostrālis, -is, -e schnabelwärts, vorn. In → *neuropōrus rostrālis*.

rŏtātŏr, -ōris, *m.* der Dreher. *rŏtāre* im Kreise drehen. In → *mm. rotatōres*.

rotundus, -a, -um rund. *rŏta*, -ae, *f.* das Rad. In → *fŏrāmen rotundum*.

rŭbĕr, rubra, rubrum rot. In → *medulla* → *ossĭum rubra*, → *myofĭbra rubra*, → *nŭcl. rŭber*.

rubrālis*, -is, -e zum roten Kern in Beziehung stehend. In → *tr. cerebellorubrālis*. In Zusammensetzungen **rubro-**: → *fasc. rubroreticulāres*, → *tr. rubrospinālis*.

rudimentum, -i, *n.* das Probestück, der Anfang eines Unternehmens. *rudis* unbearbeitet, kunstlos. Gebraucht für ein angelegtes, aber nicht völlig ausgebildetes Organ.

rūga, -ae, *f.* die Runzel, die Hautfalte. In → *columnae rūgārum, rūgae* → *turbinātae, rūgae* → *vagināles*.

rūmen, -ĭnis, *n.* der Schlund, der erste Magen der Wiederkäuer. *rumināre* wiederkäuen. In → *papilla rūmĭnis*.

S

saccus, -i, *m.* der Sack, die Tasche. ὁ σάκκος (ho sákkos). In *saccus* → *aortĭcus, saccus* → *conjunctīvae, saccus* → *endolymphatĭcus, saccus* → *iliăcus, saccus jugulāris, saccus* → *lacrimālis, saccus* → *lymphatĭcus*,

saccus → *pharyngeālis* die Schlundtasche, *saccus* → *rĕtroperitoneālis*, *saccus* → *subclavĭus*.
sacciformis*, -is, -e säckchenförmig. In → *rec. sacciformis* die Ausstülpung am proximalen und distalen Radioulnargelenk.
saccŭlus, -i, *m.* das Säckchen. Dem. von *saccus*. In *saccŭli* → *alveolāres*, *saccŭlus* → *dentis*, *saccŭlus* → *glandulāris* das sackförmige Drüsenendstück, *saccŭlus* → *laryngis*. Auch gebraucht für die Säckchen des Golgi-Apparats und des endoplasmatischen Reticulum.
sacculāris*, -is, -e zum Säckchen (des häutigen Gehörlabyrinths) gehörend. In → *gl. sacculāris*, → *n. sacculāris*, → *ventricŭlus sacculāris* → *primitīvus*.
săcer, sacra, sacrum heilig, groß. *ŏs sacrum* ist die Übersetzung von τὸ ἱερὸν ὀστοῦν (to hierón ostûn) und wurde von Jacobus → Silvius (1478 – 1555) in die anatomische Fachsprache eingeführt. ἱερός (hierós) hat ursprünglich die Bedeutung von stark, kräftig, erst im übertragenen Sinn bedeutet es auch heilig. Volcher → Coiter (1534 – 1600) sagt 1566 „*quia veteres ut Homērus et allii ἱερόν (hierón) vocarunt magnum*". Die deutsche Bezeichnung „Kreuzbein" ist ebenfalls auffallend. Im Althochdeutschen heißt „criuzi" die Erhöhung, gemeint ist wohl das *prōmontōrĭum*.
sacrālis*, -is, -e zum Kreuzbein gehörend. In → *a. sacrālis*, → *canālis sacrālis*, → *cornu sacrāle*, → *crista sacrālis*, → *flexūra sacrālis*, → *forāmĭna sacrālĭa*, → *ganglĭon sacrāle*, → *hiātus sacrālis*, → *nn. sacrāles*, → *nōdi* → *lymph. sacrāles*, → *pl. sacrālis*, → *rĕgĭo sacrālis*, → *truncus lumbosacrālis*, → *tūberos. sacrālis*, → *v. sacrālis*. In Zusammensetzungen sacro-: → *art. sacroiliăca*, → *făcĭes sacropelvīna*, → *ligg. sacroiliăca*, → *lig. sacrococcygēum*, → *lig. sacrospināle*, → *lig. sacrotuberāle*, → *m. sacrococcygēus*, → *rĕgĭo sacrococcygeālis*.
sagittālis, -is, -e einem Pfeil gleichend. *sagitta*, -ae, *f.* der Pfeil. Die Mediosagittalebene zerlegt den Körper in zwei spiegelbildliche Hälften. Sie entspricht der Symmetrieebene. Parallel zur Mediosagittalebene können beliebig viele Parasagittalebenen gelegt werden. In → *margo sagittālis*, → *sut. sagittālis*. *sutūra sagittālis* und *sutūra coronālis* wurden von → Avicenna (980 – 1037) mit Pfeil und Bogen verglichen. → Gerardus Cremonensis (1114 – 1187) gibt folgende Begründung „*quia stat, ut sagitta ad arcum*" – weil sie so liegt, wie der Pfeil zum Bogen.
salīva, -ae, *f.* der Speichel, der Schleim.
salivāris*, -is, -e den Speichel betreffend. In → *corpuscŭlum salivāre*.
salivarĭus*, -a, -um den Speichel betreffend. In → *gll. salivarĭae*.
salivatorĭus*, -a, -um den Speichel betreffend. In → *nŭcl. salivatorĭus*.
salpinx, -ingis, *f.* die Trompete. ἡ σάλπιγξ, -ιγγος (hē sálpinx, -ingos). Gleichbedeutend mit → *tŭba*, -ae, *f.* die gerade Trompete, die Tuba. Nur noch in Zusammensetzungen gebraucht salpingo-: → *m. salpingopharyngēus*, → *plĭca salpingopalatīna*, → *plĭca salpingopharyngēa*.
sanguis, -ĭnis, *m.* das Blut.
sanguinĕus, -a, -um blutig, mit Blut gefüllt. In → *insŭla sanguinĕa*, → *vāsa sanguinĕa*.
saphēna (scīl. *vēna*) und *saphēnus* (scīl. *nervus*) die große Hautvene, der Hautnerv von Unterschenkel und medialer Fußkante. Der Name kommt nicht, wie man glauben könnte, von dem griechischen σαφής (saphḗs) deutlich, sondern von ‹al-sâfin› der Araber (→ Hyrtl). Möglicherweise entstammt das Wort dem Hebräischen: ‹sâfin› das Verborgene. Die an der Medialseite des Beins gelegene *v. saphēna mag-*

na schimmert im Gegensatz zu anderen Hautvenen nicht durch die Haut. Auch in → *r. saphēnus* der *a. genūs descendens.*

sark- vom Genitiv σαρκός (sarkós) zu ἡ σάρξ (hē sárx) das lebendige Fleisch, im Gegensatz zu **caro, carnis,** *f.* das Fleischstück, τὸ κρέας (tó kréas):

sarko-blastus*, -i, *m.* die Muskelbildungszelle. ὁ βλαστός (ho blastós) der Keim, der Sproß. βλάστειν (blástein) sprossen, bilden. Das -o- wurde des Wohlklangs wegen eingeschoben.

sarko-lemma*, -atos, *n.* die Muskelfaserscheide. τὸ λέμμα, -ατος (tó lémma, -atos) die Hülle, das Abgeschälte. λέπειν (lépein) schälen. Die modernen Griechen sagen σαρκείλημα (sarkeílēma).

sarko-plasma*, -ătos, *n.* das Zytoplasma der Muskelzelle. τὸ πλάσμα (tó plásma) das Geformte. πλάστειν (plástein) formen, bilden.

sarko-plasmatĭcus*, -a, -um zum Sarkoplasma gehörend. In → *reticŭlum* → *sarkoplasmatĭcum.*

sartaginiformis, -is, -e pfannenförmig. *sartāgo,* -ĭnis, *f.* die Bratpfanne. In → *placenta sartaginiformis.*

sartōrĭus*, -a, -um zum Schneidern dienend. *sartŏr,* -ōris, *m.* der Schneider, der Flickschuster. *sarcīre* ausbessern. In → *m. sartorĭus,* → *b.* → *subtendinĕa* → *m. sartorĭi.*

satelles, -ĭtis, *m.* der Begleiter, der Trabant. In *satelles* → *chromosomatĭcus, satelles* → *nucleāris, satelles* → *nucleolāris.*

satellĭfer*, -fĕra, -fĕrum mit einem Satelliten versehen. In → *chromosōma satellĭfĕrum.*

scāla, -ae, *f.* die Treppe. Entstanden aus *scandēla. scandĕre* steigen. In *scāla* → *tympăni* und *scāla* → *vestibŭli.* Beide Bezeichnungen gehen auf Antonio Maria → Valsalva (1666 – 1723) zurück.

scalēnus, -a, -um schief, ungleichseitig dreieckig. σκαληνός (skalēnós). σκάζειν (skázein) hinken. In → *m. scalēnus.* Der Muskelname geht auf Jean → Riolan junior (1580 – 1657) zurück.

scapha, -ae, *f.* der Nachen, der Kahn. ἡ σκάφη (hē skáphē) und τὸ σκάφος (tó skáphos) der Trog, die Wanne, das Boot. σκάπτειν (skáptein) graben, aushöhlen. Anatomische Bezeichnung für die Furche zwischen *helix* und *anthelix* der Ohrmuschel.

scaphocephalīa*, -ae, *f.* der Kielkopf. ἡ κεφαλή (hē kephalḗ) der Kopf.

scaphoïdĕus, -a, -um kahnförmig. σκαφοειδής (skaphoeidḗs). Wird nur noch für das Kahnbein der Handwurzel gebraucht, während *ŏs naviculāre* für die Fußwurzel reserviert bleibt. In → *fossa scaphoïdĕa* Grube an der → *lāmĭna mediālis* des *prōcessus pterygoïdĕus,* → *ŏs scaphoïdĕum.*

scapŭla, -ae, *f.* das Schulterblatt. Die Römer brauchten zur Bezeichnung von Rücken und Schulter sowohl *ŏs scapulārum* wie auch *scapŭlae,* -ārum, *f.*

scapulāris*, -is, -e zum Schulterblatt gehörend. In → *rĕgĭo scapulāris,* → *v. scapulāris.*

scăpus, -i, *m.* der Schaft. ὁ σκᾶπος (ho skápos) der Stock. In *scăpus* → *pĭli.*

scĕlĕtum → *skĕlĕton.*

s-chisto-, Präfix mit der Bedeutung spalt-, σχιστός (s-chistós) gespalten:

s-chisto-cēlīa*, -ae, *f.* die Bauchspalte. ἡ κοιλία (hē koilía) die (Bauch-) Höhle.

s-chisto-cephalīa*, -ae, *f.* die Kopfspalte. ἡ κεφαλή (hē kephalḗ) der Kopf.

s-chisto-cheilīa*, -ae, *f.* die Lippenspalte. τὸ χεῖλος (tó cheílos) die Lippe.

s-chisto-cheirīa*, -ae, *f.* die Spalthand. ἡ χείρ (hē cheír) die Hand.
s-chisto-cranīa*, -ae, *f.* die Schädelspalte. *cranĭum*, -ĭi, *n.* der Schädel.
s-chisto-glōssīa*, -ae, *f.* die gespaltene Zunge. ἡ γλῶσσα (hē glóssa) die Zunge.
s-chisto-gnathīa*, -ae, *f.* die Kieferspalte. ἡ γάθος (hē⁻ gnáthos) der Kiefer.
s-chisto-melīa*, -ae, *f.* die Extremitätenspalte. τὸ μέλος (tó mélos) das Glied.
s-chisto-myelīa*, -ae, *f.* die Rückenmarksspalte. ὁ μυελός (ho myelós) das Mark.
s-chisto-podīa*, -ae, *f.* der Spaltfuß. ὁ πούς, ποδός (ho pús, podós) der Fuß.
s-chisto-prosopīa*, -ae, *f.* die Gesichtsspalte. τὸ πρόσωπον (tó prósōpon) das Gesicht.
s-chisto-pyelīa*, -ae, *f.* das gespaltene Nierenbecken. ἡ πυελός (hē pyelós) die Wanne, das Becken.
s-chisto-sōmīa*, -ae, *f.* die Körperspalte. τὸ σῶμα (tó sóma) der Körper.
s-chisto-sternīa*, -ae, *f.* die Brustbeinspalte. *sternum*, -i, *n.* das Brustbein.
sclēra, -ae, *f.* (scīl. *tunĭca*) die sehnige Hülle des Augapfels, die zusammen mit der Hornhaut die *tunĭca fibrōsa bulbi* bildet. σκληρός (sklērós) hart, straff. Die Bezeichnung *sclēra* stammt von Salomon → Alberti (1540 – 1600).
sclerotōmus*, -i, *m.* das Sklerotom des Ursegmentes, der den Wirbel bildende Abschnitt. σκληρός (skleros) hart. ἡ τομή (hē tomḗ) der Abschnitt.
scoliōsis*, -is (auch -eōs), *f.* die seitliche Verkrümmung der Wirbelsäule. σκολιός (skoliós) krumm.
scrōtum, -i, *n.* der Sack, dann der Hodensack. Die ursprüngliche Form ist *scrautum*. *scrautum pellicĕum* war der lederne Sack, in welchem die Pfeile aufbewahrt wurden. In → *rǎphe scrōti*, → *septum scrōti*.
scrotālis*, -is, -e zum Hodensack *scrōtum* gehörend. In → *nn. scrotāles*, → *raphe scrotālis*, → *rr. scrotāles*, → *vv. scrotāles*.
sēbum, -i, *n.* der Talg. *adeps*, -ĭpis, *m.* ist das weiche Fett.
sebācĕus*, -a, -um eigentlich aus Talg bestehend. In der anatomischen Fachsprache Talg bereitend. In → *gl. sebācĕa* die Zeiss'sche Drüse.
sebocȳtus*, -i, *m.* die den Talg *sēbum* bereitende Zelle. τὸ κύτος (tó kýtos) die Zelle.
sēcrētum, -i, *n.* das Abgesonderte, die Drüsenausscheidung. *secrētus* abgesondert ist das Part. von *sēcernĕre*, *sēcrēvi*, *sēcrētum* absondern, ausscheiden.
sēcrētōrĭus*, -a, -um für die Abscheidung geeignet, dann auch abscheidend. *sēcrētĭo*, -ōnis, *f.* die Abscheidung. In → *cellŭla secretōrĭa*, → *dēficientĭa sēcrētōrĭa*, *epitheliocȳtus secretōrĭus*, → *granŭlum secretōrĭum*, → *neurōnum sēcrētōrĭum*.
sectĭo, -ōnis, *f.* der Schnitt, erst später die Autopsie. *secāre* schneiden. In der makroskopischen Anatomie mehrfach verwendete Bezeichnung für Schnitte durch das Zentralnervensystem.
secundus, -a, -um der zweite. *sequi* folgen, nachfolgen. In → *arcus* → *aortĭcus secundus*, → *digĭtus secundus*, → *fissūra secunda* des Kleinhirns, → *fŏrāmen secundum*, → *intervallus secundus* des Zellzyklus, → *septum secundum*.

secundarĭus, -a, -um an zweiter Stelle folgend. In → *membrāna* → *tympăni secundarĭa* die membranöse Trennwand zwischen *scāla vestibŭli* und *scāla tympăni,* → *ŏs membranacĕum secundarĭum,* → *osteōnum secundarĭum,* → *prēgnantĭa* → *extrauterīna secundarĭa.*
segmentum, -i, *n.* der Einschnitt, der Abschnitt. In der makroskopischen Anatomie die morphologisch-funktionelle Untereinheit eines Lappens. Man spricht von Segmenten bei Leber, Lunge und Niere. In *segm.* → *hepatĭcum, segm.* → *bronchopulmonāle, segm.* → *renāle.* In der Histologie *segm. initiāle* der Nervenfaser, *segm. internodāle* das Internodium der Nervenfaser. In der Embryologie *segmentum* → *cristāle* der Ganglienleiste.
segmentālis*, -is, -e 1. zu einem Segment gehörend: in → *br. segmentāles;* 2. unterteilt, segmentiert: in → *nŭcl. segmentālis* der segmentkernigen weißen Blutkörperchen oder anderer Zellen.
segmentonucleāris*, -is, -e segmentkernig. *nŭcleus,* -i, *m.* der Kern. In → *granulocȳtus* → *neutrophilĭcus segmentonucleāris* das segmentkernige weiße Blutkörperchen.
sella, -ae, *f.* der Stuhl, der Sessel. *sedēre* sitzen. In *sella* → *turcĭa* der Türkensattel des Keilbeins.
sellāris, -is, -e einer Sitzfläche gleichend. In → *art. sellāris* das Sattelgelenk.
sēmen, -ĭnis, *n.* der Samen, die Samenflüssigkeit.
seminālis, -is, -e mit dem Samen in Beziehung stehend. In → *vesicŭla semĭnālis* die Bläschendrüse. Besser wäre die Bezeichnung *glandŭla vesiculōsa,* weil es sich um eine akzessorische Geschlechtsdrüse handelt. Die Alten betrachteten sie irrtümlicherweise als Samenspeicher, was nur für gewisse Tierformen zutreffend ist.
semĭnifer, -ĕra, -ĕrum Samen(Zellen) tragend. *ferre* tragen. In → *tubŭli semĭnifĕri* → *contorti* und *tubŭli* → *semĭnifĕri* → *recti.*
sēmi- (*ἡμί-,* hēmí-) Präfix mit der Bedeutung halb-:
sēmi-canālis, -is, *m.* der Halbkanal, die Rinne. In *sēmicanālis* → *m.* → *tensōris* → *tympăni, sēmicanālis* → *tŭbae* → *auditīvae.*
sēmi-circulāris*, -is, -e halbkreisförmig. Klassisch nur *sēmi-circulātus.* In *canālis sēmicirculāris,* → *ductus sēmicirculāris* des Bogengangssystems.
sēmi-lūna, -ae, *f.* der Halbmond. *lūcēre* leuchten. In *sēmilūna* → *serōsa.*
sēmi-lunāris*, halbmondförmig. Klassisch nur *sēmi-lunātus* belegt. Synonym mit *lunātus* und *lunāris.* In → *fasc. semilunāris,* → *hiātus sēmilunāris* des Spalt zwischen *bulla ethmoidālis* und *prōc. uncinātus* des Siebbeins, → *līnĕa sēmilunāris* gebildet durch den lateralen Rand des *m. rectus abdomĭnis,* → *lobŭlus sēmilunāris* des Kleinhirns, → *plĭca sēmilunāris* die obere Begrenzung der Gaumenmandel. Adriaan van den → Spieghel (1587 – 1625) beschrieb als erster die *līnĕa sēmilunāris.*
sēmi-lunātus, -a, -um halbmondförmig.
sēmi-membranōsus*, -a, -um halbmembranös. In → *m. sēmimembranōsus.* Er besteht in der oberen Hälfte aus einer flächenhaften Sehne. Die Muskelbezeichnung geht auf Jean → Riolan junior (1580 – 1657) zurück. Besser wäre *sēmi-membranacĕus.*
sēmi-ovālis*, -is, -e halbeiförmig. Früher in *centrum sēmiovāle* das Marklager der Großhirnhemisphäre. Wird in den *nōmĭna anatomĭca* nicht mehr aufgeführt. Die Bezeichnung stammt aus der Zeit, in welcher das Gehirn nur mit dem Schädel zusammen seziert werden konnte.

sēmi-spinālis*, -is, -e halb zu den Dornfortsätzen der Wirbel gehörend. In → *m. sēmispinālis* die längsten Muskelzüge des transversospinalen Systems.

sēmi-tendinōsus*, -a, -um halbsehnig. Neulateinisch *tendo, -ĭnis, m.* die Sehne. ὁ τένων (ho ténōn). Die modernen Griechen sagen ἡμιτενοντώδης (hēmitenontódēs). In → *m. sēmitendinōsus.* Die Muskelbezeichnung geht auf William → Cowper (1666 – 1709) zurück. *sēmi-tendinĕus* wäre sprachlich besser.

sincĭput, -ĭtis, *n.* der Vorderkopf, eigentlich der halbe Kopf *sēmicăput.* Gegensatz *occĭput,* -ĭtis, *n.* der Hinterkopf.

sĕnīlis, -is, -e greisenhaft. *sĕnex,* sĕnis, *m.* der Greis. In → *gamētus sĕnīlis.*

sensus, -ūs, *m.* die Empfindung, die Sinneswahrnehmung. *sentīre* empfinden. In → *orgăna sensŭum.*

sensīlis*, -is, -e mit Sinnesempfindung zu tun habend. In → *dēficientĭa* → *sensīlis.*

sensorĭoepitheliālis*, -is, -e zu einem Sinnesepithel gehörend. In → *cellŭla sensorĭoepitheliālis.*

sensōrĭus*, -a, -um der Sinnesempfindung dienend. In → *epithelĭum sensōrĭum,* → *gangliŏn sensōrĭum,* → *nūcl. sensōrĭus* → *principālis* und → *rādix sensōrĭa* des Trigeminus.

sēparātĭo, -ōnis, *f.* die Trennung. *sēparāre* trennen. In → *dēfectĭo sēparatiōnis.*

separātus, -a, -um getrennt, gesondert. *separāre* trennen. In → *digĭti separāti,* → *gl. sebacĕa separāta.*

septum, -i, *n.* die Scheidewand. *sepīre* umzäunen, einschließen. In der makrosk. und mikrosk. Anatomie häufig verwendete Bezeichnung.

septālis, -is, -e zur Scheidewand gehörend, an der Scheidewand liegend. In → *cuspis septālis, prōminentĭa septālis.* In Zusammensetzungen **septo-**: → *fasc. septomarginālis, trabecŭla septomarginālis.*

septatĭo*, -ōnis, *f.* die Unterteilung. *septum,* -i, *n.* die Scheidewand. In → *dēfectĭo septatiōnis.*

septŭlum, -i, *n.* die kleine Scheidewand. Dem. von *septum.* In *septŭla* → *testis.*

septus, -a, -um unterteilt. Part. von *sepīre* abteilen, umzäunen. In → *utĕrus septus.*

sĕrum, -i, *n.* die Molke, dann auch in Analogie das Blutwasser, das Serum, das dünnflüssige Drüsenprodukt.

sĕrōcȳtus, -i, *m.* die seröse Drüsenzelle. *serum* das dünnflüssige Drüsenprodukt. τὸ κύτος (tó kýtos) die Zelle.

sĕromucocȳtus*, die seromuköse Drüsenzelle. *serum* das dünnflüssige Drüsenprodukt. *mucus,* -i, *m.* der Schleim. τὸ κύτος (tó kýtos) die Zelle.

sĕrōsus*, -a, -um blutwasserartig, dünnflüssig, serös. *sĕrum* das Blutwasser, das dünnflüssige Drüsenprodukt. *sĕrōsus* ist eine Sprachschöpfung des 16. Jahrh., die über das Französische in die deutsche Sprache übernommen worden ist. In → *gl. sĕrōsa,* → *tŭn. sĕrōsa.* In Zusammensetzungen **sĕrō-**: *sĕrōcȳtus, sĕrōmucocȳtus,* → *gl. sĕrōmucōsa.*

sērotĭnus, -a, -um spät auftretend. *sērus,* -a, -um spät. *sērō* spät, Adv. In → *dens sērotĭnus* der dritte Molar. *sērotĭna* hieß früher auch die *decidŭa basālis.* Bei → Hippokrates (460 – um 356 v. Chr.) heißen die Mahlzähne M3 σωφρονιστῆρες (sōphronistḗres). σώφρων (sóphrōn) verständig, klug. Im klassischen Latein heißt M3 *dens genuīnus* oder *dens sapientiae. genuīnus* von *gena,* -ae, *f.* die Wange. Die

Bezeichnung Weisheitszahn weist darauf hin, daß sich diese Zähne wie der Erwerb der Weisheit verhalten. Sie brechen spät und häufig unvollständig durch, wenn sie überhaupt angelegt worden sind.

serrātus, -a, -um gesägt, gezähnt. *serra, -ae, f.* die Säge. *serrāti* (scīl. *nummi*) hießen bei den Römern die gezackten Denare. In → *m. serrātus.*

sesamŏīdĕus*, -a, -um sesamähnlich, den Körnern der Sesamschote gleichend. σησαμοειδής (sēsamoeidḗs). τὸ σήσαμον (tó sēsamon) ist vom arabisch-ägyptischen *sem-sem* abzuleiten. Die Sesampflanze stammt aus Indien (Sesāmum indĭcum) und gehört zur Familie der Pedaliaceen. Die Pflanzen dienen im Mittelmeergebiet als Viehfutter. Aus dem Samen wird das Sesamöl gewonnen. In → *cart. sesamŏīdĕa* das gelegentlich in den Stimmbandenden vorkommende elastische Knorpelchen, → *ŏs sesamŏīdĕum* das Sesam- oder Gleitbein, das durch Verknöcherung im Innern einer Sehne entsteht. Das größte Sesambein des menschlichen Körpers ist die → *patella.* Galēn (130 – um 200) nennt die Sesambeine ὀστᾶ σησαμοειδῆ (ostā sēsamoidḗ).

sextus, -a, -um der sechste. In → *arcus* → *branchiālis sextus.*

sexuālis*, -is, -e zum Geschlecht gehörend. *sexus, -ūs, m.* das Geschlecht. In *corpuscŭlum chromatīnum sexuāle* das Barr-Körperchen, → *reproductĭo sexuālis.*

sigmŏīdĕus, -a, -um zu einem sigmaförmigen Organ gehörend, sigmaförmig. σιγμοειδής (sigmoeidḗs). τὸ σίγμα oder τὸ σῖγμα (tó sígma oder tó sīgma) der Buchstabe S des griechischen Alphabets. Da es sich um Gebilde von rundlicher Form handelt, ist nicht an das große Σ in seiner späten Form zu denken, sondern an die Frühform C. In → *aa. sigmŏīdĕae,* → *colon sigmŏīdĕum,* → *cŏr sigmŏīdĕus* die Herzschleife, → *mesocolon sigmŏīdĕum,* → *rĕc. sigmŏīdĕus,* → *nōn sigmŏīdeus,* → *sĭnus sigmŏīdĕus,* → *vv. sigmŏīdĕae.*

simplex, -ĭcis einfach, eigentlich einfach gefaltet. *sĕmĕl* einmal. Das Suffix *-plex* hat die Bedeutung -fach. *plicāre* falten. πλέκειν (plékein). In → *art. simplex,* → *cŏr tubulāre simplex,* → *epithelĭum simplex* das einschichtige Epithel, → *junctĭo simplex* zwischen zwei Zellen, → *lŏbŭlus simplex* des Kleinhirns.

sincĭput, -ĭtis, *n.* der Vorderkopf, eigentlich der halbe Kopf. *sēmi* halb, *cāput, -ĭtis, n.* der Kopf.

singulāris, -is, -e einzeln, vereinzelt. In → *fŏrāmen singulāre* die Öffnung im Grunde des inneren Gehörganges für den Nerven der hinteren Ampulle.

sinistĕr, -tră, -trŭm der linke, der linksseitige. In der makrosk. Anatomie geläufige Seitenbezeichnung. Insbesondere in → *atrĭum sinistrŭm,* → *lŏbus sinistĕr,* → *r. sinistĕr,* → *ventricŭlus sinistĕr.*

sĭnus, -us, *m.* die Rundung, die Bucht, der Busen. In der Anatomie wird *sĭnus* in verschiedener Bedeutung gebraucht:

1. *sĭnus* die Bucht. In *sĭnus* → *anālis, sĭnus* → *aortae, sĭnŭs* → *branchĭogenĭcus, sĭnus* → *carotĭcus, sĭnŭs* → *cēlomĭcus, sĭnŭs* → *cervicālis, sĭnus lactifĕr(us), sĭnus* → *oblīquus* des Herzens, *sĭnus* → *prostatĭcus, sĭnus* → *renālis, sĭnus* → *tarsi, sĭnus* → *transversus* → *pĕricardĭi, sĭnus* → *trunci* → *pulmonālis, sĭnus* → *tympăni, sĭnus* → *unguis, sĭnus* → *urogenĭtālis;* diese embryologische Bezeichnung wurde von Johannes → Müller (1801 – 1858) geprägt, *sĭnus* → *valvulārum* → *venārum.*

2. sĭnus die weite dünnwandige Vene. In *sĭnus* → *coronarĭus, sĭnus* → *venārum* → *cavārum, sĭnus* → *venōsus* des Herzschlauchs, *sĭnus* → *venōsus* → *sclērae* der → Schlemmsche Kanal des Auges.
3. sĭnus der starre Blutleiter der harten Hirnhaut. In *sĭnus* → *dūrae* → *mātris.* Die Bezeichnung stammt von Andreas → Vesalĭus (1514 – 1564).
4. sĭnus der lufthaltige Knochenraum. In *sĭnus* → *frontālis, sĭnus* → *maxillāris, sĭnus* → *sphenoidālis, sĭnūs* → *paranasāles.*
In Zusammensetzungen sĭnu-: → *bulbus sĭnuutriculāris,* → *bulbus sĭnuvaginalis,* → *ostĭum sĭnuatriāle,* → *valvŭla sĭnuatriāle,* → *nōdus sinuatriālis.*

sĭnuālis, -is, -e zum *sĭnŭs (urogenitālis)* gehörend. In → *tubercŭlum sĭnuale.* In Zusammensetzungen sĭnu-: → *nōdus sinuatriālis.*

sĭnusoidālis, -is, -e einem Sinus angehörend.

sĭnusŏīdĕus*, -a, -um einer weiten dünnwandigen Vene gleichend. In → *vās sĭnusŏīdĕum.*

sirēnomelīa*, -ae, *f.* die Verschmelzung der unteren Extremitäten. Die Sirenen, *sirēna,* -ae, *f.* ἡ σειρήν (hē seirén), werden klassisch als Mädchen mit Vogelleib dargestellt und sind ursprünglich als Seelenvögel aufzufassen. Erst im Mittelalter bekommt die Sirene oder Meerjungfer den Fischschwanz an Stelle der unteren Extremitäten. Von dieser Vorstellung ausgehend wurde die Bezeichnung *sirēnomelīa** geschaffen. τὸ μέλος (tó mélos) das Glied.

situs, -ūs, *m.* die Lage. In → *dēfīnītĭo sitūs* des Eies, *situs* → *viscĕrum* die Eingeweidetopographie.

skĕlĕton, -i, *n.* das Knochengerüst, das Skelett. ὁ σκελετός (ho skeletós) das sog. „natürliche" Skelett, das durch die eingetrockneten Bänder zusammengehalten wird. In dieser Bedeutung erstmals von Andreas → Vesalĭus (1514 – 1564) verwendet. Vorher bezeichnet es die Mumie. σκελετός (skeletós) ausgedörrt. σκέλειν (skélein) ausdörren. τὸ σκέλος (tó skélos) das Schienbein, der harte Knochen. Das deutsche Lehnwort Skelett wird nach langen sprachwissenschaftlichen Diskussionen mit „tt" geschrieben. In *skĕlĕton* → *axiāle, skĕlĕton* → *membri* → *libĕri* → *inferiōris* und → *superiōris.*

skeletālis*, -is, -e zum Skelett gehörend. In → *blastēma skeletāle,* → *m. skeletālis,* → *systema skeletāle.*

smegma, -ătis, *n.* die Salbe, die Schmiere. τὸ σμῆγμα (tó smégma). σμάειν (smáein) salben. In *smegma* → *prēputĭi.*

solāris, -is, -e zur Sonne gehörend, sonnenähnlich, sonnenförmig. *sōl,* -is, *m.* die Sonne. Der → *pl.* → *aortĭcus* → *abdomīnālis* wurde früher als *pl. sōlāris* das Sonnengeflecht bezeichnet.

solĕus*, (scīl. *muscŭlus*) der Schollenmuskel. Von Jacobus → Silvius so genannt wegen der Ähnlichkeit mit einer Scholle *(Pleuronectes platessa),* welche mit der Seezunge *(Solĕa vulgāris)* nahe verwandt ist. Johann → Vesling (1589 – 1649) schreibt: „*a figūra piscis denominātus*" – nach der Gestalt eines Fisches benannt. Der Vergleich mit der Schuhsohle *solĕa,* -ae, *f.* hat zur Benennung des Plattfisches als *solĕa* geführt. Französisch ‹la sole›. Das deutsche Wort Sohle ist mit dem lateinischen Wort *solĕa* verwandt.

solĭdus, -a, -um von fester Konsistenz. In → *ductŭs* → *lacrimālis solĭdus,* → *meātus* → *acustĭcus solĭdus.*

sōlitarĭus, -a, -um alleinstehend, abgesondert. *sōlŭs,* -a, -um allein. In → *follicŭli sōlitarĭi,* → *tr. sōlitarĭus* die Geschmacksfaserung im 7., 9. und

10. Hirnnerven läuft darin zum gleichnamigen Kern: → *nūcl. tr. sōlitarĭi.*
sōmăto- vom Genitiv σώματος (sómatos) zu τὸ σῶμα (tó sōma) der Körper, das Körperchen. Das -o- wurde des Wohlklanges wegen eingeschoben:
sōmatĭcus*, -a, -um zum Körper gehörend, den Körper betreffend. τὸ σῶμα (tó sōma) der Körper. In → *mesoderma sŏmatĭcum,* → *plasma sōmatĭcum,* → *vv. sōmatĭcae.*
sōmăto-dendritĭcus*, -a, -um zwischen einem Zellkörper und einem Dendriten, τὸ δένδρον (tó déndron) der Baum liegend. In → *synapsis sōmătodendritĭca.*
sōmăto-pleura*, -ae, *f.* das Mesoderm der Körperwand. ἡ πλευρά (hē pleurá) das (Brust-)Fell, der Überzug.
sōmăto-somatĭcus*, -a, -um zwischen zwei Zellkörpern. τὸ σῶμα (tó sōma). In → *synapsis sōmătosōmatĭca.*
sōmăto-trophĭcus, -a, -um und **sōmăto-tropĭcus**, -a, -um mit dem Körperwachstum zu tun habend. τρέφειν (tréphein) ernähren oder dann τρέπειν (trépein) sich zuwenden. In → *cellŭla sōmătotrophĭca* und *sōmătotropĭca.*
somītus*, -i, *m.* das Ursegment. τὸ σῶμα (tó sōma) der Körper.
spătĭum, -ĭi, *n.* der Zwischenraum, der Raum. In der makrosk. und mikrosk. Anatomie in verschiedener Bedeutung gebraucht:
1. **spătĭum** der freie Zwischenraum. In → *spătĭa interglobulărĭa* die unverkalkten Bezirke nahe der Zahnbeinoberfläche.
2. **spătĭum** der von Flüssigkeit erfüllte Zwischenraum. In *spatĭa* → *angŭli* → *corneālis* das mit Kammerwasser erfüllten Räume zwischen den Balken des → *lig.* → *pectinātum* des Iridokornealwinkels, *spătĭum* → *intercellulāre, spătĭum* → *intermembranōsum* des Mitochondrium, *spătĭum* → *intervagināle* der über dem Sehnerv liegende Subarachnoidealraum, → *spătĭum intervillōsum, spătĭum* → *perichoroideāle* das Lymphspaltensystem der → *lămĭna* → *suprachoroīdĕa, spătĭum pĕrĭlymphātĭcum* das mit Perilymphe gefüllte System des Vestibulokochlearapparates, *spatĭa* → *zōnulārĭa* die mit Kammerwasser gefüllten Räume des Aufhängeapparats der Linse.
3. **spătĭum** der von lockerem Bindegewebe erfüllte Zwischenraum: *spătĭum* → *episclerāle* der Gleitspalt des Augapfels, *spătĭum* → *perinēi* → *superficiāle* der mit Bindegewebe erfüllte Raum unterhalb der *fascĭa perinēi superficiālis, spătĭum* → *retroperitoneāle* der mit lockerem Bindegewebe erfüllte Raum zwischen Bauchfell und Hinterwand der Leibeshöhle, *spătĭum* → *retropŭbĭcum* die bindegewebige Verschiebeschicht, welche die Formänderung der Harnblase gestattet.
4. **spătĭum** der im wesentlichen von Muskulatur erfüllte Zwischenraum: *spătĭum* → *intercostāle, spătĭum* → *interossĕum, spătĭum* → *perinēi* → *profundum.*
spěcĭālis, -is, -e besonders, zu einer besonderen Art gehörend. *spěcĭes,* -ēi, *f.* die einzelne Art. In → *junctĭo spěcĭālis,* → *histologĭa speciālis,* → *nōmĭna speciālĭa.*
spectans, -antis hinsichtlich, betreffend. Part. von *spectāre* betrachten, berücksichtigen. In → *termĭni* → *ad* → *membra spectantes.*
sperma, -ătis, *n.* der Samen. τὸ σπέρμα, -ατος (tó spérma, -atos).
spermatĭcus, -a, um zum Samen gehörend. σπερματικός (spermatikós). In → *aster spermatĭcus* → *fascĭa spermatĭca,* → *funicŭlus spermatĭcus.*

spermatidĭum*, -ĭi, n. Das Suffix -*ĭum* bezeichnet eine Tätigkeit, diejenige, Samenfäden hervorzubringen.

spermătocȳtus*, -i, m. die Spermatocyte, die männliche Keimzelle mit großem rundem Kern. *τὸ κύτος* (tó kýtos) die Zelle.

spermatogĕnĕsis, -is, auch -ĕōs, f. die Samenreifung. *ἡ γένεσις* (hē génesis) die Entstehung. *γεννάειν* (gennáein) erzeugen, bilden.

spermăto-genĭcus*, -a, -um samenzellenbildend. *γεννάειν* (gennáein) bilden. In → *cyclus spermătogenĭcus*.

spermatogōnĭum*, -ĭi, n. die Ursamenzelle, die der Basalmembran der Hodenkanälchen anliegt.

spermatogonĭcus*, -a, -um ursamenzellenbildend. *γεννάειν* (gennáein) bilden.

spermatozoon*, -i, n. der Samenfaden, eigentlich das Samentierchen. Begriff der Embryologie des 19. Jahrh., der von der barocken Vorstellung des *animalcŭlum* (→ Ham 1677) angeregt wurde. *τὸ ζῷον* (tó zōon) das Lebendige, das Tier. Die modernen Griechen sagen *τὸ σπερματοζῴάριον* (tó spermatozoárion).

spermătozoālis*, -is, -e den Samenfaden *spermatozōon* betreffend.

spermĭogĕnĕsis*, -is (auch -ĕōs), f. die Samenzellreifung. *spermĭum*, -ĭi, n. der Samenfaden. *ἡ γένεσις* (hē génesis) die Entstehung.

spermĭum, -ĭi, n. der Samenfaden. Der Begriff wurde durch von → Waldeyer (1836 – 1921) geprägt.

sphenoidālis*, -is, -e keilförmig, zum Keilbein gehörend. Schon bei → Galēn (130 – um 200). *σφηνοειδής* (sphēnoeidḗs). *ὁ σφήν, σφηνός* (ho sphḗn, sphēnós) der Keil. Da das „Keilbein" die Form einer Wespe hat und deshalb auch „Wespenbein" genannt wurde, könnte der Name durch Verlesen aus *sphecoīdĕus*, *σφηκοειδής* (sphēkoeidḗs), welche Benennung von Pollux gebraucht wurde, entstanden sein. *ὁ σφήξ* (ho sphḗx) die Wespe. In Zusammensetzungen sphēno-: → *fissūra sphēnopetrōsa*, → *fŏrāmen sphēnopalatīnum*, → *lig. sphēnomandibulāre*, → *sūt. sphēnoethmoidālis*, → *sūt. sphēnofrontālis*, → *sūt. sphēnomaxillāris*, → *sūt. sphēnoparietālis*, → *sūt. sphēnozygomatĭca*, → *syn. sphēnooccipitālis*, → *syn. sphēnopetrōsa*.

sphērŭla, -ae, f. das Kügelchen. Dem. von *sphēra*, -ae, f. die Kugel. *ἡ σφαῖρα* (hē sphaíra). In *sphērŭla* → *centromēri*, *sphērŭla* → *terminālis* der nervöse Endknopf.

sphērĭcus, -a, -um kugelrund. *σφαιρικός* (sphairikós). In → *cellŭla sphērĭca*, → *rēc. sphērĭcus* die Nische für den *sacculus*.

sphērŏīdĕus*, -a, -um kugelartig. In → *art. sphērŏīdĕa*.

sphinctēr, -ēris, m. der Schnürer, der Schnürmuskel. *ὁ σφιγκτήρ, -ῆρος* (ho sphinktḗr, -ḗros). *σφίγγειν* (sphíngein) zusammenschnüren. In → *m. sphinctēr* → *ampullae* → *hepātopancreatĭcae*, → *m. sphinctēr* → *āni*, → *m. sphinctēr* → *cholēdŏchi*, → *m. sphinctēr* → *pupillae*, → *m. sphinctēr* → *pylōri*.

spīna, -ae, f. der Dorn, die Gräte, das Rückgrat. Schon von den Römern in diesen verschiedenen Bedeutungen gebraucht. Bei → Celsus (um Chr. Geburt) heißt die Wirbelsäule *spīna dorsi*, später *spīna dorsalis*.

1. **spīna** der Dorn: In der Anatomie häufig verwendete Bezeichnung für einen Knochenstachel.
2. **spīna** der Grat, die Gräte: In *sp.* → *scapŭlae*.
3. **spīna** das Rückgrat, die Wirbelsäule: In *spīna* → *bifĭda*.

spinālis*, -is, -e zum Dorn, zum Rückgrat, auch zur *medulla spinālis* gehörend. In → *a. spinālis*, → *lig. sacrospināle*, → *medulla spinālis*, →

m. spinālis, → *n. spinālis*, → *nūcl. spinālis* des Akzessorius, → *radīces spināles* des Akzessorius, → *tr. spinālis* des Trigeminus. In Zusammensetzungen **spīno-**: → *tr. spīnocerebellāris*, → *tr. spīnotectālis*, → *tr. spīnothalamĭcus*.

spinātus*, -a, -um synonym mit *spinālis*. Die eigentliche Bedeutung wäre: mit einem Dorn oder Grat versehen. Wird nur in Zusammensetzungen gebraucht: → *fossa infrāspināta*, → *fossa suprāspināta*, → *m. infrāspinātus*, → *m. suprāspinātus*. Die beiden Muskelbezeichnungen *m. infrāspinātus* und *m. suprāspinātus* stammen von Jean → Riolan jun. (1580 – 1657). Besser wäre *m. suprāspīnam* und *m. infrāspīnam*.

spinōsus*, -a, -um
1. an Dornen reich: In → *epidermocȳtus spinōsus*, → *str. spīnōsum*.
2. zum Dorn gehörend: In → *fŏrāmen spīnōsum*, → *prōc. spīnōsus*.

spīnŭla, -ae, *f.* das Dörnchen. In *spīnŭla* → *dendritĭca*.

spirālis, -is, -e gewunden. *spīra*, -ae, *f.* die Windung. ἡ σπεῖρα (hē speíra). In → *a. spirālis*, → *canālis spirālis*, → *fībra spirālis*, → *fissĭo spirālis*, → *ganglĭon spirāle*, → *lām. spirālis*, → *lig. spirāle* → *cochlĕae*, → *neurofascicŭlus spirālis*, → *plĭca spirālis*, → *septum spirāle*, → *vās spirāle*, → *v. spirālis* → *modiŏli*.

splanchnĭcus, -a, -um zu den Eingeweiden gehörend. σπλαγχνικός (splanchnikós). τὸ σπλάγχνον (tó splángchnon) das Eingeweide, meist im Plural τὰ σπλάγχνα (tá splángchna) gebraucht. In → *nn. splanchnĭci*.

splanchnologĭa*, -ae, *f.* die Eingeweidelehre. λέγειν (légein) sagen, lehren. Um 1700 geprägter Begriff.

splanchnopleura*, -ae, *f.* die viszerale Mesodermschicht. τὰ σπλάγχνα (tá splánchna) die Eingeweide. *pleura*, -ae, *f.* das (Brust-)Fell, der Überzug.

splanchnopleurĭcus*, -a, -um zur Splanchnopleura gehörend. In → *saccus vitellīnus splanchnopleurĭcus*.

splēn, -ēnis, *m.* die Milz. ὁ σπλήν, -ηνός (ho splén, -ēnós). Alternativbezeichnung für *lĭen*, -ēnis, *m.*

splēnĭcus, -a, -um zur Milz gehörend. σπληνικός (splēnikós). Alternativbezeichnung für *lienālis*, -is, -e. In → *primordĭum splenĭcum*. In Zusammensetzungen **splenĭco-**: *plĭca splenicorenālis*.

splēnĭum, -ĭi, *n.* der Wulst, der Bausch, eigentlich das Schönheitspflaster. τὸ σπλήνιον (tó splénion) der Wundverband, der Pflasterstreifen. In *splēnĭum* → *corpŏris* → *callōsi*.

splēnĭus, -a, -um pflasterförmig. Die modernen Griechen sagen σπληνιοειδής (splēnioeidés). Der Begriff → *m. splēnĭus* stammt von Jean → Riolan junior (1580 – 1657).

spondylus, -i, *m.* der Wirbel. ὁ σπόνδυλος (ho spóndylos). In der Anatomie nicht gebräuchlich. Häufig in Fachwörtern der Pathologie und der Klinik. Die modernen Griechen bezeichnen die Wirbelsäule als σπονδυλική στήλη (spondyliké stélē). Im Neugriechischen heißt ὁ σπονδυλωτός (ho spondylōtós) das Wirbeltier.

spongiōsus, -a, -um schwammig. *spongĭa*, -ae, *f.* der Schwamm. ὁ σπόγγος und ἡ σπογγιά (ho spóngos und hē spongiá). In → *corpus spongiōsum* → *penis*, → *ŏs spongiōsum*, → *strātum spongiōsum*, → *subst. spongiōsa*, → *tūnĭca spongiōsa*, → *urethra spongiōsa*.

spongĭoblastus*, -i, *m.* die ersten Stützzellen des Nervengewebes. ὁ σπόγγος und ἡ σπογγία (ho spóngos und hē spongía) der Schwamm. βλάστειν (blástein) bilden.

spongĭocȳtus*, -i, *m.* die Zelle mit schwammiger Struktur. τὸ κύτος (tó kýtos) die Zelle. In *spongĭocȳtus* der *zōna fasciculāta* der Nebennierenrinde.

spontanĕus, -a, -um selbständig, von selbst. *spondēre* garantieren, sicherstellen. *spontē* Abl. von *spons*, -tis, *f.* der Wille, freiwillig, von selbst. In → *ovulātĭo spontānĕa.*

spŭrĭus, -a, -um falsch, untergeschoben. Ursprünglich Bezeichnung für außereheliche Kinder. In → *arterĭŏla spŭrĭa*, → *costae spŭrĭae* die letzten 5 Rippen, die keine direkte knorpelige Verbindung mit dem Brustbein haben. Adriaan van den → Spieghel (1578 – 1625) unterscheidet *costae legitīmae* und *costae spŭrĭae*, ferner in → *septum spŭrĭum* der obere Klappenzügel der rechten Sinusmündung beim sich entwickelnden Herzen.

squāma, -ae, *f.* die Schuppe. In *squāma* → *cuticŭlae*, *squāma* → *frontālis*, *squāma* → *occipitālis*, *squāma* → *temporālis.*

squamocȳtus*, -i, *m.* die Schuppenzelle des Haarmarks. τὸ κύτος (tó kýtos) die Zelle.

squāmōsus, -a, -um eigentlich schuppenreich, dann zur Schuppe gehörend. In → *cellŭla squamōsa*, → *margo squāmōsus* des Scheitelbeins und des Keilbeins, → *p. squāmōsa* des Schläfenbeins, → *sūt. squāmōsa* die Schuppennaht des Schläfenbeins. In der Histologie mit der Bedeutung schuppenförmig → *ĕpĭthelĭocȳtus squāmōsus* die Plattenepithelzelle, → *ĕpĭthelĭum squāmōsum* das Plattenepithel.

stăbĭlis, -is, -e feststehend, unerschütterlich. *stabilīre* festmachen. In → *macrophāgus stăbĭlis.*

stapēs*, -ēdis, *m.* der Steigbügel. Gen. auch *stapĕdis* und *stapĭdis*. Das kleinste der drei Gehörknöchelchen, das einem Steigbügel ähnlich sieht. Im 16. Jahrh. irrtümlicherweise als klassisches Wort für Steigbügel angesehen; Steigbügel waren jedoch in der Antike unbekannt. Nach Forcellini (1940) läßt sich das Wort immerhin bis ins 4. Jahrh. zurückverfolgen. Ob es von *stāre* stehen und *pēs*, *pĕdis*, *m.* der Fuß abzuleiten ist oder vom germanischen „*staff*" der Stab, bleibt offen. Gian Filippo → Ingrassia (1546), der Entdecker des Steigbügels, nannte ihn *stapha* und fügt hinzu, andere, „bessere" Lateiner zögen *stapēs* vor.

stapēdĭus*, -a, -um zum Steigbügel gehörend. In → *m. stapēdĭus*, → *n. stapēdĭus*, ferner in → *art. incūdostapēdĭa*, → *syndesmōsis tympănostapēdĭa.*

statocōnĭa, -ōrum, *n.* die in eine Membran eingelassenen Kalkkristalle der *măcŭla saccŭli* und der *măcŭla utricŭli*. στατός (statós) stehend. ἡ κονία (hē konía) der Staub. In → *membr. statoconiōrum.*

status, -ūs, *m.* das Stehen, die Stellung, der Zustand. *stāre* stehen. In letzterem Sinn hauptsächlich in der klinischen Anamnese gebraucht. In *stătŭs* → *abnormālis*, *stătŭs* → *mononucleāris*, *stătŭs* → *multinucleāris.*

stellātus, -a, -um eigentlich mit Sternen besetzt, dann auch für sternförmig gebraucht. *stella*, -ae, *f.* der Stern. In → *cellŭla stellāta*, → *myoepĭthelĭocȳtus stellātus*, → *vv. stellātae* die sternförmigen Venen unter der fibrösen Nierenkapsel. Das früher → *ganglĭon stellātum* benannte Ganglion des sympathischen Grenzstrangs wird jetzt → *ganglĭon* → *cervīcothorăcĭcum* genannt.

stenōsis*, -is (auch -eōs), *f.* die Verengung. στενός (stenós) eng. In *stenōsis* → *pylōri.*

sterĕoblastŭla*, -ae, *f.* die räumlich angeordnete Blastula. στέρεος (stéreos) im Raume befindlich, räumlich.
sterĕocilĭum*, -ĭi, *n.* das starre Wimperhaar. στερεός (stereós) starr, fest. *cilĭum*, -ĭi, *n.* die Zilie, das Wimperhaar.
sterĭlĭtas, -ātis, *f.* die Zeugungsunfähigkeit. ἡ στεῖρα (hē steíra) die Unfruchtbare.
sternum, -i, *n.* das Brustbein. τὸ στέρνον (tó stérnon). Bei → Hippokrates (460 – um 356 v. Chr.) noch die Brust bezeichnend, erst bei → Galēn (130 – um 200) das Brustbein.
sternebrae*, -ārum, *f.* die das Brustbein *sternum*, -i, *n.* bildenden Knochenkerne.
sternālis*, -is, -e zum Brustbein gehörend. Die modernen Griechen sagen στερνικός (sternikós). In der Varietätenbezeichnung → *m. sternālis*, ferner in → *p. sternālis* des Zwerchfells. In Zusammensetzungen **sterno-**: → *art. sternoclaviculāris*, → *art. sternocostāles*, → *lig. sternoclaviculāre*, → *lig. sternocostāle*, → *lig. sternopericardiăcum*, → *m. sternocleidomastoīdĕus*, → *m. sternohyoīdĕus*, → *m. sternothyroīdĕus*, → *p. sternocostālis* des großen Brustmuskels. Der *m. sternothyroīdĕus* erhielt seinen Namen von Adriaan van den → Spieghel (1578 – 1625).
sternocleidomastoīdĕus* (scīl. *muscŭlus*). Er verbindet das Brustbein τὸ στέρνον (tó stérnon) und das Schlüsselbein *cleido-* mit dem *prōc. mastoīdĕus.*
sternocleidotrapeziālis, *, -is, -e den Kopfnicker und den Trapezmuskel betreffend. In → *primordĭum* → *musculāre sternocleidotrapeziāle.*
stigma, -ătis, *n.* das Mal, der Stich. στίζειν (stízein) stechen. τὸ στίγμα (tó stígma) der Punkt, der Fleck. In *stigma* → *folliculāre.*
stĭmŭlus, -i, *m.* der Reiz. *stĭmŭlāre* reizen, antreiben.
stomăchus, -i, *m.* der Magen. Bei → Celsus (um Chr. Geburt) und bei → Vesal (1514 – 1564) auch die Speiseröhre. ὁ στόμαχος (ho stómachos). τὸ στόμα (tó stóma) die Mündung, der Mund. Stomatologie ist die Lehre von den Mundkrankheiten.
stomătodēum*, -i, *n.* die Mundbucht. τὸ στόμα (tó stóma) der Mund.
stomătopharyngeālis*, -is, -e die Mundbucht *stomătodēum* und den Pharynx betreffend. *pharyngeālis*, -is, -e den Schlund oder Rachen betreffend. In → *membrāna stomătopharyngeālis.*
strangŭlātĭo, -ōnis, *f.* die Verengung. *strangulāre* erdrosseln. στραγγαλόειν (stranggalóein). In *strangulātĭo* → *funicŭli* → *umbilicālis.*
strātum, -i, *n.* das Ausgebreitete, die Schicht. *sternĕre* ausbreiten, *strāvi, strātum.* In der Anatomie und Histologie sehr häufig verwendete Bezeichnung.
strātifĭcātĭo*, -ōnis, *f.* die Schichtenbildung, die Bildung der (Keim-)Blätter. In → *abundantĭa stratificatiōnis.*
stratificātus*, -a, -um geschichtet. In → *cortex strātificātus*, → *epithelĭum stratificātum.*
strĭa, -ae, *f.* der Streifen. In der Anatomie *strĭa* → *longitudinālis, strĭa* → *malleāris, strĭa* → *medullāris, strĭae* → *olfactorĭae, strĭa terminālis, strĭa* → *vasculāris.* In der Histologie *strĭa A, I, H* der Muskelstreifung sowie *strĭa* → *contractiōnis.*
strĭatūra, -ae, *f.* der kleine Streifen. Dem.von *strĭa.* In *strĭatūra* → *basālis* die Basalstreifung.
strĭātus, -a, -um mit Streifen versehen. In der Anatomie zum Streifenkörper gehörend. In → *corpus strĭātum*, → *ductus strĭātus* das Streifenstück, → *limbus strĭātus* der Stäbchensaum, → *p. strĭāta*, → *rr.*

strĭāti, → v. strĭāta, → v. thalămostrĭāta, ferner in → textus strĭātus → musculāris, → vestigium strĭātum. Die Bezeichnung corpus strĭātum stammt von Thomas → Willis (1621 – 1675).

strĭomyohistogenĕsis*, -is (auch -ĕōs), f. die Bildung der quergestreiften Muskelfasern. ὁ μῦς (hó mýs) μυός (myós) der Muskel. ὁ ἱστός (ho histós) das Gewebe. ἡ γένεσις (he génesis) die Entstehung.

strŏbilātĭo, -ōnis, f. die Bildung von Vorbuckelungen. strŏbĭlus, -i, m. der Föhrenzapfen. ὁ στρόβιλος (ho stróbilos).

strōma, -ătis (auch -ae), f. das Ausgebreitete, die Decke. τὸ στρῶμα, στρώματος (tó stróma, strómatos) und ἡ στρωμνή (hē strōmnḗ). στρωννύναι (strōnnýnai), auch στορνύναι (stornýnai) hinbreiten. In der Anatomie das bindegewebige Stützgerüst eines Organs. In strōma → gl. → thyroidĕae, strōma → irĭdis, strōma → ovarĭi, strōma → vitrĕum.

structūra, -ae, f. die Bauart, die Struktur. struĕre aufschichten, zusammenfügen.

styloīdĕus, -a, -um griffelförmig, dolchförmig. στυλοειδής (styloeidés). ὁ στῦλος (ho stýlos) die Stütze, der Griffel, die Säule. Seit → Galēn (130 – um 200) in → prōc. styloīdĕus. In Zusammensetzungen stylo-: → fŏrāmen stylomastoīdĕum, → lig. stylohyoidĕum. → lig. stylomandibulāre, → m. styloglōssus, → m. stylohyoīdĕus, → m. stylopharyngĕus, → v. stylomastoīdĕa. Die Muskelbezeichnung m. styloglōssus geht auf Jean → Riolan, junior zurück (1580 – 1657). Die Stylomuskeln werden im Französischen als „bouquet de → Riolan" bezeichnet.

sŭb- (sus- durch Angleichung an den folgenden Buchstaben) Präfix mit der Bedeutung unter(halb):

sŭb-acromiālis*, -is, -e unter der Schulterhöhe acromĭon, -ĭi, n. liegend. In → b. sŭbacromiālis.

sŭb-apicālis*, -is, -e unter der Lungenspitze ăpex, -ĭcis, m. liegend. In → br. → segmentālis sŭbăpicālis, → segm. sŭbăpicāle der Lunge.

sŭb-arachnoideālis*, -is, -e unter der Spinngewebehaut arachnoīdĕa, -ae, f. liegend. In → căvum sŭbarachnoidĕāle, → cisternae sŭbarachnoidĕāles.

sŭb-arcuātus*, -a, -um unter dem (vorderen) Bogengang des Labyrinths liegend. arcus, -ūs, m. der Bogen. arcuātus, -a, -um gewölbt. In → fossa sŭbarcuāta.

sŭb-callōsus*, -a, -um unter dem Balken corpus callōsum liegend. In ārĕa sŭbcallōsa.

sŭb-capsulāris*, -is, -e unter der Kapsel liegend. In → sĭnus sŭbcapsulāris.

sŭb-cardinālis*, -is, -e unterhalb der Kardinalvenen vv. cardināles liegend. cardinālis, -is, -e hauptsächlich. cardo, -ĭnis, m. der Angelpunkt. In → anastomōsis sŭbcardinālis, → v. sŭbcardinālis.

sŭb-chondriālis*, -is, -e unter dem Knorpel ὁ χόνδρος (ho chóndros) liegend. In → lāmĭna → ŏssĕa sŭbchondriālis.

sŭb-conjunctivālis*, -is, -e unter der Bindehaut conjunctīva*, -ae, f. liegend. In → tēla subconjuctivālis.

sŭb-costālis, -is, -e unter der Rippe costa, -ae, f. liegend. In → a. sŭbcostālis, → n. sŭbcostālis, → v. sŭbcostālis.

sŭb-cutānĕus*, -a, -um unter der Haut cŭtis, -is, f. liegend. In → b. sŭbcutānĕa, → tēla sŭbcutānĕa.

sŭb-deltoīdĕus*, -a, -um unter dem Deltamuskel m. deltoīdĕus liegend. In → b. sŭbdeltoīdĕa.

sŭb-endocardiālis*, -is, -e unter der Herzinnenhaut *endocardĭum**, -ĭi, *n.* liegend. In → *tēla sŭbendocardiālis.*
sŭb-endotheliālis*, -is, -e unter der Innenhaut *endothēlĭum**, -ĭi, *n.* liegend. In → *str. sŭbendotheliāle.*
sŭb-ependymālis*, -is, -e unter dem Ependym liegend. In → *rēte sŭbependymāle.*
sŭb-epicardiăcus*, -a, -um unter Herzaußenhaut *epicardĭum*, -ĭi, *n.* liegend. In → *tēla sŭbepicardiăca.*
sŭb-epidermālis*, -is, -e unter der Oberhaut *epidermis*, -ĭdis, *f.* liegend. In → *pl. sŭbepidermālis.*
sŭb-epitheliālis*, -is, -e unter dem Epithel *epithelĭum*, -ĭ, *n.* liegend. In → *rēte sŭbepitheliāle.*
sŭb-fasciālis*, -is, -e unter der Faszie *fascĭa*, -ae, *f.* liegend. In → *b. sŭbfasciālis.*
sŭb-gemmātus*, -a, -um unter der (Geschmacks-)Knospe *gemma*, -ae, *f.* liegend. In → *pl. sŭbgemmātus → nervōsus.*
sŭb-germinālis*, -is, -e unter dem Keim *germĕn*, -ĭnis, *n.* liegend. In → *căvĭtas sŭbgerminālis.*
sŭb-hepātĭcus*, -a, -um unter der Leber *hēpar*, -ătis, *n.* liegend. In → *rĕc. sŭbhepātĭcus.*
sŭb-icŭlum, -i, *n.* die kleine Unterlage. Dem. von *subex*, -ĭcis, *m.* die Unterlage. *sŭb-icĕre* unterlegen. In *sŭbicŭlum* → *prōmontōrĭi* der kleine Knochenkamm hinter dem runden Fenster.
sŭb-lentiformis*, -is, -e unter dem Linsenkern *nŭcl. lentiformis* liegend. In → *p. sŭblentiformis* der inneren Kapsel.
sŭb-linguālis*, -is, -e unter der Zunge *lingua*, -ae, *f.* liegend. In → *a. sŭblinguālis*, → *ductus sŭblinguālis*, → *fŏvĕa sŭblinguālis*, → *gl. sŭblinguālis*, → *n. sŭblinguālis*, → *plĭca sŭblinguālis*, → *v. sŭblinguālis.*
sŭb-lobulāris*, -is, -e unter dem Läppchen *lobŭlus*, -i, *m.* liegend. In → *v. sŭblobulāris.*
sŭb-mandibulāris*, -is, -e unter dem Unterkiefer *mandĭbŭla*, -ae, *f.* liegend. In → *ductus sŭbmandibulāris*, → *fŏvĕa sŭbmandibulāris*, → *gl. sŭbmandibulāris.*
sŭb-mentālis*, -is, -e unter dem Kinn *mentum*, -i, *n.* liegend. In → *a. sŭbmentālis*, → *nōdi* → *lymph. sŭbmentāles*, → *v. sŭbmentālis.*
sŭb-metacentrĭcus*, -a, -um das Zentrum außerhalb der Mitte habend. μετά (metá) inmitten. *centrĭcus*, -a, -um ein Zentrum habend. Hybride Bildung! In → *chromosōma sŭbmetacentrĭcum.*
sŭb-mucosālis*, -is, -e unter der Schleimhaut *mucōsa*, -ae, *f.* liegend. In → *gll. sŭbmucosāles* die Brunnerschen Drüsen.
sŭb-mucōsus*, -a, -um unter der Schleimhaut *mucōsa*, -ae, *f.* liegend. In → *pl. sŭbmucōsus*, → *tēla sŭbmucōsa.*
sŭb-musculāris*, -is, -e unter dem Muskel *muscŭlus*, i, *m.* liegend. In → *b. sŭbmusculāris.*
sŭb-numerarĭus*, -a, -um unterzählig. *nŭmĕrus*, -i, *m.* die Zahl.
sŭb-occipitālis*, -a, -um unter dem Hinterhaupt *occĭput*, -ĭtis, *n.* liegend. In → *n. sŭboccipitālis.*
sŭb-odontoblastĭcus*, -a, -um unter den Zahnbeinbildnern *odontoblasti*, -ōrum, *m.* liegend. In → *pl. sŭbodontoblastĭcus*, → *str. sŭbodontoblastĭcum* → *pulpae.*
sŭb-papillāris*, -a, -um unterhalb der (Lederhaut-)Papille liegend. In → *pl. sŭbpapillāris*, → *rēte sŭbpapillāre.*

sŭb-parietālis*, -is, -e unter dem Scheitellappen des Gehirns *lŏbus parietālis* liegend. In → *sulcus sŭbparietālis* die die Gürtelwindung nach hinten-oben begrenzende Furche.

sŭb-pericardiālis*, -is, -e unter dem fibrösen Herzbeutel *pericardĭum**, -ĭi, *n.* liegend. In → *tēla sŭbpericardiālis*.

sŭb-peritoneālis*, -is, -e unter dem Bauchfell *peritonēum*, -i, *n.* liegend. In → *fascĭa sŭbperitoneālis*.

sŭb-phrenĭcus*, -a, -um unter dem Zwerchfell *αἱ φρένες* (hai phrénes) liegend. Hybride Bildung. In → *rĕc. sŭbphrenĭcus*, → *spatĭum sŭbphrenĭcum*.

sŭb-pleuralis*, -is, -e unter dem Brust- oder Lungenfell liegend, *pleura*, -ae, *f.* liegend. In → *tēla sŭbpleurālis*.

sŭb-poplītĕus*, -a,-um unter dem Kniekehlenmuskel *m. poplītĕus* liegend. In → *rĕc. sŭbpoplītĕus*.

sŭb-pubĭcus*, -a, -um unter der Scham *pūbes*, -is, *f.* liegend. In → *angŭlus sŭbpubĭcus*.

sŭb-scapulāris*, -is, -e unter dem Schulterblatt *scapŭla*, -ae, *f.* liegend. In → *a. sŭbscapulāris*, → *fossa sŭbscapulāris*, → *m. sŭbscapulāris*, → *n. sŭbscapulāris*, → *rr. sŭbscapulāres*.

sŭb-sēptus*, -a, -um unvollständig unterteilt. *sēptum*, -i, *n.* die Scheidewand. In → *utĕrus sŭbsēptus*.

sŭb-serōsus*, -a, -um unter der Serōsa liegend. In → *pl. sŭbserōsus*, → *tēla sŭbserōsa*.

sŭb-stantĭa, -ae, *f.* die Grundlage, die Substanz. *sŭbstāre* darunter sein, standhalten, existieren. *ἡ σύστασις* (hē sýstasis) die Beschaffenheit, der Zustand. In der Anatomie und Histologie häufig verwendete Bezeichnung.

sŭb-sŭprācardinālis*, -is, -e unterhalb der Suprakardinalvenen liegend. *cardinālis*, -is, -e hauptsächlich. *cardo*, -ĭnis, *m.* der Angelpunkt. In → *anastomōsis sŭbsŭprācardinālis*.

sŭb-talāris*, -is, -e unter dem Sprungbein *tālus*, -i, *m.* liegend. In → *art. sŭbtalāris*.

sŭb-tendinĕus*, -a, -um unter der Sehne *tendo**, -ĭnis, *m.* liegend. In → *b. sŭbtendinĕa*.

sŭb-thalamĭcus*, -a, -um unter dem Thalamus liegend. In → *nūcl. sŭbthalamĭcus* der Kern zwischen Thalamus und *sŭbstantĭa nigra*.

sŭb-tōtālis*, -is, -e nicht ganz vollständig. In → *forma* → *abnormālis sŭbtōtālis*.

sŭb-tўpus*, -i, *m.* der untergeordnete Typ.

sŭs-pensōrĭus*, -a, -um zum Aufhängen dienend, in Schwebehaltung sich befindend. *sŭs-pendĕre* aufhängen, zum Schweben bringen. In → *ligg. sŭspensōrĭa* → *mammae*, → *lig. sŭspensōrĭum* → *ovarĭi*, → *lig. sŭspensōrĭum* → *pēnis*, → *m. sŭspensōrĭus duodēni*.

sŭs-tentācŭlum, -i, *n.* die Stütze, der Halt. *sŭs-tentāre* stützen. In *sŭstentācŭlum* → *tāli* des Fersenbeins.

sŭs-tentaculāris*, -is, -e zum Stützen geeignet, stützend. In → *cellŭla sŭstentaculāris* die Stützzelle.

sŭs-tentans, -antis unterstützend. Part. von *sŭs-tentāre* unterstützen. *sŭs-tinēre* unterstützen. In → *nongranulocўtus sŭstentans*.

sūcus, klassisch *succus*, -i, *m.* der Saft.

sūdor, -ōris, *m.* der Schweiß.

sudōrĭfer(us), -fĕra, -fĕrum schweißbringend. *ferre* tragen. In → *ductus sudōrĭfĕr(us)*, → *gll. sudōrĭfĕrae*, → *pŏrus sudōrĭfĕr(us)*. Die Endigung *-fĕrus* ist zu vermeiden!

sulcus, -i, *m.* die Furche. In der Anatomie sehr häufig verwendete Bezeichnung.
sŭper- Präfix mit der Bedeutung ober(halb):
sŭper-cĭlĭum, -ĭi, *n.* das über dem Augenlid *cĭlĭum*, -ĭi, *n.* Liegende, die Augenbraue. *cĭlĭum*, -ĭi, *n.* ursprünglich das Augenlid, erst später die Augenwimper.
sŭper-ciliāris*, -is, -e zur Augenbraue gehörend. In → *arcus sŭperciliāris* der Augenbrauenbogen des Stirnbeins.
sŭper-fecundātĭo*, -ōnis, *f.* die Überbefruchtung, die Befruchtung von zwei Eizellen desselben weiblichen Zyklus. *fecundus*, -a, -um fruchtbar.
sŭper-fētātĭo*, -ōnis, *f.* Die Befruchtung von zwei oder mehr Eizellen verschiedener Zyklen, das Dazukommen einer neuen Schwangerschaft zu einer schon bestehenden. *fētŭs*, -ūs, *m.* die Leibesfrucht.
sŭper-ficĭes, -ēi, *f.* die Oberfläche. *facĭes*, -ēi, *f.* die Außenfläche, das Gesicht.
sŭper-ficiālis, -is, -e an der Oberfläche liegend. In → *a.* → *epigastrĭca sŭperficiālis*, → *a. circumflexa sŭperficiālis*, → *a.* → *temporālis sŭperficiālis*, → *căput sŭperficiāle* des kurzen Daumenbeugers, des oberflächlichen Fingerbeugers, *m.* → *transversus* → *perinēi sŭperficiālis*, → *n.* → *peronēus sŭperficiālis*, → *nōdi* → *lymph.* → *inguināles sŭperficiāles*, → *r. sŭperficiālis*, → *v.* → *cerebri sŭperficiālis*, → *vv. dorsāles* → *clitorĭdis* oder → *pēnis sŭperficiāles*, → *v. epigastrĭca sŭperficiālis*, → *vv.* → *temporāles sŭperficiāles*.
sŭper-lŏbātĭo*, -ōnis, *f.* die Bildung überzähliger Lappen *lŏbus*, -i, *m.*
sŭper-nŭmerārĭus*, -a, -um überzählig. *nŭmerus*, -i, *m.* die Zahl.
sŭper-ovulatōrĭus*, -a, -um mehrere Follikelsprünge betreffend. *ōvŭlum*, -i, *n.* das Ei, Dem. von → *ōvum*, -i, *n.*
sŭper-partītĭo*, -ōnis, *f.* die übermäßige Unterteilung. *partīri* verteilen. *pars*, partis, *f.* der Teil.
sŭpĕrĭor, -ōris weiter oben gelegen. Komp. von *sŭpĕrus* oben. In der Anatomie sehr häufig gebrauchte Lagebezeichnung. In Zusammensetzungen **sŭpĕro-**: → *făcĭes sŭpĕrolaterālis* der Großhirnhemisphäre.
supinātor*, -ōris, *m.* der Aufwärtsdreher. *supināre* nach oben drehen. *supīnus* nach oben gerichtet. In → *m. supinātor*.
suprā- Präfix mit der Bedeutung oberhalb, über (etwas liegend):
sŭprā-cardinālis*, -is, -e oberhalb der Kardinalvenen *vv. cardinālēs, cardinālis*, -is, -e hauptsächlich. *cardo*, -ĭnis, *m.* der Angelpunkt. In → *v. sŭprācardinālis*.
suprā-chŏrŏīdĕus*, -a, -um über der Aderhaut *chŏrŏīdĕa*, -ae, *f.* liegend. In → *lām. sŭprāchŏrŏīdĕa*.
suprā-claviculāris*, -is, -e über dem Schlüsselbein *clavicŭla*, -ae, *f.* liegend. In → *fossa sŭprāclaviculāris*, → *nn. sŭprāclaviculāres*.
suprā-condylāris*, -is, -e über dem Gelenkfortsatz *condylus*, -i, *m.* liegend. In → *prŏc. sŭprācondylāris* (Varietät).
suprā-duodenālis*, -is, -e über dem Duodenum liegend. In → *aa. sŭprāduodenāles*.
suprā-glenoidālis*, -is, -e über der Gelenkfläche *făcĭes glenoidālis* liegend. In *tuberc. sŭprāglenoidāle.* Hybrid, besser wäre *sŭprāarticulāris*.
suprā-hyŏīdĕus*, -a, -um über dem Zungenbein *ŏs hyŏīdĕum* liegend. In → *r. sŭprāhyoīdĕus* der *a. lingualis*.
suprā-marginālis*, -is, -e über dem Rand *margo*, -ĭnis, *m.* liegend. In → *gȳrus suprāmarginālis* die Hirnwindung, welche die laterale Hirnfissur umfaßt.

suprā-optĭcus*, -a, -um über der Sehnervenhalbkreuzung *chiasma optĭcum* liegend. In → *commissūra suprāoptĭca,* → *nŭcl. suprāoptĭcus.*
suprā-orbitālis*, -is, -e über der Augenhöhle *orbĭta,* -ae, *f.* liegend. In → *a. suprāorbitālis,* → *fŏrāmen suprāorbitāle,* → *incisūra suprāorbitālis,* → *margo suprāorbitālis,* → *n. suprāorbitālis.*
suprā-patellāris*, -is, -e über der Kniescheibe *patella,* -ae, *f.* liegend. In → *b. suprāpatellāris.*
suprā-pineālis*, -is, -e über der Zirbeldrüse *corpus pineāle* liegend. In → *rĕc. suprāpineālis.*
suprā-pleurālis*, -is, -e über der Pleura liegend. In → *memb. suprāpleurālis.*
suprā-renālis*, -is, -e über der Niere *rēn,* -is, *m.* liegend. In → *a. suprārenālis,* → *gl. suprārenālis,* → *v. suprārenālis.*
suprā-scapulāris*, -is, -e über dem Schulterblatt *scapŭla,* -ae, *f.* liegend. In → *a. suprāscapulāris,* → *n. suprāscapulāris,* → *v. suprāscapulāris.*
suprā-spinālis*, -is, -e über den Dornfortsätzen der Wirbel *prŏc. spinōsi* liegend. In → *lig. suprāspināle.*
suprā-spinātus*, -a, -um oberhalb des Grates *spīna,* -ae, *f.* liegend. In → *fossa suprāspināta,* → *m. suprāspinātus.*
suprā-sternālis*, -is, -e oberhalb des Brustbeins *sternum,* -i, *n.* liegend. In → *ossa suprāsternalĭa,* welche als Varietät vorkommen können.
suprā-tonsillāris*, -is, -e über der Gaumenmandel *tonsilla palatīna* liegend. In → *fossa suprātonsillāris.*
suprā-tragĭcus*, -a, -um oberhalb des *trăgus* liegend. In → *tŭberc. suprātragĭcum* als Varietät vorkommendes kleines Höckerchen am Oberrand des *trăgus.*
suprā-trochleāris*, -is, -e über der Rolle *trochlĕa,* -ae, *f.* liegend. In → *n. suprātrochleāris.*
suprā-vaginālis*, -is, -e über der Scheide *vagīna,* -ae, *f.* liegend. In → *portĭo suprāvaginālis* der Gebärmutter.
suprā-vasculōsus*, -a, -um über den kleinen Gefäßen *vascŭla,* -ōrum, *n.* liegend. In → *str. suprāvasculōsum.*
suprā-ventriculāris*, -is, -e über der Herzkammer *ventricŭlus cordis* liegend. In → *crista suprāventriculāris* die den *cōnus arteriōsus* abgrenzende Muskelleiste.
suprā-vesicālis*, -is, -e über der Blase *vesīca,* -ae, *f.* liegend. In → *fossa suprāvesicālis.*
suprēmus, -a, -um der höchste, der oberste. Superlativ von *sŭpĕrus,* -a, -um. Gegensatz *īmus,* -a, -um. In → *a.* → *intercostālis suprēma,* → *a.* → *thoracĭca suprēma,* → *līnĕa* → *nuchae suprēma,* → *v.* → *intercostālis suprēma.*
sūra, -ae, *f.* die Wade. In → *m.* → *triceps sūrae.*
surālis*, -is, -e zur Wade gehörend. In → *aa. surāles,* → *nn. surāles.*
sutūra, -ae, *f.* die Naht, die Bindegewebshaft zwischen zwei Knochen. Die Bezeichnung stammt von → Celsus (um Chr. Geburt). Man unterscheidet die *sut.* → *serrāta* die Zackennaht, die *sut.* → *squamōsa* die Schuppennaht und die *sut.* → *plāna* die ebenflächige Naht. Nahtbezeichnungen werden in der Anatomie häufig verwendet. In der mikroskopischen Anatomie *sut.* → *lentis* die Linsennaht.
sy̆n- (σύν-), **sy̆m-, sy̆s-** durch Angleichung. Präfix mit der Bedeutung mit-, zusammen:
sy̆m-melīa*, -ae, *f.* die Verwachsung der (unteren) Extremitäten → *sirēnomelīa*.* τὸ μέλος (tó mélos) das Glied.

sȳm-metrĭcus*, -a, -um spiegelbildlich gleich. Klassisch belegt ist *symmĕtrŏs. metrum*, -i, *n.* das Maß. τὸ μέτρον (tó métron). In → *gemĭni symmetrĭci*.
sȳm-pathĭcus*, (scīl. *nervus*) der „Lebensnerv" der glatten Muskulatur und der Drüsen. Der Begriff stammt von → Winslow (1722). Die Bezeichnungen ἡ συμπάθεια (hē sympátheia) und ἡ συμπάθησις (hē sympáthēsis) für Mitempfindung kommen schon bei → Hippokrates (460 – um 356 v. Chr.) vor. Die modernen Griechen nennen den Sympathicus συμπαθητικός (sympathētikós). Englisch „sympathetic nerve". In → *p. sympathĭca*, → *truncus sympathĭcus*.
sympathetĭcus*, -a, -um zum Sympathicus gehörend. In → *ganglĭon sympathetĭcum*.
sȳm-phȳsis, -is auch -ĕōs, *f.* die Knorpelhaft zwischen zwei Knochen. ἡ σύμφυσις (hē sýmphysis). συμφύειν (symphýein) zusammenwachsen. In *sȳmphȳsis* → *pūbĭca*.
sȳmphysiālis*, -is, -e zur Symphyse gehörend. In → *făcĭes symphysiālis* des Schambeins.
sȳm-podĭa*, -ae, *f.* das Verwachsensein beider Füße. ὁ ποῦς, ποδός (ho pūs, podós) der Fuß.
sȳn-apsis*, -is (auch -ĕōs), *f.* die Verknüpfung. ἅπτειν (háptein) verknüpfen. ἡ ἁψίς (hē apsís) das sich Berührende, das Gewölbe. In *synapsis* → *interneuronālis,* ferner in *synapsis* der Prophase.
sȳn-apsiālis*, zusammenhängend. συν-άπτειν (syn-áptein) zusammenfügen. In → *phāsis synaptiālis* das Stadium der Berührung der Chromosomen in der Prophase der Reifeteilung.
sȳn-aptĭcus*, -a, -um zur Synapse gehörend. In → *fissūra sȳnaptĭca,* → *vesicŭla sȳnaptĭca*.
sȳn-aptonēmatĭcus*, -a, -um zur Verknüpfung der Fäden gehörend. τὸ νῆμα (tó nēma) der Faden.
sȳn-cheilĭa*, -ae, *f.* das Verwachsensein der Lippen. τὸ χεῖλος (tó cheílos) die Lippe.
sȳn-chondrōsis, -is (auch -ĕōs), *f.* die Knorpelhaft. ἡ συγχόνδρωσις (hē synchóndrosis). ὁ χόνδρος (ho chóndros) der Knorpel. In *sȳn.* → *intraoccipitālis, sȳn.* → *manubrĭosternālis, sȳn.* → *petrooccipitālis, sȳn.* → *sphenopetrōsa, sȳn.* → *sternālis, sȳn.* → *xiphosternālis*.
sȳn-cytiālis*, -is, -e zu einem mehrkernigen Zellverband ohne klare Zellgrenzen *syn-cytĭum*, -ĭi, *n.* gehörend. τὸ κύτος (tó kýtos) die Zelle. In → *nōdus syncytiālis* des Chorionepithels, → *trophoblastus syn-cytiālis*.
sȳn-cytĭotrophoblastus*, -i, *m.* die synzytiale Schicht der ernährenden Hülle des Embryo. τὸ κύτος (tó kýtos) die Zelle. τρέφειν (tréphein) ernähren. βλάστειν (blástein) bilden.
sȳn-dactylĭa*, -ae, *f.* das Verwachsensein zweier oder mehrerer Finger resp. Zehen. ὁ δάκτυλος (ho dáktylos) der Finger, die Zehe.
sȳn-desmolŏgĭa, -ae, *f.* die Bänderlehre. ὁ δεσμός (ho désmos) das Band. δέειν (déein) binden.
sȳn-desmōsis*, -is (auch -ĕōs), *f.* die Bandhaft, die fibröse Verbindung zweier Knochen. Die modernen Griechen brauchen die Bezeichnung ἡ σύνδεσμοσις* (hē syndésmosis). ὁ σύνδεσμος (ho syndésmos) bedeutete bei → Hippokrates (460 – um 356 v. Chr.) die Verbindung. Erst bei → Galēn erhält diese Bezeichnung die Bedeutung von Band aus straffem Bindegewebe. In *sȳndesmōsis* → *tibĭofibulāris, sȳndesmōsis* → *tympănostapedĭa*. In Zusammensetzungen sȳn-desmo-: → *placenta sȳndesmochoriālis*.

sўn-drōma*, -ae, *f.* die Kombination von typischen Krankheitszeichen (Symptomen). *ἡ συνδρομή* (hē syn-dromḗ) das Zusammentreffen. *ὁ δρόμος* (ho drómos) der Lauf, der Ablauf. In *sўndrōma* → *Arnold-Chiarii,* → *Downi,* → *Eisenmengeri,* → *Falloti,* → *Klinefelteri,* → *Klippel-Feili,* → *Lawrence-Biedli,* → *Marfani,* → *Turneri.*
sўn-ostōsis, -is (auch -ĕōs), *f.* die Knochenhaft, die knöcherne Verbindung zweier getrennt angelegter Knochen. Die modernen Griechen kennen die Bezeichnung *ἡ συνοστέωσις* (synostéōsis). *τὸ ὀστέον, τὸ ὀστοῦν* (tó ostéon, tó ostū́n) der Knochen.
sўn-ōtīa*, -ae, *f.* die weitgehende Verschmelzung beider Ohranlagen. *τὸ οὖς, ὠτός* (tó ũs, ōtós) das Ohr.
sўn-thēsis, -is (auch -ĕōs), *f.* die Zusammensetzung. *ἡ σύνθεσις* (hē sýnthesis). In → *dēfectĭo synthēsis.*
sy-stēma, -ătis, *n.* die Gruppe, das System, eigentlich das Zusammengestellte. *τὸ σύστημα* (tó sýstēma). *συνιστάναι* (synistánai) zusammenstellen. In *systēma ductāle, systēma* → *lymph., systēma* → *nervōsum, systēma reticŭloendotheliāle.*
synovīa*, -ae, *f.* die Gelenkschmiere. Die Bezeichnung stammt von → Paracelsus (1493 - 1541) und hat die Bedeutung Ernährungssaft der Organe, als einen solchen sah er auch die Gelenkschmiere an. Erst später wurde die Bedeutung von *synovīa* auf die Bezeichnung von Gelenkschmiere eingeengt.
synoviāle*, -is, *n.* der Synovialanteil der Gelenkkapsel.
synoviālis*, -is, -e zur Gelenkschmiere gehörend, mit Gelenkschmiere gefüllt. In → *b. synoviālis,* → *cellula synoviālis,* → *junct. synoviālis,* → *memb. synoviālis.*
synovicȳtus*, -i, *m.* die Synovialzelle. *τὸ κύτος* (tó kýtos) die Zelle.

T

tactus, -ūs, *m.* die Berührung, der Tastsinn. *tangĕre* berühren. In → *corpuscŭla tactūs.*
tactĭlis, -is, -e für Berührungsempfindung geeignet. In → *pilus tactĭlis.*
taenia → **tēnia.**
tālus, -i, *m.* das Sprungbein, eigentlich der Würfel. Zusammengezogen aus *taxillus,* -i, *m.* das Würfelchen. Die Alten benutzten zum Würfeln die Sprungbeine verschiedener Huftiere. Der Name wurde auf das anders geformte Sprungbein des Menschen übertragen. *tāli,* -ōrum, *m.* die Knöchel.
talāris*, -is, -e zum Sprungbein gehörend. In → *făcĭes* → *art. talāris* des Fersenbeins. In Zusammensetzungen **tālo-:** → *art.* → *tālocalcănĕonaviculāris,* → *art. tālocrurālis,* → *lig. tālocalcanĕum* → *interossĕum,* → *lig. tālofibulāre,* → *lig. tālonaviculāre.*
tālĭpēs*, -pĕdis, *m.* der Würfel- oder Klumpfuß. *tālus,* -i, *m.* der Würfel. *pēs, pĕdis, m.* der Fuß.
talĭpomănŭs*, -ūs, *f.* die Würfel- oder Klumphand. *tālus,* -i, *m.* der Würfel. *mănŭs,* -ūs, *f.* die Hand.
tapētum, -i, *n.* (auch *tapēs,* -ĭtis, *m.*) der Teppich, die Hülle. *ὁ τάπης* (ho tápēs). In *tapētum* → *cellulōsum, tapētum* → *fibrōsum, tapētum* → *lucĭdum.*
tarsus, -i, *m.* die Fußwurzel, auch die bindegewebige Platte des Augenlids. *ὁ ταρσός* (ho tarsós) bedeutet ursprünglich das flach Ausgebreitete. *ὁ τῶν ποδός ταρσός* (ho tū podós tarsós) bezeichnete zunächst die

Fußsohle, dann die ganze zwischen Knöcheln und Zehen liegende Partie. Erst im Mittelalter wurden Fußwurzel *tarsus* und Mittelfuß *mĕtătarsus* unterschieden. *tarsus* bezeichnete auch ein Reusengeflecht, dessen Streben eine gewisse Ähnlichkeit mit den Mittelfußknochen haben. In Analogie mit dem Fuß kann *tarsus* auch die Bedeutung des gespreizten Vogelflügels haben. Schließlich wurde es zur Bezeichnung einer Platte gebraucht. Die Bezeichnung der bindegewebigen Platten der Augenlider als *tarsi* stammt von → Galēn (130 – um 200).

tarsēus*, -ae, -um zur Fußwurzel gehörend. Die modernen Griechen sagen ταρσαῖος (tarsiaíos). In → *a. tarsēa*. In Zusammensetzungen **tarso-**: In → *ligg. tarsomĕtătarsēa*.

tectum, -i, *n.* das Dach. In *tectum* → *mesencephăli*.

tectus, -a, -um bedeckt, mit einem Dach versehen, das Dach betreffend. In Zusammensetzungen **tecto-**: → *tr. tectospinālis*.

tectōrĭus, -a, -um zum Bedecken dienlich. *tectōrĭum*, -ĭi, *n.* die Stuckarbeit. *tectŏr*, -ōris, *m.* der Stuckarbeiter, der Wandmaler. *tĕgĕre* zudecken. In → *memb. tectōrĭa*.

tegmen, -ĭnis, *n.* und **tegmentum**, -i, *n.* die Decke, die Haube. *tĕgĕre* bedecken. In *tegmen* des 4. Ventrikels. In *tegmentum* die Haube des Mittelhirns, *tegmentum* → *rhombencephăli*.

tĕgens, -entis bedeckend. Part. von *tĕgĕre*. In → *str. tĕgens* des Epithels.

tegmentālis*, -is, -e zur Decke oder zur Haube gehörend. In → *păries tegmentālis* das dünne Dach der Paukenhöhle, → *tr. tegmentālis* → *centrālis* die zentrale Haubenbahn.

tēla, -ae, *f.* das Gewebe, die Gewebeschicht. Zusammengezogen aus *texēla*. *texēre* weben. In *tēla* → *choroīdĕa*, *tēla sŭbcŭtānĕa*, *tēla* → *sŭbmucōsa*, *tēla* → *subserōsa*.

telo-, tel- am Ende befindlich. Nur in Zusammensetzungen gebraucht. τὸ τέλος (tó télos) das Ziel, das Ende, der Abschluß:

tel-encephălon*, -i, *n.* das Endhirn. ὁ ἐγκέφαλος (ho engképhalos) das Gehirn. Die modernen Griechen sagen ὁ τελικός ἐγκέφαλος (ho telikós engképhalos).

tel-encephalĭcus*, -a, -um zum Endhirn *tel-encephălon* gehörend. In → *căvĭtas telencephalĭca*, → *prōminentĭa telencephalĭca*.

telo-centrĭcus*, -a, -um mit am Ende befindlichem Zentrum. In → *chrōmosōma telocentrĭcum*.

telo-dendron*, -i, *n.* das Endbäumchen. τὸ δένδρον (tó déndron) der Baum.

telo-lecithālis*, -is, -e mit endständigem Dotter versehen. *lezithīnum**, -i, *n.* das Esterphosphatid des Eidotters. ἡ λεκίθος (hē lekíthos) der Eidotter. In → *ōvum telolecithāle*.

telo-mērus, -i, *m.* der Endabschnitt. τὸ μέρος (tó méros) der Teil.

telo-phăsis*, -is (auch -ĕōs), *f.* die Abschlußphase der Mitose. ἡ φάσις (hē phásis) die Erscheinung. *phăsis*, -is, (auch -ĭdis), *f.* der Zustand.

telo-phragma*, -ătis, *n.* die abschließende Trennwand. In der Histologie der Z-Streifen der Muskelfibrille. φράσσειν (phrássein) umzäunen, abtrennen.

tempŏra, -um, *n.* die Schläfen. Plural von *tempus*, -ŏris, *n.* die Zeit. Am Ergrauen der Schläfenhaare zeigt sich die Zeit des Alterns.

tempŏrālis, -is, -e zur Schläfe gehörend. In → *a. tempŏrālis*, → *făcĭes tempŏrālis*, → *fascĭa tempŏrālis*, *fossa tempŏrālis*, → *gўri tempŏrāles*, → *līnĕa tempŏrāles*, → *m. tempŏrālis*, → *nn. tempŏrāles*, → *ŏs tempŏrāle*, → *pŏlus tempŏrālis*, → *rr. tempŏrāles*, → *rĕgĭo tempŏrālis*, →

squāma temporālis, → *sulci tempŏrāles*, → *vv. tempŏrāles*. In Zusammensetzungen **tempŏro-**: → *art. tempŏromandibulāris*, → *lig. tempŏromandibulāre*, → *m. tempŏroparietālis*, → *sūt. tempŏrozygomātĭca*, → *tr. tempŏropontīnus*.

tendo*, -ĭnis, *m.* die Sehne. Neulateinische Wortbildung ausgehend von *tendĕre* spannen. In *tendo* → *calcanĕus*.

tendĭnĕus*, -a, -um sehnig. In → *anulus tendĭnĕus* der Sehnenring der geraden Augenmuskeln, → *arcus tendĭnĕus* des *m. levātor āni* und des *m. solĕus*, → *hiātus tendĭnĕus* des *m. adductor magnus*, in der Histologie → *cellŭla tendĭnĕa*, → *fībra tendĭnĕa*.

tendinōsus*, -a, -um sehnig, eigentlich sehnenreich. In → *m. semitendinōsus*. In Zusammensetzungen **tendĭno-**: → *lām. tendĭnomusculāris*.

tēnĭa, -ae, *f.* der Streifen, in übertragenem Sinn der Bandwurm. ἡ ταινία (hē tainía) das Band. In *tēnĭa* → *coli*, *tēnĭa* → *labĭogingivālis*, *tēnĭae* der Adergeflechte.

tēniātus, -a, -um gebändert, zu einem Band gehörend. In → *ependymocȳtus tēniātus*.

tensŏr, -ōris, *m.* der Spanner. *tendĕre* spannen. In → *m. tensŏr* → *fascĭae lātae*, → *m. tensŏr* → *tympăni*, → *m.* → *tensŏr* → *vēli* → *palatīni*.

tensus, -a, -um gespannt. Part. von *tendĕre* spannen. In → *p. tensa* des Trommelfells.

tentorĭum, -ĭi, *n.* das Gespannte, das Zelt. *tendĕre* spannen. In *tentorĭum* → *cerebelli*.

tĕnŭis, -s, -e dünn. *tendĕre* spannen, in die Länge ziehen. In → *intestīnum tĕnŭe* anatomisches Fachwort, das schon bei → Celsus (um Chr. Geburt) vorkommt. In der Histologie → *filamentum tĕnŭe* der Muskelzelle.

terătolōgĭa*, -ae, *f.* die Lehre von den Mißbildungen. τὸ τέρας (tó téras) das Wunderzeichen. λέγειν (légein) lehren.

terătologĭcus*, -a, -um mit der Mißbildungslehre *teratolōgĭa* zusammenhängend. In → *nōmĭna teratologĭca*.

teratōma, -ae, *f.* die „Wunder"geschwulst, der sich aus versprengtem Gewebe sich entwickelnde Tumor. Das Suffix *-ōma* ist kennzeichnend für Geschwülste z. B. *carcinōma, chondrōma, fībrōma, lipōma, myelōma, sarcōma* u. a.

tĕres, -ētis drehrund, gedrechselt. *terĕre* reiben, abbrauchen, drechseln. In → *lig. tĕres* → *hēpătis*, → *lig. tĕres* → *utĕri*, → *m.* → *prōnātŏr tĕres*. Diese Muskelbezeichnung stammt von William → Cowper (1666 – 1709).

termĭnus, -i, *m.* die Grenze, die Schranke. Erst im Spätlatein mit der Bedeutung der Fachausdruck. In *termĭni* → *ad* → *membra* → *spectantes*, *termĭni* → *generāles*, *termĭni* → *situm* → *et* → *directiōnem* → *partĭum* → *corpŏris* → *indicantes*, *termĭni* → *ontogenetĭci*.

terminālis, -is, -e die Grenze bezeichnend. Die Römer nannten *terminālĭa*, ĭum, *n.* das Fest des Grenzgottes *Termĭnus*. In → *bulbus terminālis*, → *calix terminālis*, → *cisterna terminālis*, → *corpuscŭla* → *nervōsa terminālĭa*, → *crista terminālis*, → *gangliŏn termināle*, → *gliocȳtus terminālis*, → *lām. terminālis*, → *līnĕa terminālis*, → *p. terminālis* der Zelle, → *pēs terminālis* das Endfüßchen, → *rēte termināle*, → *sulcus terminālis*, → *ventricŭlus terminālis*, → *villus terminālis*.

terminātĭo, -ōnis, *f.* die Grenzbestimmung, der Abschluß. *termināre* begrenzen. In *terminātĭo* → *ānulospirālis*, *terminātĭo* → *follicŭli* → *pili*, *terminātĭo* → *nervōrum* → *libĕra*, *terminātĭo neuroepitheliālis*, *terminātĭo neuroglandulāris*, *terminātĭo neuromusculāris*, *terminātĭo neu-*

rosecretōrĭa, terminatĭo → *palisadĭca, terminatĭo* → *racemōsa* die Blütendoldenendigung, *terminatĭo* → *synapsis*. In der makrosk. Anatomie → *nūcl. terminatiōnis.*

territoriālis, -is, -e zum Gebiet gehörend. *territorĭum*, -iī, *n*. das Stadtgebiet. *terra*, -ae, *f*. das Land. In → *matrix territoriālis*.

tertĭus, -a, -um der dritte. In → *arcŭs* → *aortĭcus tertĭus*, → *arcŭs* → *branchiālis tertĭus*, → *digĭtus tertĭus*, → *m*. → *peronēus tertĭus*, → *n*. → *occipitālis tertĭus*, → *palpĕbra tertĭa*, → *saccus* → *pharyngeālis tertĭus*, → *trochanter tertĭus* (Varietät).

tertiārĭus, -a, -um ein Drittel *tertĭum*, -iī, *n*. enthaltend. In der Embryologie an dritter Stelle gebildet. In → *villus tertiārĭus*.

tessalātĭo*, -ōnis, *f*. der Zustand eines Mosaiks. *tessēlla*, -ae, *f*. der Mosaikstein.

testis, -is, *m*. der Zeugende, der Hoden. Eigentlich der Augenzeuge, der Dritte neben den beiden Parteien: *terstis*. Zeugen hat sowohl die Bedeutung von Zeugnis ablegen wie auch von Leben erwecken. In der Patriarchenzeit des Alten Testaments (Genesis 24,9 und 47,29) legt der Schwörende beim eidlichen Versprechen seine Hand an die Hoden desjenigen, dem er das eidliche Versprechen gibt. Bis zu Nikolaus → Steno (1638 – 1686) nannte man die Ovarien *testes muliĕbres*.

testiculāris*, -is, -e zum Hoden gehörend. *testicŭlus*, -i, *m*. Dem. von *testis*. In → *a. testiculāris*, → *v. testiculāris*.

tetraploidēa*, -ae, *f*. der Zustand des Kerns mit vierfachem Chromosomensatz. τετραπλοῦς (tetraplús) vierfach. *ploidēa**, -ae, *f*. die Ploidie, die Ausbildung des Chromosomensatzes.

tetraplŏīdĕus*, -a, -um mit vierfachem Chromosomensatz. τετραπλοῦς (tetraplús) vierfach. In → *cellŭla tetraplŏīdĕa*.

textus, -ūs, *m*. *das Gewebe. texĕre* weben, flechten. In der Histologie und Embryologie vielfach verwendete Bezeichnung.

thalămus, -i, *m*. das Schlafgemach. ὁ θάλαμος (ho thálamos). ἡ θαλάμη (hē thalámē) die Höhle. Nach → H. Schierhorn hat die Bedeutung Schlafgemach die erotischen Termini benachbarter Strukturen in der mittelalterlichen Anatomie verursacht: *pēnis cerebri* für *corpus pineāle, nātes* und *testicŭli* für die *collicŭli superiōres*, resp. *inferiōres*, welche von Nikolaus → Steno (1638 – 1686) als des vorzüglichsten Organs des Menschen, des Gehirns unwürdig erachtet wurden. → Galēn (130 – um 200) nahm noch an, daß die Sehbahnen mit den vordersten Abschnitten der Seitenventrikel in Verbindung ständen. Es handelt sich jedoch um die den dritten Hirnventrikel begrenzenden grauen Massen, welche die wichtigste subkortikale Schaltstelle der afferenten Bahnen darstellen.

thalamencĕphălon*, -i, *n*. das Gebiet der *thalămi* und der ihnen benachbarten Gebiete. ὁ ἐγκέφαλος (ho engképhalos) das Gehirn.

thalāmĭcus*, -a, -um zum Thalamus gehörend. Nur in Zusammensetzungen verwendet → *fasc. cortĭcothalāmĭci*, → *fasc. mamillothalāmĭcus*. In Zusammensetzungen **thalămo-**: → *fasc. thalămocorticāles*, → *v. thalămostriāta*.

thalamostriātus*, -a, -um zwischen Thalamus und Streifenkörper *corpus striātum* liegend. In → *v. thalămostriāta*.

thēca, -ae, *f*. die Kapsel, die Hülle. ἡ θήκη (hē thḗkē) der Behälter. In *thēca* → *follicŭli*.

thēcolutĕocȳtus, -i, *m*. die Thekaluteinzelle. *lutĕus*, -a, -um gelb. τὸ κύτος (tó kýtos) die Zelle.

thĕnar, -ăris, *n.* eigentlich die flache Hand. Erst seit Jacobus Benignus → Winslow (1669 – 1760) der Daumenballen. *τὸ θέναρ, -αρος* (tó thénar, -aros) die flache Hand. *θείνειν* (theínein) schlagen.

therapeutĭcus*, -a, -um mit der Heilung *therapīa**, -ae, *f.* zusammenhängend. *ἡ θεραπεία* (hē therapeía) der (ärztliche) Dienst. In → *dēfĭcientĭa therapeutĭca.*

thorax, -ācis, *m.* der Brustkorb, die Gesamtheit von Brustwirbelsäule, Rippen und Brustbein. *ὁ θώραξ, -ακος* (ho thórax, -akos) der Brustpanzer, dann auch die Brust. Bei Homer hat *θώραξ* (thórax) noch die Bedeutung von Brustpanzer.

thoracĭcus, -a, -um zum Brustkorb gehörend. *θωρακικός* (thōrakikós) heißt eigentlich brustkrank. In → *a. thoracĭca,* → *nn. thoracĭci,* → *n. thoracĭcus,* → *longus,* → *p. thoracĭca,* → *v. thoracĭca.* In Zusammensetzungen **thorăco-**: → *a. thorăcoacromiālis,* → *a. thorăcodorsālis,* → *fascĭa thorăcolumbālis,* → *inversĭo thorăcoabdominālis,* → *junctĭo thorăcogastrĭca* bei Zwillingsmißbildungen. → *n. thorăcodorsālis,* → *v. thorăcoacromiālis,* → *v. thorăcoepigastrĭca.*

thrombocȳtus*, -i, *m.* das Blutplättchen. *ὁ θρόμβος* (ho thrómbos) der (Blut-)Klumpen. *τὸ κύτος* (tó kýtos) die Zelle.

thrombocytĭcus*, -a, -um zum Blutplättchen gehörend. In → *granŭlum thrombocytĭcum.*

thrombocȳtopoēsis*, -is, auch -ĕōs, *f.* die Bildung der Blutplättchen. *ἡ ποίησις* (hē poíēsis) die Bildung.

thȳmus, -i, *m.* der Thymus, die Thymusdrüse. Manchmal auch innere Brustdrüse genannt. Bei Tieren als Bries bezeichnet. *ὁ θύμος* (ho thýmos) hieß außerdem der Thymian (Quendel). *θύειν* (thýein) opfern. Nach → Hyrtl (1811 – 1894) erklärt sich die anatomische Verwendung des Namens dadurch, daß zwischen der körnigen Thymusdrüse der geschlachteten Opfertiere und den mitverbrannten Büscheln von Thymian eine gewisse Ähnlichkeit besteht. Eine andere Ableitung betont, daß der Thymus dem Herzen aufliegt, welches als Sitz des Gemütes und der Leidenschaften *ὁ θυμός* (ho thymós) betrachtet wird. *ὁ ἀδὴν θυμοῦ* (ho adḗn thymū). Der verschiedenen Betonung wegen erscheint diese zweite Erklärung wenig wahrscheinlich.

thȳmĭcus, -a, -um zum Thymus gehörend. *θυμικός* (thymikós) war den alten Griechen nur im Sinne von leidenschaftlich bekannt. *ὁ θυμός* (ho thymós) das Gemüt. In → *gemma thymĭca,* → *nōdŭli thȳmĭci* → *accessōrĭi,* → *rr. thȳmĭci.*

thymocȳtus*, -i, *m.* die Thymuszelle. *τὸ κύτος* (tó kýtos) die Zelle.

thymodependens*, -entis vom Thymus abhängig. In → *zōna thymodependens.*

thȳrōĭdĕus, -a, -um schildförmig. *θυροειδής* (thyroeidés). *ὁ θυρός* (ho thyrós) der große viereckige türähnliche Schild. *ἡ θύρα* (hē thýra) die Tür, der Türflügel. In → *a. thȳrōĭdĕa,* → *cartil. thȳrōĭdĕa,* → *forāmen thȳrōĭdĕum,* → *gl. thȳrōĭdĕa* die Drüse unterhalb des Schildknorpels, → *incisūra* → *thȳrōĭdĕa,* → *pl. thȳrōĭdĕus* → *impar,* → *tŭberc. thȳrōĭdĕum,* → *v. thȳrōĭdĕa.* In Zusammensetzungen **thȳro-**: → *cystis thyroglossālis,* → *ductus thyroglōssālis* und → *ductus thyroglōssus,* → *lig. thȳrohyōĭdĕum,* → *memb. thȳrohyōĭdĕa,* → *m. thȳroarytenōĭdĕus,* → *m. thȳroëpĭglottĭcus,* → *m. thȳrohyōĭdĕus,* → *p. thȳropharyngēa,* → *truncus thȳrocervicālis.*

thȳrotrophĭcus*, -a, -um und **thȳrotropĭcus***, -a, -um mit der Funktion der Schilddrüse zu tun habend. *τρέφειν* (tréphein) ernähren resp. τρέπειν (trépein) zuwenden. In → *cellula thȳrotrophĭca* bzw. *thȳrotropĭca*.

tībĭa, -ae, *f.* das Schienbein, die Pfeife, die Flöte. Die Römer stellten aus Schienbeinen verschiedener Tiere Flöten oder Pfeifen her, die beim Blasen sagittal gehalten wurden. Die anatomische Bezeichnung *tībĭa* geht auf → Celsus (um Chr. Geburt) zurück.

tibiālis, -is, -e zum Schienbein gehörend. Die Römer nannten *tibiālĭa*, -um, *n.* Binden, welche um den Unterschenkel gewickelt wurden. In → *a. tibiālis*, → *m. tibiālis*, → *n. tibiālis*, *vv. tibiāles*. In Zusammensetzungen **tībĭo-**: → *art. tībĭofibulāris*, → *lig. tībĭofibulāre*, → *p. tībĭocalcanĕa*, → *p. tībĭonaviculāris*, → *p. tībĭotalāris*, → *syndesmōsis tībĭofibulāris*.

tŏnus, -i, *m.* die Spannung. ὁ τόνος (ho tŏnos).

tŏnālis*, -is, -e die Spannung *tŏnus* betreffend. In → *dēfectŭs tŏnālis*.

tonofibrilla*, -ae, *f.* das Spannungsfäserchen, die Tonofibrille. *tŏnus*, -i, *m.* die Spannung. *fibrilla*, -ae, *f.* das Fäserchen. Dem. von *fĭbra*.

tonofilamentum*, -i, *m.* das Spannungsfädchen, das Tonofilament. *tŏnus*, -i, *m.* die Spannung. *filamentum*, das Fädchen. Dem. von *fīlum*, -i, *n.*

tonsilla, -ae, *f.* die Mandel. Nur die Gaumenmandel hat wirklich Mandelform. In *tonsilla* → *cerebelli* der einer Gaumenmandel ähnlich sehende Teil der Kleinhirnhemisphäre, *tonsilla* → *linguālis, tonsilla* → *palatīna, tonsilla* → *pharyngĕa, tonsilla* → *tubarĭa*.

tonsillāris*, -is, -e zur Mandel gehörend. In → *cryptae tonsillāres*, → *fossa tonsillāris*, → *fossŭlae tonsillāres*, → *rr. tonsillāres*.

tŏrus, -i, *m.* der Wulst, das Polster. In *tŏrus* → *levatorĭus*, *tŏrus* → *palatīnus*, *tŏrus* → *tubarĭus*.

tŏrŭlus, -i, *m.* das kleine Polster. Dem. von *tŏrus* der Wulst, das Polster. In *tŏrŭli* → *tactīles* die Tastballen der Finger und Zehen.

tōtālis*, -is, -e vollständig. *tōtus*, -a, -um ganz. In → *fissĭo tōtālis*, → *inversĭo tōtālis*.

trăbēcŭla, -ae, *f.* das Bälkchen. Dem. von *trabs*, -bis, *f.* der Balken. In *trăbēcŭla* → *arachnoideālis*, *trăbēcŭla* → *carnĕa*, *trăbēcŭla* → *cartilaginĕa*, *trăbēcŭla* → *corpŏris* → *cavernōsi*, *trăbēcŭla* → *corpŏris* → *spongiōsi*, *trăbēcŭla* → *liēnis*, *trăbēcŭla* → *omentālis*, *trăbēcŭla* → *ossĕa*, *trăbēcŭla* → *perilymphatĭca*, *trăbēcŭla* → *septomarginālis* die Muskelleiste des rechten Herzventrikels, welche von der Kammerscheidewand zum vorderen Papillarmuskel zieht, *trabecula* → *trophoblastĭca*.

trăbēcŭlāris*, -is, -e zum Bälkchen gehörend, Bälkchen habend. In → *a. trăbēcŭlāris*, → *cartilāgo trăbēcŭlāris* des knorpeligen Primordialkranĭum, → *ŏs trăbēcŭlāre*, → *placenta trăbēcŭlāris*, → *reticŭlum trăbēcŭlāre*, → *v. trăbēcŭlāris*.

trachēa, -ae, *f.* die Luftröhre. ἡ ἀρτηρία τραχεῖα (hē artērĭa racheía) die rauhe Arterie, so genannt wegen ihrer Knorpelspangen. Gegensatz ἡ ἀρτηρία λεῖα (hē artērĭa leīa) die glatte Arterie oder die Schlagader. In gutem Latein hätte τραχεῖα (tracheía) eigentlich *trachīa* ergeben müssen. Die Bezeichnung *arterĭa* weist auf ihre Füllung mit Luft. Seit → Aristoteles (384 – 322 v. Chr.) galten die Schlagadern als luftgefüllt, was bei der Leiche ja auch zutrifft. τραχύς, -εῖα, -ύ (trachýs, -eía, -ý) rauh.

racheālis*, -is, -e zur Luftröhre gehörend. In → *cartil. tracheāles*, → *gll. tracheāles*, → *m. tracheālis*, → *nōdi* → *lymph. tracheāles*, → *rr. tracheāles*, → *vv. tracheāles*. In Zusammensetzungen **trachĕo-**:

→ *crista trachěoēsopheageālis*, → *fistůla trachěoēsophageālis*, → *nōdi* → *lymph. trachěobronchiāles, septum trachěoēsophageāle*.

tractus, -ūs, *m.* der Zug, das Langgestreckte, erst spät auch die Nervenbahn. In *tr.* → *ilǐotibiālis, trr.* → *nervōsi, tr.* → *spirālis* → *foraminōsus*.

trăgus, -i, *m.* der Bock, die vor der Öffnung des äußeren Gehörgangs liegende Erhebung, hinter der bei älteren Leuten ein Haarbüschel *barbŭla trăgi* hervorwächst. Der Vergleich stammt vom Bart des Ziegenbocks. *ὁ τράγος* (ho trágos). In der Anatomie bezeichnen *trăgi*, -ōrum, *m.* die Haare des äußeren Gehörganges.

trăgǐcus, -a, -um eigentlich bocksmäßig, dann zum *trăgus* gehörend. *τραγικός* (tragikós) zur Tragödie gehörend. *ἡ τραγῳδία* (hē tragōdía) der Bocksopfergesang, die Tragödie. *ἡ ᾠδή* (hē odḗ) der Lobgesang, die Ode. In → *m. trăgǐcus*.

trans- Präfix mit der Bedeutung hinüber-, quer durch-:

trans-itiōnālis, -is, -e übergehend. *trans-īre* übergehen. In → *epithelǐum transitiōnāle* das Übergangsepithel der oberen Harnwege und der Blase.

trans-itorǐus, -a, -um vorübergehend. *trans-īre* übergehen, vorübergehen. In → *fǐbra transitorǐa* der Linse.

trans-lǒcātǐo*, -ōnis, *f.* die Umstellung, die Umordnung. *lǒcus*, -i, *m.* der Ort. In *translǒcātǐo* → *chromosomālis*.

trans-lǒcationālis*, -is, -e die Umstellung *translǒcātǐo** betreffend. In → *ectopǐa translocatiōnis*.

trans-pōsitǐo, -ōnis, *f.* die umgekehrte Stellung. *pōsitǐo*, -ōnis, *f.* die Stellung, der Platz. *trans-pōněre* übersetzen.

trans-versālis*, -i, -e zum → *m. transversus* gehörend, zum *prŏc. transversus* des Wirbels gehörend. In → *fascǐa transversālis*, → *fŏvěa* → *costālis transversālis*.

trans-versarǐus, -a, -um quer verlaufend, zum *prŏc. transversus* gehörend. In → *fŏrāmen transversarǐum* der Halswirbel.

trans-versus, -a, -um quer verlaufend, quer liegend. *transvertěre* umwenden. In → *a. transversa*, → *căput transversum*, → *colon transversum*, → *lig. transversum*, → *m. transversus*, → *n. transversus*, → *prŏc. transversus*, → *tŭbŭlus transversus* der quergestreiften Muskelfaser, → *v. transversa*.

trapezǐus*, -a, -um trapezförmig, tafelförmig. *ἡ τράπεζα* (hē trápeza) die platte Fläche, der Tisch. Bei den arabischen Ärzten kommt mensa im Sinn der breiten Rückenfläche vor. Das Trapez der Geometrie ist ein Viereck mit zwei parallelen und zwei nicht parallelen Seiten. Jean → Riolan, junior (1580 – 1657) nannte den Kappenmuskel *m. trapezǐus*. Die heutige Schreibweise *m. trapezǐus* geht auf William → Cowper (1666 – 1709) zurück. In → *m. trapezǐus*, → *ŏs trapezǐum* das große Vieleckbein der Handwurzel.

trapezŏīděus*, -a, -um einem kleinen Trapez, einem kleinen Tisch ähnlich. *τραπεζοειδής* (trapezoeidḗs). Seit Jakob → Henle (1855) in → *ŏs trapezŏīděum* das kleine Vieleckbein, ferner in → *corpus trapezŏīděum*, → *lig. trapezŏīděum*, → *līněa trapezŏīděa* des Schlüsselbeins.

trǐ- drei, dreifach. *tres. τρεῖς, τρία* (treís, tría) drei:

trǐ-angulāris, -is, -e dreieckig. *trǐangǔlum* das Dreieck. *angǔlus*, -i, *m.* der Winkel. In → *crista trǐangulāris* die dreieckige Verbindungsleiste zwischen den Höckern der Molaren, → *fasc. triangulāris* die absteigenden Hinterstrangfasern, die im Sakralmark dorsal ein Dreieck bilden, → *fossa trǐangulāris* die Grube zwischen den beiden Schenkeln der Anthelix der Ohrmuschel, → *lig. trǐangulāre* dreieckige Peritonealfalte an der Oberfläche der Leber, → *plīca trīangulāris* der embryonalen Leber.

trīas, -ădis, *f.* die Dreiheit, die Dreizahl. ἡ τριάς, -αδος (he trías, -ados). In *trīas* → *hepatĭca* bestehend aus a. *interlobulāris*, v. *interlobulāris* und *ductus interlobulāris bilĭfer.*

trī-brachīa*, -ae, *f.* die Ausbildung von drei oberen Extremitäten. *brachĭum*, -iī, *n.* der Arm.

trī-cephalīa*, -ae, *f.* die Ausbildung von drei Köpfen. ἡ κεφαλή (he kephalē) der Kopf.

trī-ceps, -ĭpĭtis dreiköpfig. *căput*, -ĭtis, *n.* der Kopf. In → *m. trĭceps*.

trī-cuspĭdālis*, -is, -e mit drei Zipfeln oder Spitzen *cuspĭdes* versehen. In → *valva trĭcuspĭdālis* Synonym für → *valva* → *atrĭoventriculāris* → *dextra.*

trī-gemĭnus*, -a, -um dreifach, dreimal vorhanden, aus drei Teilen bestehend. *gemĭnus* zwillingsgeboren, doppelt. Hier wird *gemĭnus* nicht mehr im Sinn von doppelt empfunden, sonst wäre ja *trĭgeminus* sechsfach. In → *n. trĭgemĭnus.*

trī-gemĭnālis*, -is, -e zum Trigeminusnerv gehörend. In → *căvum trĭgemĭnāle*, → *ganglĭon trĭgemĭnāle.*

trī-gōnus, -a, -um dreieckig. τρίγωνος (trígōnos). ἡ γωνία (he gōnía) der Winkel. In → *ŏs trĭgōnum* gelegentlich selbständiger hinterer Fortsatz des Sprungbeins.

trĭgōnum, -i, *n.* das Dreieck. τὸ τρίγωνον (tó trígōnon). Eine in der topographischen Anatomie sehr häufig verwendete Bezeichnung.

trī-lāmĭnāris*, -is, -e dreischichtig. *lāmĭna*, -ae, *f.* die Schicht. In → *blastocystis trĭlāmĭnāris*, → *cortex trĭlāmĭnāris*, → *saccus* → *vitellīnus trĭlāmĭnāris*

trī-lŏbātus*, -a, -um dreilappig. *lŏbus*, -i, *m.* der Lappen. In → *placenta trĭlobāta.*

trī-lŏcŭlāris*, -is, -e dreihöhlig. Klassisch ist nur *lŏcŭlāris* mit Höhlen oder Abteilungen *lŏcŭlus*, -i, *m.* versehen. *lŏcus*, -i, *m.* der Ort. In → *cŏr trĭlŏcŭlāre.*

trī-partītus*, -a, -um dreigeteilt. Besser wäre *trī-pertītus*, -a, -um. *trĭpertītĭo*, -ōnis, *f.* die Dreiteilung. In → *placenta trĭpartīta*. Alternativbezeichnung zu *placenta trĭlŏbāta.*

trī-ploīdēa*, -ae, *f.* der Zustand des Kerns mit dreifachem Chromosomensatz. *ploīdēa**, -ae, *f.* der Zustand des Chromosomensatzes, Kunstwort in Anlehnung an ἁπλόος (haplóos) einfach, διπλόος (diplóos) zweifach, τριπλόος (triplóos) dreifach.

trī-ploīdĕus*, -a, -um mit dreifachem Chromosomensatz. τριπλοῦς (triplūs) dreifach. In → *cellŭla trĭploīdĕa.*

trĭplo-microtŭbŭlus*, -i, *m.* das dreifache ultrastrukturelle Röhrchen im Basalkörper der Zilie und des Zentriols. τριπλοῦς (triplūs) dreifach. μικρός (mikrós) klein. *tŭbŭlus*, -i, *m.* das kleine Röhrchen. Dem. von *tŭbus* das Rohr. Kunstwort der Elektronenmikroskopie.

trī-podīa*, -ae, *f.* die Ausbildung von drei Füßen. ὁ πούς, ποδός (ho pūs, podós) der Fuß, das Bein.

trī-quĕtrus, -a, -um dreieckig, mit dreieckigem Querschnitt. In → *ŏs trĭquĕtrum* das Dreieckbein der Handwurzel.

trī-somīa*, -ae, *f.* der Zustand des Kerns mit dreifach vorhandenem Körperchen (Chromosom). τὸ σῶμα (tó sóma) der Körper, das Körperchen. Betrifft die Trisomie, die Heterochromosomen, z. B. XXY, so handelt es sich um das *syndrōma Klinefelteri*. Betrifft die

Trisomie Autosomen, so ist das bekannteste Beispiel die Trisomie 21, die Ursache des *syndrōma Downi*.
trichohyalīnum*, -i, *n.* die durchscheinende Vorstufe der Hornsubstanz des Haars. ἡ θρίξ, τριχός (hē thríx, trichós) das Haar. ὁ ὕαλος (ho hýalos) der durchscheinende Stein. In → *granŭlum trichohyalīni*.
trītĭcĕus, -a, -um weizenkornähnlich. *trītĭcum*, -i, *n.* der Weizen. *tĕrĕre, trīvi, trītum* dreschen. In → *cart. trītĭcĕa* der kleine elastische Knorpel im *lig. thyrohyoīdĕum*.
trochanter, -ēris, *m.* der Rollbügel des Oberschenkelbeins. ὁ τροχαντήρ, -ῆρος (ho trochantḗr, -ḗros) bei → Galēn (130 – um 200). ὁ τρόχος (ho tróchos) das Rad. τροχάζειν (trocházein) und τρέχειν (tréchein) laufen, rennen. In *trochanter* → *mājor, trochanter* → *mĭnor, trochanter* → *tertĭus*.
trochanterĭcus*, -a, -um zum Rollhügel gehörend. In → *fossa trochanterĭca*.
trochlĕa, -ae, *f.* die Rolle. ἡ τροχιλία (he trochilía) der Zylinder. In *trochlĕa* → *humĕri, trochlĕa* → *musculāris, trochlĕa* → *peroneālis, trochlĕa* → *tāli*.
trochleāris*, -is, -e in Beziehung zur Rolle stehend. In → *fŏvĕa trochleāris*, *n. trochleāris* der 4. Hirnnerv für die Innervation des *m. oblīquus superĭor*, dessen Sehne durch die *trochlĕa* läuft. Die Bezeichnung *n. trochleāris* erhielt der 4. Hirnnerv durch den englischen Wundarzt Guilielmus → Molius. Im Barock wurde der 4. Hirnnerv auch als *n. pathetĭcus* bezeichnet, weil der *m. oblīquus superĭor* das Auge einwärtsrollt und senkt. Im Französischen noch heute „le nerf pathétique".
trochŏīdĕus, -a, -um radförmig. τροχοειδής (trochoeidḗs). ὁ τρόχος (ho tróchos) das Rad. τρέχειν (tréchein) laufen. In → *art. trochŏīdĕa* das Radgelenk.
trophoblastus*, -i, *m.* die ernährende Außenwand der Keimblase. τρέφειν (tréphein) ernähren. βλάστειν (blástein) bilden.
trophoblastĭcus*, -a, -um zur Trophoblastschale gehörend. In → *trabecŭlae trophoblastĭcae*, → *tŭbŭli trophoblastĭci*.
trophospongĭum*, -ii, *n.* das Schwammwerk des Trophoblasten, welches nur mütterliche Gefäße enthält. τρέφειν (tréphein) ernähren. ἡ σπογγία oder ὁ σπόγγος (hē spongía oder ho spóngos) der Schwamm. Von Holmgreen wurde die Bezeichnung *trophospongĭum* für den Golgiapparat verwendet.
truncus, -i, *m.* der Stamm. In der Anatomie der Körperstamm oder Rumpf, der Nerven-, Gefäß- oder Lymphstamm. Sehr häufig verwendete Bezeichnung. In der Embryologie *truncus* → *aortĭcus*.
tŭba, -ae, *f.* die Trompete. Bei den Römern ein gerades Blasinstrument – *tŭbus* die Röhre – das sich am freien Ende trichterförmig erweitert. In *tŭba* → *audītīva* früher *tŭba* → Eustachii (1520 – 1574), *tŭba* → *uterīna* früher *tŭba* → Fallopii (1523 – 1562).
tŭbālis*, -is, -e die Tuba oder den Eileiter *tŭba uterīna* betreffend. In → *implantātĭo tŭbālis*, → *perĭŏdus tŭbālis*.
tubarĭus, -a, -um klassisch mit der Bedeutung *tubarĭus, -ĭi, m.* der Hersteller von Trompeten; in der Anatomie zur Ohrtrompete oder zum Eileiter gehörend. In → *gl. tubarĭae*, → *r. tubarĭus* des → *pl. tubarĭus*, → *r. tubarĭus* der *a. uterīna*. In Zusammensetzungen tŭbo-: *tŭbotympanĭcus**, -a, -um die Ohrtrompete *tŭba* → *audītīva* und das Mittelohr *căvum* → *tympăni* betreffend. In → *rĕcessus tubotympanĭcus*.

tūber, -ĕris, *n.* der Höcker, der Knorren. *tumēre* anschwellen. In *tūber → calcanĕi, tūber → cinerĕum, tūber → frontāle, tūber → genitāle, tūber → ischiadĭcum, tūber → maxillāre, tūber → omentāle, tūber → parietāle, tūber → vermis.*
tuberālis*, -is, -e zum *tūber cinerĕum* gehörend. In *→ nucl. tuberāles, → pars tuberālis.*
tūbercŭlum, -i, *n.* der kleine Höcker. Dem. von *tūber.* In der Anatomie sehr häufig gebrauchte Bezeichnung.
tuberosĭtas*, -ātis, *f.* die an Höckern reiche Stelle, die Rauhigkeit. Abgeleitet von *tuberōsus* reich an Höckern. Als Bezeichnung wäre *asperĭtas* besser, ist aber nicht gebräuchlich.
tūbus, -i, *m.* das Rohr, die Röhre. In *tūbus → laryngotracheālis.*
tūbŭlus, -i, *m.* das Röhrchen. Dem. von *tūbus, -i, m.* die Röhre. In *microtūbŭlus* das ultrastrukturelle Röhrchen, *tūbŭlus → glandulāris, tūbŭli → mitochondriāles, tūbŭlus transversus* der quergestreiften Muskelfaser.
tubulāris*, -is, -e röhrchenförmig. Klassisch ist nur *tubulātus, -a, -um* mit Röhrchen versehen belegt. In *→ cŏr tubulāre → simplex, → pars tubulāris, → pŏlus tubulāris.* In Zusammensetzungen **tūbŭlo-:** *tūbŭloalveolāris* röhrchen- und säckchenförmig. In *→ p. tūbŭloalveolāris, → portĭo tūbŭloalveolāris.*
tubulōsus*, -a, -um eigentlich reich an Röhrchen, dann auch röhrchenförmig. In *→ gl. tubulōsa.*
tŭmŏr, -ōris, *m.* die Geschwulst. *tumēre* anschwellen. In *tŭmŏr → monstruōsus.*
tŭnĭca, -ae, *f.* das Unterkleid. In der mikroskopischen Anatomie sehr häufig zur Bezeichnung einer Gewebeschicht gebraucht.
turbĭnātus, -a, -um kegelförmig. *turbo, -ĭnis, m.* der Kreisel. In der Embryologie die Nasenmuscheln *turbinalĭa, -ĭum, n.* betreffend. In *→ rūgae turbinātae.*
turcĭcus*, -a, -um türkisch. Neulateinisches Wort, das erstmals von Adriaan van den → Spieghel (1578 – 1625) gebraucht wurde. In *→ sella turcĭca.* Die Oberfläche des Keilbeinkörpers wird wegen der starken Erhebungen vorn und hinten mit einem Türkensattel verglichen.
tympănum, -i, *n.* die Handpauke, das Tambourin. τὸ τύμπανον (tó týmpanon). τύπτειν (týptein) schlagen. In *→ căvum tympăni, → chorda tympăni, → memb. tympăni.*
tympanĭcus, -a, -um eigentlich zur Pauke gehörend, dann zum Mittelohr gehörend. τυμπανικός (tympanikós) an Bauchwassersucht leidend. In *→ anŭlus tympanĭcus, → apertūra tympanĭca, → cellŭlae tympanĭcae, → incisūra tympanĭca, → n. tympanĭcus, → parĭes tympanĭcus, → p. tympanĭca, → pl. tympanĭcus, → sp. tympanĭca, → sulcus tympanĭcus.* In Zusammensetzungen **tympăno-:** *→ fissūra tympănomastŏidĕa, → fissūra tympănosquamōsa.*
tӯpus, -i, *m.* das Musterbeispiel, der Wesenszug, die Grundform. ὁ τυπός (ho typós). τυπόειν (typóein) bilden, prägen. In *→ tӯpus → anovulatōrĭus, tӯpus → monoēstrōsus, tӯpus → ovulatōrĭus, typus → placentālis, tӯpus polyēstrōsus.*
tӯpicālis*, -is, -e charakteristisch, typisch. Klassisch ist nur *typĭcus, -a, -um* belegt. In *→ structūra tӯpicālis.*

U

ulna, -ae, *f.* die Elle. Seit Andreas → Vesalius (1514 – 1564) Bezeichnung für den an der Kleinfingerseite liegenden Röhrenknochen des Unterarms. Bei den Römern bezeichnete *ulna* auch den ganzen Arm. ἡ ὠλένη (hē ōléné) der Ellbogen, der Vorderarm.
ulnāris*, -is, -e zur Elle gehörend, auf der Ulnarseite liegend. In → *a. ulnāris*, → *lig. collaterāle ulnāre*, → *m.* → *extensor* und → *flexor* → *carpi ulnāris*, → *n. ulnāris*.
ultĭmus, -a, -um der letzte. Superl. von *ulter* jenseits. In → *perĭodus ultĭma*.
ultĭmobranchiālis*, -is, -e zur letzten Schlundtasche gehörend. *branchiālis* zu den Kiemen *branchĭae, -ārum, f.* gehörend. In → *corpus ultĭmobranchiāle*.
umbilīcus, -i, *m.* der Nabel, auch der Nabelstrang. Wird oft falsch betont!
umbilicālis*, -is, -e zum Nabel gehörend. In → *a. umbilicālis*, → *fistŭla umbilicālis*, → *rĕgĭo umbilicālis*, → *v. umbilicālis*.
umbo, -ōnis, *n.* der Buckel, der Schild, auch für Nabel gebraucht. ὁ ἄμβων (ho ámbōn). In *umbo* → *memb.* → *tympăni*.
umbra, -ae, *f.* der Schatten. In *umbra* → *erythrocytĭca*.
uncus, -i, *m.* der Haken. ὁ ὄγκος (ho óngkos). In der Anatomie das hakenförmige Vorderende des *gȳrus* → *parahippocampālis*.
uncinātus, -a, -um mit einem kleinen Haken versehen, hakenförmig. *uncīnus, -i,* *m.* das Häkchen. Dem. von *uncus*. In → *fasc. uncinātus*, → *prōc. uncinātus* des Siebbeins.
unda, -ae, *f.* die Welle. In *unda* → *spermatogenĭca*.
unguis, -is, *m.* der Nagel.
unguicŭlus, -i, *m.* die Kralle. Dem. von *unguis*. Bezeichnung der Veterinäranatomie. Auch *unguicŭla, -ae, f.*
ungŭla, -ae, *f.* der Huf. Bezeichnung der Veterinäranatomie.
unguiculiformis*, -is, -e nagelförmig. In → *papilla unguiculiformis*.
unguliformis*, -is, -e hufförmig gekrümmt. *forma, -ae, f.* die Form. In → *rēn unguliformis* die Hufeisenniere.
ūnĭ- ein-, einfach. *ūnus, -a, -um* eins:
ūnĭ-cellulāris*, -is, -e einzellig. *cellŭla, -ae, f.* die Zelle. In → *gl. ūnĭcellulāris*.
ūnĭ-cornis, -is, -e einhörnig. *cornu, -ūs, n.* das Horn. In → *utĕrus ūnĭcornis*.
ūnĭ-lāmĭnāris*, -is, -e einschichtig. *lāmĭna, -ae, f.* die Schicht. In → *blastocystis ūnĭlāmĭnāris*.
ūnĭ-laterālis, -is, -e einseitig. *latus, -ĕris, n.* die Seite.
ūnĭ-ovulatorĭus*, -a, -um beim Follikelsprung eine einzige Eizelle *ōvum, -i, n.* entlassend. *ōvŭlum, -i, n.* Dem. von *ōvum*. In → *ōvulātĭo ūnĭovulatōrĭa*.
ūnĭ-pennātus, -a, -um einfach gefiedert. *penna, -ae, f.* die Feder. In → *m. ūnĭpennātus*.
ūnĭ-pŏlāris, -is, -e einpolig, einen einzigen Pol habend. *pŏlus, -i, m.* die Achse, der Pol. ὁ πόλος (ho pólos). In → *neurōnum ūnĭpŏlāre*.
ūnĭ-segmentālis*, -is, -e ein einziges Segment betreffend. In → *m. ūnĭsegmentālis*.
ūnĭ-valens, -entis, einwertig. Part. von *valēre* wert sein. In → *chromosōma ūnĭvalens*.
urăchus, -i, *m.* der Harngang zwischen Harnblase und Allantois. ὁ οὐραχός (ho urachós). τὸ οὖρον (tó ūron) der Harn. χέειν (chéein) gießen. In *urachus* → *persistens*.

urăchālis*, -is, -e zum Harngang *urăchus* gehörend. In → *cystis urăchālis*, → *fistŭla urăchālis*, → *sĭnus urăchālis*.

urăno-s-chīsis*, -is (auch -eōs), *f.* die Gaumenspalte. ὁ οὐρανός (ho uranós) der Himmel, das Darüberliegende, der Gaumen. σχίζειν (s-chízein) spalten.

urentĕron, -i, *n.* der Schwanzdarm, eigentlich der Darm, welcher mit dem Harn τὸ οὖρον (tó úron) zu tun hat.

urēter, -ēris, *m.* der Harnleiter. ὁ οὐρητήρ, -ῆρος (ho urētḗr, -éros). οὐρέειν (ūréein) Harn lassen. τὸ οὖρον (tó úron) der Harn. τηρέειν (tēréein) bewahren. ὁ οὐρητήρ (ho urētḗr) kommt schon bei → Aristoteles (384 – 322 v. Chr.) vor.

uraterĭcus, -a, -um zum Harnleiter gehörend. οὐρητηρικός (urētērikós). In → *gl. ureterĭca*, → *plĭca interureterĭca*, → *pl. ureterĭcus*, → *rr. ureterĭci*.

urēthra, -ae, *f.* die Harnröhre. ἡ οὐρήθρα (hē urḗthra) schon bei → Hippokrates (460 – um 356) nachweisbar. In *urēthra* → *feminīna*, *urēthra* → *masculīna*.

urethrālis*, -is, -e zur Harnröhre gehörend. In → *crista urethrālis*, → *gll. urethrāles*, → *lacūnae urethrāles*.

urīna, -ae, *f.* der Harn. τὸ οὖρον (tó úron). ἡ οὐρία (hē uría) der Wasservogel, der Taucher.

urinarĭus*, -a, -um zum Wasser, zum Harnapparat gehörend. *urināri* untertauchen. In → *orgănum urinarĭum*, → *vesīca urinarĭa*.

urinĭfĕr*, -fĕra, -fĕrum harnleitend. *ferre* tragen. In → *tubŭlus urinĭfĕr*.

urinĭfĕrens, -entis, harnleitend. *fĕrens* Part. von *ferre* tragen, führen. In → *tubŭlus urinĭfĕrens*.

urogenitālis*, -is, -e zu den Harnorganen und den Geschlechtsorganen in Beziehung stehend. In → *apparātus urogenitālis*, → *plĭca urogenitālis*, → *regĭo urogenitālis*, → *sĭnus urogenitālis*, → *sulcus urogenitālis*, → *syst. urogenitāle*.

uropoëtĭcus*, -a, -um harnbereitend. ποιέειν (poiéein) machen, zubereiten. Die modernen Griechen sagen οὐροποιητικός (uropoiētikós). In → *orgăna uropoëtĭca*.

urorectālis*, -is, -e den *sĭnus urogenitālis* und den Mastdarm *rectum* betreffend. In → *septum urorectāle*.

utĕrus, -i, *m.* die Gebärmutter. Bei den Römern auch in der Bedeutung die Leibesfrucht gebraucht. *ūter*, utris, *m.* der Schlauch. οἰδέειν (oidéein) schwellen.

uterīnus, -a, -um zur Gebärmutter gehörend. Bei den Römern mit der Bedeutung gebraucht: von derselben Mutter abstammend. In → *a. uterīna*, → *gll. uterīnae*, → *periŏdus uterīna*, → *pl.* → *venōsus uterīnus*, → *vv. uterīnae*. In Zusammensetzungen **utĕro-**: → *pl. utĕrovaginālis*, → *primordĭum utĕrovagināle*.

utrĭcŭlus, -i, *m.* das Schläuchlein. Dem. von *ūter*, utris, *m.* der Schlauch. Anatomisch wird *utrĭcŭlus* in zwei Bedeutungen gebraucht:
1. Anteil des membranösen Labyrinths,
2. der Blindsack. In *utrĭcŭlus* → *prostatĭcus* der Überrest der Müllerschen Gänge im Samenhügelchen.

uveālis, -is, -e zur beerenförmigen Haut *uvĕa*, -ae, *f.* gehörend. *uva* die Traubenbeere. In → *p. uveālis* des Iridokornealwinkels.

uvŭla*, -ae, *f.* das Zäpfchen. Von Johannes → Vesling (1598 – 1649) gebildetes Dem. von *uva*, -ae, *f.* die Weintraube. Bei → Celsus (um Chr.

Geburt) und bei → Plinĭus (23 - 79) heißt das Zäpfchen noch *uva*. In *uvŭla* → *palatīna, uvŭla* → *vesīcae, uvŭla* → *vermis*.

V

vacuŏla*, -ae, *f.* der kleine Hohlraum. Da es sich um das Dem. von *vacŭum* der leere Raum handelt, müßte man eigentlich *vacuŏlum* sagen, was jedoch nicht gebräuchlich ist. *vacāre* leer sein. *vacŭus*, -a, -um leer. In *vacuŏla* → *granulomĕri* des Blutplättchens, *vacuŏla* → *secretorĭa*.

vagīna, -ae, *f.* die weibliche Scheide, eigentlich die Scheide des Schwerts, die Umhüllung. In *vagīna* → *bulbi, vagīna* → *carotĭca, vagīna* → *fibrōsa* die fibrös verstärkte Sehnenscheide, *vagīna* → *lymphatĭca, vagīna* → *mitochondriālis, vagīna* → *m.* → *recti* → *abdomĭnis, vagīna* → *n.* → *optĭci, vagīna* → *prōc.* → *stylŏīdĕi, vagīna* → *radiculāris* des Haars, *vagīna synoviālis* die Sehnenscheide.

vaginālis*, -is, -e zur Scheide gehörend, scheidenartig. In → *a. vaginālis*, → *nn. vagināles*, → *prōc. vaginālis*, → *rūgae vagināles*, → *vestibŭlum vagināle*.

vaginātus*, -a, -um mit einer Scheide versehen. In → *arteriŏla vagināta* die Hülsenarterie der Milz.

văgus, -a, -um umherschweifend. *vagāri* umherschweifen. Da der *n. văgus* auch Lungen und Magen versorgt, heißt er im Französischen „le pneumogastrique". Die Bezeichnung *n. văgus* deutet das weite Versorgungsgebiet an: Kopf, Hals, Brusthöhle und Bauchhöhle. Seine Fasern reichen bis zur *flexūra coli sinistra*. Der Begriff des Unsteten und Ungewissen trifft auf den 10. Hirnnerven nicht zu.

vagālis*, -is, -e zum Vagus gehörend. In → *trunci vagāles*.

vallecŭla, -ae, *f.* das Tälchen, die Einsenkung. Dem. von *vallis* oder auch *valles*, -is, *f.* das Tal. In *vallecŭla* → *cerebelli* die tiefe median gelegene Furche an der Unterseite des Kleinhirns, *vallecŭla* → *epiglōttĭca* die Grube zwischen Zungengrund und Kehldeckel.

vallum, -i, *n.* der Wall, die Schutzwehr. In *vallum* → *papillae, vallum* → *unguis*.

vallātus, -a, -um mit einem Wall umgeben. In → *papillae vallātae*.

valva*, -ae, *f.* die Klappe. *valvae*, -ārum, *f.* die Doppeltür, die Türflügel, auch die beiden Schoten eine Hülsenfrucht. *volvĕre* wälzen. In *valva aortae, valva* → *atrĭoventriculāris, valva* → *ileŏcēcālis, valva* → *trunci* → *pulmonālis*.

valvŭla*, -ae, *f.* die kleine Klappe, der Klappenteil. Dem. von *valva*. In *valvŭlae* → *anāles, valvŭla* → *fŏrāmĭnis* → *ovālis, valvŭla* → *fossae* → *naviculāris, valvŭla* → *semilunāris, valvŭla* → *sĭnŭs* → *coronarĭi, valvŭla* → *vēnae* → *căvae* → *inferiōris, valvŭla* → *venōsa*.

vărĭātĭo, -ōnis, *f.* die Veränderung. *vărĭāre* verändern. In *vărĭātĭo* → *fixiōnis, vărĭātĭo* → *formae, vărĭātĭo* → *sĭtūs*.

văricosĭtas*, -ātis, *f.* die Schlängelung. *vărĭx*, -ĭcis, *f.* die Krampfader. In *văricosĭtas* → *axonālis*.

vās, vāsis, *n.* Plural *vāsa*, vasōrum, *n.* das Gefäß, die Gefäße. In *vās* → *afferens, vās* → *anastomotĭcum, vās* → *capillāre, vās* → *collaterāle, vās* → *efferens, vās* → *lymph., vās* → *prōminens, vās* → *spirāle*. Ferner in *vāsa* → *auris* → *internae, vāsa* → *lymph., vāsa* → *sanguinĕa, vāsa* → *vasōrum*.

vasculāris*, -is, -e zum Gefäß gehörend, eigentlich zum kleinen Gefäß gehörend. *vasculum, -i, n.* Dem. von *vās.* In → *mm. vasculāres,* → *n. vasculāris,* → *nēvus vasculāris,* → *strīa vasculāris,* → *systēma vasculāre.*

vasculōsus*, -a, -um gefäßreich, eigentlich reich an kleinen Gefäßen. In *lām. vasculōsa,* → *pl. vasculōsus,* → *tŭn. vasculōsa.*

vascŭlum, -i, *n.* das kleine Gefäß. Dem. von *vās.*

vastus, -a, -um sehr groß, mächtig, plump. In → *m. vastus.* Die Muskelbezeichnung wurde von Jean → Riolan, junior (1580 – 1657) eingeführt. In Zusammensetzungen **vasto-**: → *memb. vastoadductorīa.*

vectǐo, -ōnis, *f.* der Transport. *vehěre* führen.

vegetālis*, -is, -e pflanzlich. *vegēre* beleben. In → *pŏlus vegetālis* der Eizelle.

vellus, -ěris, *n.* die behaarte Haut. *vellěre* an den Haaren ziehen.

vēlum, -i, *n.* das Segel. Zusammengezogen aus *vexillum, -i, n.* die Fahne. In *vēlum* → *medullāre, vēlum* → *palatīnum.*

velamentōsus, -a, -um häutig, eigentlich reich an Häuten. *velāmen, -ĭnis, m.* und *velamentum, -i, n.* die Hülle. *velāre* verhüllen. In → *fīxǐo velamentōsa,* → *placenta velamentōsa.*

vēna, -ae, *f.* die Blutader, ein Gefäß, welches Blut zum Herzen führt. Die Römer brauchten *vēnae* für Blut- und Schlagadern. *vehěre* führen, bringen. In der Anatomie sehr häufig verwendete Bezeichnung.

venōsus, -a, -um venenreich, zu einer Vene gehörend, auf der venösen Seite liegend. In → *arcus venōsus,* → *pl. venōsus,* → *rēte venōsum,* → *vās* → *capillāre venōsum.*

venŭla, -ae, *f.* die kleine Vene. Dem. von *vēna.* Die deutsche Bezeichnung Venole, die in Anlehnung an Arteriole entstanden ist, muß als sprachlich unrichtig abgelehnt werden. Korrekt ist Venule. In *venŭlae* → *maculāres, venŭla* → *mediālis* → *retīnae, venŭlae* → *nasāles* → *retīnae, venŭlae* → *temporāles* → *retīnae, venŭlae* → *rectae, venŭlae* → *stellātae.*

venter, -tris, *m.* der Bauch. Auch in der Bedeutung der Muskelbauch. Früher auch zur Bezeichnung des Magens gebraucht.

ventrālis, -is, -e bauchseitig gelegen. Gegensatz *dorsālis* gegen den Rükken zu gelegen. Als Lagebezeichnung wie *anterǐor* vorne gelegen gebraucht. In → *rādix ventrālis* des Rückenmarks, → *r. ventrālis.* In Zusammensetzungen **ventro-**: → *lāmǐna ventrolaterālis.*

ventricŭlus, -i, *m.* der bauchige Raum. In der Anatomie kommt *ventricŭlus* in vier verschiedenen Bedeutungen vor:
1. der Magen. *ventricŭlus* als Bezeichnung für Magen geht auf → Celsus (um Chr. Geburt) zurück. In *ventricŭlus thoracǐcus.*
2. die Herzkammer. In *ventricŭlus* → *cordis.*
3. die Ausbuchtung zwischen Stimmband und Taschenband. In *ventricŭlus* → *laryngis.*
4. die Hirnhöhle. In *ventricŭlus* → *laterālis, ventricŭlus* → *quartus, ventricŭlus* → *terminālis* des Rückenmarks, *ventricŭlus* → *tertǐus.*

ventriculāris·, -is, -e
1. zum Magen gehörend. In dieser Bedeutung durch *gastrǐcus* ersetzt.
2. zur Herzkammer gehörend. In *cellŭla ventriculāris,* → *fasc. atrǐoventriculāris,* → *nōdus atrǐoventriculāris,* → *ostǐum atrǐoventriculāre,* → *septum atrǐoventriculāre,* → *septum interventriculāre,* → *valva atrǐoventriculāris.*

3. zur Ausbuchtung gehörend. In → *plĭca ventriculāris* das Taschenband.
4. zur Hirnhöhle gehörend. In → *fŏrāmen* → *interventriculāre*.

vermis, -is, *m.* der Wurm. Seit Andreas → Vesalius (1514 – 1564) anatomische Bezeichnung für den mittleren Abschnitt des Kleinhirns. Schon → Galēn (130 – um 200) vergleicht den unpaaren Teil des Kleinhirns mit einer gekrümmten Seidenraupe *(vermis bombycīnus)*. Der *vermis* hat tatsächlich eine gewisse Ähnlichkeit mit einem Ringelwurm. *vertĕre* drehen.

vermiformis*, -is, -e wurmförmig. In → *appendix vermiformis*.

vernix*, -ĭcis, *f.* der Firnis. Neulateinische Wortbildung von J. G. → Schulz (1788). In *vernix* → *caseōsa* die Käseschmiere auf der Haut des Neugeborenen, welche aus Epithelzellen und dem Sekret der Talgdrüsen besteht.

vertĕbra, -ae, *f.* der Wirbelknochen. Bei → Plinius (23 – 79) noch das Gelenk. Erst → Celsus (um Chr. Geburt) braucht an Stelle von σπόνδυλος (spóndylos) die Bezeichnung *vertĕbra*. *vertebrātus*, -a, -um beweglich. *vertĕre* drehen, bewegen. In *vertĕbra* → *cervicālis*, *vertĕbra* → *coccygēa*, *vertĕbra* → *lumbālis*, *vertĕbra* → *prōminens*, *vertĕbra* → *sacrālis*, *vertĕbra* → *thoracĭca*.

vertebrālis*, -is, -e zum Wirbel gehörend. In → *a. vertebrālis*, → *canālis vertebrālis*, → *fŏrāmen vertebrāle*, → *incisūra vertebrālis*, → *n. vertebrālis*, → *v. vertebrālis*.

vertex, -ĭcis, *m.* der Scheitel, auch der Haarwirbel. In der Anatomie bedeutet *vertex* den Scheitelpunkt. *vortex*, -ĭcis, *m.* der Wirbel, der Strudel. *vertĕre* drehen. In *vertex* → *cornĕae*.

verticālis, -is, -e scheitelrecht, senkrecht. In → *m. verticālis* → *linguae*.

vērus, -a, -um wahr, echt. In → *costae vērae, hermaphrodītus vērus*.

vesīca, -ae, *f.* die Blase. In *vesīca* → *fellĕa, vesīca* → *urinarĭa*.

vesicālis, -is, -e zur Harnblase gehörend. In → *a. vesicālis*, → *excavatĭo rectovesicālis*, → *m. pubovesicālis*, → *m. rectovesicālis*, → *vv. vesicāles*. In Zusammensetzungen **vesīco-**: → *canālis vesīcourethrālis* des Feten, → *excavatĭo vesīcouterīna*, → *fistŭla vesīcouterīna*, → *fistŭla vesīcovaginālis*.

vesīcourethrālis*, -is, -e die Harnblase und die Harnröhre *urēthra*, -ae, *f.* betreffend. In → *mm. vesīcourethrāles*.

vesicŭla, -ae, *f.* das Bläschen. Dem. von *vesīca*. In *vesicŭla* → *cephalĭca, vesicŭla* → *densa, vesicŭla* → *lentis, vesicŭla* → *lucĭda, vesicŭla* → *ophthalmĭca, vesicŭla* → *plasmolemmatĭca* das Pinozytoseblässchen, *vesicŭla* → *prēsynaptĭca, vesicŭla* → *seminālis;* letztere ist eine akzessorische Geschlechtsdrüse und würde deshalb besser als *gl. vesiculōsa* bezeichnet. Als *vesicŭlae* bezeichnet man ferner die Bläschen des Golgiapparates.

vestibŭlum, -i, *n.* der Vorraum, der Vorhof. *Vesta*, -ae, *f.* die Göttin des häuslichen Herdes. In *vestibŭlum* → *ōris, vestibŭlum* → *vagīnae*.

vestibulāris*, -is, -e zum Vorhof gehörend. In → *gangliŏn vestibulāre*, → *gll. vestibulāres*, → *lig. vestibulāre*, → *p. vestibulāris*, → *plĭca vestibulāris*, → *rādix vestibulāris* des 8. Hirnnerven. In Zusammensetzungen **vestibŭlo-**: → *n. vestibŭlocochleāris*, → *orgănum vestibŭlocochleāre*, → *tr. vestibŭlospinālis*.

vestigĭum, -ĭi, *n.* die Spur. Bezeichnung für Organreste, die beim Embryo oder Feten eine Funktion erfüllten. In *vestigĭum* → *hippocampāle, vestigĭum* → *pedunculi* → *vitellīni, vestigĭum* → *prŏc.* → *vaginālis*.

vestigiālis*, -is, -e spurenhaft, in Spuren vorhanden. In → *ductŭs* → *dēferens vestigiālis*.
vibrissae, -ārum, *f.* die Nasenhaare. *vibrāre* zittern, schnurren. Nach → Hyrtl (1811 – 1894) wäre die Bezeichnung für die Schnurrhaare der Katzen auf den Menschen übertragen worden.
vīcīnālis*, -is, -e benachbart. *vīcīnus*, -i, *m.* der Nachbar. *vīcus*, -i, *m.* der Weiler. In → *dēficientĭa vīcīnālis*.
villus, -i, *m.* die Franse, die Zotte. In *villus* → *primarĭus*, → *secundarĭus* und → *tertiarĭus*, *villi* → *intestināles*, *villi* → *synoviāles*.
villōsus, -a, -um zottenreich. In → *p. villōsa* der Synovialhaut, → *placenta villōsa*, → *plīcae villōsae* der Magenschleimhaut.
vincŭlum, -i, *n.* das Band, die Fessel. *vincīre* binden, fesseln. In *vincŭlum* → *brĕve*, *vincŭlum* → *longum*, *vinculum* → *nucleāre*, *vincŭla tendĭnum*.
viscus, -ĕris, *n.* meist nur im Plural *viscĕra*, -um, *n.* die Eingeweide. In → *situs viscĕrum*.
viscerālis, -is, -e zu den Eingeweiden gehörend. In → *făcĭes viscerālis*, → *peritonēum viscerāle*. In Zusammensetzungen **viscĕro-**: *viscĕrocranĭum**, -ĭi, *n.* der Gesichtsschädel.
vīsus, -ūs, *m.* das Sehvermögen. *vidēre* sehen. In → *orgănum vīsūs*.
vīta, -ae, *f.* das Leben. *vivĕre* leben. In → *arbor vītae* des Kleinhirns.
vitamīnum*, -i, *n.* der lebensnotwendige pflanzliche Wirkstoff, der von tierischen Organismen nicht gebildet werden kann. Kunstwort, gebildet von K. Funk aus *vīta*, -ae, *f.* das Leben und *amīnum**, -i, *n.* das Amin, der ammoniakbildende Stoff.
vitaminalis*, -is, -e die Vitamine betreffend. In → *dēficientĭa vitaminalis*.
vitellus, -i, *m.* der Eidotter, eigentlich das Kälbchen. Dem. von *vitŭlus*, -i, *m.* das Kalb.
vitellīnus, -a, -um zum Dotter gehörend. Klassisch vom Kalb herstammend. In → *aa. vitellīnae*, → *ductus vitellīnus*, → *membrāna vitellīna*, → *placenta vitellīna* die Dottersackplacenta, → *v. vitellīna*.
vitrĕus, -a, -um gläsern, glasartig. *vitrum*, -i, *n.* das Glas. In → *corpus vitrĕum*, → *hŭmor vitrĕus*, memb. *vitrĕa*, → *strōma vitrĕum*.
vīviparĭtas*, -ātis, *f.* das Gebären lebender Jungen. *vīvus*, -a, -um lebend. *parĕre* gebären.
vocālis, -is, -e Stimme habend, tönend. *vox*, *vōcis*, *f.* die Stimme. In → *lig. vocāle*, → *m. vocālis*, → *plĭca vocālis*.
vŏla, -ae, *f.* die Hohlhand, auch der Vogelflügel. *volāre* fliegen. In der Anatomie durch *palma manŭs* ersetzt.
volāris, -is, -e zur Hohlhand gehörend, auf de Seite der Hohlhand liegend. In der Anatomie durch *palmāris* ersetzt.
volvŭlus*, -i, *m.* der Darmverschluß durch Verdrehung der Mesenterien. Dem. von *volvus*, -i, *m.* die Drehung. *volvĕre* drehen.
vōmer auch *vōmis*, -ĕris, *m.* die Pflugschar, das Pflugeisen. *vŏmĕre* brechen „aratrum terram erūtam citrimque vŏmit" (Varro). Die unterschiedliche Quantität mahnt allerdings zur Vorsicht. Seit → Fallopio (1523 – 1562) und Realdo → Colombo (1516 – 1559) bezeichnet *vōmer* das Pflugscharbein. In Zusammensetzungen **vōmĕro-**: → *canālis vōmĕrovaginālis*, → *cart. vōmĕronasālis*, → *epithelĭum vōmĕronasāle*, → *orgănum vōmĕronasāle*.
vortex, -ĭcis, *m.* der Wirbel, der Strudel. Ältere Form von *vertex*, -ĭcis, *m.* In *vortex* → *cordis*.
vorticōsus, -a, -um wirbelartig. In → *vv. vorticōsae* die Wirbelvenen des Auges, nach ihrem Entdecker Nicolaus → Steno (1638 – 1686) früher *vāsa vorticōsa Stenōnis* genannt.

vulva, -ae, *f.* die Gesamtheit der äußeren weiblichen Geschlechtsteile. Erst um 1600 in diesem Sinn gebraucht, heute nur noch in der Gynäkologie verwendet. Noch bei → Estienne (1545) bedeutet vulva Gebärmutter und Scheide. *volva,* -ae, *f.* die Gebärmutter. *volvĕre* rollen.

X

X-chromosōma*, -ătis, *n.* das Chromosom mit zunächst unbekannter Funktion. Die erste Unbekannte wird gewöhnlich mit x bezeichnet. Weiblich bestimmendes Geschlechtschromosom.
xiphoidĕus, -a, -um schwertförmig. ξιφοειδής (xiphoeidés). τὸ ξίφος, -ους (tó xíphos, -ūs) das Schwert mit gerader Klinge. In → *prōc. xiphoīdĕus.* In Zusammensetzungen xipho-: → *syn. xiphosternālis.*

Y

Y-chromosōma*, -ătis, *n.* das Chromosom mit zunächst ebenfalls unbekannter Funktion. Die zweite Unbekannte wird in der Regel mit y bezeichnet. Männlich bestimmendes Geschlechtschromosom.

Z

zōna, -ae, *f.* der Gürtel, das gürtelförmige Gebiet. ἡ ζώνη (hē zṓnē). ζωννύναι (zōnnýnai) gürten. In *zōna* → *centrālis, zōna* → *hemorrhoidālis, zōna* → *incerta* hinter dem subthalamischen Kern, *zōna* → *intermĕdĭa, zōna* → *juxtamedullāris, zōna* → *lucĭda* der H-Streifen der Muskelfibrille, *zōna* → *orbiculāris,* → *zōna* → *ossificatiōnis, zōna* → *peripherālis, zōna* → *proliferatīva, zōna* → *resorbens, zōna* → *thymodependens.*
zōnālis, -is, -e gürtelförmig. Fachwort der klassischen Astronomie. In der Anatomie → *str. zonāle* die dünne Lage markhaltiger Fasern auf dem Thalamus.
zōnārĭus, -a, -um den Gürtel *zōna* betreffend, dann auch gürtelförmig. In → *placenta zōnarĭa.*
zōnŭla, -ae, *f.* der kleine Gürtel. Dem. von *zōna.* In *zōnŭla* → *ciliāris* der Aufhängeapparat der Linse, *zōnula* → *occlūdens* zwischen zwei Zellen.
zōnulāris*, -is, -e zum Aufhängeapparat der Linse gehörend. In → *fībrae zōnulāres,* → *spatĭa zōnularĭa.*
zygapophȳsis*, -is (auch -ĕōs), *f.* der Gelenkfortsatz. Alternativbenennung zu *prōc. articulāris.* ζευγνύναι (zeugnýnai) zusammenjochen, verbinden. *apophȳsis,* -is (auch -ĕōs), *f.* der Auswuchs, der Fortsatz.
zygapophyseālis*, -is, -e zum Gelenkfortsatz eines Wirbels gehörend. In → *junct. zygapophyseāles* die kleinen Wirbelgelenke.
zygomatĭcus*, -a, -um zum Jochbein gehörend. Die Bezeichnung geht auf Jean → Riolan, junior (1580 – 1657) zurück. Die modernen Griechen sagen ζυγοματικός (zygomatikós). τὸ ζύγωμα, -ατος (tó zýgōma, -atos) der Jochbogen. τὸ ζυγόν (tó zygón) und ὁ ζυγός (ho zygós) das Joch der Zugtiere. ζευγνύναι (zeugnýnai) zusammenjo-

chen. In → *arcus zygomatĭcus,* → *n. zygomatĭcus,* → *ŏs zygomatĭcum,* → *prōc. zygomatĭcus.* In Zusammensetzungen **zygomatĭco-:** → *a. zygomatĭcofaciālis,* → *a. zygomatĭcoorbitālis,* → *fŏrāmen zygomatĭcofaciāle,* → *fŏrāmen zygomatĭcoorbitāle,* → *fŏrāmen zygomatĭcotemporāle,* → *r. zygomatĭcofaciālis,* → *r. zygomatĭcotemporālis.*

zygonēma*, -ătis, *n.* der Doppelfaden der Mitose. τὸ ζυγόν (tó zygón) das Joch, das Zweigespann. τὸ νῆμα (tó nḗma) der Faden.

zygōta*, -ae, *f.* die befruchtete Eizelle. τὸ ζυγόν (tó zygón) das Zweigespann.

zygotēnĭcus*, -a, -um zum Bandstadium der Reifeteilung gehörend. ζευγνύναι (zygnýnai) verbinden. ἡ ταινία (hē tainía) das Band. In → *phāsis zygotēnĭca* der Reifeteilung.

zymogēnum*, -i, *n.* das Proenzym. ἡ ζύμη (hē zýmē) der Sauerteig. γεννάειν (gennáein) hervorbringen. Das -o- ist des Wohlklanges halber eingeschoben. In → *granŭlum zymogĕni.*

zymogēnus*, -a, -um Proenzym bildend. In → *granŭlum zymogĕnum.*

Biographische Kurz-Notizen

Leben und Werk jener Anatomen und Ärzte, deren *Eigennamen früher in anatomischen Fachausdrücken* verwendet oder auf welche *Hinweise im alphabetischen Fachwortverzeichnis* eingefügt wurden, fanden in Form kurzer biographischer Notizen Aufnahme. Die Transkription in Lautschrift der englischen und französischen Familiennamen, deren Aussprache dem deutschsprechenden Leser Schwierigkeit bereiten könnte, verdanke ich meinem Freund und Kollegen Prof. A. J. Th. Eisenring, Freiburg (Schweiz).
Die in eckigen Klammern gegebenen Jahreszahlen zeigen das Jahr der ersten Veröffentlichung an.
Weitergehende Informationen findet man bei:
Dobson, J.: Anatomical Eponyms, sec. ed. Edinburgh-London 1962.
Donath, Th.: Erläuterndes anatomisches Wörterbuch. Budapest 1960.
Dumesnil, R. et **Bonnet-Roy, Fl.**: Les médecins célèbres. Paris 1947.
Fischer, I.: Biographisches Lexikon der hervorragenden Ärzte der letzten 50 Jahre. Bd. 1 u. 2. 3. Aufl. München-Berlin 1962.
Gurlt, E., Wernich, A. und Hirsch, A.: Biographisches Lexikon der hervorragenden Ärzte aller Zeiten und Völker. Bd. 1 – 5 u. Ergänzungsbd. 3. Aufl. München-Berlin 1962.
Moodie, R. L.: Biographical Sketches. In *Eycleshymer, A. Ch:* Anatomical Names, especially the Basle Nomina Anatomica. New York 1917, p. 117 – 354.
Serrano, J. A.: Indice de nomes proprios da terminologia anatomica actual. Traços bio-bibliographicos e summula descriptiva. Archivo Anatomia e Anthropologia *1*, 101 – 230 (1914).
Abweichungen vom genannten Schrifttum beruhen größtenteils auf Quellenstudien von Robert Herrlinger †.

Ackerknecht, Eberhard. 1883 – 1968. Veterinär-Anatom in Zürich, Leipzig und Berlin. – Ackerknechtsches Organ = epitheliales Organ im *spatĭum sublinguāle* [1912].
Albarran, Joaquim. 1860 – 1912. Urologe in Paris. – Albarrans Drüse = *lŏbus mĕdĭus* der Prostata [1909], bereits 1806 von Sir Everard beschrieben.
Alberti, Salomon. 1540 – 1600. Prof. d. Anat. in Wittenberg. Bekannt durch seine Schrift über den Tränenapparat, „De lacrymis" [1581].
Albini, Giuseppe. 1827 – 1911. Prof. d. Physiol. in Krakau, Parma und Neapel. – *nodŭli Albīni* = Knötchen der Atrioventrikularklappen beim Kind [1856]. Schon früher von Cruveilhier beschrieben.
Albinus (latinisiert aus Weiss), Bernhard Siegfried. 1697 – 1770. Prof. d. Anat. u. Chirurgie in Leyden. – *m. Albīni* = *m. scalēnus minĭmus* [1734]. Sein bedeutendstes Werk ist die *Historĭa musculōrum homĭnis* 1734 – 36.
Alcock ('ælkɔk oder 'ɔ:lkɔk), Benjamin. 1801 – ?. Prof. d. Anat., Physiol. u. Pathol. in Dublin, Prof. d. Anat. in Cork. Wanderte nach Amerika aus. – Alcockscher Kanal = *canālis pudendālis* [1836].
Altmann, Richard. 1852 – 1900. Prof. d. Anat. in Leipzig. – Altmannsche Drüsengranula [1890].
Andernach, Johann Winther von. 1478 – 1574. Prof. d. Medizin in Löwen, Straßburg und Paris. – *ossicŭla Andernachi* = *ossa suturārum* [1536].
Arantĭus (latinisiert aus Aranzi), Giulio Cesare. 1530 – 1589. Schüler Vesals, Prof. d. Anat. in Bologna. – *ductus Arantĭi* = *ductus venōsus, lig. Arantĭi* = *lig. venōsum, nodŭli Arantĭi* = *nodŭli valvārum semilunarĭum* [1564].

Biographische Kurz-Notizen

Aristotĕles. 384 – 322 v. Chr. Sohn des Arztes Nikomachos in Stageira (Chalkidike). Schüler Platons. Biologe und Philosoph. Begründer der Schule der Peripatetiker im Lykeion. Erzieher des Prinzen Alexander. Nach dessen Tod als Parteigänger Mazedoniens aus Athen vertrieben. Starb als Flüchtling auf Euböa.
Arnold, Friedrich. 1803 – 1890. Prof. d. Anat. in Zürich, Freiburg, Tübingen und Heidelberg. *substantĭa Arnoldi* = *subst. reticulāris alba,* Arnoldsches Bündel = frontale Großhirn-Brückenbahn, Arnoldsches Ganglion = *ganglĭon ōtĭcum* [1828].
Arnold, Julius. 1835 – 1915. Arzt in Heidelberg. Beschreibung des *Arnold-Chiari*-Syndroms [1894]. Der normale Ascensus von Medulla oblongata und Kleinirn unterbleibt. Der 4. Ventrikel wird zusammengedrückt. Es kommt zu Okklusionshydrozephalus und Kleinhirnstörungen.
Aschoff, Ludwig. 1866 – 1942. Prof. d. Pathol. in Marburg und Freiburg. Einer der bedeutendsten Pathologen seit Virchow. – Aschoff-Tawarascher Knoten = *nōdus atrĭoventriculāris* [1906].
Asellio, Gasparo. 1581 – 1626. Prof. d. Chir. und d. Anat. in Pavia – *pancrĕas Asellii* = *nōdi lymph. mesenterĭci superiōres* [1627].
Auerbach, Leopold. 1828 – 1897. Anatom in Breslau. – Auerbachscher Plexus = *plexus myenterĭcus* [1863].
Avicenna, eigentl. Ibn Sînâ. 980 – 1037. Wanderarzt in Turkestan, Persien und Mesopotamien. Enzyklopädist hellenistischer Medizin und aristotelischer Philosophie.
Baer, Karl Ernst von. 1792 – 1876. Gebürtiger Estländer. Grundlagenforschung auf dem Gebiet der Embryologie. Entdeckte 1827 das Säugetierei. Nachfolger Burdachs auf dem Lehrstuhl der Anat. u. Physiol. in Königsberg, Prof. d. Zoologie in Petersburg. – Baersche Membran = *chorion,* Baersche Höhle = Blastozystenhöhle [1827].
Baillarger (ba:jarʒe), Jules François Gabriel. 1806 – 1890. Prof. d. klin. Medizin in Paris. – Baillargerscher Streifen der Großhirnrinde [1840].
Bardinet (bardɪnɛ) Barthélemy Alphonse. 1809 – 1874. Prof. d. Anat. in Limoge. – Bardinets Ligament = lig. collaterale ulnare hinterer Abschnitt [1869].
Bartholin, Caspar junior. 1655 – 1738. Sohn des Thomas Bartholin (1616 – 1680). Schüler von Stensen. Mit 19 Jahren Prof. d. Philosophie, später der Physik und Medizin. – *ductus Bartholiānus* = *ductus sublinguālis mājor.* Bartholinsche Drüse – *gl. vestibulāris mājor* [1677].
Bartholin, Thomas. 1616 – 1680. Sohn des Caspar Bartholin des Ältern (1585 – 1629). Prof. d. Anatomie in Kopenhagen und Präzeptor → Stensens. – *vasa lymph. Bartholini* [1654].
Bauhin, Caspar. 1560 – 1624. Stammt aus einer berühmten Arztfamilie. Prof. d. griechischen Sprache, d. Anat. und Botanik in Basel. Bauhinsche Klappe = *valva ileocēcālis* [1590], Bauhinsche Drüse = *gl. apĭcis linguae* [1605].
Bechterew, eigentl. **Bechterev,** Wladimir Michajlovič (– vitʃ). 1857 – 1927. Prof. d. Psychiatrie in Kasan und Leningrad. – Bechterewscher Kern = *nucl. vestibulāris superĭor* [1899].
Bell, Charles. 1774 – 1842. Anatome, später Prof. d. Chirurgie in Edinburgh. – Bells Nerv = *N. thoracĭcus longus* [1836].
Bellini, Lorenzo. 1643 – 1704. Prof. d. Philosophie und d. Anat. in Pisa und Florenz. Bellinische Röhrchen = Sammelrohre im Nierenmark [1662].
Berengario da Carpi. 1470 – 1530. Prof. d. Chirurgie in Pavia und Bologna. Bekannt durch seinen Kommentar zu Mundino dei Luzzi, am meisten verbreitetes Anatomiebuch seiner Zeit [1521].

Bertin (bɛrtɛ̃), Exupère Joseph. 1712 – 1781. *columnae renāles Bertīni* [1744], – *lig. Bertīni* = *lig. ilĭofemorāle* [1754].
Betz, eigentl. **Bec**, Vladimir Alekseevič (– vitʃ). 1834 – 1894. Prof. d. Anat. in Kiev. – Betzsche Riesenzellen d. motorischen Region [1874].
Bianchi, Giovanni Battista. 1681 – 1761. Prof. d. Anat. in Turin und Bologna. – *valva Bianchĭi* = *plĭca lacrimālis* [1715].
Bichat (biʃa), Marie François Xavier. 1771 – 1802. Physiologe, Anatom u. pathol. Anatom in Paris. Tod durch Infektion am Seziertisch. – Begründer der makroskopischen Gewebelehre [1800]. Bichatsche Spalte = *fissūra transversa cerebri* [1801], Bichatscher Fettpfropf = *corpus adipōsum buccae* [1801].
Bidder, Heinrich Friedrich. 1810 – 1894. Prof. d. Anat., später der Physiologie u. Pathol. in Dorpat. – Biddersche Haufen = Atrioventrikularganglion d. Amphibien, Biddersches Organ [1836].
Biedl, Arthur. 1869 – 1933. Pathologe und Endokrinologe in Wien und Prag. Er bearbeitete das Syndrom von *Laurence* und *Moon* in mehreren Publikationen [1922]. Deshalb die Bezeichnung Syndrom von *Laurence-Biedl.*
Billroth, Theodor. 1829 – 1894. Prof. d. Chirurgie in Zürich und Wien. Einer der bedeutendsten Ärzte der Wiener Schule des ausgehenden 19. Jahrh. Als Chirurg ein bahnbrechender Neuerer (erste Magenresektion, Kehlkopfexstirpation). – Billrothsche „Venen" = *sīnus lienāles* [1856].
Bizzozero, Giulio. 1846 – 1901. Arzt in Pavia u. Prof. d. Pathol. in Turin. – Bizzozerosche Blutplättchen = Thrombozyten [1882].
Blandin (blɑ̃ː dɛ̃), Philippe Frédéric. 1798 – 1849. Prof. d. Chirurgie in Paris. – Blandinsche Drüse = Nuhnsche Drüse = *gl. linguālis anterĭor* [1823].
Blumenbach, Johann Friedrich. 1752 – 1840. Prof. d. Medizin in Göttingen. Begründer der Anthropologie. – *clivus Blumenbachi* = *clivus ossis sphenoidālis* [1786].
Bochdalek, Victor junior. 1835 – 1868. Prosektor der Anatomie in Prag. – Bochdaleksches Dreieck = *trigōnum lumbocostāle diaphragmātis.*
Bochdalek, Vincenz Alexander. 1801 – 1883. Prosector der Anatomie in Prag. – Bochdaleksches Blumenkörbchen = *plexus choroidĕus* im *recessus lateralis* des IV. Ventrikels.
Boerhaave ('burhɑː və), Hermann. 1668 – 1738. Zunächst Prof. d. Medizin u. Botanik, später der Chemie in Leyden. Wichtigster Vertreter der iatrochemischen Schule. – *gll. Boerhaavi* = *gll. sudoriferae* [1693].
Botal(l) (bɔtal), Léonard. 1530 – um 1600. Geb. in Asti. Schüler von Fallopio in Pavia. Franz. Militärchirurg und Leibarzt der franz. Könige Charles IX. und Henri III. – *ductus Botal(l)i* = *ductus arteriosus*, war schon Galen (130 – um 200) bekannt; *lig. Botal(l)i* = *lig. arteriōsum; forāmen Botal(l)i* = *forāmen ovāle* [1660].
Bowman ('bəumən), Sir William. 1816 – 1892. Prof. d. Anat. u. Physiol. am King's College in London, später Augenarzt am Ophthalmic Hospital London. – Bowmansche Kapsel der Nierenglomeruli [1842], bereits 1783 von Sumlanskij beschrieben; Bowmansche Membran = *membrana limĭtans anterĭor cornĕae* [1849].
Braun, Max. 1850 – 1930. Prof. d. vergl. Anat. u. Zoologie in Dorpat, Rostock u. Königsberg. – Braunscher Kanal = *canālis neurentericus* [1882].
Braune, Christian Wilhelm. 1831 – 1892. Prof. d. Chirurgie u. d. topogr. Anat. in Leipzig. – Braunescher Muskel = *m. puborectālis* [1875].
Breschet (brɛʃɛ), Gilbert. 1784 – 1845. Prof. d. Anat. in Paris. – *canāles Brescheti* = *canāles diploĭci* [1819], *sīnus Brescheti* = *sīnus sphenoparietāles* [1830].

Broca (brɔka), Paul. 1824 – 1880. Prof. d. Chirurgie in Paris. Einer der bedeutendsten Anthropologen seiner Zeit. – *arĕa Brocae* = *arĕa subcallōsa*, Brocasches Sprachzentrum, Brocasches Band des Riechhirns [1861].
Brodmann, Korbinian. 1868 – 1918. Prof. d. Anat. in Tübingen, Halle und München. – Brodmanns *arĕae* = Rindenareale des Großhirns [1909].
Bruch, Karl Wilhelm Ludwig. 1819 – 1884. Prof. d. Anat. u. Physiol. in Basel und Gießen. – Bruchsche Membran = *lam. basālis choroidĕae* [1884].
Brücke, Ernst Wilhelm Ritter von. 1819 – 1892. Prof. d. Physiol. in Königsberg u. der mikr. Anat. in Wien. – Brückesche Fasern des *m. ciliāris* = *fībrae meridionāles* [1847].
Brunn, Albert von. 1849 – 1895. Prof. d. Anat. in Rostock. – v. Brunnsche Membran = *rĕgĭo olfactorĭa* [1874], v. Brunnsche epitheliale Wurzelscheide des Zahns [1887].
Brunner, Johann Konrad. 1653 – 1727. Schweizer. Prof. d. Anat. in Heidelberg und Straßburg. Leibarzt des Kurfürsten von der Pfalz in Mannheim unter dem Namen Baron Brunn zu Hammerstein. – Brunnersche Drüsen = *gll. duodenāles* [1687], bereits beschrieben durch seinen Schwiegervater Johann Jakob Wepfer.
Budge, Julius Ludwig. 1811 – 1884. Prof. d. Anat. u. Physiol. in Bonn, später Ordinarius f. Anat. in Greifswald. Budges Blasenzentrum im Rückenmark [1841 – 42].
Burdach, Karl Friedrich. 1776 – 1847. Prof. d. Anat. u. Physiol. in Dorpat, Königsberg und Breslau. Burdachscher Strang = *fascicŭlus cuneātus* [1819 – 25].
Burow ('buː roː), Karl August. 1809 – 1874. Prof. d. Anat. und Militärchirurge in Königsberg. – Burowsche Venen = *vv. paraumbilicāles* [1835].
Bütschli, Otto. 1848 – 1920. Prof. d. Zool. in Heidelberg. Entdecker der tierischen Mitose. Bütschlis Theorie der Wabenstruktur des Protoplasmas.
Cajal, Ramón y → Ramón y Cajal.
Caldani, Leopoldo Marco Antonio. 1725 – 1813. Prof. d. Anat. u. Medizin in Padua. Nachfolger Morgagnis. – *lig. Caldanii* = *lig. coracoclaviculāre* [1791].
Campell (kæmbl), Alfred Walter. 1868 – 1938. Direktor der Pathologie des Rainhill Asyls. Wanderte nach Australien aus und praktizierte in Sydney. – Campells *ārĕa* = *gȳrus prēcentrālis* [1905].
Camper, Peter. 1722 – 1789. Einer der bedeutendsten ärztlichen Lehrer des 18. Jahrh. Prof. d. Philosophie, d. Anat. u. d. Chirurgie in Franeker. Prof. d. Anat., d. Chirurgie und der Medizin in Amsterdam und Groningen. – Camperscher Gesichtswinkel = *angulus facialis* [1803].
Carabelli, Georg. Edler von Lunkaszprie. 1787 – 1842. Prof. d. Zahnheilkunde in Wien. – Carabellis Höcker am 1. oberen Molarzahn = *tubercŭlum anomāle* [1831].
Casserio, Giuglio. 1556 – 1616? Prof. d. Anatomie in Padua. Nachfolger von Fabricius ab Aquapendente. – Casserios durchbohrter Muskel = *m. coracobrachiālis*, Casserios perforierender Nerv = *n. musculocutanĕus* [1627].
Celsus, Aulus Aurelius. Um Chr. Geburt. Medizinischer Schriftsteller in Rom. 8bändige Enzyklopädie griechischer Medizin „De medicīna".
Chassaignac (ʃasɛɲak), Charles Marie Edouard. 1805 – 1879. Prof. d. Chirurgie in Paris. – Chassaignacscher Höcker = *tubercŭlum carotĭcum* des 6. Halswirbels [1836 – 51].
Chaussier (ʃoː sje), François. 1746 – 1828. Prof. d. Anat. u. Chirurgie in Paris. – Chaussiers große Muskelarterie = *a. profunda femoris* [1789].
Chiari, Hans. 1851 – 1916. Arzt in Prag. Beschreibung des *Arnold-Chiari* Syndroms [1895]. Siehe *Arnold, Julius*.

Chievitz, Johan Henrik. 1850–1901. Prof. d. Anat. in Kopenhagen. – Chievitzsches Organ der Wangenschleimhaut = fetaler *r. mandibularis* des *ductus parotideus* [1885].
Chopart (ʃɔpaːr), François. 1743–1795. Prof. d. Chirurgie in Paris. – Chopartsches Gelenk = *art. tarsi transversae.* Da es sich nicht um ein Gelenk sondern um eine Gelenklinie handelt, wurde die Chopartsche Linie aus den anatomischen Fachausdrücken gestrichen. Die Bezeichnung stammt von Laffiteau, einem Schüler Choparts [1792].
Civinini, Filippo. † 1844. Prof. d. Anat., d. Chirurgie u. d. Pathol. in Pistoja. – *lig. Civininii* = *lig. pterygospinōsum, prōcessus Civininii* = *proc. pterygospinōsus* des Keilbeins [1829–30].
Cladius, auch **Claudius,** Friedrich Matthias. 1822–1869. Prof. d. Anat. in Kiel und in Marburg. Enkel des bekannten Dichters Matthias Claudius. – Cladiussche Zellen des Cortischen Organs = *cellulae sustentaculāres externae* [1858].
Clarke, (klaːk), Jacob Augustus Lockhart. 1817–1880. Neurologe in London. Clarkesche Säule = *nūclĕus thoracĭcus* des Hinterhorns, auch als Stillingsche Säule bezeichnet [1851].
Cloquet (klɔkɛ), Jules Germain. 1790–1883. Prof. d. Anat. u. Chirurgie in Paris. Konsultierender Chirurg Napoleons III. – *canālis Cloqueti* = *canālis hyaloidĕus, septum Cloqueti* = *septum femorāle* [1818].
Cohnheim, Julius. 1839–1884. Prof. d. Pathologie in Kiel, Breslau und Leipzig. Begründer der Entzündungslehre. – Cohnheimsche Felderung im Muskelfaserquerschnitt [1865].
Coiter, Volcher. 1534–1600. Schüler von Fallopio und Eustachi. Befaßte sich mit der Knochenbildung und erhob bereits pathol. anat. Befunde. – Coiters Muskel = *m. corrugātor supercilĭi* [1566].
Colles (ˈkɔlis), Abraham. 1773–1843. Prof. d. Anat. u. d. Chirurgie in Dublin. – *lig. Collesi* = *lig. reflexum* bogenförmige Züge an der medialen Anheftung des Leistenbandes [1811].
Colombo, Realdo. 1516–1559. Zunächst Apothekerlehrling und Chirurge, dann Prosektor Vesals in Padua, der ihn „*mihi admŏdum familiāris*" nennt. – Seine Beschreibung des Lungenkreislaufs [1559] basiert auf „*De christianismi restitutio*" von Miguel Serveto [1553]. Von Colombo stammen die anatomischen Bezeichnungen *pelvis, placenta* und *vomer* [1559].
Cooper (ˈkuː pə), Sir Astley Paston. 1768–1841. Prof. d. Anat. u. d. Chirurgie an Guy's und St. Thomas' Hospital in London. Leibarzt der englischen Könige George IV. und William IV. – Cooper führte die gebogene Schere ins chirurgische Instrumentarium ein, Coopersche Faszie = *fascia cremasterica* [1803].
Copho. Salernitanischer Arzt des 12. Jahrh. Ihm wird die „*Anatome porci*" zugeschrieben.
Corti, Alfonso Marchese. 1822–1888. Unter Hyrtl Prosektor an der Anatomie Wien. Später bei Koelliker in Würzburg. Wissenschaftlich tätig in Utrecht und Turin. – Cortische Zelle = *cellŭla sensorĭa pilōsa,* Cortische Membran = *membrana tectorĭa,* Cortischer Tunnel = *cunicŭlus internus* [1851]. Die Bezeichnung „Cortisches Organ" = *orgănum spirāle* stammt von Koelliker [1854].
Cotugno oder **Cotunnius,** Domenico. 1736–1822. Prof. d. Anatomie in Neapel. – *n. Cotunnii* = *n. nasopalatīnus* [1770].
Cowper (ˈkaupə oder ˈkuː pə), William. 1666–1709. Prof. d. Anat. u. Chirurgie in London. Leibarzt der Königin Victoria. Plagiator Bidloos. – Cowpersche Drüsen = *gll. bulbourethrāles* [1702], schon vom Chirurgen Jean Méry beschrieben [1684].

206 Biographische Kurz-Notizen

Cruveilhier (kryvɛjɛ), Jean. 1791 – 1874. Prof. d. Anat. u. Pathol. in Paris. – Cruveilhiers Klappe = *valva lacrĭmonasālis*, Cruveilhiers Nerv = *n. vertebrālis*, Cruveilhiers Plexus = Anastomosen der *rr. post. C1-3* = „*plexus cervicàlis posterĭor*" [1830].
Cuvier (kyː vje), George Baron de. 1769 – 1832. Schüler der Karlsakademie in Stuttgart. Begründer der vergl. Anatomie als Wissenschaft, einer der markantesten Köpfe der franz. Wissenschaft im frühen 19. Jahrh. – *ductus Cuvieri* = vereinigte vordere und hintere Kardinalvenen im embryonalen Kreislauf, *canālis Cuvieri* = *sĭnus venōsus cordis* [1800].
Darwin (ˈdaː win), Charles Robert. 1809 – 1882. Englischer Naturforscher. War nie als Lehrer an einer Universität tätig. Sein epochemachendes Werk „On the origin of species by means of natural selection" erschien 1859. – *apex auricŭlae Darwini* = *tubercŭlum auricŭlae* [1871]. Eigentlich von dem Bildhauer Thomas Woolner (ˈwulnə) (1825 – 1892) entdeckt, welcher Darwin darauf aufmerksam machte.
Deiters, Otto Friedrich Karl. 1834 – 1863. Prof. d. Anat. u. Histol. in Bonn. – Deitersscher Kern = *nucl. vestibulāris laterālis*, Deiterssche Zellen = *cellŭlae phalangēae externae* des Corti-Organs, Nervenzellen vom Deitersschen Typ [1865].
Del Rio-Hortega, Pio. 1882 – 1945. Spanischer Histologe. Schüler von Ramón y Cajal in Madrid. 1937 in Paris, später in Oxford. Zuletzt Prof. d. Histol. an der La Plata Universität in Buenos Aires. – Hortega Zellen = *microglia* [1919].
Descemet (desɛmɛ), Jean. 1732 – 1810. Prof. d. Anat. u. Chirurgie in Paris. – Descemetsches Epithel = *endothelĭum camĕrae anteriōris*, Descemetsche Membran = *lāmĭna limĭtans posterĭor cornēae* [1758].
Disse, Joseph. 1852 – 1912. Ordinarius der Anat. in Tokio. Nach seiner Rückkehr nach Europa. Extraordinarius in Göttingen und Marburg. – Dissesche Räume = *spatia perisinusoidea* [1889].
Dogiel, Aleksandr. 1852 – 1922. Prof. d. Histol. in Petersburg. – Dogielsche Zellen = Spongioblasten, Dogielsche Körperchen = *corpuscŭla genitalĭa* [1903].
Doyère (dwajɛːr), Louis. 1811 – 1863. Prof. d. Physiol. u. d. vergl. Zool. am Agronomischen Institut in Paris. – Doyèrsche Endknöpfe = *terminatiōnes synapsis neuromusculāris* [1837].
Douglas (ˈdʌɡləs), James. 1675 – 1742. Anatom u. Gynäkologe in London. – *căvum Douglasi* = *excavatĭo rectouterīna*, *līnĕa Douglasi* = *līnĕa arcuāta*, *plĭca Douglasi* = *plĭca rectouterīna* [1730].
Down (daun), John Langdon Haydon. 1828 – 1896. Arzt in London. Beschreibung des Down-Syndroms (mongoloide Idiotie) [1866], verursacht durch Trisomie 21.
Duncan (ˈdʌŋkən), Daniel. 1649 – 1735. Franz. Arzt, den das Edikt von Nantes zur Auswanderung zwang. Aufenthalt am Hof Friedrich d. Gr., dann im Haag und schließlich in London. – Duncans Hirnventrikel = *cavum septi pellucidi* [1678].
Dupuytren (dypɥitrɛ̃), Guillaume Baron de. 1777 – 1835. Chirurge am Hôtel Dieu in Paris. – Dupuytrens Faszie = *aponeurōsis palmāris* [1803].
Duval (dyval), Matthias Marie. 1844 – 1907. Prof. d. Anat. in Paris. – Duvals *gyrus* = *gȳrus dentātus* [1872].
Duverney (dyvɛrnɛ), Joseph Guichard. 1648 – 1730. Prof. d. Anat. im Jardin du Roi und bekannter Ohrenspezialist. Lehrer von Winslow, dem Großneffen → Stensens. Begründer der franz. Schule der Anatomie des 18. Jahrh. – Duverneys Fissur = Fissur oder Incisur im Knorpel des äußeren Gehörgangs [1683].

Eberth, Karl Joseph. 1835 – 1926. Prof. d. pathol. Anat. u. d. Veterinäranat. in Zürich. Prof. d. Histol. u. vergl. Anat. in Halle. – Eberthsche Glanzstreifen [1866].
Ebner, Viktor Ritter von Rosenstein. 1842 – 1925. Prof. d. Histol. in Innsbruck und Wien. – v. Ebnersche Drüsen = seröse Spüldrüsen der Zunge, v. Ebnersche Halbmonde = *semilunae serosae* [1873].
Edinger, Ludwig. 1855 – 1918. Neuroanatom. Prof. d. Neurologie Frankfurt a. M. – Edinger-Westphalscher Kern = autonomer Kern des *N. oculomotorius* [1885], Edingersches Bündel = *tractus spinothalamǐcus* [1887].
Ehrenritter, Johann. † 1790. Lektor der Anatomie in Wien. – Ehrenritters Ganglion = *ganglǐon superǐus* des *N. glossopharyngēus* [1790].
Eisenmenger, Viktor. 1864 – 1932. Arzt in Wien, Beschreibung des *Eisenmenger*-Syndroms [1897]. Frühembryonale Herzmißbildung mit der Trias: hochsitzender Defekt im Ventrikelseptum, reitende Aorta und Rechtshypertrohpie. Systolisches Preß-strahlgeräusch. Lungenarterie normal oder sogar erweitert. 3 – 5% aller Herzmißbildungen.
Estienne (etjɛn) (Stephanus), Charles. Um 1500 – 1564. 1542 Doctor medicinae der Universität von Paris. 1545 Herausgabe des Anatomiebuchs „*De dissectione partium corporis humani libri tres*". 1546 französische Ausgabe. 1551 Übernahme des Buchdruckergeschäfts der Familie.
Eudemos. Um 300 v. Chr. Schüler des Herophilos und des Erasistratos in Alexandrien.
Eustachi, Bartolomeo. Um 1520 – 1574. Prof. d. Anatomie und päpstlicher Leibarzt in Rom. Er benützte als erster den Kupferstich für die anatomischen Abbildungen, die posthum von Lancisi [1714] herausgegeben wurden. – *tuba Eustachǐi* = *tuba audītīva, valvǔla Eustachǐi* = *valvǔla v. cavae inferiōris* [1562].
Fallopio, auch **Fallopia,** Gabriele. 1523 – 1562. Prof. d. Anatomie in Ferrara, der Chirurgie in Pisa, d. Anat. u. Botanik in Padua, wo er auch den botanischen Garten verwaltete. Er beschrieb die *Chorda tympǎni,* Hörschnecke und Labyrinth. Er erkannte den *N. trochleāris* als eigenen Hirnnerven. – *canālis Fallopii* = *canālis faciālis, tūba Fallopii* = *tūba uterīna* [1561].
Fallot (faloː), Etienne Louis Arthur. 1850 – 1911. Anatom und Arzt in Marseille. Beschreibung der *Fallot'*schen Tetralogie: hochsitzender Defekt im Kammerseptum, reitende oder dextroponierte Aorta, Rechtshypertrophie und Pulmonalstenose [1888]. Diese Tetralogie wurde bereits 1671/72 von Niels → *Stensen* in den *Acta Hafniensia* beschrieben. Er machte diese Beobachtung 1665 in Paris: „*Embryo monstro affinis Parisiis dissectus*". 1777 erschien eine erneute Beschreibung des holländischen Arztes Eduard *Sandifort,* 1814 von dem bekannten Pariser Kliniker Jean Nicolas *Corvisart* (kɔrvizar).
Ferrein (ferɛ̃), Antoine. 1693 – 1769. Prof. d. Anat. u. Chirurgie in Paris. Nachfolger Winslows. – *prōcessus Ferreini* = *zōna externa* des Nierenmarks [1746].
Flack (flæk), Martin. 1882 – 1931. Physiologe. Direktor des Medical Research Office London. – Keith-Flackscher Knoten = *nōdus sinuatriālis* [1910].
Flechsig, Paul Emil. 1847 – 1929. Prof. d. Psychiatrie in Leipzig. Begründer der entwicklungsgeschichtlichen Methode der Markreifung der Bahnen. – Flechsigsches Bündel = *tr. spinocerebellāris posterǐor* [1876].
Flemming, Walter. 1843 – 1905. Prof. d. Anatomie in Prag und Kiel. – Flemmingsche Theorie des Protoplasma = Filartheorie [1882], Flemmingsche

Fixationsflüssigkeit [1884], Flemmingsches Keimzentrum = *centrum germinale* des *Nodulus lymphaticus* [1885].

Flint, Austin. 1836 – 1915. Sohn des bekannten Herzspezialisten Flint. Mitbegründer des Bellevue Hospital Medical College New York und dort Prof. d. Physiol. – Flints Arkaden = *aa. arcuātae rēnis* [1888].

Flood (flʌd), Valentine. 1800 – 1847. Anatom in Dublin. – Floods Ligament = oberer Teil der *ligg. glenohumeralĭa* [1829/30].

Folli, Cecilio. 1615 – 1660. Prof. d. Anat. in Venedig. – *prōcessus Follii = prōc. anterĭor mallĕi* [1645].

Fontana, Abbada Felice. 1730 – 1805. Anatome u. Philosoph. Prof. d. Philosophie in Pisa, d. Anat. in Florenz. Direktor des naturhistorischen Museums in Florenz, dessen anatomische Sammlung mehr als 1500 Wachsmodelle umfaßte. – Fontanascher Raum = *spatĭa angŭli iridocorneālis* [1765].

Forel, Auguste. 1848 – 1931. Schweizer Arzt aus Morges. Prof. d. Psychiatrie in Zürich. Einer der markantesten Gelehrten des frühen 20. Jahrh. Hervorragende Forschungen über die Anatomie des Gehirns und über das Leben der Ameisen. Bedeutender Sozialethiker. Vorkämpfer der Abstinenzbewegung. – Forelsches Feld am Hinterende des Thalamus = *zona incerta,* Forelsche ventrale Haubenkreuzung = *decussatĭo tegmenti* [1872].

Frankenhäuser, Ferdinand. 1832 – 1894. Prof. d. Gynäkologie in Jena und Zürich. – Frankenhäuserscher Plexus = *plexus utĕrovaginālis + ganglĭa pelvina* [1867].

Fromann, Carl. 1831 – 1892. Prof. d. Anat. in Jena. – Fromannsche Linien = Querstreifung im Achsenzylinder nach Behandlung mit Silbernitrat [1876].

Froriep, August von. 1849 – 1917. Prof. d. Anat. in Tübingen. – Froriepsches Ganglion = embryonal angelegtes Spinalganglion des *N. hypoglōssus* [1882]. Dieses Ganglion wurde bereits von August Mayer 1833 beschrieben.

Galenos. um 130 – um 200. Nach Hippokrates der einflußreichste Arzt des Altertums. In Pergamon in Kleinasien geboren. Lebte in Pergamon und Rom. Leibarzt der Kaiser Marc Aurel und Commodus. Unglaublich produktiver medizinischer Autor, dessen Autorität sich durch 1500 Jahre erhielt. – *vena magna Galeni = vena cerebri magna,* Galens Anastomose = Anastomose zwischen *N. laryngēus superĭor* und *N. laryngēus inferĭor.*

Gall, Franz Joseph. 1758 – 1828. Arzt, Gehirnanatom und Phrenologe. Die Vorträge über seine Schädellehre wurden ihm 1801 durch kaiserliches Verbot untersagt. Gall ging deshalb nach Paris. Seine Phrenologie wurde zu Anfang des 19. Jahrh. in ganz Europa heftig diskutiert (Goethe u. a.) – Galls Schädellehre [1798].

Ganser, Sigbert. 1853 – 1931. Psychiater in Dresden. – Gansersche Kommissur = *commissūra supraoptĭca suprēma* [1880].

Gartner, Hermann Treschow. 1785 – 1827. Geboren auf der zu Dänemark gehörenden westindischen Insel St. Thomas. Regimentschirurg der norwegischen Armee, später Arzt in Kopenhagen. – Gartnerscher Gang = *ductus epoophŏri longitudinālis* [1822]. Der Gartnersche Gang war schon Malpighi 1681 bekannt.

Gasser, Johann Lorenz. 1723 – 1765. Prof. d. Anatomie in Wien. – *ganglĭon Gasseri = ganglĭon trigemināle* [1765]. Die Bezeichnung stammt von seinem Schüler Anton Balthasar Hirsch.

Gegenbaur, Karl. 1826 – 1903. Prof. d. vergl. Anatomie in Jena und Heidelberg. Begründer der vergl. anat. Betrachtung der menschlichen Anatomie. – Gegenbaursche Zellen = *osteoblasti* [1883].

Gennari (dʒenː aː ri), Francesco. 1750 – ?. Anatom in Parma. Sein Buch „*De peculiari structura cerebri nonnullisque ejus morbis*" erschien 1782 in Parma. – *linea Gennarii* [1782] = *stria Vicq d'Azyr* = Markstreifen der Sehrinde.

Gerdy (ʒɛrdi), Pierre Nicolas. 1797 – 1856. Prosektor der Anat. u. Physiol. in Paris, später Prof. d. Chirurgie in Paris. – Gerdys Linie = gezackte Linie der seitl. Brustwand, wo *M. serratus anterior* und *M. obliquus abdominis externus* ineinandergreifen, *tuberculum Gerdyi* = Ansatz des *tractus iliotibiālis* am Schienbein]1851].

Gerhardus, Cremonensis. 1114 – 1187. Prof. in Bologna, Arzt in Toledo. Übersetzer arabischer Galentexte und zahlreicher anderer arabischer Autoren ins Latein.

Gerota, Dumitru. 1867 – 1939. Prof. d. exp. Chirurgie in Bukarest. Vor allem bekannt durch seine Forschungen über das Lymphgefäß-System. – Gerotas Kapsel = *fascīa rēnis* [1895].

Gerlach, Joseph von. 1820 – 1896. Prof. d. Anat. in Erlangen. – Gerlachs Tonsille = *tonsilla tubarīa*, Gerlachs Klappe = Klappe an der Mündung des *Prōcessus vermiformis* [1847].

Giacomini, Carlo. 1840 – 1898. Prof. d. Anat. in Turin. – Giacominisches Band am *Uncus hippocampi* [1878].

Gianuzzi, Giuseppe. 1839 – 1876. Arbeitete 1865 bei → Carl Ludwig über Speichelabsonderung. Prof. d. Physiol. in Siena. – Gianuzzische Halbmonde in gemischten Drüsen = *semilūnae serōsae* [1869].

Gierke, Hans Paul Bernhard. 1847 – 1886. Prof. d. Anat. in Tokio, Prof. d. Physiol. in Breslau. – Gierkesche Zellen der *Substantīa gelatinōsa Rolandi* [1873].

Gimbernat, Antonio Don de. 1734 – 1816. Prof. d. Anat. in Barcelona, später Prof. d. Chirurgie in Madrid. Leibarzt Karls III. von Spanien. – *lig. Gimbernati* = *lig. lacunāre* [1793].

Giraldès (ʒiraldɛs), Joachim Albino Cardazo Cazado. 1808 – 1875. Pariser Chirurg portugiesischer Abstammung. – Giraldèssches Organ = *paradidўmis* [1859].

Glaser, Johann Heinrich. 1629 – 1675. Prof. in Basel, zunächst der griechischen Sprache, später der Anat. u. Botanik. – Glasersche Spalte = *fissūra petrotympanīca* [1680].

Gley (glɛ), Eugène. 1857 – 1930. Prof. d. Physiologie in Paris. Bekannt durch seine Arbeiten über die endokrinen Drüsen. – Gleysche Drüsen = *gll. parathyroidĕae* [1914], bereits 1880 durch Sandström beschrieben.

Glisson ('glɪsn), Francis. 1597 – 1677. Prof. d. Anat. in Cambridge. Mitbegründer der Royal Society. Präsident des Royal College of Physicians. Seine „*Anatomia hepātis*", 1654, war eine der ersten Monographien über ein Organ. – Glissonsche Kapsel = *tunīca fibrōsa hepātis* samt bindegewebiges Innengerüst der Leber, Glissonsche Dreiecke = interlobuläre Bgw.zwickel [1654]. Glisson beschrieb bereits den *M. sphincter Oddi*.

Goethe, Johann Wolfgang von. 1749 – 1832. Weltbekannter Dichter mit naturwissenschaftl. Interessen. – Goethes Knochen = *ŏs incisīvum* [1831].

Golgi, Camillo. 1844 – 1926. Prof. d. Anat., Hist. u. Pathol. in Pavia und Siena. Nobelpreis 1906. – Golgis Silberimprägnation, Golgi-Apparat = *complexus golgiensis*, Nervenzellen Typ I Golgi und Typ II Golgi = *neurōnum multipolāre longiaxonīcum* und *neurōnum multipolāre breviaxonīcum*, Golgi-Mazzoni Körper = *corpuscŭla bulboidĕa* [1883].

Goll, Friedrich. 1829 – 1903. Studierte in Würzburg bei Koelliker und Virchow. Assistent bei Claude Bernard in Paris. Dann zunächst praktischer

Arzt, später Prof. d. Arzneimittellehre in Zürich. – Gollscher Strang = *fascicŭlus gracĭlis* [1860].
Gowers (ˈgauəz), William Richard Sir. 1845 – 1915. Arzt und Prof. am National Hospital für Paralytiker und Epileptiker in London. – Gowerssches Bündel = *tr. spinocerebellāris anterĭor* [1880].
Graaf, Regnier de. 1641 – 1673. Schüler der Leydener Anatomie. Arzt zunächst in Delft, später in Paris. Die von ihm entdeckten Follikel hielt er für Eizellen. – Graafsche Follikel = *follicŭlus ovarĭcus matūrus* [1672].
Gratiolet (grasjolɛ), Louis Pierre. 1815 – 1865. Zunächst Dozent der Anat., später Prof. d. Zool. in Paris. – Gratioletsche Sehstrahlung = *radiatĭo optĭca*, Gratiolets ansa = *ansa pedunculāris* [1858].
Grosser, Otto. 1873 – 1951. Prof. d. Anat. in Wien und Prag. – Hoyer-Grossersche Organe = *gloměra cutaněa* [1902].
Gudden, Johann Bernhard Aloys von. 1824 – 1886. Prof. d. Psychiatrie in Zürich und München. Ertrank mit König Ludwig II. von Bayern im Starnberger See. – *commissūra Guddeni* = *commisūra supraoptĭca* [1870].
Guérin (gerɛ̃), Alphonse François Marie. 1817 – 1895. Anatom u. Chirurg am Hôtel Dieu in Paris. – Guérinsche Falte in der *Fossa naviculāris* der Harnröhre [1849].
Guérin (gerɛ̃), Jules René. 1811 – 1896. Arzt in Paris. Beschreibung des Guérin-Syndroms: multiple Ankylosen mit Muskelatrophie verbunden [1880].
Guidi, Guido → *Vidus Vidĭus.*
Guthrie (ˈgʌθri), George James. 1785 – 1856. Chirurge am Westminster Hospital in London. Präsident der Royal Society of Surgeons. – Guthries Muskel = *M. sphincter urethrae* [1834].
Haller, Albrecht von. 1708 – 1777. Schüler von Hermann Boerhave (ˈburhaː və) in Leyden, einem der größten Ärzte seiner Zeit (1668 – 1738). Haller war Arzt und Stadtbibliothekar in seiner Heimatstadt Bern, später Prof. d. Anat., Chirurgie u. Botanik an der neugegründeten Universität Göttingen. Er schrieb das erste große Lehrbuch der Physiologie. Bedeutender Dichter („Die Alpen" 1729). – *arcūs lumbocostāles Halleri* = *ligg. arcuāta, rēte Halleri* = *rēte testis, tripus Halleri* = *a. celiăca, frĕtum Halleri* = Bucht zwischen rechter Kammerhälfte und *bulbus arteriōsus, ansa Halleri* = *r. communĭcans cum n. glossopharyngĕo* des Facialisnerven [1746 – 1752].
Ham, Johann. 1650 – ?. Arzt in Arnhem. Entdeckte als Student bei Leeuwenhoek die Samentierchen „animalcula" [1677].
Harder, Johann Jakob. 1656 – 1711. Prof. d. Anat., Botanik u. Medizin in Basel. – Hardersche Drüse = Nickhautdrüse [1694].
Hartmann, Henri Albert Charles Antoine. 1860 – 1952. Prof. d. Chirurgie in Paris. – Hartmannscher Punkt [1909] = Sudeckscher Punkt [1922 – 23] = Anastomose zwischen *A. rectālis superĭor* und *A. sigmoiděa,* unterhalb welcher nicht unterbunden werden darf.
Hasner, Joseph Ritter von Artha. 1819 – 1892. Prof. d. Augenheilkunde in Prag. – Hasnersche Falte = *plĭca lacrimālis* [1850]. War schon Morgagni bekannt.
Hassall (ˈhæsl), Arthur Hill. 1817 – 1894. Arzt in London und auf der Isle of Wight. Schrieb das erste Lehrbuch der mikroskopischen Anatomie in englischer Sprache. – Hassallsche Körperchen = *corpuscŭla thymĭca* [1846].
Havers (ˈheivəz), Clopton. Um 1657 – 1702. Arzt und Anatom in London. – Haverssche Kanäle = *canāles ossěi,* Haverssche Lamellen = *lamellae ossěae,* Haversches System = *osteōnum* [1691].

Head (hed), Henry Sir. 1861 – 1940. Nervenarzt am London Hospital und Lektor für Neurologie am University College Hospital und Rainhill Mental Hospital. – Headsche Zonen = schmerzhafte Hautzonen bei Erkrankung innerer Organe [1893].
Heidenhain, Martin. 1864 – 1949. Prof. d. Anat. in Tübingen. Sohn des Physiologen → Rudolf Heidenhain. – Heidenhains Eisenhämatoxylin [1892], Heidenhainsche Teilkörpertheorie [1907], Heidenhains Azanfärbung [1915].
Heidenhain, Rudolf Peter Heinrich. 1834 – 1897. Prof. d. Physiol. in Breslau. Sein Vater und seine fünf Brüder waren Ärzte. Unter seinen Söhnen war einer Prof. der Chirurgie, ein anderer Prof. d. Anat. (→ Martin Heidenhain). – Heidenhainsche Stäbchenepithelien der Niere = *pars proximālis tubŭli nephrōni* [1874].
Heister, Lorenz. 1683 – 1758. Prof. der Anat. u. Botanik in Altdorf. Prof. d. Chirurgie in Helmstädt. Heisters „Chirurgie" [1719] wurde in fast alle europäischen Sprachen übersetzt. Er rehabilitierte damit die in Verruf geratene Wundarzneikunst. – Heistersche Klappe = *valvŭla spirālis* des Gallenblasengangs [1717].
Held, Hans. 1866 – 1942. Prof. d. Anat. in Leipzig. – Heldsche Kreuzung der Hörbahn [1891 und 1893], Heldsche Endfüßchen = *synapses interneuronāles* [1905].
Helmholtz, Hermann Ludwig Ferdinand von. 1821 – 1894. Zunächst Militärarzt in Potsdam. Dann Assistent am Anat. Museum bei Johannes Müller, Lehrer an der Kunstakademie. Prof. d. Physiologie in Königsberg, Bonn und Heidelberg. Schließlich Prof. d. Physik in Berlin. – Helmholtzscher Augenspiegel [1851], Helmholtzsche Farbentheorie [1856/66], Helmholtzsches Ligament = die Einheit von *lig. mallei anat. + post.* als Rotationsachse für den Hammer [1869].
Helmont, Johann Baptist von. 1577 – 1644. Chirurg in Löwen. Später Arzt in Brüssel. Einer der bedeutendsten Vertreter der barocken Iatrochemie. – Helmontscher Spiegel = *centrum tendinĕum* des Zwerchfells [1644].
Helweg, Hans Christian Saxtroph. 1847 – 1901. Direktor des Krankenhauses für Geisteskranke in Oringe bei Vordingborg. – Helwegsche Dreikantenbahn = *tr. spinoolivaris* [1887].
Henke, Wilhelm. 1834 – 1896. Prof. d. Anat. in Rostock, Prag und Tübingen. – Henkescher Muskel = Hornerscher Muskel = *pars lacrimālis des m. orbiculāris ocŭli* [1859], war schon Duverney bekannt, Henkes spatĭum = *spatĭum retropharyngēum* [1879].
Henle, Friedrich Gustav Jakob. 1809 – 1885. Schüler von → Johannes Müller. Prof. d. Anat. in Zürich, Heidelberg und Göttingen. – Äußere epitheliale Wurzelscheide des Haars = *strātum epitheliāle pallĭdum* [1841], Henlesche Scheide = *endoneurium* [1841], Henlesche Schleife des Nierenmarks = *ansa nephrōni* [1863] u. a.
Hensen, Viktor. 1835 – 1924. Prof. d. Physiol. in Kiel. – *ductus Henseni* = *ductus reuniens*, Hensensche Zellen = *cellŭlae limitantes externae* des Cortischen Organs [1863], Hensenscher Knoten = Primitivknoten der Gastrulation *nōdus primitīvus* [1882].
Hensing, Friedrich Wilhelm. 1719 – 1745. Prof. d. Anat. in Gießen. – Hensings Ligament = *lig. phrenĭcocolĭcum* [1742].
Herbst, Ernst Friedrich Gustav. 1803 – 1893. Arzt und mediz. Bibliothekar in Göttingen. – Herbstsche Körperchen = Tastkörperchen im Vogelschnabel [1848].
Herophilos. 335 – 280 v. Chr. Griechischer Arzt in Alexandrien in der Zeit von Ptolomeus Sōtēr. Schüler des Praxagoras von Kos und des Chrysip-

pos von Knidos. Von ihm stammen die noch heute gebrauchten Bezeichnungen *arachnoīděa, choroīděa* und *retīna*. – *torcŭlar* oder *torcŭlum Herophili* = *confluens sīnŭum, calămus scriptorĭus* = Hinterende der Rautengrube.

Herrlinger, Robert. 1914 – 1968. Habilitiert in Jena und Würzburg. Direktor des Instituts für Geschichte der Medizin in Würzburg und Kiel. Er bearbeitete die 24. bis 27. Auflage von Triepels „Die anatomischen Namen, ihre Ableitung und ihre Aussprache".

Heschl, Richard. 1824 – 1881. Steiermärker. Prof. d. Anat. in Olmütz, Prof. d. Pathol. in Krakau, Graz und Wien. – Heschlsche Windungen = *gȳri temporāles transversi* [1855].

Hesselbach, Franz Kaspar. 1759 – 1816. Prosektor am Würzburger Juliusspital. – *lig. Hesselbachi* = *lig. interfoveolāre, fascĭa Hesselbachi* = *fascĭa cribrōsa* [1806].

Heubner, Otto. 1843 – 1926. Prof. d. Pädiatrie in Leipzig und Berlin. Mitbegründer der Kinderheilkunde in Deutschland. Erster Ordinarius der Pädiatrie in Berlin. – Heubnersche Arterie = *a. striāta anterĭor* [1874].

Highmore ('haimɔː), Nathanael. 1613 – 1685. Arzt in Sherborne (Dorsetshire England). – *corpus Highmori* = *mediastīnum testis, sīnus Highmori* = *sīnus maxillāris* [1651], war schon Leonardo da Vinci bekannt.

Hilton, John. 1805 – 1878. Chirurg an Guys Hospital. Hunterian Prof. of anatomy. Präsident des College of Surgeons. – Hiltons Sack = *saccŭlus laryngis* [1877].

Hippokrates. 460 – um 356 v. Chr. Geboren auf der Insel Kos. Gehörte zur Familie der Asklepiaden. Wanderarzt in Ägypten, Griechenland und Sizilien. Während der Pest, an welcher Perikles starb (431 v. Chr.), in Athen. Erster großer Kliniker des Abendlandes. Gest. bei Larissa in Thessalien. – *tendo Hippocrătis* = *tendo calcanĕus*.

His, Wilhelm d. Jüngere. 1863 – 1934. Sohn des Anatomen Wilhelm His. Prof. d. Inneren Medizin in Leipzig, Basel, Göttingen und Berlin. – Hissches Bündel = *fascĭcŭlus atrĭoventriculāris* [1893], Hisscher Gang = *ductus thyroglossus* [1885].

Hoche, Alfred. 1865 – 1943. Prof. d. Psychiatrie in Straßburg u. Freiburg i. Br. Bekannt durch seine lesenswerte Selbstbiographie „Jahresringe". – Hochesches Bündel = *fascĭcŭlus septomarginālis* [1896].

Hoffmann, Moritz. 1622 – 1698. Prof. d. Anat. u. Chirurgie in Altdorf. Er demonstrierte 1642 den *Ductus pancreatĭcus* an Vögeln. – Hoffmanns Kanal = *ductus pancreatĭcus* [1661].

Holmgren, Emile Algot. 1866 – 1922. Prof. d. Histologie in Stockholm. – Holmgrens *trophosphongĭum* = *apparātus golgiensis* [1902].

Home (hjuː m), Everard. 1763 – 1832. Prof. d. Anat. u. Chirurgie. Präsident des Royal College of Surgeons in London. Plagiator von Entdeckungen John Hunters, dessen Schwager er war. – Homescher Lappen = *lŏbus medĭus* der Prostata [1806].

Horner ('hɔː nə), William Edmonds. 1793 – 1853. Prof. d. Anat. in Philadelphia. – Horners Muskel = *pars lacrimālis* des *M. orbiculāris ocŭli* [1824]. Bereits 1749 von Duverney beschrieben.

Hortega → Del Rio Hortega.

Houston (hjuː stn), John. 1802 – 1845. Arzt in Dublin. Lektor der Chirurgie am Dublin Hospital. – Houstons Falten = *plĭcae transversāles recti* [1830]. Kohlrausch veröffentlichte seine Beobachtung erst 1854.

Howship ('hauʃip), John. 1781 – 1841. Prof. d. Chirurgie am St. George und am Charing Cross Hospital in London. – Howshipsche Lakunen = *lacūnae ossĕae* [1820].

Hoyer, Heinrich d. Ältere. 1834 – 1907. Prof. d. Histol., Embryol. und vergl. Anatomie in Warschau. – Hoyer-Grossersche Organe = *gloměra cutaněa*, Hoyers Kanäle = *anastomōses arterio-venōsae* [1877].

Hunter ('hʌntə), John. 1728 – 1793. Prof. d. Chirurgie am Hospital St. George in London. Begründer der berühmten anatomischen Sammlung. – *gubernacŭlum Hunteri* = *gubernacŭlum testis* [1762], *canālis Hunteri* = *canālis adductorĭus* [1786].

Hunter ('hʌntə), William. 1718 – 1783. Bruder des oben genannten Hunter John. Prof. d. Anatomie am Covent Garden in London. Geburtshelfer der englischen Königin. – Hunters Membran = *decidŭa* [1774].

Huschke, Emil. 1797 – 1858. Prof. d. Anatomie in Jena. – Huschkes Gehörzähne = *dentes acustĭci* Verankerungsleisten der *membrāna tectorĭa* [1854].

Huxley ('hʌkslĭ), Thomas Henry. 1825 – 1895. Marinearzt. Hunterian Professor am Royal College of Surgens. Freund und Promotor Darwins. – Huyleysche Schicht der epithelialen Wurzelscheide = *strātum epitheliāle granulifĕrum* [1845].

Hyrtl, Joseph. 1811 – 1894. Prof. d. Anat. in Prag und Wien. Einer der markantesten Köpfe der Wiener Schule des ausgehenden 19. Jahrh. Bekannt durch seine vorzüglichen Korrosionspräparate. Schrieb ein „Lehrbuch der Anatomie", das zwischen 1846 und 1884 17 Auflagen erreichte. Bekannt ist auch sein „Handbuch der topographischen Anatomie". – Hyrtls ansa = *ansa cervicalis profunda*, Hyrtls Muskel = *m. styloauriculāris* (Varietät) [1840].

Ingrassias, Gian Filippo. 1510 – 1580. Arzt in Padua. Prof. d. Anat. u. Medizin in Neapel. Archiater in Sizilien unter Philipp II. von Spanien. Schrieb einen sehr sorgfältigen Kommentar zu Galens „*De ossibus*" 1603. – Erste Beschreibung des Stapes [1546], Ingrassias Apophyse = *ala mĭnor* des Keilbeins [1603] posthum.

Jacobson, Ludwig Levin. 1783 – 1843. Arzt in Kopenhagen. Später Militärarzt der französischen Armee. Nach der Schlacht bei Leipzig Militärarzt in der englisch-hannoveranischen Legion. – Jakobsonscher Knorpel = *cart. voměronasālis,* Jakobsonsches Organ = *orgănum voměronasāle* [1809], Jakobsonsche Anastomose = Verbindung von *n. tympanĭcus* und *n. petrōsus mĭnor,* Jakobsonscher Plexus = *plexus tympanĭcus,* Jakobsonscher Nerv = *n. tympanĭcus,* Jakobsonscher Kanal = *canalicŭlus tympanĭcus* [1818].

Keith (kiː θ), Arthur Sir. 1866 – 1955. Schottischer Arzt, tätig in Siam. Lektor der Anatomie an der London Hospital Medical School. Konservator des anatomischen Museums des Royal College of Surgeons. – Keith-Flackscher Knoten = *nōdus sinuatriālis* [1907].

Kent, Albert Frank Stanley. 1863 – 1958. Prof. d. Physiol. in Bristol. Direktor der technischen Hochschule Manchester. Entdeckte im gleichen Jahr wie Wilhelm His junĭor den *fascicŭlus atrĭoventriculāris* des Reizleitungssystems. – Kentsches Bündel = Hissches Bündel = *fascicŭlus atrĭoventriculāris* [1893].

Kerckring, Theodor. 1640 – 1693. Deutscher Arzt in Amsterdam, später in Hamburg. Dort im Dienste des Großherzogs von Toscana. Freund Stensens. – Kerckringsches Knöchelchen = selbständiges Verknöcherungszentrum am Hinterrand des *fŏrāmen magnum,* Kerckringsche Falten = *plĭcae circulāres* [1717]. Die *valvŭlae conniventes* wurden schon von Fallopio beschrieben.

Kiernan ('kıənən), Francis. 1800 – 1874. Chirurg in London. Mitglied des Royal College of Surgeons. Sein spezielles Forschungsgebiet war die

Anatomie und Histologie der Leber. – Kiernansche Zwickel = *capsŭla fibrōsa perivasculāris* [1833].

Kiesselbach, Wilhelm. 1839 – 1902. Prof. d. Otorhinolaryngologie in Erlangen. – *lŏcus Kiesselbachi* = Stelle starken Nasenblutens an der Nasenscheidewand [1884].

Klinefelter ('klaınfeltǝ), Harry. Geb. 1912. Arzt in Boston (USA). Beschrieb gemeinsam mit *Reifenstein*, E. C. und *Albright* ('ɔː lbrait), F. das Syndrom des puberalen Versagens der Tubuli seminiferi [1942], das durch Trisomie der Heterochromosomen (XXY) bedingt wird. Das gleiche Syndrom ist bereits durch *Altmann* 1895 und *Berblinger* 1934 veröffentlicht worden.

Klippel, Maurice. 1858 – 1942. Neurologe in Paris. Beschrieb gemeinsam mit *Feil*, A. ein Syndrom der Differenzierungshemmung des mittleren Keimblatts im Hals- und Brustbereich mit „Froschhals", Wirbelfehlbildungen und faßförmigem Thorax [1912]. Dasselbe Syndrom hatte bereits 1893 *Hutchinson* (ˈhʌtʃɪnsǝn) beobachtet.

Koelliker, Rudolf Albert von. 1817 – 1905. Gebürtiger Schweizer. Prosector bei Henle. Prof. in Würzburg. Einer der bedeutendsten Histologen und Embryologen. – Koellikers Zellen = Osteoblasten [1852], Koellikers *reticulum* = neuroglia [1852].

Knoll, Philipp. 1841 – 1900. Prof. d. experimentellen Physiol. in Prag und Wien. – Knollsche Drüsen = Drüsen der *plĭca vestibulāris* des Larynx [1873].

Kohlrausch, Otto Ludwig Bernhard. 1811 – 1854. Arzt in Hannover. – Kohlrauschsche Falte im Rectum = *plĭcae transversāles recti* [1854]. Die Querfalten des Rectum waren schon 1830 von *Houston* ('hjuː stn) beschrieben worden.

Krause, Wilhelm Johann Friedrich. 1833 – 1910. Sohn des Anatomen Karl Friedrich Krause 1797 – 1868. Prof. d. Anat. in Göttingen und Berlin. – Krausesche Drüsen = v. Wolfringsche Drüsen = *gll. lacrimāles acessorĭae* [1854], Krausesche Endkolben [1860], Krausescher Knochen = *os acetabulare* [1899].

Krukenberg, Adolf. 1816 – 1877. Prof. d. Anat. in Brunswick und Halle. – Krukenbergs Vene = *v. centralis* des Leberläppchens [1833].

Kupfer, Karl Wilhelm von. 1829 – 1902. Prof. d. Anat. in Dorpat, Kiel, Königsberg und München. – v. Kupfersche Sternzelle = *reticuloendotheliocȳtus stellātus* [1876].

Laimer, Eduard. Prosektor der Anat. in Graz. – Laimersches Dreieck = schwache Stelle am Ursprung des Esophag, Prädilektionsstelle für Pulsionsdivertikel [1883].

Lallouette (laluɛt), Pierre. 1711 – 1792. Direktor der Med. Fakultät in Paris. – Lallouettes Pyramide = *lŏbus pyramidālis* der Schilddrüse [1743].

Lancisi, Giovanni Maria. 1654 – 1720. Prof. d. Anat. in Rom und Leibarzt d. Päpste Clemens XI., Innocenz XI. und XII. Er veröffentlichte 1714 die anatomischen Kupferstiche des → *Eustachi*, die bisher Familienbesitz gewesen waren. – *strĭae Lancisii* = *strĭae longitudināles* des Balkens [1711].

Landzert, Theodor. Prof. d. Anatomie in Petersburg. – Landzerts Kanal = *canalis craniopharyngēus* [1868].

Langer, Karl Ritter von Edenberg. 1819 – 1887. Prof. d. Zoologie in Budapest, Prof. d. Anat. in Wien. – Langerscher Achselbogen [1846], Langersche Spaltlinien der Haut [1862].

Langerhans, Paul. 1849 – 1888. Prosektor und Extraordinarius d. Pathol. in Freiburg i. Br. Ab 1875 Arzt in Funchal auf Madeira. – Langerhanssche Inseln = *insŭlae pancreatĭcae* [1869], Langerhanssche Zelle = *dendrocȳtus granulāris nonpigmentōsus.*
Langhans, Theodor. 1839 – 1915. Prof. d. Anat. in Gießen u. Bern. – Langhanssche Schicht des Chorionepithels = *cytotrophoblastus* [1870].
Lanterman ('læntəmən), A. J. 1855 – 1910. Aus Cleveland USA. Arbeitete 1874 bei Waldeyer in der Straßburger Anatomie. Erwähnt in seiner Arbeit über die peripheren Nerven, erschienen 1877 im Arch. f. mikr. Anat. Vol. 13, den amerikanischen Pathologen H. D. Schmidt (1823 – 1888) aus New-Orleans. – Schmidt-Lantermansche Einkerbung = *incisĭo myelīni* [1874 bzw. 1877].
Lanz, Otto. 1865 – 1935. Aus Steffisburg. Arzt in Bern. Prof. d. Chirurgie in Amsterdam. – Lanzsche Linie = *līněa interspinălis,* Lanzscher Punkt [1908].
Larrey (larɛ), Dominique Jean Baron de. 1766 – 1842. Berühmtester Feldarzt seiner Zeit. Machte alle Feldzüge Napoleons mit. Schöpfer der neueren Kriegschirurgie. – Larreysche Spalte zwischen *pars sternālis* und *pars costālis* des Zwerchfells [1836].
Latarget (latarʒɛ), André. 1877 – 1947. Schüler des Lyoner Anatomen Jean Testut 1849 – 1925. Prof. d. Anat. in Lyon. – Latargetscher Nerv = *n. prēsacrālis* des Sympathicus, Latargetsche Vene = *v. prēpylorĭca* [1924].
Laurence ('lɔrəns), John Zachariah. 1830 – 1874. Irrtümlich gelegentlich Lawrence geschrieben. Englischer Ophthalmologe. Gemeinsam mit Moon (muːn), R. C. beschrieb er das Syndrom Retinitis pigmentosa, Zwischenhirndegeneration, Dysgenitalismus und Debilität [1866]. *Biedl,* A. hat 1922 mehrfach darüber publiziert. Deshalb die Bezeichnung *Syndroma Laurence-Biedl.*
Lauth (loːt), Ernest Alexandre. 1803 – 1837. Prof. d. Physiol. in Straßburg. – *canālis Lauthi* = *canālis Schlemmi* = *sĭnus venōsus sclērae,* Lauths *lig. deltoiděum* = *lig. mediāle* der *art. talocrurālis* [1836].
Lenhossék, Joseph von. 1818 – 1888. Prof. d. Anat. in Klausenburg und Budapest. – Lenhosseksche Fasern = *formatĭo reticulāris* des Rückenmarks [1858].
Leonardo da Vinci. 1452 – 1519. Maler, Bildhauer, Architekt, Erfinder und Biologe. Seine anatomischen und physiologischen Studien eilten der Kenntnis seiner Zeitgenossen weit voraus. – Leonardos Muskelbalken = *trabecŭla septomarginalis* der rechten Herzkammer [um 1513].
Lesshaft, Pjotr Frantsovič. 1836 – 1909. Prof. d. Anat. in Petersburg. – Lesshafts Muskel = *m. levātor āni* [1884].
Leydig, Franz von. 1821 – 1908. Prof. der Physiol. in Würzburg, der Zoologie in Tübingen, der vergl. Anat. in Bonn. Er schrieb ein Lehrbuch der vergleichenden Histologie. – Leydigsche Zwischenzellen des Hodens = *cellŭlae interstitiāles* [1850]. Schon 1715 von Brunner beschrieben.
Lieberkühn, Johann Nathanael. 1711 – 1756. Studierte zuerst Theologie, später Medizin und Naturwissenschaften. War dann praktizierender Arzt in Berlin und betrieb anatomische Studien nebenher. – Lieberkühnsche Krypten = *cryptae intestināles* [1745].
Lieutaud (ljøto), Joseph. 1703 – 1780. Leibarzt Ludwig XV. und Ludwig XVI. in Versailles. – *trigōnum Lieutaudi* = *trigōnum vesīcae* [1742].
Lisfranc (lifrã), Jacques. 1790 – 1847. Prof. d. Chirurgie in Paris. Schüler Dupuytrens. – Lisfrancsche Gelenklinie = *articulatiōnes tarsometatarsēae, tuberculum Lisfranci* = *tuberculum m. scalēni anteriōris* [1815].

Lissauer, Heinrich. 1861 – 1891. Assistent an der Nervenklinik in Breslau. – Lissauersche Randzone = *tractus dorsolaterālis* [1866].
Littré (litre), Alexis. 1658 – 1726. Anatom und Chirurg in Paris. – Littresche Drüsen = *gll. urethrāles* [1700].
Loevit, Moritz. 1851 – 1918. Prof. d. Pathol. in Innsbruck. – Loevitsche Zellen = Erythroblasten [1894].
Louis (luː i), Pierre Charles Alexandre. 1787 – 1872. Pathologe und Kliniker in Paris. Einer der bedeutendsten Ärzte des frühen 19. Jahrh. Bekannter Tuberkulosespezialist. – *angŭlus Ludovici* = *angŭlus sternālis* [1825].
Lower (ləuə), Richard. 1631 – 1691. Arzt und Anatom in London. – *tubercŭlum Loweri* = *tubercŭlum intervenosum* zwischen den Mündungen der beiden Hohlvenen, Lowerscher Sack = *sīnus venōsus cordis* [1669].
Ludovicus → Louis.
Ludwig, Karl Friedrich Wilhelm. 1816 – 1895. Prof. d. Physiol. und vergl. Anatomie in Marburg, Zürich, Wien und Leipzig. Erfinder des Kymographen. Er führte die graphischen Methoden in die Physiologie ein. – Ludwigsche Kapillare = Nebenschluß zum Nierenglomerulus [1843].
Luschka, Hubert von. 1820 – 1875. Zuerst Apotheker, dann praktischer Arzt in Merseburg und Konstanz. Später Prof. d. Anatomie in Tübingen. – *fŏrāmĭna Luschkae* = *apertūrae laterāles* des 4. Ventrikels [1855], Luschkasche Drüse = *corpus coccygĕum*, Luschkascher Nerv = *n. ethmoidālis posterĭor* [1863 – 69]. Die *fŏrāmĭna lat.* wurden bereits 1849 von Bochdalek erwähnt.
Luys (lyi), Jules Bernard. 1828 – 1897. Arzt an der Salpetrière in Paris. Direktor des Asyls von Ivry. – *corpus Luysi* = *nŭclĕus subthalamĭcus* [1865].
Macalister (məˈkælistə), Alexander. 1844 – 1919. Professor der Zoologie, dann der Anatomie und Chirurgie in Dublin. Schließlich Professor der Anatomie in Cambridge. Bekannt durch sein Buch „A textbook of human anatomy". – Macalisters *foveŏlae* = *foveŏlae gastrĭcae*, Macalisters Schenkelring = *ānŭlus femorālis* [1889].
Mall (mɔː l), Franklin Paine. 1862 – 1917. Prof. d. Anat. in Chicago. Direktor der „embryological studies" am Carnegie Institute. – Mallsche Läppchen = *lobŭli splenis* [1898].
McBurney (məkˈbəː ni), Charles. 1845 – 1897. Prof. der Chirurgie an der Columbia University New York. – McBurneys Punkt [1889].
Magendie (maʒẽdi), François. 1783 – 1855. Prof. d. Physiologie und allg. Pathologie am Collège de France in Paris. Einer der Begründer der experimentellen Medizin. – *fŏrāmen Magendii* = *apertūra mediāna* des 4. Ventrikels [1828].
Maissiat (mɛsja), Jacques Henri. 1805 – 1878. Prof. d. Anat. und Chefkonservator der Sammlungen der École de médecine in Paris. – *tractus Maissiati* = *tractus ilĭotibiālis* [1843].
Malpighi, Marcello. 1628 – 1694. Prof. d. Medizin in Bologna, Pisa und Messina. Seit 1691 Leibarzt des Papstes Innocens XII. in Rom. Schöpfer der mikroskopischen Anatomie. – Malpighische Körperchen der Niere = *corpuscŭla renalĭa*, Malpighische Körperchen der Milz = *lymphonodŭli splenĭci*, *pyramĭdes Malpighii* = *pyramĭdes renāles*, *strātum Malpighii* = *strātum germinativum* der Epidermis u. a. [1661].
Marchand (marʃã) Felix. 1846 – 1928. Prof. d. Pathologie in Gießen, Marburg und Leipzig. – Marchandsche Zelle = *cellula adventitialis* [1901].
Marfan (marfã), Bernard Jean Antonin. 1858 – 1942. Pädiater in Paris. Beschrieb als *Dolichostenomelia* das *Marfan*-Syndrom. Die Bezeichnung *Archnodactylia* (Spinnenfingrigkeit) stammt von *Achard,* E. Ch. 1902.

Heute spricht man meist von Spinnengliedrigkeit. Sie ist begleitet von Langwuchs, Haltungsschwäche und Vogelgesicht.

Marshall ('maː ʃl), John. 1818 – 1891. Professor d. Anat. u. Chirurgie in London. – *v. Marshalli* = *atrii oblīqua* [1850].

Massa, Nicolo. Um 1500 – 1569. Prof. d. Anat. in Venedig. Bekannter Spezialist für Geschlechtskrankheiten. – Massasche Drüse = *prostăta* [1536].

Mauthner, Ludwig. 1840 – 1894. Professor d. Ophthalmologie in Innsbruck. – Mauthnersche Hülle der Nervenfaser = *strătum myelīni* [1860].

Mayer, August Franz Joseph Karl. 1787 – 1865. Prof. d. Anat. in Tübingen. Beschrieb bereits 1833 das Froriepsche Ganglion. – Mayers Ganglion = Froriepsches Ganglion = embryonal angelegtes Spinalganglion des Hypoglossus [1833].

Mayo ('meiəu), Charles Horace. 1865 – 1939. Chirurg in Rochester. Mitbegründer der Mayo-Klinik. – Mayos Vene = *v. prēpylorĭca* [1913].

Meckel, Johann Friedrich d. Ältere. 1714 – 1774. Prof. d. Anat., Botanik und Geburtshilfe in Berlin. – *căvum Meckeli* = *căvum trigemināle, ganglĭon Meckeli mājus* = *ganglĭon pterygopalatīnum, ganglĭon Meckeli mĭnus* = *ganglion submandibulāre* [1748].

Meckel, Johann Friedrich d. Jüngere, Enkel des vorigen. 1781 – 1833. Prof. d. Anat. und Chirurgie in Halle. – Meckelscher Knorpel, Meckelsches Divertikel [1805].

Meibom, Heinrich. 1638 – 1700. Prof. d. Medizin, Geschichte u. Dichtkunst in Helmstädt. – Meibomsche Drüsen = *gll. tarsales* [1666]. Schon von Casserio beschrieben.

Meissner, Georg. 1829 – 1905. Prof. d. Physiol. in Basel, Freiburg i. Br. u. Göttingen. – Meissnersche Tastkörper = *corpuscŭla tactūs* [1852], Meissnerscher Plexus = *plexus submucōsus* [1853].

Merkel, Johann Friedrich. 1845 – 1919. Prof. d. Anat. in Rostock, Königsberg und Göttingen. Schüler und Nachfolger Jakob Henles. – Merkelscher Sporn = Schenkelsporn [1873], Merkelsche Tastscheiben = *menisci tactūs* [1875].

Metschnikoff, eigentl. Mečnikov, Il'ja Il'ič (iː lja iː ljitʃ). 1845 – 1916. Prof. d. Zoologie in Odessa. Seit 1888 in Paris. Nobelpreisträger 1908 gemeinsam mit Paul Ehrlich. 1884 veröffentlichte er seine Phagozytentheorie. – Metschnikoffsche Makrophagen [1904].

Meynert, Theodor. 1833 – 1892. Prof. d. Psychiatrie u. Neurologie in Wien. – Meynertsche Kommissur im *Chiasma optĭcum, Meynerti fascicŭlus retroflexus* = Faserzug ausgehend von den *Nŭclĕi habenŭlae*, Meynertsche dorsale Haubenkreuzung = *decussatĭo tegmenti* der trr. tectobulbāris und tectospinālis, Meynertsche U-fasern = kurze Assoziationsfasern [1865].

Michaëlis, Gustav Adolf. 1798 – 1848. Prof. d. Gynäkologie in Kiel. Nahm sich nach der Entdeckung von Semmelweiss in einer Depression über eigene Mißerfolge das Leben. – Michaëlsche Raute [posthum 1851].

Mohrenheim, Joseph Jakob, Freiherr von. 1759 – 1799. Chirurg, Geburtshelfer und Augenarzt in Wien. Prof. d. Medizin und Lehrer an der Hebammenschule St. Petersburg. – Mohrenheimsche Grube = *sulcus deltoidĕopectorālis* [1781].

Molins ('mʌlɪnz), Guilielmus. Englischer Wundarzt. Erfaßte den *N. trochleāris* als selbständigen Nerven, bis dahin als „*Radix gracilior*" des Trigeminus gedeutet [1670].

Moll, Jakob Anton. 1832 – 1914. Augenarzt im Haag. – Mollsche Drüsen = *gll. ciliāres* [1857].

Monakow ('mo: nakof), Constantin von. 1853 – 1930. Geb. in Bobrezova bei Moskau. Prof. d. Hirnanatomie in Zürich. – Monakows Bündel = *tr. rubrospinālis*, Monakowscher Kern = *nucl. fascicŭli cuneāti* [1885].
Mondino dei Luzzi. 1275 – 1326. Prof. d. Anat. in Bologna. Seine „*Anatomia*" blieb das klassische Anatomiebuch bis zu Vesals „*Fabrica*" [1543].
Monro ('mənrou) oder ('mʌnrou), Alexander (secundus). 1733 – 1817. Prof. d. Anat. In Edinburgh. – *fŏrāmen Monroi = fŏrāmen interventriculāre, sulcus Monroi = sulcus hypothalamĭcus* [1783].
Montgomery (mənt'gʌməri), William Fetherstone. 1797 – 1859. Prof. d. Frauenheilkunde in Dublin. – Montgomerysche Drüsen = *gll. areolāres mammae* [1837].
Morand (mɔrã), Sauveur François. 1697 – 1773. Chirurge in Paris. – Morandscher Sporn = *calcar avis* [1744].
Morgagni, Giovanni Battista. 1682 – 1771. Prof. d. Anat. in Padua. Begründer der Pathologie. – Morgagnis Bläschen = *appendĭces vesiculōsae* des Epoophoron, Morgagnis Hodenanhang = *appendix testis*, Morgagnis Säulen = *columnae rectāles*, Morgagnis Lakunen = *lacūnae urethrāles*, *ventricŭlus Morgagnii = ventricŭlus laryngis*, Morgagnis Loch = *fŏrāmen singulāre* [1761].
Müller, Heinrich. 1820 – 1864 Prof. d. Anat. in Würzburg. – Müllersche Faser = *gliocŷtus radiālis*, Müllersche Fasern des Ziliarmuskels = *fībrae circulāres m. ciliāris* [1856 u. 1857].
Müller, Johannes. 1801 – 1858. Prof. d. Anat. u. Physiol. in Bonn. Er war der letzte große Gelehrte, der das ganze Gebiet der Biologie umfaßte. Sein liebstes Arbeitsfeld war die Morphologie. Auf seinem „Handb. der Physiologie" baut sich die moderne Physiologie auf. Schüler von Johannes Müller waren Du Bois-Reymond, Brücke, Helmholtz, Virchow und Pflüger. – Müllerscher Gang = *ductus paramesonephrĭcus*, Müllerscher Hügel = *tubercŭlum genitale* [1830].
Naboth, Martin. 1675 – 1721. Arzt u. Prof. d. Medizin in Leipzig. – *ovula Nabothi* = Retentionszysten in der Wand der *cervix utĕri*, die er fälschlich für Eier gehalten hatte [1707].
Nägeli, Karl Wilhelm von. 1817 – 1891. Prof. d. Botanik in Zürich und München. – Nägelis Mizellartheorie des Zytoplasmas [1877].
Naegeli, Otto. 1871 – 1938. Prof. d. Innern Medizin in Zürich. Einer der Begründer der Hämatologie. – Naegelis dualistische Blutabstammungslehre [1908].
Nasmyth ('neismiθ), Alexander. Gest. 1848. Anatom und königl. englischer Hofzahnarzt in London. – Nasmythsche Membran = *cuticula dentis* [1839].
Nélaton (nelatɔ̃), Auguste. 1807 – 1873. Pariser Chirurg. Roser-Nélatonsche Linie = Verbindungslinie zwischen *spīna iliăca anterĭor superĭor* und *tŭber ischiadĭcum* [1844/60].
Neubauer, Johann Ernst. 1742 – 1777. Prof. d. Anat. u. Chirurgie in Jena. – Neubauers Arterie = *a. thyroidĕa īma* [1772].
Neumann, Ernst. 1834 – 1918. Prof. d. Pathol. in Königsberg. – Neumannsche Scheide = Wand des Zahnkanälchens [1863].
Nissl, Franz. 1860 – 1919. Prof. d. Psychiatrie in Heidelberg und München. – Nissl Schollen der Nervenzelle = *substantĭa chromatophilĭca* [1885].
Nuck, Anton. 1650 – 1692. Prof. d. Anat. in Leiden. – *diverticŭlum Nucki = prōcessus vaginālis peritonēi* im weiblichen Leistenkanal [1691].
Nuel (nyɛl), Jean-Pierre. 1847 – 1920. Prof. d. Otologie in Löwen, der Physiol. in Gent, Prof. d. Otologie und der Sinnesphysiologie in Lüttich. – Nuelscher Raum im Cortischen Organ = *cunicŭlus medĭus* [1873].

Nuhn, Anton. 1814 – 1889. Prof. d. Anat. in Heidelberg. – Nuhnsche Drüse = *gl. lingualis anterior* [1845].
Oddi, Ruggero. Geburts- und Todesjahr unbekannt. Ital. Physiologe in Perugia. – *sphincter Oddii* = m. *sphincter ampullae hepătopancreatĭcae* [1887]. Schon 1654 von Glisson beschrieben.
Oehl, Eusebio. 1827 – 1903. Prof. d. Histologie in Pavia. – Oehlsche Zellschicht = *stratum lucidum* [1857].
Oreibasios. 325 – 403. Aus Pergamon. Schüler des Zeno. Leibarzt des Kaisers Julian. Quästor in Byzanz. Schrieb eine umfangreiche medizinische Enzyklopädie Συναγωγαὶ ἰατρικαί (Synagogaí iatrikaí), von welcher etwa ein Drittel und eine Σύνοψις (Sýnopsis) erhalten sind.
Pacchioni, Antonio. 1665 – 1726. Schüler Malpighis, Freund des Anatomen Lancisi. Arzt in Tivoli und Rom. – Paccionische Granulationen = *granulatiōnes arachnoideāles* [1705].
Pacini, Filippo. 1812 – 1883. Prof. d. Anat. in Florenz. – Vater-Pacinische Körperchen = *corpuscŭla lamellōsa* [1836].
Paneth, Joseph. 1857 – 1890. PD d. Physiol. in Wien. Panethsche Körnerzellen = *cellŭlae panethenses* [1887/88].
Pansch, Adolph. 1841 – 1887. Prosektor und später Prof. d. Anat. in Kiel. – Panschscher Sulcus = *sulcus intraparietālis* [1866]. Im gleichen Jahr von William Turner beschrieben.
Pappenheim, Arthur. 1870 – 1916. Prof. d. Innern Medizin in Wien. Starb als Opfer seines Berufs an Flecktyphus. – Blutfärbung nach Pappenheim [1901].
Paracelsus, Bombastus von Hohenheim. 1493 – 1541. Geb. in Einsiedeln (Schweiz). Wanderjahre in ganz Europa. 1527 Prof. d. Medizin und Chirurgie in Basel. Heftiger Gegner des Galenismus verlangte er nach „*experimenta et ratio*". Starb in Salzburg.
Passavant (pasavā), Philipp Gustav. 1815 – 1893. Chirurg in Frankfurt a. M. – Passavantscher Wulst beim Schluckakt [1869].
Paulus Aigineta. 625 – 690. Arzt in Alexandrien. Bindeglied zwischen griechischer und arabischer Medizin. Verfasser eines Handbuches der Chirurgie „Epitome".
Pawlow, eigentl. **Pavlov,** Ivan Petrovič (-vitʃ). 1849 – 1936. Prof. d. Physiol. in Petersburg. 1904 Nobelpreis der Medizin. Begründer der Lehre von den bedingten Reflexen [1897].
Pechlin, Johann Nikolaus. 1644 – 1706. Prof. d. Medizin in Kiel und Stockholm. – Pechlinsche Drüsen = Peyersche Platten = *nodŭli lymphatĭci aggregāti* [1672]. Peyer veröffentlichte seine Beobachtungen erst 1677.
Pecquet (pekɛ), Jean. 1622 – 1674. Entdeckte 1647 als Student die *cisterna chyli*. Die Veröffentlichung erfolgte 1651. Arzt in Fouquet, Montpellier und Paris. – Pecquets Zisterne = *cisterna chyli* [1651].
Petit (pəti), Jean-Louis. 1664 – 1750. Mit 16 Jahren Chirurg an der Charité in Paris. Mitglied der Royal Society in London. Begründer einer eigenen Schule für Anatomie und Chirurgie in Paris. – *trigōnum Petiti* = *trigōnum lumbale* [1705].
Peyer, Johann Konrad. 1653 – 1712. Arzt in seiner Vaterstadt Schaffhausen. – Peyersche Platten = *nodŭli lymphatĭci aggregāti* [1677]. Schon 1672 von Pechlin beschrieben.
Pflüger, Eduard Friedrich Wilhelm. 1829 – 1910. Prof. d. Physiol. in Bonn. Schüler von → Du Bois-Reymond und → Johannes Müller. – Pflügersche Schläuche im sich entwickelnden Eierstock [1863].

Piccolomini, Arcangelo. 1525 – 1586. Leibarzt des Papstes Pius IV. Prof. d. Anat. an der Sapienza in Rom. – Piccolominis Streifen = *strīae medullāres* [1586].
Pirogoff, eigentl. **Pirogov,** Nicolaj, Iwanovič (-vitʃ). 1810 – 1881. Prof. d. Chirurgie in Moskau und Petersburg. Einer der Begründer der Querschnittsanatomie. – Pirogoffsche Amputation [1854].
Plinius, Cajus. 23 – 79. Geboren in Como. Bekannt durch seine Enzyklopädie der Naturgeschichte sowie der Kunstgeschichte. Kam beim Ausbruch des Vesuvs, der Pompei und Herculanum verschüttete, als Hafenkommandant von Neapel ums Leben.
Porter (ˈpɔːtə), William Henry. 1790 – 1861. Prof. d. Chirurgie in Dublin. – Porters Faszie = *lāmīna prētracheālis* der Halsfaszie [1826].
Poupart (pupaːr), François. 1616 – 1708. Chirurg in Reims und Paris. Bekannt durch seine Untersuchungen an Wirbellosen. Leibarzt der Madame de Maintenon. – Poupartsches Band = *lig. inguināle* [1695]. Schon 1584 von Fallopio beschrieben.
Prussak, Alexander. 1839 – 1894. Prof. d. Ohrenheilkunde in Petersburg. – Prussakscher Raum der Paukenhöhle = *rĕcessus membrānae tympăni superior* [1867].
Purkyně (ˈpurkinje), Jan Evangelista. 1787 – 1869. Prof. d. Physiol. in Breslau und Prag. – Purkinje-Zellen der Kleinhirnrinde [1837], Purkinje-Fasern des Herzens = *myofībrae conducentes purkinjienses* [1839].
Ramón y Cajal (kaxál), Santiago. 1852 – 1934. Prof. d. Anat. in Zaragossa und Valencia. Prof. d. Histologie in Barcelona und Madrid. Nobelpreis 1906 gemeinsam mit → Camillo Golgi. – Cajalsche Zellen der Großhirnrinde [1891].
Randacio, Francesco. 1821 – 1903. Prof. d. Anatomie in Palermo, wo er während der Choleraepidemie 1866/67 Sanitätsdirektor war. – Randacios Nerven = Nervenäste des *ganglion pterygopalatinum* [1863].
Ranvier (rãvje), Louis Antoine. 1835 – 1922. Prof. d. Histologie am Collège de France in Paris. Ranviersche Schnürringe des Nerven = *nodi neurofībrae* [1878].
Rathke, Martin Heinrich. 1793 – 1860. Prof. d. Physiol. und der allg. Pathologie in Dorpat, der Anat. u. Zool. in Königsberg. – Rathkesche Tasche = Anlage der Adenohypophyse [1834].
Rauber, August Antinous. 1841 – 1917. Prof. d. Anat. in Dorpat. – Raubersche Deckschicht = oberflächliche Zellschicht der *arĕa embryonālis* [1880].
Reichert, Karl. 1811 – 1883. Prof. d. Anat. in Dorpat, Breslau und Berlin. – Reichertscher Knorpel = Knorpelspange des 2. Schlundbogens [1836].
Reil, Johann Christian. 1759 – 1813. Prof. d. klin. Medizin in Halle und Berlin. – *sulcus Reili* = *sulcus circulāris insūlae*, *insūla Reili* = *insūla* [1796].
Reissner, Ernst. 1824 – 1878. Prof. d. Anat. in Dorpat und Breslau. – Reissnersche Membran = *parīes vestibulāris ductūs cochleāris* [1851], Reissnerscher Faden im Zentralkanal des Rückenmarks [1860].
Remak, Robert. 1815 – 1865. Als erster Jude 1847 PD in Preußen. Außerordentlicher Prof. d. Anat. in Berlin, Prof. d. Neurologie in Posen. – Remaksches Ganglion = Ganglienzellen im Hohlvenensinus der Amphibien, Remaksche Fasern = *neurofībrae amyelinātae* [1838], Remaksche Zellteilung [1841].
Retzius, Anders Adolf. 1796 – 1860, Prof. d. Anat. in Stockholm am Karolinska Institut. – Retziussches schleuderförmiges Band = *lig. fundiformis pedis* [1841], *căvum Retzii* = *spatĭum retropubĭcum* [1849].

Retzius, Gustav Magnus. 1842–1919. Sohn des oben genannten. Prof. d. Anatomie und Neurologie am Karolinska Institut in Stockholm. Sein Großvater war Prof. d. Naturgeschichte, sein Onkel Prof. d. Geburtshilfe. – *gȳrus Retzii* = *gȳrus intralimbĭcus* des Riechhirns, Retziusstreifen des Zahnschmelzes = *līnĕae incrementāles enemäli* [1896].
Rhazes (Abu Bekr Muhammed ibn Zakarija). 850–923. Aus Chorosan gebürtig. Leiter des Bagdader Krankenhauses. Größter Kliniker des Mittelalters. Sein „*Compendium*" widmete er dem Kalifen Mansûr.
Ridley (ˊridli), Humphrey. 1653–1708. Praktischer Arzt und Anatom in London. – Ridleys Sinus = *sĭnus circulāris* der Hypophyse [1695].
Riedel, Bernhard Moritz. 1846–1916. Prof. d. Chirurgie in Jena. – Riedelscher Leberlappen = unterer Teil des rechten Leberlappens, welcher durch das Korsett abgeschnürt, bei Entzündungen der Gallenblase anschwillt [1893].
Riolan (rjɔlã), Jean junior. 1577–1657. Prof. d. Anat., Botanik und Pharmakologie. Leibarzt Heinrich IV. und Ludwig XIII. – *muscŭlus Riolani* = *pars palpebrālis* des *m. orbiculāris ocŭli, m. Riolani* = *m. cremaster,* le bouquet de Riolan = Gesamtheit der Stylomuskeln und Bänder, Riolans Arkaden = arterielle Dünndarmarkaden, Riolans Anastomose = Anastomose zwischen *a. mesenterĭca superĭor* und *a. mesenterĭca inferĭor* [1618].
Rivinus (eigentlich Bachmann), August Quirinus. 1652–1723. Prof. d. Physiol., Botanik, Pathol. u. Therapie in Leipzig. – *ductŭs Rivini* = *ductŭs sublinguāles mĭnōres* [1678], *incisūra Rivini* = *incisūra tympanica* [1717], erwähnt in der Dissertation seines Sohnes „*De auditŭs vitĭis*". Johann August Rivinus (1692–1725).
Robert (rɔbɛː r), César Alphonse. 1801–1862. Chirurg in Paris. – *lig. Roberti* = *lig. meniscofemorāle anterĭus.*
Robin (rɔbɛ̃), Charles Philippe. 1821–1885. Prof. d. Histol. in Paris. – Virchow-Robinsche Räume um die Hirngefäße [1868].
Robinson (ˊrɔbinsən), Frederick Byron. 1855–1910. Zunächst praktischer Arzt. Später Prof. d. Anatomie im Toledo Medical College. Schließlich Prof. der Chirurgie in Chicago. – Robinson's abdominal brain = *ganglion cēliacum* [1897].
Rohr, Karl. 1863–1930. Facharzt für Magen-Darmkrankheiten in seiner Vaterstadt Bern. Bekannt durch seine Dissertation über die Gefäße der Placenta. – Rohrscher Fibrinstreifen [1889].
Rolando, Luigi. 1773–1831. Prof. d. Medizin in Sassari (Sardinien), später d. Anat. in Turin, Leibarzt von Victor Emanuel von Sardinien. – *fissūra Rolandi* = *sulcus centrālis, substantĭa Rolandi* = *substantĭa gelatinōsa, tubercŭlum Rolandi* = *tubercŭlum fascicŭli cuneāti* [1809].
Rosenmüller, Johann Christian. 1771–1820. Prof. d. Anat. und Chirurgie in Leipzig. – Rosenmüllerscher Lymphknoten = *nōdus lymphatĭcus ānŭli femorālis, rĕcessus Rosenmülleri* = *rĕcessus pharyngĕus* [1805].
Rosenthal, Friedrich Christian. 1780–1829. Schüler von → Reil. Prof. d. Anat. in Berlin u. Greifswald. – Rosenthalsche Vene = *v. basalis cerebri* [1817], Rosenthalscher Kanal = *ductus cochleāris* [1819].
Roser, Wilhelm. 1817–1888. Prof. d. Chirurgie in Marburg. Roser-Nélaton Linie = Verbindungslinie zwischen *spina iliaca anterior superior* und *tuber ischiadicum* [1883].
Rouget (ruː ʒɛ). 1824–1904. Prof. d. Anat. und Physiol. in Paris, Prof. d. Physiol. in Montpellier. – Rougetsche Zelle = *pericytus* [1879].
Roux (ru), Wilhelm. 1850–1924. Prof. d. Anat. in Breslau, Innsbruck und Halle. – Schöpfer der Entwicklungsmechanik. Von Roux stammt die Bezeichnung *incretum* = Hormon [1881].

222   Biographische Kurz-Notizen

Ruffini, Angelo. 1874 – 1929. Prof. d. Histol. u. allg. Pathol. in Siena und Bologna. – Ruffini-Körperchen = wärmeempfindliche Nervenendorgane [1894].
Rufus Ephesĭus. Um 200. Erhielt seine ärztliche Ausbildung in Alexandrien. Seine Anatomie beruht auf der Zergliederung von Affen. Er beschrieb das *chiasma optĭcum.*
Ruysch, Frederick. 1638 – 1731. Zunächst Apotheker, dann Prof. d. Anat. und Hebammenlehrer in Amsterdam. Einer der geschicktesten Injektionstechniker. Seine an den Zaren Peter d. Gr. verkaufte Sammlung befindet sich teilweise noch in Leningrad. – Ruyschsche Membran = *lāmĭna choroidocapillāris* [1665].
Sandström, Ivar Victor. 1852 – 1889. Prof. d. Histol. in Uppsala. – Sandströms Körperchen = *glandŭlae parathyroidĕae* [1880].
Santorini, Giovanni Domenico. 1681 – 1737. Prof. d. Anat. und Medizin in Venedig. – *cartilāgo Santorini* = *cartilāgo corniculāta, concha Santorini* = *concha nasālis suprēma, ductus Santorini* = *ductus pancreatĭcus accessorius, emissarĭa Santorini* = *vv. emissarĭarĭae, incisūra Santorini* = *incisūra cartilagĭnis meatūs acustĭci, m. Santorini* = *m. risorĭus* [1724].
Sappey (sapε), Marie Philibert Constant. 1810 – 1896. Prof. d. Anat. in Paris. – Sappeys Venen = *vv. paraumbilicāles* [1859], Sappeyscher Nerv = *n. mylohyoidĕus,* Sappeysches Lymphnetz = Lymphnetz der *areŏla mammae* [1874 – 1885].
Scarpa, Antonio. 1747 – 1832. Prof. d. Anat. u. Chirurgie in Modena und Pavia. – Scarpas Ganglion = *ganglĭon vestibulāre* [1779], *nervus Scarpae* = *nervus nasopalatīnus* [1794], *trigōnum Scarpae* = *trigōnum femorāle* [1809].
Schacher, Polykarp Gottlieb. 1674 – 1737. Prof. d. Anat., Physiol., Pathologie u. Geburtshilfe in Leipzig. – Schachersches Ganglion = *ganglĭon ciliāre* [1705].
Schlemm, Friedrich. 1795 – 1858. Prof. d. Anat. in Berlin. – Schlemmscher Kanal = *sĭnus venōsus sclerae* [1830].
Schmidt, Henry. 1823 – 1888. Pathologe in New Orleans. – Schmidt-Lantermansche Einkerbungen = *incisiōnes myelīni* [1874].
Schneider, Konrad Viktor. 1614 – 1680. Prof. d. Medizin in Wittenberg. – Schneidersche Membran der Nasenhöhlen = *rĕgĭo respiratorĭa* [1655].
Schreger, Christian Heinrich Theodor. 1768 – 1833. Prof. d. Chemie in Wittenberg, der Medizin in Halle. – Schregersche Streifen im Zahnschmelz [1800].
Schultze, Maximilian Johann Sigismund. 1825 – 1874. Prof. d. Anat. in Halle und Bonn. Begründer des Archiv f. Mikroskopische Anatomie. – Schultzes kommaförmiges Bündel zwischen *fascicŭlus gracĭlis* und *fascicŭlus cuneātus,* Schultzes Zellen = *cellŭlae neurosorĭae olfactorĭae* [1871].
Schumlanskij, eigentlich Šumlanskij, Aleksandr. 1748 – 1795. Prof. d. Pathologie in Moskau. Beschrieb in seiner Dissertation „De structura renum" bereits die Bowmansche Kapsel des Nierenglomerulus [1783].
Schwalbe, Gustav Albert. 1844 – 1916. Prof. d. Anat. in Leipzig, Jena, Königsberg und Straßburg. – Schwalbesche Körperchen = *calicŭli gustatorĭi* [1868], Schwalbescher Hauptkern = *nuclĕus vestibulāris mediālis,* Schwalbes Spalte = *fissūra choroidĕa* [1881].
Schwann, Theodor. 1810 – 1882. Schüler von → Johannes Müller. Prof. d. Anat. in Löwen und Lüttich. Er wies zum ersten Mal nach, daß der tierische Körper analog dem der Pflanze aus Zellen aufgebaut ist. Auf ihn geht die Neuronentheorie des Nervensystems zurück. – Schwannsche Scheide = *neurolemma,* Schwannsche Zelle = *neurolemmocўtus* [1839].

Schweigger-Seidel, Franz. 1834 – 1871. Prof. d. Physiologie in Leipzig. – Schweigger-Seidelsche Hülsen = *vagīnae periarteriāles lymphatĭcae* [1862].
Seiler, Carl. 1849 – 1905. Nach USA ausgewanderter Schweizer. Laryngologe in Philadelphia. – Seilers Knorpel = *cartilāgo sesamoidĕa* am Stellknorpelansatz des Stimmbandes [1879].
Serres (sɛː r), Antoine Etienne Renaud Augustin. 1786 – 1868. Prof. d. Anat. u. Naturgeschichte am Jardin des Plantes in Paris. – Serressche „Drüsen" = Epithelperlen, Reste der embryonalen Schmelzleiste [1817].
Sertoli, Enrico. 1842 – 1910. Prof. d. exp. Physiol. in Mailand. – Sertolis Fußzellen des männlichen Keimepithels = *cellŭlae sustentaculāres* [1865].
Sharpey (ˈʃɑː pi), William. 1802 – 1880. Prof. d. Anatomie in Edinburgh und London. – Sharpey-Fasern = *fībrae perforantes* des Periosts, insbesondere *fībrae perforantes cementāles* [1828].
Shrapnell (ˈʃræpnəl), Henry Jones. 1761 – 1834. Englischer Militärchirurg. Shrapnellsche Membran = *pars flaccĭda* des Trommelfells [1832].
Sibson (ˈsɪbsn), Francis. 1814 – 1876. Prof. d. Medizin am St. Mary's Hospital in London. – Sibsons Muskel = *m. scalēnus minĭmus* [1846].
Silvius (Du Bois), Jacques. 1478 – 1555. Prof. der klassischen Sprachen. Sehr guter Kenner der Werke des Hippokrates und des Galen. Mit 72 Jahren Prof. d. Chirurgie am Collège Royal in Paris. Lehrer des Andreas Vesalius. *Laurentius,* der Leibarzt Heinrich IV. von Frankreich, sagt von ihm: „*J. Sylvio haec prima debetur laus, quod musculorum et vasorum omnium sylvam ac confusionem in exquisitam ordinem digesserit et propriis nominibus designarit, quae nunc ab omnibus anatomicis retinentur* – Sylvius darf als erster beanspruchen, die Wirrsal und die Konfusion der Muskeln und der Gefäße so klar geordnet und benannt zu haben, daß seine Nomenklatur von allen Anatomen übernommen wurde. – Silvischer Knochen = *prŏcessus lenticulāris* [1561].
Skene (skiː n), Alexander Johnston Chalmers. 1838 – 1900. Prof. d. Gynäkologie im Long Island College Hospital in Brooklyn. – Skenes Gänge = *ductūs paraurethrāles* [1880].
Soemmering, Samuel Thomas von. 1755 – 1830. Prof. d. Anat. in Kassel, Mainz, München und Frankfurt a. M. Freund Goethes. – v. Soemmeringscher Kern = *substantĭa nigra* [1788], v. Soemmerings Nerv = *r. perineālis* des *n. cutanĕus femŏris posterĭor* [1796], v. Soemmerings Loch = *fŏvĕa centrālis retīnae* [1801].
Spalteholz, Werner. 1861 – 1940. Prof. d. Anat. in Leipzig. Verfasser des bei seinem Erscheinen epochemachenden Anatomieatlas, 1895. – Spalteholzmethode zur Gewebeaufhellung [1911].
Spee, Ferdinand, Graf von. 1855 – 1937. Prof. d. Anat. in Kiel. – v. Speesche Kurve = Okklusionslinie der Zähne [1896].
Spigelius (flämisch **van den Spieghel**), Adriaan. 1578 – 1625. Flämischer Herkunft, in Brüssel geboren. Prof. d. Anat. in Venedig und Padua. – Schüler von Casserio und Fabricius ab Aquapendente. – *līnĕa Spigelii* = linea semilunaris, *lŏbus Spigelii* = *lŏbus caudātus* der Leber [posthum 1627].
Spix, Johann Baptist. 1781 – 1826. Konservator am naturhistorischen Museum in München. Bekannt als vergl. Anatom. – Spixscher Stachel (épine de Spix) = *lingula mandibulae* [1815].
Steno(nius) (dänisch **Stensen**), Niels. 1638 – 1686. *Anatomicus regius* in Kopenhagen. Bekannt ist sein Ausspruch: *pulchra quae videntur, pulchriora quae sciuntur, longe pulcherrima quae ignorantur.* Entdeckte mit 23 Jahren den *ductus parotidĕus.* Begründer der Sedimentationsgeologie und Entdecker der Winkelkonstanz der Kristalle. Mitglied der Academia del cimento in Florenz. Wandte sich der Theologie zu und starb in Schwerin

als apostolischer Vikar der nordischen Länder im Rufe der Heiligkeit. Begraben in San Lorenzo Florenz. – *ductus Stenonis = ductus parotidĕus* [1661], *canāles Stenoni* = die zum *förāmen incisīvum* ziehenden Gänge [1662].

Stieve, Hermann. 1886 – 1952. Extraordinarius d. Anat. in Halle, Ordinarius d. Anatomie in Berlin. Betreute die 18. – 23. Aufl. von Triepels Buch „*Die anatomischen Namen, ihre Ableitung und ihre Aussprache*".

Stilling, Benedikt. 1810 – 1879. Lebte in Kassel und Wien. War einer der bedeutendsten Chirurgen seiner Zeit. Hervorragender anatomischer Forscher. – *nŭclĕus Stillingi = nŭclĕus Clarkei = nŭclĕus thoracĭcus*, Stillingsche Schere im Mittelhirn = die *peduncŭli superiōres* bilden die Scherengriffe, die gekreuzten *trr. cerebellorubrāles* und *dentātothalamĭci* die Scherenblätter [1842].

Stöhr, Philipp junior. geb. 1891. Prof. d. Anat. in Gießen und Bonn. Stöhrsches Terminalreticulum des vegetativen Nervensystems [1928].

Sudeck, Paul Hermann Martin. 1866 – 1938. Prof. d. Chirurgie in Hamburg. – Sudeckscher Punkt = letzte Anastomose zwischen *aa. sigmoidĕae* und *a. rectālis* [1922/23]. Wurde bereits 1909 von Henri Albert Charles Antoine → Hartmann beschrieben.

Sylvius, Franciscus (französisch François **de le Boë**). 1614 – 1672. Holländischer Herkunft, in Hanau geboren. Arzt in Amsterdam. Prof. in Leyden. Einer der Hauptvertreter der iatrochemischen Medizin. – *aquaeductus Sylvii = aquēductus cerebri, cisterna Sylvii = cisterna fossae laterālis cerebri, fossa Sylvii = sulcus laterālis* [1641].

Tarin (tarε̃), Pierre. 1725 – 1761. Französischer Privatgelehrter, der viel anatomische Studien betrieb. Mitarbeiter an Diderot's „Encyclopédie". – *fossa Tarini = fossa interpedunculāris, velum Tarini = velum medullāre inferĭus* [1750].

Tawara, Sunao. 1873 – 1952. Prof. d. Pathologie an der Universität Fukuoka. In der Publikation „Das Reizleitungssystem des Säugetierherzens", Jena 1906, faßt er seine Forschungsergebnisse am Aschoffschen Institut in Marburg 1903 – 1906 zusammen. – Asschoff-Tawaraknoten = *nōdus atrĭoventriculāris* [1906].

Teichmann, Ludwig Karl. 1823 – 1895. Prosector der Anat. in Göttingen. Prof. d. pathol. Anat., später der Anat. u. vergl. Anat. in Krakau. Erfinder der Teichmannschen Injektionsmasse, mit welcher er hervorragende Präparate von Lymphgefäßen herstellte. – Teichmannsches Netzwerk = Lymphgefäßnetz der Magenwand [1861].

Tenon (tənɔ̃), Jacques René. 1724 – 1816. Chirurg an der Salpetrière, Prof. der Pathologie an der Académie des Sciences in Paris. Spezialisierte sich auf Augenoperationen. – *fascĭa Tenoni = vagīna bulbi, spătĭum Tenoni = spătĭum intervagināle* [1806].

Terrier (tεrje), Louis Félix. 1837 – 1908. Zunächst Veterinärchirurg, dann Prof. d. Chirurgie in Paris. – Terriers Klappe = *plĭca spirālis* im Hals der Gallenblase [1891].

Thebesius, Adam Christian. 1686 – 1732. Diss. „*De circulatione sanguinis in corde*", Leyden 1708. Arzt in Hirschberg (Schlesien). – *förāmĭna Thebesii = förāmĭna venārum minimārum cordis, valvŭla Thebesii = valvŭla sinūs coronarĭi, venae Thebesii =* venae minĭmae des Herzens [1708].

Theile, Friedrich Wilhelm. 1801 – 1879. Prof. d. Anat. in Jena und Bern. Später prakt. Arzt in Weimar. – Theiles Arterientruncus = *truncus thyrocervicālis* [1843]. Theiles Muskel = *m. transversus perinēi superficiālis* [posthum 1884].

Tomes (təumz), Sir John. 1815–1895. Zahnarzt am London Dental Hospital. – Tomesche Fasern = Odontoblastenfortsätze = *prōcessūs odontoblasti dentinales,* Tomessche Körnerschicht des Wurzeldentins = *strātum granulōsum dentīni radīcis* [1850].
Tourtual (turtyal), Kaspar Theobald. 1802–1865. Lektor d. Anat. in Duisburg und Münster. – Tourtuals Membran = *membrāna quadranguläris* [1846].
Traube, Ludwig. 1818–1876. Prof. d. Pathol. in Berlin. – Traubescher Raum = Teil der Brustwand über dem Magen mit tympanitischem Klopfschall [1868].
Treitz, Wenzel. 1819–1872. Prof. d. Pathol. in Krakau und Prag. – Treitz'scher Muskel = *m. suspensorīus duodēni,* Treitzsche Hernie = innere Hernie [1853].
Treves (triː vz), Frederick Sir. 1853–1923. Chirurg und Demonstrator d. Anatomie am London Hospital. Er schrieb ein lesenswertes Buch über chirurgische Anat. 1883. Es gibt einen guten Einblick in die Art des Anatomieunterrichts in England, wurde auch ins Deutsche übersetzt. – Trevessche Feld = unteres Gebiet des Dünndarmgekröses [1885].
Triepel, Hermann. 1871–1935. Er veröffentlichte 1906 das Buch „Die anatomischen Namen, ihre Ableitung und Aussprache", das bis 1935 17 Auflagen erlebte. Dozent d. Anat. in Greifswald, Prosektor d. Anat. in Breslau.
Troeltsch, Anton Friedrich. 1829–1890. Ohrenspezialist in Würzburg. Prof. d. Otologie in Wien, Budapest und Würzburg. – Troeltsche Falten = *plīca malleāris anterīor* und *posterīor* [1862].
Tuerck, Ludwig. 1810–1868. Neurologe und Laryngologe in Wien. – Tuercksches Bündel = *tractus temporopontīnus* [1856].
Tulp, Nicolaas. 1593–1674. Arzt und Anatom. Mehrfach Bürgermeister von Amsterdam. Von Rembrandt in seiner berühmten „Anatomie des Dr. Tulp" porträtiert. – Tulpsche Klappe = *valva ileocēcālis* [1641]. Wurde schon von Caspar Bauhin 1590 beschrieben.
Turner ('təː nə), John W. Geb. 1892. Arzt in Oklahoma-City. Beschrieb das Syndrom Atrophie der Ovarien, Sterilität, Zwergwuchs, Dysplasie der Abkömmlinge des mittleren Keimblatts und Nageldystrophie [1933]. Ursache ist das Fehlen des 2. X-Chromosoms.
Tyson (taisn), Edward. 1650–1708. Prof. d. Anat. in London. – Tysonsche Drüsen = irrtümliche Bezeichnung für die *glandŭlae prēputiāles.* Die Bezeichnung stammt von William Cowper [1698]. Tyson hat nicht die Preputialdrüsen, sondern die selten beim Menschen vorkommenden Epithelkrypten beschrieben.
Valsalva, Antonio Maria. 1666–1723. Prof. d. Anat. in Bologna. Schüler Malpighis und Lehrer Morgagnis. – Valsalvas Ligament = *lig. auriculāre anterīus* [1704], *sīnus Valsalvae* = *sīnus aortae* [posthum 1740].
Varolio, Constanzo. 1543–1575. Prof. d. Anat. u. Chirurgie in Bologna und Rom. Leibarzt des Papstes Gregor XIII. – *pons Varolii* = *pons* [1573].
Vater, Abraham. 1684–1751. Prof. d. Anat. u. Botanik in Wittenberg. – *corpuscŭla Vateri* = *corpuscŭla lamellōsa* [1717], *papilla Vateri* = *papilla duodēni* [1720], 1724 ebenfalls von → Santorini beschrieben, *ampulla Vateri* = *ampulla hepătopancreatīca* [1720].
Verga, Andrea. 1811–1895. Prof. d. Psychiatrie in Mailand. – Vergas Ventrikel = Spalte zwischen Balken und *fornix transversus* [1856]. Wurde bereits 1801 von Bichat beschrieben.
Verheyen, Philipp. 1648–1710. Prof. d. Anat., später der Chirurgie in Löwen. – *stellŭlae Verheyeni* = *venŭlae stellātae* der Nieren [1693].

Vesal, Andreas. 1514 – 1564. Aus niederrheinischem Geschlecht. In Brüssel geboren. Studierte in Löwen, Montpellier und Paris. Prof. d. Anat. in Padua, Bologna und Pisa. Sein berühmtes Anatomiebuch „De Humani corporis fabrica libri septem" erschien 1543 in Basel. Leibarzt von Karl V. und Philipp II. von Spanien. Starb auf seiner Rückkehr aus dem Heiligen Land in Zante. – ŏs Vesalianum = Varietät der Tarsalknochen zwischen os cuboidĕum und os metatarsāle quintum, fŏrāmen Vesalii = inkonstantes Loch im großen Keilbeinflügel für die aus dem sīnus cavernōsus entspringende Emissariatsvene [1543].

Vesling, Johann. 1598 – 1649. Prof. d. Anat. u. Botanik in Padua. Schrieb ein Lehrbuch der Anatomie „Syntagma anatomĭcum". – līnĕa Veslingi = raphē scroti [1641].

Vicq d'Azyr (vikdazī: r), Félix. 1748 – 1794. Mitglied der Académie française. Leibarzt der Königin Maria-Antoinette. – fascicŭlus Vicq d'Azyr = fascicŭlus mamillothalamĭcus, Vicq d'Azyrscher Streifen = weißer Streifen im Rindengrau des sulcus calcarīnus [1786]. Derselbe Streifen ist schon 1782 von Gennari beschrieben worden.

Vidius, eigentlich **Guidi**, Guido. 1500 – 1569. Prof. d. Philosophie und Medizin in Paris und Pisa. Leibarzt Franz I. von Frankreich. – canālis Vidii = canālis pterygoidĕus, nervus Vidianus = n. petrōsus mājor + n. petrosus profundus [posthum 1611].

Vieussens (vjøsã), Raymond de. 1661 – 1716. Arzt in Montpellier. Mitglied der Académie française. – ansa Vieusseni = ansa subclavīa [1685], limbus Vieusseni = limbus fossae ovālis [1706].

Virchow (´virçoɪ), Rudolf. 1821 – 1902. Prof. d. Pathol. in Würzburg und Berlin. Begründer der Zellularpathologie. Anthropologe, Sozialpolitiker, Mitglied des Reichstags 1880 – 1893. – Virchows-Robinsche Räume um die Hirngefäße [1856]. Robin hat dieselben Räume schon 1854 beschrieben.

Volkmann, Alfred Wilhelm. 1800 – 1877. Prof. d. Anat. u. Physiol. in Leipzig. Dorpat und Halle. – Volkmannsche Kanäle = canales perforantes [1873].

Wachendorff, Eberhard Jakob. 1702 – 1758. Prof. d. Botanik u. Chirurgie in Utrecht. – Wachendorffs Membran = membrana pupillaris [1740], schon 1737 von Albinus beschrieben.

Waldeyer-Hartz, Heinrich Wilhelm von. 1836 – 1921. Prof. d. Pathologie in Breslau, d. Anat. in Straßburg und Berlin. – Theorie des Neurons, Waldeyers lymphatischer Rachenring [1886].

Weber, Ernst Heinrich. 1795 – 1878. Prof. d. Anat. u. Physiol. in Leipzig. Nachfolger von Wilhelm Hiss. – Webersche Drüsen der Zunge = glandulae linguales posteriores. Webers Organ = utriculus prostaticus [1846].

Weidenreich, Franz. 1873 – 1948. Prof. d. Anat. in Straßbourg und Heidelberg. Später Leiter des Anthropologischen Instituts in Frankfurt a. M. – Weidenreichs Knötchenkapillaren der Milz = arteriŏlae elipsoidĕae [1901].

Wenckebach, Karel Frederik. 1864 – 1940. Prof. d. innern Medizin in Groningen, Straßburg und Wien. – Wenckebachsches Bündel im rechten Herzvorhof = fascicŭlus des Reizleitungssystems [1906].

Wenzel, Joseph. 1768 – 1808. Prof. d. Anat. u. Physiol. in Mainz. – Wenzels Ventrikel = căvum septi pellucĭdi [1806].

Wernekinck, Friedrich Christian Gregor. 1798 – 1835. Prof. der Medizin u. der Philosophie in Gießen. – Wernekincksche Kreuzung = decussatĭō brachiōrum conjunctivōrum.

Wernicke, Karl. 1848 – 1905. Prof. d. Psychiatrie in Berlin, Breslau und Halle. – Wernickes sensorisches Sprachzentrum [1874].

Westphal, Karl Friedrich Otto. 1863 – 1941. Prof. d. Neurologie u. Psychiatrie in Berlin. – Edinger-Westphalscher Kern = parasympathischer Kern des *n. oculomotorius* [1887]. Edinger beschrieb dieses Kerngebiet schon 1885.
Wharton (ˈwɔːtn), Thomas. 1616 – 1673. Arzt am St. Thomas Hospital in London. – Whartonsche Sulze = Gallertgewebe der Nabelschnur, *ductus Whartoni* = *ductus submandibulāris* [1656].
Wilkie (ˈwɪlkɪ), David Percival Dalbreck. 1882 – 1938. Prof. d. Chirurgie in Edinburgh. – Wilkies Arterien = *aa. supraduodenāles* [1922].
Willis (ˈwɪlɪs), Thomas. 1621 – 1675. Prof. d. Naturphilosophie in Oxford und Arzt in London. Leibarzt von James II. Einer der Begründer der Royal Society. – *circŭlus arteriōsus Willisi* = *circŭlus arteriōsus cerebri*, *n. Willisi* = *n. accessorĭus* [1664].
Winslow, Jacobus Benignus. 1669 – 1760. Großneffe Stensens. Prof. d. Anat. in Paris. Schrieb das erste Topographielehrbuch in französischer Sprache. Einer der einflußreichsten Anatomen seiner Zeit. – *fŏrāmen Winslowi* = *fŏrāmen epiploïcum* [1732].
Wirsung, Johann Georg. 1600 – 1643. Aus Augsburg gebürtig. Prosector Veslings in Padua. Später Prof. d. Anat. in Padua – *ductus Wirsungianus* = *ductus pancreaticus* beim Menschen [1642], nachdem Moritz Hoffmann den Ausführgang im gleichen Jahr beim Huhn demonstriert hatte.
Wolff, Kaspar Friedrich. 1733 – 1794. Gebürtiger Berliner. Nach dem vergeblichen Versuch einer Universitätslaufbahn in Deutschland Prof. d. Anat. u. Physiol. in Petersburg, wohin er 1766 von der Zarin Katharina II. berufen worden war. Seine Dissertation „*Theoria generatiōnis*" (Halle 1759) gehört zu den berühmtesten Doktorarbeiten. – Wolffscher Gang der Vor- und Urniere = *ductus mesonephrĭcus*, Wolffscher Körper = *mesonephros* [1768].
Wolfring, Ernst von. 1832 – 1905. Prof. d. Ophthalmologie in Warschau. – von Wolfringsche Drüsen = *glandŭlae lacrimāles accessorĭae* [1872], wurden schon 1842 von Karl Friedrich Theodor Krause beschrieben.
Worm, Ole. 1588 – 1654. Zunächst Prof. der griechischen Sprache u. der Philosophie. Schwiegersohn von Kaspar Bartholin d. Ä. Wurde der Nachfolger von Kaspar Bartholin d. Ä. auf dem Lehrstuhl der Anatomie in Kopenhagen. Begründer des bekannten Kopenhagener Anatomie-Museum. – *ossa Wormiana* = *ossa suturārum* [1611]. Bereits von J. W. von Andernach 1536 beschrieben.
Wrisberg, Heinrich August. 1739 – 1808. Prof. d. Anat. in Göttingen. – Wrisbergsches Ganglion = *ganglion cardiăcum superficiăle*, Wrisbergscher Knorpel = *cartilāgo cuneiformis*, Wrisbergscher Nerv = *n. intermedĭus*, Wrisbergsche Anastomose = Verbindung zwischen *n. intercostobrachiālis* und *n. cutanĕus brachĭi mediālis* [1786].
Zaufahl, Emmanuel. 1833 – 1910. Prof. d. Otologie in Prag. – Zaufahlsche Falte = *plīca salpingopharyngēa* [1880].
Zeis, Eduard. 1807 – 1868. Praktischer Arzt in Dresden. Prof. d. Chirurgie in Marburg. – Zeissche Drüsen = *glandŭlae sebacĕae* der Zilien [1835].
Zinn, Johann Gottfried. 1727 – 1759. Prof. d. Anat. u. Botanik in Göttingen. – Zinns Ligament = *anŭlus tendinĕus commūnis* der Augenmuskeln, Zinns Sehne = *lacertus m. recti laterālis*, zonŭla Zinni = *zonŭla ciliāris* [1755], bereits von Realdo Colombo 1559 erwähnt.
Zuckerkandl, Emil. 1849 – 1910. Schüler von → Hyrtl. Prof. d. Anat. in Graz und Wien. – Zuckerkandls Faszie = *fascia retrorenālis* [1883], Zuckerkandlsches Organ = *paraganglion aortĭcum abdomināle* [1900/04].

Ausgewähltes Schrifttum

Ahrens, G.: Naturwissenschaftliches und medizinisches Latein. 5. Aufl. Leipzig 1975.
Boisacq, E.: Dictionnaire éthymologique de la langue grecque. 4e éd. Heidelberg 1950.
Briefs, A.: Die Nomina anatomica des Charles Estienne. Diss. Bonn 1953 (Maschinenschrift).
Brüsseler, H.: Celsus und Plinius als Quelle der anatomischen Nomenklatur. Diss. Bonn 1943 (Maschinenschrift).
Choulant, L.: Die Geschichte und Bibliographie der anatomischen Abbildung. Leipzig 1852.
Dobson, J.: Anatomical Eponyms. Sec. ed. London 1962.
Duden. Wörterbuch medizinischer Fachausdrücke. Mannheim-Stuttgart 1968.
Effertz, H. W.: Caspar Bauhins Beitrag zur anatomischen Nomenklatur. Diss. Bonn 1953 (Maschinenschrift).
Elze, C.: Pontinus, Thymus, Angulus Ludovici. Z. Anat. Entw.gesch. **109**, 649 – 652 (1939). – Intestinum ilium oder ileum. Anat. Anz. **93**, 252 – 253 (1942). – Jacobus Sylvius, der Lehrer Vesals, als Begründer der anatomischen Nomenklatur. Z. Anat. v. Entw.gesch. **114**, 242 – 250 (1949). – Richtig und falsch bei anatomischen Namen. Z. Anat. Entwickl.gesch. **117**, 111 – 119 (1952). – Vesals Muskelnamen. Sudhoffs Arch. **48**, 193 – 199 (1964).
Ernout, A., Meillet, A.: Dictionnaire étymologique de la langue latine. 3e éd. Paris 1951.
Eycleshymer, A. Ch.: Anatomical Names especially the Basle Nomina Anatomica. New York 1917.
Feneis, H.: Anatomisches Bildwörterbuch der internationalen Nomenklatur. 4. Aufl. Stuttgart 1974.
Fischer, K.: Die Nomina anatomica in den Isagogae des Berengario da Carpi. Diss. Leipzig 1943.
Fonahn, A.: Arabic and Latin anatomical Terminology, chiefly from the middle age. Kristiania 1922.
Forcellini, A.: Lexicon totius latinitatis. Padua 1940.
Frisk, H.: Griechisches etymologisches Wörterbuch. Lieferung 1 – 3. Heidelberg 1954 ff.
Garrison, F. H.: An introduction to the history of medecine, with medical chronology, suggestion for study and bibliographic data. 5th ed. London 1967.
Grabert, K. W.: Die Nomina anatomica bei den deutschen Wundärzten Hieronymus Brunschwig und Hans von Gersdorff, ihre Beziehungen zu Guy de Chauliac und ihr Verhältnis zu den Jenenser Nomina anatomica des Jahres 1935. Diss. Leipzig 1943 (Handschr.)
Haller von, A.: Bibliotheca anatomica, 2 Bde. Zürich 1774.
Herrlinger, R.: Eigennamen in Anatomie und Physiologie, Histologie, Embryologie und Physiol. Chemie. 3. Aufl. Stuttgart. 1949. – Kurze Geschichte der Anatomischen Gesellschaft. Kap. 8: Die Bedeutung der anatomischen Gesellschaft für die anatomische Nomenklatur (p. 52). Anat. Anz. **117**, 1 – 60 (1965).
His, W.: Die anatomische Nomenklatur. Nomina anatomica. Arch. Anat. Entw.gesch. 1895. Suppl. Bd. 1 – 180.
Hutchinson, B.: Biographia medica. 2 Vol. London 1799.

Hyrtl, J.: Das Arabische und Hebräische in der Anatomie. Wien 1879. Neuausgabe Wiesbaden 1966. – Onomatologia anatomica. Geschichte und Kritik der anatomischen Sprache der Gegenwart. Wien 1880. Neuausgabe Hildesheim-New York 1970. – Die alten deutschen Kunstworte der Anatomie. Wien 1884. Neuausgabe München 1966.
Katner, W.: Etymologische Ableitung der aus dem Griechischen und Lateinischen stammenden medizinischen Fachausdrücke. In *Zetkin, M., Schaldach, H.*: Wörterbuch der Medizin. 8. Aufl. Berlin 1976.
Klose, W.: Die anatomische Nomenklatur Adrian van den Spieghels. Diss. Bonn 1971.
Koch, T.: Die Schüler Vesals. Anat. Anz. 131, 65 – 81 (1972).
Kopsch, Fr., Knese, K. H.: Nomina Anatomica. Vergleichende Übersicht der Basler, Jenaer und Pariser Nomenklatur. 5. Aufl. Stuttgart 1957.
Krüger, G.: Der anatomische Wortschatz. 11. Aufl. Darmstadt 1976.
Kudlien, Fr.: Os sacrum. Gesnerus 33, 183 – 187 (1976).
Leiber, B., Olbrich, G.: Wörterbuch der klinischen Syndrome. 2. Aufl. München-Berlin 1959.
Lemaitre, M.: Die anatomische Nomenklatur der Chirurgie des 13. und 14. Jahrhunderts. Diss. Bonn 1951 (Maschinenschrift).
Leutert, G.: Die anatomischen Nomenklaturen von Basel, Jena, Paris in dreifacher Gegenüberstellung. Leipzig 1963.
Macalister, A.: Archaeologia anatomica II. Atlas and Epistropheus. J. Anat. (London) 33, 204 – 209 (1899).
Marchel, E.: Galens anatomische Nomenklatur. Diss. Bonn 1951 (Maschinenschrift).
Michler, M.: Die Mittelhand bei Galen und Vesal. Sudhoffs Arch. **48**, 200 – 215 (1964).
Michler, M., Benedum, J.: Einführung in die medizinische Fachsprache. Medizinische Terminologie für Mediziner und Zahnmediziner auf der Grundlage des Lateinischen und Griechischen. Berlin-Heidelberg-New York 1972.
Moodie, R. L.: Biographical Sketches. In *Eycleshymer, A. Ch.*: Anatomical Names, especially the Basle Nomina Anatomica New York 1917. p. 177 – 354.
Neumann, E. Fr.: Die anatomische Nomenklatur des Ruphos und ihre Beziehung zur JNA. Diss. Leipzig 1943 (Handschr.).
Nomina anatomica. Fourth. ed. Amsterdam-Oxford 1977.
Oxford-Dictionary: A new english dictionary on historical principles. 10 vol. a. Suppl. Oxford 1888 – 1933.
Rath, G.: Die Anatomie des Avicenna und die Nomina anatomica in der Canonübersetzung des Gerhard von Cremona. Diss. Bonn 1948 (Maschinenschrift).
Schulze, P., Donalies, Chr.: Kleines erläuterndes Wörterbuch der Anatomie. 2. Aufl. Leipzig 1970.
Serrano, J. A.: Indice de nomes proprios da terminologia anatomica actual. Traços bio-bibliographicos e summula descriptiva. Archivo Anatomia e Anthropologia 1, 101 – 230 (1914).
Smith, E. B.: Anatomical Nomenclature. St. Thomas's Hospital Medical Gazette 1912.
Steudel, J.: Der vorvesalische Beitrag zur anatomischen Nomenklatur. Allgemeiner Teil. Arch. Gesch. Med. **36**, 1 – 42 (1943). – Eine arabische Interpolation in Galens Schrift „Über die medizinischen Namen". Wiss. Z. Karl-Marx-Universität Leipzig 5, 117 – 119 (1955/56). – Der anatomische Terminus „Netz". Sudh. Archiv **47**, 383 – 86 (1963).

Terra de, P.: Vademecum anatomicum. Kritisch-etymologisches Wörterbuch der systematischen Anatomie. Mit besonderer Berücksichtigung der Synonymen. Nebst einem Anhang: Die anatomischen Schriftsteller des Altertums bis zur Neuzeit. Jena 1913.
Thesaurus Linguae Latinae. Leipzig 1900 ff.
Tucker, T. G.: A concise etymological dictionary of Latin. Halle 1931.
Voss, H.: Die durchschnittliche Lebensdauer der deutschen Anatomen. Anat. Anz. **123**, 179 – 183 (1968).
Werner, Cl. F.: Wortelemente lateinisch-griechischer Fachausdrücke in der Biologie, Zoologie und vergleichenden Anatomie. 2. Aufl. Leipzig 1961.
Zoske, H.: Die Osteologie Vesals. Heilkunde und Geisteswelt Bd. 3. Hannover 1951.
Zwemer, R. L.: Anatomical Nomenclature 1972. Amer. J. Anat. **135**, 165 – 68 (1972).

MIX
Papier aus verantwortungsvollen Quellen
Paper from responsible sources
FSC® C105338

If you have any concerns about our products,
you can contact us on
ProductSafety@springernature.com

In case Publisher is established outside the EU,
the EU authorized representative is:
**Springer Nature Customer Service Center GmbH
Europaplatz 3, 69115 Heidelberg, Germany**

Printed by Libri Plureos GmbH
in Hamburg, Germany